普通高等教育研究生教材

非平衡
铁磁流体力学

Non-equilibrium
Ferrohydrodynamics

杨文明　著

化学工业出版社
·北京·

内 容 简 介

铁磁流体是一种人工合成的智能液体材料，在磁场的作用下表现出诸多特殊的流动现象，广泛应用于机械、石油化工、环境、生物医药等领域。本书系统阐述了非平衡铁磁流体力学方程组、准平衡铁磁流体力学基本方程，详细介绍了铁磁流体的磁化特性和黏度特性，系统描述了不同形式磁场作用下铁磁流体的平面 Couette-Poiseuille 流、管流、同心圆流动和旋转上升流等流动形式，对其中重要结论进行了详细推导。

本书可供铁磁流体力学的研究人员、从事铁磁流体应用的专业技术人员以及高等学校相关专业研究生参考使用。

图书在版编目（CIP）数据

非平衡铁磁流体力学 / 杨文明著. -- 北京 ：化学工业出版社，2026. 1. --（普通高等教育研究生教材）.
ISBN 978-7-122-49085-8

Ⅰ. O361.3

中国国家版本馆 CIP 数据核字第 2025PN8399 号

责任编辑：张海丽　　文字编辑：张　琳
责任校对：宋　玮　　装帧设计：刘丽华

出版发行：化学工业出版社
（北京市东城区青年湖南街 13 号　邮政编码 100011）
印　　装：北京新华印刷有限公司
787mm×1092mm　1/16　印张 14　字数 332 千字
2026 年 1 月北京第 1 版第 1 次印刷

购书咨询：010-64518888　　售后服务：010-64518899
网　　址：http://www.cip.com.cn
凡购买本书，如有缺损质量问题，本社销售中心负责调换。

定　　价：88.00 元

前言

从 1964 年 Neuringer 和 Rosensweig 发表的第一篇关于铁磁流体力学的论文“Ferrohydrodynamics”算起，对铁磁流体力学的研究已经有 60 多年的历史。从最初的磁体积力表达形式之争，到 Maxwell 应力张量的普遍有效表达式，再到 Helmholtz 力和 Kelvin 力的有效性条件，铁磁流体力学在各国学者的不断探索中逐渐完善，最初的一些模糊概念也变得清晰，形成了系统的铁磁流体力学理论。但以 Rosensweig 的专著 *Ferrohydrodynamics* 为代表的理论体系建立在铁磁流体平衡磁化假设的基础上，无法描述铁磁流体的非平衡流动和行为。随着铁磁流体在机械、石油化工、环境、生物医药等领域中的应用越来越广泛，应用环境和施加的磁场形式也变得越来越复杂和多变，须考虑铁磁流体的磁化弛豫过程，也即应用非平衡铁磁流体力学解释其中发生的物理现象。例如，在铁磁流体高速旋转密封中，密封间隙内铁磁流体流速沿径向的梯度与磁化弛豫时间的倒数相当，须应用铁磁流体非平衡 Couette-Poiseuille 流理论来预测其中铁磁流体的流动特征。再如，在主动式铁磁流体黏滞阻尼器中，通过应用交变磁场改变节流孔内铁磁流体的表观黏度，这时须应用铁磁流体非平衡管流理论预测节流阻力。为解决铁磁流体的这些工程问题建立理论基础正是编写本书的初衷。

本书共分为 9 章。第 1 章介绍了铁磁流体的基本概念、主要应用领域和非平衡铁磁流体力学的基本内容。第 2 章从输运理论出发，详细推导了非平衡铁磁流体动力学方程组及其简化形式，并给出了铁磁流体的应力张量。第 3 章介绍了准平衡铁磁流体力学基本方程及铁磁流体中的磁悬浮力，准平衡铁磁流体力学可看作非平衡铁磁流体力学在不考虑磁化弛豫时的特殊情况。第 4 章和第 5 章分别讨论了铁磁流体的两个重要特性——磁化特性和黏度特性，并给出了铁磁流体的磁化方程和非平衡理论的一个重要物理表现——磁黏效应。第 6～9 章分别讨论了在各种不同形式磁场作用下铁磁流体的平面 Couette-Poiseuille 流、管流、同心圆流动和旋转上升流，它们是非平衡铁磁流体力学在不同形式流动中的具体表现。

本书在阐述问题上的一个特点是，对于重要结果均给出详细数学推导过程，有助于读者举一反三，应用相应数学理论探索其他流动问题。由于非平衡铁磁流体力学理论及其在不同流动形式中的应用仍处于发展阶段，所以本书在内容的选择上只针对已成定论或已被实验证实的流动问题。

本书的部分研究内容得到了国家自然科学基金（52375164、52005033）、广东省自然科学基金（2024A1515010860）、北京市自然科学基金（L258003）以及北京科技大学研究生教材建设等项目的资助，在此深表谢意！

限于著者的学识水平，书中难免存在疏漏、欠妥之处，恭请读者批评指正！

著　者

2025 年 7 月

英文符号说明

符号	含义	单位	首次出现的章节
a	双极坐标系中位于 y 轴右侧的焦点的坐标	m	3.4.1
$\boldsymbol{A}'$	$\boldsymbol{A}'=\boldsymbol{\Omega}-\boldsymbol{\omega}_{\mathrm{p}}$	1/s	2.7.4
$\boldsymbol{A}$、$\boldsymbol{A}_1$、$\boldsymbol{A}_2$	任意二阶张量	—	2.7.3
$\boldsymbol{A}^{(\mathrm{a})}$	张量 $\boldsymbol{A}$ 的反对称张量	—	2.7.3
$\boldsymbol{A}^{(\mathrm{s})}$	张量 $\boldsymbol{A}$ 的偏斜张量	—	2.7.3
$\boldsymbol{A}^{(\mathrm{sm})}$	张量 $\boldsymbol{A}$ 的对称张量	—	2.7.3
b	圆柱形壳体与圆柱形永磁体间的轴线距离	m	3.4.1
$\boldsymbol{B}$	磁感应强度	T	2.5
B_{r}	剩余磁感应强度	T	3.4.3
c	光速	m/s	2.5
$\boldsymbol{c}_n$	作用在系统表面上的力偶或力偶面密度	N/m	2.4
$\boldsymbol{C}$	力偶应力张量	N/m	2.4
CS	控制体外表面	—	2.1
CV	控制体	—	2.1
d_{m}	铁磁流体中颗粒核的直径	m	2.4
d_{p}	铁磁流体中颗粒的直径	m	4.1
$\overline{d}_{\mathrm{p}}$	铁磁流体中颗粒的平均直径	m	2.4
$\boldsymbol{D}$	电位移矢量	C/m^2	2.5
$\boldsymbol{D}^{(\mathrm{v})}$	应变率张量	1/s	2.6.2
$\boldsymbol{e}$	单位矢量	—	2.4
$\boldsymbol{e}_H$	沿磁场方向的单位矢量	—	5.3.2
$\boldsymbol{e}_{\mathrm{m}}$	沿颗粒磁矩方向上的单位矢量	—	4.4
$\boldsymbol{e}_x$、$\boldsymbol{e}_y$、$\boldsymbol{e}_z$	笛卡儿坐标系中 x、y 和 z 方向上的单位矢量	—	3.4.1
$\boldsymbol{e}_r$、$\boldsymbol{e}_\theta$、$\boldsymbol{e}_z$	柱坐标系中坐标 r、θ 和 z 方向上的单位矢量	—	7.4.1
$\boldsymbol{e}_\gamma$、$\boldsymbol{e}_\theta$	双极坐标系中坐标 γ 和 θ 方向上的单位矢量	—	3.4.1
$\boldsymbol{E}$	电场强度	N/C	2.5
$\boldsymbol{E}'$	表观电场强度	N/C	2.5
$\boldsymbol{f}$	铁磁流体的体积力密度	N/m^3	3.4.2
$\boldsymbol{f}'$	应力差	N/m^2	2.10
$\boldsymbol{f}_{\mathrm{m}}$	磁体积力密度	N/m^3	3.1
f_τ	铁磁流体对壁面的切向作用力(应力)	N/m^2	2.10
$\boldsymbol{F}$	单位质量的体积力	m/s^2 或 N/kg	2.3
$\boldsymbol{F}_{\mathrm{Kelvin}}$	Kelvin 力	N/m^3	3.1

续表

符号	含义	单位	首次出现的章节
$\boldsymbol{F}_{\mathrm{m}}$	作用在铁磁流体内悬浮体上的磁悬浮力	N	3.4.1
$\mathcal{F}$	流体的强度量	—	2.1
$\boldsymbol{g}$	电磁动量矢量	$kg/(m^2 \cdot s)$	2.3
$\boldsymbol{g}_0$	重力加速度	m/s^2	3.1
$\boldsymbol{G}$	体力矩	m^2/s^2	2.4
$\boldsymbol{G}_H$	磁场强度梯度	A/m^2	6.3.1
G_H	无量纲磁场强度梯度的大小	1	6.3.1
h_0	两平板间距	m	6.2.1
h_{c}	永磁体复合结构与壁面的间距	m	3.4.2
$\boldsymbol{h}_e$	与 $\boldsymbol{\zeta}$ 同方向的单位矢量	—	5.3.2
h_g	重力方向上的参考高度	m	3.2
h_{s}	铁磁流体旋转上升流中铁磁流体沿壁面的爬升距离	m	9.1
h_θ	双极坐标系中 θ 坐标的 Lamé 系数	—	3.4.1
h_γ	双极坐标系中 γ 坐标的 Lamé 系数	—	3.4.1
h'	永磁体端面与铁磁流体分界面之间的距离	m	3.4.3
$\boldsymbol{H}$	磁场强度	A/m	2.5
$\boldsymbol{H}'$	表观磁场强度	A/m	2.5
H_0	交变磁场的振幅、特征磁场强度、恒定均匀磁场的磁场强度、梯度磁场中的最小磁场强度	A/m	5.3.1/6.2.1/6.2.2/6.3.1
$\boldsymbol{H}_{\mathrm{e}}$	有效场	A/m	4.3
i	虚数单位	—	6.4.2
$\boldsymbol{i}_m$	面磁化电流密度	A/m	3.4.4
$\boldsymbol{I}$	单位张量	—	2.5
I	单位质量铁磁流体的转动惯量	m^2	2.4
I'	铁磁流体中颗粒的惯性矩密度	kg/m	2.4
$\boldsymbol{I}_{\mathrm{m}}$	分布电流	$A \cdot m$	3.4.4
$\boldsymbol{j}_0$	传导电流密度	A/m^2	2.5
$\boldsymbol{j}'$	$\boldsymbol{j}'=\boldsymbol{j}_0-\rho_{\mathrm{e}}\boldsymbol{v}$	A/m^2	2.5
$\boldsymbol{J}$	磁极化强度	$N \cdot A/m^3$	3.4.3
$\mathcal{J}$	流体的广延特征量	—	2.1
k_{B}	Boltzmann 常数，值为 1.38×10^{-23}	$N \cdot m/K$	3.1
k_{m}	永磁体复合结构中永磁体排列的波数	1/m	3.4.2
K	颗粒材料的各向异性常数	J/m^3	4.2
l	流动的特征长度尺度	m	5.3.1
l_0	铁磁流体管流中圆管的长度	m	7.3
l_{m}	铁磁流体内沿永磁体截面轮廓上的曲线	m	3.4.1
$L()$	Langevin 函数	—	3.1
$\boldsymbol{L}$	系统总的局部角动量密度	$kg/(m \cdot s)$	2.4

续表

符号	含义	单位	首次出现的章节
L_0	Couette-Poiseuille 流中的平板长度尺寸	m	6.1
$\boldsymbol{L}_m$	磁力矩(密度)	Pa	6.4.2
L_p	铁磁流体的固有特征长度	m	6.4.3
m	质量	kg	2.1
m_p	单个颗粒的磁矩大小	$A \cdot m^2$	3.1
$\boldsymbol{M}$	磁化强度	A/m	2.5
M_0	铁磁流体的平衡磁化强度	A/m	3.1
M_d	颗粒材料的饱和磁化强度	A/m	4.1
M_S	铁磁流体的饱和磁化强度	A/m	3.1
$\overline{M}$	场平均磁化强度	A/m	3.2
$\widetilde{M}_0$	永磁体复合结构表面上磁化强度峰值的 2 倍	A/m	3.4.2
Mn_f	无量纲特征数,磁力偶矩与黏性力偶矩之比	1	6.2.1
MV	材料体积	m^3	2.1
n	正整数	—	3.4.1
$\boldsymbol{n}$	垂直于表面向外指向的单位矢量	—	2.1
$\boldsymbol{n}'$	双极坐标系中 γ 等值曲线上的法向单位矢量	—	3.4.1
N	铁磁流体中磁性颗粒的数量浓度	$1/m^3$	2.4
p	存在外场时的压力	Pa	2.6.1
p_0	普通热力学压力	Pa	2.6.1
p_m	磁压力	Pa	3.3
p_s	磁致伸缩压力	Pa	3.4.2
$\boldsymbol{P}$	极化强度	C/m^2	2.5
P^*	无量纲压力梯度	—	6.1
Pe	Péclet 数,磁化弛豫时间与宏观流动特征时间之比	1	6.2.1
$\boldsymbol{q}$	热流密度矢量	W/m^2	2.5
q_m	点磁荷强度	$N \cdot m/A$	3.4.3
Q	流量	m^2/s	6.1
$\boldsymbol{r}$	流体单元相对于任意固定点的位置矢量	m	2.1
r_0	未包覆表面活性剂时颗粒的半径	m	5.1
R	体积热释放率	m^2/s^3	2.5
R_0	铁磁流体管流中圆管的半径	m	7.1.1
R_1	计算磁悬浮力时使用的柱形永磁体半径	m	3.4.1
R_2	计算磁悬浮力时使用的外壳内半径	m	3.4.1
Re	Reynolds 数	1	6.2.1
Re_m	磁 Reynolds 数	1	7.2.1
$\boldsymbol{s}$	内禀或自旋角动量密度	m^2/s	2.4
S	面积	m^2	2.1

续表

符号	含义	单位	首次出现的章节
$\boldsymbol{S}$	铁磁流体的变形速度张量	1/s	8.1
S_e	单位质量的熵	J/(kg·K)或 $m^2/(K\cdot s^2)$	2.6.1
$S_e^{(s)}$	外界提供的熵(单位质量)	J/(kg·K)或 $m^2/(K\cdot s^2)$	2.7.1
$S_e^{(i)}$	系统内的熵产(单位质量)	J/(kg·K)或 $m^2/(K\cdot s^2)$	2.7.1
S_m	铁磁流体中悬浮体的表面	m^2	3.4
t	时间	s	2.1
t_m	时变磁场的周期	s	6.4.2
$\boldsymbol{t}_n$	定义在面上的应力矢量	N/m^2	2.3
T	温度	K	2.6.1
$\boldsymbol{T}$	应力张量,$\boldsymbol{T}=\widetilde{\boldsymbol{T}}-\boldsymbol{vg}$	N/m^2	2.3
$\widetilde{\boldsymbol{T}}$	总应力张量	N/m^2	2.3
$\boldsymbol{T}_m$	磁应力张量	N/m^2	2.6.2
$\boldsymbol{T}'_m$	等效磁应力张量	N/m^2	3.1
$\boldsymbol{T}_v$	黏性应力张量	N/m^2	2.6.2
u	单位质量的内能	m^2/s^2	2.5
u_m	在介质所占据空间中除电磁能外的内能	m^2/s^2	2.5
U	能量势	N·m	3.3
$\boldsymbol{v}$	速度	m/s	2.1
$\boldsymbol{v}_0$	Couette-Poiseuille 流中上壁面的速度	m/s	5.2
$\boldsymbol{v}_1$	流速的缓变分量	m/s	5.3.1
$\boldsymbol{v}_2$	流速的速变分量	m/s	5.3.1
v_m	管流中的平均流速	m/s	7.1.1
V	体积	m^3	2.1
V_h	包含表面活性剂层的颗粒体积	m^3	4.2
V_p	铁磁流体中单个磁性颗粒的体积	m^3	4.1
w	磁场变化频率的 2π 倍	1/s	5.3.1
w_0	铁磁流体旋转上升流中磁场的旋转速度	1/s	9.1.1
W	颗粒磁矩的取向分布函数	—	4.4

希腊字母符号说明

符号	含义	单位	首次出现的章节
α	Langevin 参数	—	3.1
α_0	交变磁场幅值对应的 Langevin 参数	—	5.3.1
β	矢量 $\boldsymbol{H}$ 和 $\boldsymbol{\Omega}$ 之间的夹角	rad	5.1
δ_0	颗粒上表面活性剂层的厚度	m	5.1
δ_m	永磁体复合结构在铁磁流体中居中时其表面至壁面的距离	m	3.4.2
δ_{ij}	Kronecker 符号	—	2.4
Δ	永磁体复合结构在铁磁流体中的偏心量	m	3.4.2
ε_0	真空中的介电常数	$C^2/(N \cdot m^2)$	2.5
$\boldsymbol{\epsilon}$	置换张量	—	2.4
ϵ_{ijk}	置换张量的分量	—	2.4
ϕ	铁磁流体中固体颗粒的体积分数	%	2.4
ϕ_c	铁磁流体中颗粒紧密堆积时对应的体积分数值	%	5.1
Φ	耗散函数	$kg/(m \cdot s^3)$	2.7.1
$\tilde{\gamma}$	Lorentz 变换的系数	—	2.5
γ'	$tr\boldsymbol{T}_v$ 和 $tr\boldsymbol{D}^{(v)}$ 间的比例系数	$Pa \cdot s$	2.7.3
Γ	Couette-Poiseuille 流中平板受到的黏滞阻力	Pa	6.1
η	铁磁流体的本征黏度或剪切黏性系数	$Pa \cdot s$	2.7.3
η_0	铁磁流体载液的动力黏度	$Pa \cdot s$	2.9
η_{eff}	有磁场作用时铁磁流体的有效黏度或表观黏度	$Pa \cdot s$	5.2
η_r	铁磁流体的旋转黏度	$Pa \cdot s$	5.1
η'	剪切自旋黏度系数	$N \cdot s$	2.7.3
φ_m	标量磁位	A	3.4.1
ϑ	静止铁磁流体中磁化强度滞后于旋转磁场的角度	—	5.3.1
κ_T	热导率	$W/(m \cdot K)$	2.7.2
ℓ	铁磁流体中颗粒间的距离	m	2.9
λ	块材黏度系数	$Pa \cdot s$	2.7.3
λ_m	永磁体复合结构中永磁体磁极面间距的 2 倍	m	3.4.2
λ_r	管流中的沿程阻力系数	1	7.1.3
λ'	块材自旋黏度系数	$N \cdot s$	2.7.3
μ	铁磁流体的磁导率	N/A^2	3.4.1
μ_0	真空磁导率，值为 $4\pi \times 10^{-7}$	N/A^2	2.5
μ_r	铁磁流体的相对磁导率	1	3.4.1
ν	铁磁流体的运动黏度	m^2/s	5.3.1

续表

符号	含义	单位	首次出现的章节
$\boldsymbol{v}$	微小修正场	—	4.4
ψ	热力学势	J	4.3
θ_{m}	有效场 $\boldsymbol{\zeta}$ 与实际场 $\boldsymbol{\alpha}$ 矢量间的夹角	—	5.2
$\mathcal{R}$	广义场变量	—	2.1
ρ	流体密度	$\mathrm{kg/m^3}$	2.1
ρ_{coat}	颗粒上的表面活性剂的密度	$\mathrm{kg/m^3}$	2.4
ρ_{e}	自由电荷体密度	$\mathrm{C/m^3}$	2.5
ρ_{mag}	颗粒核的密度	$\mathrm{kg/m^3}$	2.4
ρ_{s}	铁磁流体中颗粒材料的密度	$\mathrm{kg/m^3}$	2.4
σ_E	电导率	S/m	2.7.2
σ_{m}	磁荷面密度	N/(A·m)	3.4.3
$\boldsymbol{\tau}$	壁面切向单位矢量	—	2.10
τ	铁磁流体总弛豫时间	s	4.2
τ_0	各向异性场中颗粒磁矩的 Larmour 频率的倒数	s	4.2
τ_{B}	Brownian 弛豫时间	s	2.9
τ_{h}	特征时间尺度	s	5.3.1
τ_{N}	Néel 弛豫时间	s	4.2
τ_{s}	铁磁流体中颗粒旋转的弛豫时间	s	2.9
υ	比体积，密度的倒数	$\mathrm{m^3/kg}$	2.6.1
$\boldsymbol{\omega}_0$	角速度	1/s	6.2.1
$\boldsymbol{\omega}'_{\mathrm{p}}$	参考系 Σ' 中颗粒的平均旋转速度	1/s	4.3
$\boldsymbol{\omega}_{\mathrm{p}}$	铁磁流体中颗粒的平均角速度	1/s	2.4
$\boldsymbol{\Omega}$	流体旋转速率或涡量	1/s	2.6.2
Ω_0	特征涡量	1/s	6.4.3
Ω_{rms}	均方根涡量	1/s	6.2.4
χ	铁磁流体的磁化率	—	8.2
χ_0	铁磁流体的初始磁化率	—	4.1
$\boldsymbol{\zeta}$	无量纲有效场	—	4.4
ζ	涡旋黏度	Pa·s	2.7.3

其他表示

$\frac{\mathrm{D}}{\mathrm{D}t}$	物质导数
$\frac{\partial}{\partial t}$	偏导数
(e)	上标，表示平衡值
T	上标，矩阵或张量的转置
$\sum'$	与铁磁流体中磁性颗粒相对静止的局部参考系
i,j,k,l,m,n,p	下标，笛卡儿坐标系中 x、y 或 z 其中之一
(x,y,z)	笛卡儿坐标系中的坐标
(r,θ,z)	柱坐标系中的坐标
(θ,γ)	平面双极坐标系中的坐标
*	上标，表示无量纲的物理量
〈〉	变量的时均量
^	复数变量的幅值
//或 ‖	与参考系相对运动速度平行的分量
⊥	与参考系相对运动速度垂直的分量
tr	张量的迹
—	复数变量的共轭复数

目 录

第1章 绪论

本章将简要介绍铁磁流体的组成、发展历史和主要性质，其中的性质包括稳定性、磁性、黏度、光学性质、热学性质、声学性质等；列举铁磁流体的主要应用领域，如密封、润滑、制造、减振、机器人等；给出非平衡铁磁流体力学的基本内容。

铁磁流体（ferrofluid），也称为磁流体或磁性液体（magnetic fluid，magnetic liquid），为了与磁流变液（magnetorheological fluid）等其他可响应磁场的介质相区别，本书统一称为铁磁流体。由于铁磁流体兼具磁性和液体的流动性，其在工程技术领域得到广泛应用。在这些应用中，如果铁磁流体流动的速度梯度较大，且受到较强磁场作用时，一般需应用非平衡铁磁流体力学理论分析工程问题。

1.1 铁磁流体的基本概念

铁磁流体是由包覆有表面活性剂的纳米尺寸铁磁性或亚铁磁性固体颗粒悬浮于载液中形成的一种胶状溶液。典型的载液有水、合成烃、合成酯、脂肪酸、碳氢化合物等，表面活性剂可以使用油酸、亚油酸、脂肪酸等，典型的颗粒材料有四氧化三铁、钴化合物等。相应地，铁磁流体可以按载液种类或颗粒种类进行分类。铁磁流体中磁性颗粒的典型直径尺寸为10 nm，包覆表面活性剂后的颗粒直径可达到十几至几十纳米（Rosensweig，1985）。

有关铁磁流体的报道最早见于1938年，当时麻省理工学院的Elmore首次合成了稳定的磁性胶体，并在永久磁铁的磁场可视化中用这种胶体代替Bitter的磁粉方法（Elmore，1938）。在1964年，Neuringer和Rosensweig报道了用于磁热转换的铁磁流体及其合成和应用（Neuringer et al.，1964）。美国航天局的Papell于1965年申请了第一个关于铁磁流体制备工艺的专利（Papell，1965），美国航天局当时为了在空间失重条件下使用外部磁场控制火箭中燃料的流动而开发了铁磁流体。磁性颗粒的制备是合成铁磁流体的关键，目前，铁磁流体的制备方法主要包括化学共沉淀法、热分解法、机械研磨法等（Hamzah et al.，2021；Oscar et al.，2022；Odenbach，2009）。

由于铁磁流体中颗粒的尺寸较小，它们受到载液分子的随机碰撞后发生Brownian运动，这样可保证铁磁流体的胶体稳定性。另一方面，颗粒上包覆的表面活性剂，其长链分子一端吸附在颗粒表面，另一端在载液内自由摆动，这样可防止颗粒间相互靠近，避免磁性颗粒因长程磁吸引力引起团聚。正是这两种机制，使得铁磁流体即使在重力场或磁场作用下也不会出现颗粒沉淀或较大的浓度梯度（Silfhout et al.，2020）。

在磁场的作用下，铁磁流体会发生磁化，具有超顺磁性，没有磁滞现象。铁磁流体存在两种磁化机制：一种是组成铁磁流体的颗粒的磁畴旋转引起的内禀磁化，另一种是颗粒本身的旋转引起的外赋磁化。在外赋磁化机制中，颗粒在外磁场作用下的旋转角度取决于磁场能和热运动能之间的平衡关系，旋转速度取决于颗粒受到的磁力矩与载液黏滞力矩之间的平衡。无论是内禀磁化，还是外赋磁化，在静止的铁磁流体中，磁化强度在任何时候都与磁场强度平行，并由饱和磁化强度描述铁磁流体可达到的磁化状态。目前，商业铁磁流体的饱和磁化强度可达 600Gs[1]。

铁磁流体具有比其载液大许多的黏度，无外磁场作用时，铁磁流体的黏度主要取决于其中固体颗粒的体积分数。但在磁场的作用下，铁磁流体的表观黏度会发生变化，引起磁黏效应，而且不同种类的磁场对表观黏度的影响规律不同（Odenbach，2002）。

铁磁流体是不透明的。当无外磁场作用时，铁磁流体内的颗粒分布均匀，此时铁磁流体具有各向同性的光学性质。但如果有磁场作用，由于磁性颗粒沿外磁场方向定向排列，铁磁流体内将发生光的偏振、双折射等各向异性现象，而且这些光学性质还可以通过磁场控制（Raikher et al.，2002）。

铁磁流体的热学性质，如密度、比热、导热系数、扩散系数等，通常由宏观当量平均值表示，这些宏观当量平均值根据铁磁流体内固体相和液体相的比例计算得到。但严格来说，当有磁场作用时，铁磁流体会发生浓度分布不均或各向异性，这时在处理热特性时须将铁磁流体看作多相介质，将其中的固体相和液体相分别单独处理。

在声学性质方面，声波在铁磁流体内传播时会发生衰减，这是由铁磁流体内颗粒成链后对声能的吸收引起的，而且外加磁场会以各向异性的方式改变声波的衰减特性（Shliomis et al.，2008）。

1.2 铁磁流体的应用

自从可以制备稳定铁磁流体后，随着铁磁流体理论发展推动其技术的进步，以及 1968 年第一个铁磁流体公司注册成立后的市场推广（Glossop，1995），人们开发了许多新的铁磁流体器件，为铁磁流体开辟了许多新的应用领域。其中，基于铁磁流体的第一个市场产品是 1969 年提出的可在真空和压力条件下工作的动密封（Buschow，2006）。到 20 世纪 90 年代初，与铁磁流体有关的商业活动已实现全球化，每年生产有数以千万计的铁磁流体器件（Raj et al.，1990）。现如今，铁磁流体已经成为能够解决复杂工程问题的可靠材料，并在航天、机械、医药等诸多领域中得到了应用（Berkovsky et al.，1993；Zhang et al.，2019；Kole et al.，2021；Philip，2023）。

在机械领域，铁磁流体最成功的应用是动密封（李德才，2010；Yang et al.，2019；Li et al.，2023），如图 1-1 所示为一种典型铁磁流体旋转密封结构（Yang et al.，2024）。由于铁磁流体对磁场的响应特性，它们被吸引并填充在静止的极靴极齿与导磁性良好的旋转轴之间的密封间隙内，从而起到密封作用，并能够承受一定的压力差。目前，铁磁流体在中、低

[1] 1Gs（高斯）≈79.6A/m。

转速的旋转密封中应用较为成熟，也有学者尝试将其应用于高转速和密封液体的场合（Mitamura et al.，2022）。相比而言，铁磁流体密封具有零泄漏率、摩擦力小、结构简单紧凑等优点，被广泛应用于真空泵、真空镀膜机等的密封中。

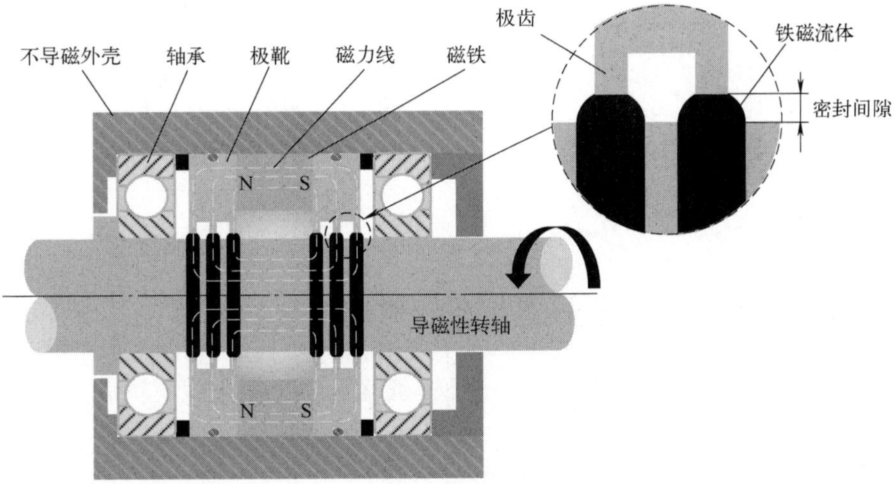

图 1-1 典型铁磁流体旋转密封结构

铁磁流体可在存在机械滑动的场合中作为润滑剂，或者提供气-液混合支撑，减小摩擦力（Hu et al.，2018）。应用铁磁流体的滑动轴承具有比普通滑动轴承更大的承载力、更好的抗振性和更长的寿命，而且由于磁场的限制，不存在普通润滑剂那样的端泄（Nagaraj，1988；Patel et al.，2017）。

利用铁磁流体的悬浮原理，可用铁磁流体进行研磨和抛光。在铁磁流体研磨中，将磨料浮于铁磁流体表面，并且在磁悬浮力的作用下对被研磨表面施加一定压力。在铁磁流体抛光中，使用薄膜包裹铁磁流体，并将研磨剂敷于薄膜表面，在磁场的作用下，薄膜跟随铁磁流体呈现出一定的形状，这样可实现薄膜随被抛光表面形状变化的柔性抛光（Zhong，2008）。

铁磁流体应用于阻尼减振时，既可以用于被动减振，又可以实现振动的主动控制，它们依靠铁磁流体被剪切时的黏性耗能将机械振动的多余机械能耗散掉（Yang et al.，2013）。如图 1-2 为一种铁磁流体旋转式惯性阻尼减振器，根据铁磁流体的自悬浮原理，质量块被悬浮起来。实际使用中，壳体与需要阻尼的器件固定，当器件发生加速或减速的旋转振动时，质量块由于惯性就会与壳体之间产生相对速度，间隙内的铁磁流体被黏性剪切，起到阻尼作用。这种方法可用于步进电机的减振，大幅缩短电机的稳定时间（Raj et al.，1995）。如图 1-3 为一种铁磁流体主动阻尼减振器，在圆筒中充有铁磁流体，将安装有质量块的活塞浸没于铁磁流体中，圆筒和质量块之间有弹簧连接，外加磁场后可有效减弱振动系统的共振特性（Shimada et al.，1991）。此外，铁磁流体还在扬声器、CD/DVD 读取器、黏度计等仪器中用于提供阻尼和提高仪器性能。

利用非磁性固体在铁磁流体中的悬浮特性，可应用铁磁流体进行浮选。通过改变外加磁场来改变铁磁流体的表观密度，从而可以将不同密度的固体物料浮出铁磁流体表面，进而将这些不同物料分开（Zhu et al.，2010）。这种浮选方法具有效率高、铁磁流体可重复利用等优点。

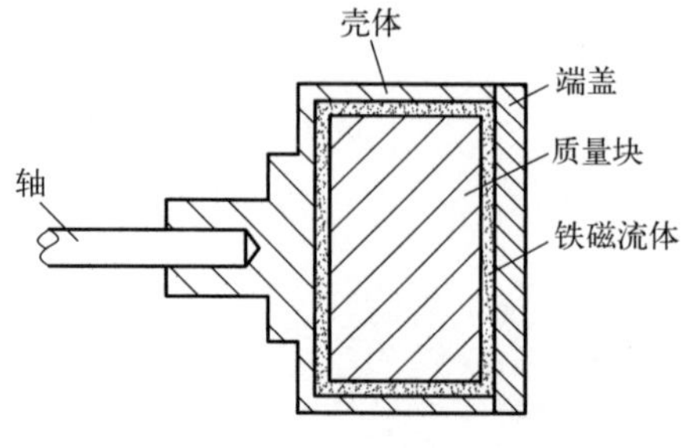

图 1-2 铁磁流体旋转式惯性阻尼减振器

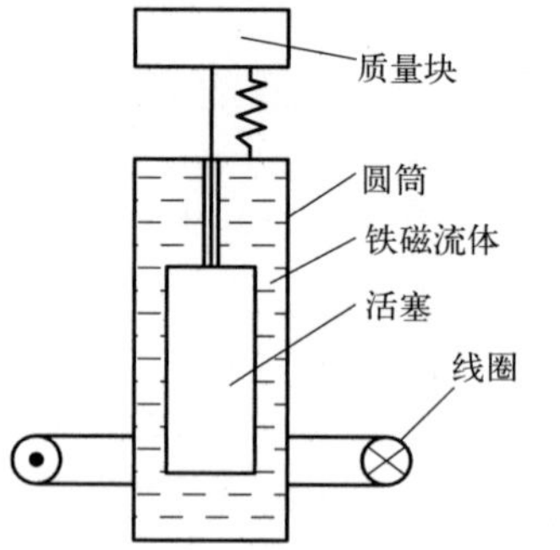

图 1-3 铁磁流体主动阻尼减振器

在机器人领域，利用铁磁流体可制作磁性微型软体机器人，用于微创手术和靶向给药，实现在药物递送的同时，利用铁磁流体的磁热特性杀死目标区域的肿瘤细胞（Gonella et al.，2021；Ji et al.，2022）；还可制作软体胶囊机器人，配备振荡模块后实现药物的释放等功能（Hua et al.，2022；Zhang et al.，2022）。

在传感器领域，除了将铁磁流体作为敏感元件的加速度传感器、水平传感器、压力差传感器、光纤传感器外，还利用铁磁流体在磁场作用下的界面变形特征，将其用于触觉传感器，如图 1-4 所示（Liu et al.，2022），以及基于铁磁流体热-光效应的表面等离子体共振磁场传感器（Cennamo et al.，2020；Kaur et al.，2021）。利用铁磁流体可被磁场控制的特征，可将铁磁流体用于电化学生物传感器（Jiao et al.，2022）。

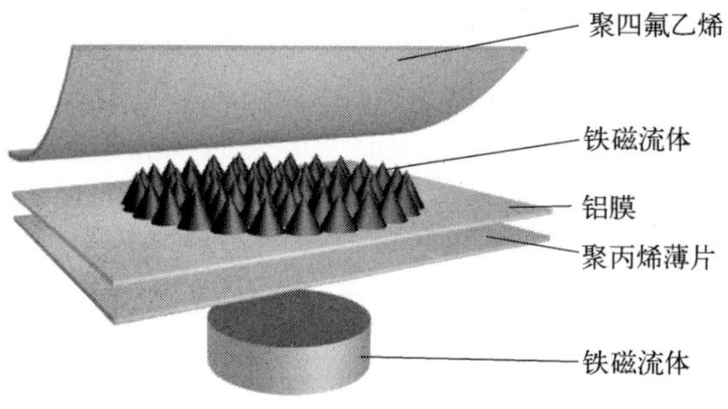

图 1-4 铁磁流体触觉传感器组成

在石化行业，利用铁磁流体的磁控多孔介质流动，将铁磁流体作为置换流体进行石油开采，可大幅提高石油置换效率（Dou et al.，2022）。

在环保领域，应用铁磁流体在吸收放射性元素方面强的离子选择性，进行核废水处理（Chen et al.，2022）。利用非磁性颗粒在铁磁流体中的悬浮特性，去除海洋中的微米和纳米塑料颗粒（Pramanik et al.，2021）。此外，还可将铁磁流体作为萃取剂，在萃取过程中回收分析物质（Nayebi et al.，2021）。人们还提出，利用磁场作用下铁磁流体可增加传质效率的特性，将其用于捕集二氧化碳（Samadi et al.，2014）。

在生物医药领域中，将铁磁流体作为造影剂，用于发现病灶部位和对病灶部位进行拍摄分析（Socoliuc et al.，2022）。铁磁流体还可作为药物的载体注入体内，在外磁场的作用下将其导引至病灶处，直接向病灶释放药剂，提高治疗效果（Scherer et al.，2005；Gonella et al.，2021）。结合微流控技术，铁磁流体可用于分离不同细胞，提高细胞检测的灵敏度（Kosea et al.，2009；Kosea et al.，2012；Yang et al.，2023）。此外，利用铁磁流体在高频交变磁场作用下生热的特征，将铁磁流体用于医学热疗，实现较高的特异吸收率，辅助癌症的治疗（Jordan et al.，1999）。

1.3 非平衡铁磁流体力学的基本内容

铁磁流体力学及其物理学诞生的标志是 1964 年 Neuringer 和 Rosensweig 在 *The Physics of Fluids* 上发表的论文“Ferrohydrodynamics”，此后 Rosensweig 等对其进行了一系列长期的研究。这些研究成果，尤其是 Rosensweig 于 1985 年完成的专著 *Ferrohydrodynamics*，系统阐述了描述铁磁流体动力学的方程组、Bernoulli 理论，以及关于磁场对铁磁流体的平衡态和运动的影响的所有基本理论，为铁磁流体力学的后续发展奠定了基础，并直接推动了铁磁流体在工业、技术及医学领域的应用。但 Rosensweig 建立的铁磁流体动力学理论基于铁磁流体的磁化平衡假设，即它的磁化过程是瞬间发生的（磁化弛豫时间为零），所以有学者将其称为准平衡铁磁流体力学。在准平衡铁磁流体力学中，铁磁流体的运动方程中含有磁化强度项，表明铁磁流体的运动受到磁化强度的影响，但磁化强度由 Langevin 函数组成的平衡磁化方程显式表示，只与磁场强度有关而不受运动的影响。

非平衡铁磁流体力学研究当磁化强度矢量与磁场强度不同向时，流动的铁磁流体在各种力的作用下的运动规律，以及铁磁流体与固体边界间发生相对运动时的相互作用。在流动的铁磁流体中，由于存在磁化弛豫效应，当流动涡量与磁化弛豫时间的乘积并非远小于 1 时，磁化强度滞后于磁场强度的变化，在铁磁流体内引起磁力矩（正比于磁化强度与磁场强度的矢量积），该磁力矩会改变磁性颗粒的旋转状态，可以保持颗粒旋转角速度和流动涡量间的差值。这会导致在铁磁流体运动方程中增加一个表示磁力矩的项。这样，即使磁场均匀，磁体积力为零，铁磁流体的流动仍与无磁场时的流动不同。

非平衡铁磁流体力学仍将铁磁流体看作连续介质，铁磁流体的各热学参数均使用组成铁磁流体的各相的当量平均值。描述铁磁流体非平衡流动的微分方程除了像普通流体那样包含质量守恒、动量守恒和能量守恒方程外，还须增加磁化方程描述磁化强度的变化（Fang，2022；de Carvalho et al.，2020）。本书中主要应用唯象磁化方程和微观磁化方程作为铁磁流体非平衡流动的控制方程。

本书按照目前相关研究的核心方向对铁磁流体的非平衡流动进行分类，将其分为平面 Couette-Poiseuille 流、管流、同心圆流动、旋转上升流等流动形态。有关非平衡铁磁流体力学的研究仍处于发展阶段，尤其是部分流动形态中发生的某些现象的物理机理尚无定论。因此，本书只针对上述几种流动形态中已被证实的内容展开讨论。

第2章 非平衡铁磁流体力学基本方程

铁磁流体力学描述铁磁流体在磁场作用下的流动行为，其基本方程包括质量守恒方程、动量守恒方程和能量守恒方程（Yang，2023；Xie，2019），与普通流体不同的是，这些方程中包含磁应力张量引起的磁场力和磁力矩（Landau et al.，1960；Jansons，1983；Liu，1993，1995）。本章在不可逆热力学的框架内（Felderhof et al.，1999），基于动量、角动量和能量守恒方程的积分格式，从最一般的情况，即可导、可压缩的极性流体入手，推得描述铁磁流体流动的一般方程组。

2.1 Reynolds 输运理论

守恒公理表明，任何孤立系统中的可测物理量都在局部区域内守恒。流体流动及其相关的传递现象都是这一公理的表现形式，描述这些现象的数学方法有 Lagrangian 法和 Eulerian 法。前者针对固定的质量单元，以系统为对象；后者针对固定的区域，以控制体（control volume，CV）为对象。例如，对于场变量 $\mathcal{R}[t,\boldsymbol{r}(t)]$，其中 t 表示时间，$\boldsymbol{r}$ 表示空间位置矢量，求该变量的导数或变化率时，如果是对空间中某一固定位置求导，即为 Eulerian 导数，表示为$\partial\mathcal{R}/\partial t$；而如果求导过程为跟踪某一移动的流体单元，则为 Lagrangian 导数，或物质导数、材料导数，表示为 $\mathrm{D}\mathcal{R}/\mathrm{D}t$。理论力学中数学描述质点或刚体满足的牛顿第二定律时所使用的方法属于 Lagrangian 法。根据求导的链式法则可得到两种表示方法间的关系：

$$\frac{\mathrm{D}\mathcal{R}}{\mathrm{D}t}=\frac{\partial\mathcal{R}}{\partial t}+\boldsymbol{v}\cdot\nabla\mathcal{R} \tag{2-1}$$

其中，等号右端第一项表示场变量 $\mathcal{R}$ 的局部变化率，第二项表示其对流变化率。该式表明流体单元内场变量 $\mathcal{R}$ 在流场中运动时的总变化率等于其局部变化率和对流变化率之和，其中的流场由速度 $\boldsymbol{v}$ 表征。

为了便于应用 Eulerian 法表达守恒定律，使已有的基于系统的物理定律能够应用于 Eulerian 描述，需根据 Reynolds 输运定理（理论）得到在运动流体的材料体积（material volume，MV）上的 Eulerian 格式积分。其中材料体积为在任何时刻均包含相同流体的某一体积。设 $\mathcal{J}$ 为流体的某一广延特征量（extensive property，简称广延量），它与物质的多少有关，如质量、动量、体积、能量等。与该广延量对应的强度特征量（intensive property，简

称强度量）为

$$\mathcal{F}(\boldsymbol{r},t)=\frac{\mathrm{d}\mathcal{J}}{\mathrm{d}m} \tag{2-2}$$

其中，强度量 $\mathcal{F}$ 与质量无关，表示单位质量的量，如密度、速度、温度等，$\mathcal{F}$ 可以是标量、矢量或张量函数；m 为质量。广延量与强度量之间的关系也可以由积分关系式表示为

$$\mathcal{J}=\int_{V(t)}\mathcal{F}(\boldsymbol{r},t)\mathrm{d}V \tag{2-3}$$

其中，$V(t)$为材料体积。

Reynolds 输运定理表明，任意正在移动或发生变形的控制体，如果在某一瞬时正好与材料体积重合，则材料体积内广延量 $\mathcal{J}$ 总的瞬时变化量等于控制体内 $\mathcal{J}$ 的总瞬时变化量与 $\mathcal{J}$ 经由控制体各控制面上的净对流输出量之和，表示为

$$\frac{\mathrm{D}}{\mathrm{D}t}\int_{\mathrm{MV}}\mathcal{F}(\boldsymbol{r},t)\mathrm{d}V=\frac{\mathrm{d}}{\mathrm{d}t}\int_{\mathrm{CV}}\mathcal{F}(\boldsymbol{r},t)\mathrm{d}V+\int_{\mathrm{CS}}\mathcal{F}(\boldsymbol{r},t)\boldsymbol{v}\cdot\boldsymbol{n}\mathrm{d}S \tag{2-4}$$

其中，$\boldsymbol{n}$ 为垂直于表面向外指向的单位矢量；CS 为控制体的外表面；S 为这些外表面的面积。

如果控制体固定，且不随时间变化，式（2-4）中等号右端第一项可根据 Leibniz 公式表示为

$$\frac{\mathrm{d}}{\mathrm{d}t}\int_{\mathrm{CV}}\mathcal{F}(\boldsymbol{r},t)\mathrm{d}V=\int_{\mathrm{CV}}\frac{\partial}{\partial t}\mathcal{F}(\boldsymbol{r},t)\mathrm{d}V \tag{2-5}$$

则 Reynolds 输运定理为

$$\frac{\mathrm{D}}{\mathrm{D}t}\int_{\mathrm{MV}}\mathcal{F}(\boldsymbol{r},t)\mathrm{d}V=\int_{\mathrm{CV}}\frac{\partial}{\partial t}\mathcal{F}(\boldsymbol{r},t)\mathrm{d}V+\int_{\mathrm{CS}}\mathcal{F}(\boldsymbol{r},t)\boldsymbol{v}\cdot\boldsymbol{n}\mathrm{d}S \tag{2-6}$$

由于在该瞬时控制体和材料体积重合，故式（2-6）中等号左端的积分等于在控制体上的积分，将控制体体积简化表示为 V，得

$$\frac{\mathrm{D}}{\mathrm{D}t}\int_{V}\mathcal{F}(\boldsymbol{r},t)\mathrm{d}V=\int_{V}\frac{\partial}{\partial t}\mathcal{F}(\boldsymbol{r},t)\mathrm{d}V+\int_{S}\mathcal{F}(\boldsymbol{r},t)\boldsymbol{v}\cdot\boldsymbol{n}\mathrm{d}S \tag{2-7}$$

根据高斯定理和矢量关系式：

$$\nabla\cdot(\mathcal{F}\boldsymbol{v})=\mathcal{F}(\nabla\cdot\boldsymbol{v})+\boldsymbol{v}\cdot\nabla\mathcal{F}$$

将式（2-7）中等号右端的面积分展开为

$$\int_{S}\mathcal{F}(\boldsymbol{r},t)\boldsymbol{v}\cdot\boldsymbol{n}\mathrm{d}S=\int_{V}\mathcal{F}(\nabla\cdot\boldsymbol{v})\mathrm{d}V+\int_{V}\boldsymbol{v}\cdot\nabla\mathcal{F}\mathrm{d}V \tag{2-8}$$

从而可得

$$\frac{\mathrm{D}}{\mathrm{D}t}\int_{V}\mathcal{F}(\boldsymbol{r},t)\mathrm{d}V=\int_{V}\left[\frac{\mathrm{D}\mathcal{F}}{\mathrm{D}t}+\mathcal{F}(\nabla\cdot\boldsymbol{v})\right]\mathrm{d}V \tag{2-9}$$

令 $\mathcal{F}=\rho\mathcal{R}$，$\mathcal{R}$ 为任意场变量，ρ 为流体的密度，式（2-9）变为

$$\frac{\mathrm{D}}{\mathrm{D}t}\int_{V}\rho\mathcal{R}\mathrm{d}V=\int_{V}\left[\rho\frac{\mathrm{D}\mathcal{R}}{\mathrm{D}t}+\mathcal{R}\left(\frac{\mathrm{D}\rho}{\mathrm{D}t}+\rho\nabla\cdot\boldsymbol{v}\right)\right]\mathrm{d}V \tag{2-10}$$

根据连续性方程［2.2 节中的式（2-13）］，式（2-10）中等号右端的被积函数中圆括号内的部分为零，从而可得 Reynolds 输运定理的另一种表示形式：

$$\frac{\mathrm{D}}{\mathrm{D}t}\int_{V}\rho\mathcal{R}\mathrm{d}V=\int_{V}\rho\frac{\mathrm{D}\mathcal{R}}{\mathrm{D}t}\mathrm{d}V \tag{2-11}$$

2.2 质量守恒方程

对于流场中体积为 V 的恒定质量的流体，在其随时间发生变形的过程中，质量保持不变，用积分方程表示为

$$\frac{\mathrm{D}}{\mathrm{D}t}\int_V \rho \mathrm{d}V = 0 \tag{2-12}$$

也即令式（2-9）中的 $\mathcal{F}$ 为 ρ，可得连续性方程：

$$\frac{\mathrm{D}\rho}{\mathrm{D}t} + \rho(\boldsymbol{\nabla} \cdot \boldsymbol{v}) = 0 \tag{2-13}$$

或者将随体导数展开，得到另一种形式的连续性方程：

$$\frac{\partial \rho}{\partial t} + \boldsymbol{\nabla} \cdot (\rho \boldsymbol{v}) = 0 \tag{2-14}$$

另外，由式（2-13）可直接得到连续性方程的第三种表示形式：

$$\frac{1}{\rho}\frac{\mathrm{D}\rho}{\mathrm{D}t} = -\boldsymbol{\nabla} \cdot \boldsymbol{v} \tag{2-15}$$

2.3 Cauchy 应力原理和 Cauchy 运动方程

在连续介质假设条件下，刚体的牛顿第二定律可扩展至连续体，即占材料体积（MV）的物质的动量变化率等于作用在该体积上的体积力与作用在包围该体积表面（MS）上的表面力之和：

$$\frac{\mathrm{D}}{\mathrm{D}t}\int_{\mathrm{MV}} (\rho \boldsymbol{v} + \boldsymbol{g}) \mathrm{d}V = \int_{\mathrm{MV}} \rho \boldsymbol{F} \mathrm{d}V + \oint_{\mathrm{MS}} \boldsymbol{t}_n \mathrm{d}S \tag{2-16}$$

其中，$\boldsymbol{g}$ 为电磁动量矢量（electromagnetic momentum vector）；$\boldsymbol{F}$ 为单位质量的体积力（除电磁体积力外）；$\boldsymbol{t}_n$ 为定义在面上的应力矢量，包括压应力、黏性应力和电磁应力。假设当材料体积与控制体重合时，式（2-16）中的材料体积（MV）均可由控制体 V 代替，此时下式成立：

$$\frac{\mathrm{D}}{\mathrm{D}t}\int_V (\rho \boldsymbol{v} + \boldsymbol{g}) \mathrm{d}V = \int_V \rho \boldsymbol{F} \mathrm{d}V + \oint_S \boldsymbol{t}_n \mathrm{d}S \tag{2-17}$$

该方程即为动量守恒方程，描述系统与其周围环境交换动量时遵守的规律。式（2-17）中等号右端第一项表示动量从远离控制体的空间的到达速率，第二项表示周围介质对系统施加的表面力引起的系统内动量的累积速率或散失速率。为叙述方便，后续不再区分 MV 和 CV，统一表示为 V。

面应力矢量 $\boldsymbol{t}_n$ 可以由总应力张量 $\widetilde{\boldsymbol{T}}$ 表示为 $\boldsymbol{t}_n = \boldsymbol{n} \cdot \widetilde{\boldsymbol{T}}$，总应力张量 $\widetilde{\boldsymbol{T}}$ 等于压应力张量、黏性应力张量和电磁应力张量之和。式（2-17）中等号右端的面积分可表示为

$$\begin{aligned}\oint_S \boldsymbol{t}_n \mathrm{d}S &= \oint_S \boldsymbol{n} \cdot \widetilde{\boldsymbol{T}} \mathrm{d}S \\ &= \int_V \boldsymbol{\nabla} \cdot \widetilde{\boldsymbol{T}} \mathrm{d}V\end{aligned} \tag{2-18}$$

式（2-17）中等号左端的项可根据式（2-11）表示为

$$\frac{\mathrm{D}}{\mathrm{D}t}\int_{V}(\rho\boldsymbol{v}+\boldsymbol{g})\mathrm{d}V=\int_{V}\left[\rho\frac{\mathrm{D}\boldsymbol{v}}{\mathrm{D}t}+\rho\frac{\mathrm{D}}{\mathrm{D}t}\left(\frac{\boldsymbol{g}}{\rho}\right)\right]\mathrm{d}V \tag{2-19}$$

其中，等号右端积分中被积函数的第二项可进一步展开为

$$\begin{aligned}\rho\frac{\mathrm{D}}{\mathrm{D}t}\left(\frac{\boldsymbol{g}}{\rho}\right)&=\rho\frac{1}{\rho}\frac{\mathrm{D}\boldsymbol{g}}{\mathrm{D}t}-\frac{1}{\rho}\boldsymbol{g}\frac{\mathrm{D}\rho}{\mathrm{D}t}\\&=\frac{\partial\boldsymbol{g}}{\partial t}+\boldsymbol{v}\cdot\nabla\boldsymbol{g}+\boldsymbol{g}(\nabla\cdot\boldsymbol{v})\\&=\frac{\partial\boldsymbol{g}}{\partial t}+\nabla\cdot(\boldsymbol{v}\boldsymbol{g})\end{aligned} \tag{2-20}$$

分别将式（2-18）～式（2-20）的结果代入式（2-17）中，并根据积分体积的任意性，得

$$\rho\frac{\mathrm{D}\boldsymbol{v}}{\mathrm{D}t}+\frac{\partial\boldsymbol{g}}{\partial t}+\nabla\cdot(\boldsymbol{v}\boldsymbol{g})=\rho\boldsymbol{F}+\nabla\cdot\widetilde{\boldsymbol{T}} \tag{2-21}$$

令

$$\boldsymbol{T}=\widetilde{\boldsymbol{T}}-\boldsymbol{v}\boldsymbol{g} \tag{2-22}$$

得铁磁流体微元满足的动量守恒方程：

$$\rho\frac{\mathrm{D}\boldsymbol{v}}{\mathrm{D}t}+\frac{\partial\boldsymbol{g}}{\partial t}=\rho\boldsymbol{F}+\nabla\cdot\boldsymbol{T} \tag{2-23}$$

根据连续性方程［式（2-14）］和两矢量乘积的散度展开式，可将式（2-23）中等号左端的第一项写为

$$\begin{aligned}\rho\frac{\mathrm{D}\boldsymbol{v}}{\mathrm{D}t}&=\rho\frac{\partial\boldsymbol{v}}{\partial t}+(\rho\boldsymbol{v}\cdot\nabla)\boldsymbol{v}+\boldsymbol{v}\frac{\partial\rho}{\partial t}+\boldsymbol{v}\nabla\cdot(\rho\boldsymbol{v})\\&=\frac{\partial(\rho\boldsymbol{v})}{\partial t}+\nabla\cdot(\rho\boldsymbol{v}\boldsymbol{v})\end{aligned} \tag{2-24}$$

从而得到动量守恒方程的另一种形式：

$$\frac{\partial(\rho\boldsymbol{v})}{\partial t}+\nabla\cdot(\rho\boldsymbol{v}\boldsymbol{v})+\frac{\partial\boldsymbol{g}}{\partial t}=\rho\boldsymbol{F}+\nabla\cdot\boldsymbol{T} \tag{2-25}$$

其中，$\rho\boldsymbol{v}\boldsymbol{v}$ 为动量体密度 $\rho\boldsymbol{v}$ 的通量。

2.4 角动量守恒方程

系统与其周围环境除了交换动量外，它们之间也交换角动量。一方面，周围环境通过体力矩 $\boldsymbol{G}$（体力偶密度）向系统传递角动量；另一方面，系统的相邻介质还会通过作用在系统表面上的力偶 $\boldsymbol{c}_n$（单位面积上的力偶矩）改变系统内的角动量。设系统总的局部角动量密度（单位体积的）可表示为

$$\boldsymbol{L}=\boldsymbol{r}\times(\rho\boldsymbol{v}+\boldsymbol{g})+\rho\boldsymbol{s} \tag{2-26}$$

其中，$\boldsymbol{r}$ 为流体单元相对于任意固定点的位置矢量；$\boldsymbol{s}$ 为内禀或自旋角动量密度（单位质量），由磁性颗粒自身的旋转引起。对于非极性流体，内禀角动量 $\boldsymbol{s}$ 为零。对于铁磁流体等极性流体，自旋场来源于磁性颗粒的自旋，以及颗粒旋转引起的其周围局部载液的旋转（Odenbach，2002）。而且，内禀角动量和轨道角动量间具有耦合效应。

角动量定理表明，系统总角动量的时间变化率等于它所受到的各表面力和体积力引起的合外力矩的矢量和，表示为

$$\frac{\mathrm{D}}{\mathrm{D}t}\int_V[\boldsymbol{r}\times(\rho\boldsymbol{v}+\boldsymbol{g})+\rho\boldsymbol{s}]\mathrm{d}V=\int_V(\rho\boldsymbol{G}+\boldsymbol{r}\times\rho\boldsymbol{F})\mathrm{d}V+\oint_S(\boldsymbol{c}_n+\boldsymbol{r}\times\boldsymbol{t}_n)\mathrm{d}S \tag{2-27}$$

对于非极性流体，式（2-27）中等号右端无 $\rho\boldsymbol{G}$ 和 $\boldsymbol{c}_n$ 项，即非极性流体的总角动量平衡方程为

$$\frac{\mathrm{D}}{\mathrm{D}t}\int_V\rho(\boldsymbol{r}\times\boldsymbol{v})\mathrm{d}V=\int_V(\boldsymbol{r}\times\rho\boldsymbol{F})\mathrm{d}V+\oint_S(\boldsymbol{r}\times\boldsymbol{t}_n)\mathrm{d}S \tag{2-28}$$

化简式（2-27）中的各项。对于其等号左端的第一项，根据式（2-11），有

$$\begin{aligned}\frac{\mathrm{D}}{\mathrm{D}t}\int_V\boldsymbol{r}\times\rho\boldsymbol{v}\mathrm{d}V&=\int_V\rho\frac{\mathrm{D}}{\mathrm{D}t}(\boldsymbol{r}\times\boldsymbol{v})\mathrm{d}V\\&=\int_V\rho\left(\frac{\mathrm{D}\boldsymbol{r}}{\mathrm{D}t}\times\boldsymbol{v}+\boldsymbol{r}\times\frac{\mathrm{D}\boldsymbol{v}}{\mathrm{D}t}\right)\mathrm{d}V\\&=\int_V\left(\boldsymbol{r}\times\rho\frac{\mathrm{D}\boldsymbol{v}}{\mathrm{D}t}\right)\mathrm{d}V\end{aligned} \tag{2-29}$$

其中，最后一步应用了等式：

$$\frac{\mathrm{D}\boldsymbol{r}}{\mathrm{D}t}=\boldsymbol{v} \tag{2-30}$$

对于式（2-27）中等号左端的第二项：

$$\begin{aligned}\frac{\mathrm{D}}{\mathrm{D}t}\int_V\boldsymbol{r}\times\boldsymbol{g}\mathrm{d}V&=\frac{\mathrm{D}}{\mathrm{D}t}\int_V\left(\rho\boldsymbol{r}\times\frac{\boldsymbol{g}}{\rho}\right)\mathrm{d}V\\&=\int_V\rho\frac{\mathrm{D}}{\mathrm{D}t}\left(\boldsymbol{r}\times\frac{\boldsymbol{g}}{\rho}\right)\mathrm{d}V\\&=\int_V\left[\boldsymbol{v}\times\boldsymbol{g}+\boldsymbol{r}\times\left(\frac{\mathrm{D}\boldsymbol{g}}{\mathrm{D}t}-\frac{\boldsymbol{g}}{\rho}\frac{\mathrm{D}\rho}{\mathrm{D}t}\right)\right]\mathrm{d}V\\&=\int_V\left\{\boldsymbol{v}\times\boldsymbol{g}+\boldsymbol{r}\times\left[\frac{\partial\boldsymbol{g}}{\partial t}+\boldsymbol{v}\cdot\nabla\boldsymbol{g}+\boldsymbol{g}(\nabla\cdot\boldsymbol{v})\right]\right\}\mathrm{d}V\\&=\int_V\left\{\boldsymbol{v}\times\boldsymbol{g}+\boldsymbol{r}\times\left[\frac{\partial\boldsymbol{g}}{\partial t}+\nabla\cdot(\boldsymbol{v}\boldsymbol{g})\right]\right\}\mathrm{d}V\end{aligned} \tag{2-31}$$

其中，倒数第二步应用了式（2-15）。对于式（2-31）中的被积函数 $\boldsymbol{v}\times\boldsymbol{g}$，可根据张量表示法和置换张量 $\boldsymbol{\epsilon}$ 化简为

$$\begin{aligned}\boldsymbol{v}\times\boldsymbol{g}&=v_i\boldsymbol{e}_i\times g_j\boldsymbol{e}_j\\&=v_ig_j\epsilon_{ijk}\boldsymbol{e}_k\\&=\boldsymbol{\epsilon}:\boldsymbol{v}\boldsymbol{g}\end{aligned} \tag{2-32}$$

其中，$\boldsymbol{e}$ 表示单位矢量，在笛卡儿坐标系中，下标 i、j 和 k 代表 x、y 和 z 中的一个；ϵ_{ijk} 为置换张量的分量。从而有

$$\frac{\mathrm{D}}{\mathrm{D}t}\int_V\boldsymbol{r}\times\boldsymbol{g}\mathrm{d}V=\int_V\left\{\boldsymbol{\epsilon}:\boldsymbol{v}\boldsymbol{g}+\boldsymbol{r}\times\left[\frac{\partial\boldsymbol{g}}{\partial t}+\nabla\cdot(\boldsymbol{v}\boldsymbol{g})\right]\right\}\mathrm{d}V \tag{2-33}$$

对于式（2-27）中等号左端的第三项，应用式（2-11）得

$$\frac{\mathrm{D}}{\mathrm{D}t}\int_V\rho\boldsymbol{s}\mathrm{d}V=\int_V\rho\frac{\mathrm{D}\boldsymbol{s}}{\mathrm{D}t}\mathrm{d}V \tag{2-34}$$

力偶面密度 $\boldsymbol{c}_n$ 可以表示为面法向矢量与一力偶应力张量 $\boldsymbol{C}$（couple stress tensor）的点乘：

$$\boldsymbol{c}_n=\boldsymbol{n}\cdot\boldsymbol{C} \tag{2-35}$$

牵引力（traction force）面密度 $\boldsymbol{t}_n$ 及其力矩可分别表示为

$$\boldsymbol{t}_n=\boldsymbol{n}\cdot\widetilde{\boldsymbol{T}} \tag{2-36}$$

$$\boldsymbol{r}\times\boldsymbol{t}_n=\boldsymbol{r}\times(\boldsymbol{n}\cdot\widetilde{\boldsymbol{T}})=-\boldsymbol{n}\cdot(\widetilde{\boldsymbol{T}}\times\boldsymbol{r}) \tag{2-37}$$

从而可根据高斯公式将式（2-27）中等号右端第二项积分写为

$$\oint_S(\boldsymbol{c}_n+\boldsymbol{r}\times\boldsymbol{t}_n)\mathrm{d}S=\int_V[\nabla\cdot\boldsymbol{C}-\nabla\cdot(\widetilde{\boldsymbol{T}}\times\boldsymbol{r})]\mathrm{d}V \tag{2-38}$$

根据笛卡儿坐标系内张量分量形式的求导法则计算式（2-38）中的 $\nabla\cdot(\widetilde{\boldsymbol{T}}\times\boldsymbol{r})$ 项：

$$\begin{aligned}\nabla\cdot(\widetilde{\boldsymbol{T}}\times\boldsymbol{r})&=\boldsymbol{e}_i\frac{\partial}{\partial x_i}\cdot(\boldsymbol{e}_j\boldsymbol{e}_k\widetilde{T}_{jk}\times\boldsymbol{e}_l x_l)\\&=(\boldsymbol{e}_i\cdot\boldsymbol{e}_j)(\boldsymbol{e}_k\times\boldsymbol{e}_l)\left(x_l\frac{\partial\widetilde{T}_{jk}}{\partial x_i}+T_{jk}\frac{\partial x_l}{\partial x_i}\right)\\&=\delta_{ij}\epsilon_{klm}\boldsymbol{e}_m\left(x_l\frac{\partial\widetilde{T}_{jk}}{\partial x_i}+\delta_{li}\widetilde{T}_{jk}\right)\\&=\epsilon_{klm}\boldsymbol{e}_m x_l\frac{\partial\widetilde{T}_{jk}}{\partial x_j}+\epsilon_{kim}\boldsymbol{e}_m\widetilde{T}_{ik}\\&=-\epsilon_{lkm}\boldsymbol{e}_m x_l\frac{\partial\widetilde{T}_{jk}}{\partial x_j}-\epsilon_{mik}\boldsymbol{e}_m\widetilde{T}_{ik}\end{aligned} \tag{2-39}$$

式（2-39）中应用了 $\boldsymbol{r}=\boldsymbol{e}_l x_l$，在笛卡儿坐标系中，下标 l、m 和 n 代表 x、y 和 z 中的一个，而由于：

$$\nabla\cdot\widetilde{\boldsymbol{T}}=\boldsymbol{e}_i\frac{\partial}{\partial x_i}\cdot\boldsymbol{e}_j\boldsymbol{e}_k\widetilde{T}_{jk}=\delta_{ij}\boldsymbol{e}_k\frac{\partial\widetilde{T}_{jk}}{\partial x_i}=\boldsymbol{e}_k\frac{\partial\widetilde{T}_{jk}}{\partial x_j} \tag{2-40}$$

$$\boldsymbol{r}\times(\nabla\cdot\widetilde{\boldsymbol{T}})=\boldsymbol{e}_l x_l\times\boldsymbol{e}_k\frac{\partial\widetilde{T}_{jk}}{\partial x_j}=\epsilon_{lkm}\boldsymbol{e}_m x_l\frac{\partial\widetilde{T}_{jk}}{\partial x_j} \tag{2-41}$$

$$\boldsymbol{\epsilon}\cdot\cdot\widetilde{\boldsymbol{T}}=\epsilon_{ijk}\boldsymbol{e}_i\boldsymbol{e}_j\boldsymbol{e}_k\cdot\cdot\widetilde{T}_{lm}\boldsymbol{e}_l\boldsymbol{e}_m=\epsilon_{ijk}\widetilde{T}_{lm}\boldsymbol{e}_i\delta_{kl}\delta_{jm}=\epsilon_{iml}\widetilde{T}_{lm}\boldsymbol{e}_i=-\epsilon_{ilm}\widetilde{T}_{lm}\boldsymbol{e}_i \tag{2-42}$$

$$\boldsymbol{\epsilon}:\widetilde{\boldsymbol{T}}=\epsilon_{ijk}\boldsymbol{e}_i\boldsymbol{e}_j\boldsymbol{e}_k:\widetilde{T}_{lm}\boldsymbol{e}_l\boldsymbol{e}_m=\epsilon_{ijk}\widetilde{T}_{lm}\boldsymbol{e}_i\delta_{km}\delta_{jl}=\epsilon_{ilm}\widetilde{T}_{lm}\boldsymbol{e}_i \tag{2-43}$$

其中，δ_{ij} 为 Kronecker 符号。将式（2-41）～式（2-43）的结果与式（2-39）的结果比较后可得

$$\begin{aligned}\nabla\cdot(\widetilde{\boldsymbol{T}}\times\boldsymbol{r})&=-\boldsymbol{r}\times(\nabla\cdot\widetilde{\boldsymbol{T}})+\boldsymbol{\epsilon}\cdot\cdot\widetilde{\boldsymbol{T}}\\&=-\boldsymbol{r}\times(\nabla\cdot\widetilde{\boldsymbol{T}})-\boldsymbol{\epsilon}:\widetilde{\boldsymbol{T}}\end{aligned} \tag{2-44}$$

将式（2-44）代入式（2-38），得

$$\oint_S(\boldsymbol{c}_n+\boldsymbol{r}\times\boldsymbol{t}_n)\mathrm{d}S=\int_V[\nabla\cdot\boldsymbol{C}+\boldsymbol{r}\times(\nabla\cdot\widetilde{\boldsymbol{T}})+\boldsymbol{\epsilon}:\widetilde{\boldsymbol{T}}]\,\mathrm{d}V \tag{2-45}$$

分别将式（2-29）、式（2-33）、式（2-34）和式（2-45）的结果代回至式（2-27），得到

$$\int_V\left[\rho\frac{\mathrm{D}\boldsymbol{s}}{\mathrm{D}t}+\boldsymbol{r}\times\left(\rho\frac{\mathrm{D}\boldsymbol{v}}{\mathrm{D}t}+\frac{\partial\boldsymbol{g}}{\partial t}-\nabla\cdot\boldsymbol{T}-\rho\boldsymbol{F}\right)\right]\mathrm{d}V=\int_V(\rho\boldsymbol{G}+\nabla\cdot\boldsymbol{C}+\boldsymbol{\epsilon}:\boldsymbol{T})\mathrm{d}V \tag{2-46}$$

其中应用了式（2-22）的定义。式（2-46）中等号左端被积函数的第二项可根据式（2-23）得其结果为零，由积分体积的任意性，得内禀角动量的动量守恒方程：

$$\rho\frac{\mathrm{D}\boldsymbol{s}}{\mathrm{D}t}=\rho\boldsymbol{G}+\nabla\cdot\boldsymbol{C}+\boldsymbol{\epsilon}:\boldsymbol{T} \tag{2-47}$$

该方程表明，引起铁磁流体微元内禀角动量变化的源包括：周围介质传递的体力矩 $\boldsymbol{G}$；面力矩 $\nabla \cdot \boldsymbol{C}$，它表示内禀角动量经由微元表面的扩散变化量；与外部角动量间的角动量交换，由 $\boldsymbol{\epsilon}:\boldsymbol{T}$ 表示。应用与式（2-23）相同的处理方法，可得到式（2-47）的另一种形式：

$$\frac{\partial(\rho \boldsymbol{s})}{\partial t}+\nabla \cdot(\rho \boldsymbol{v} \boldsymbol{s})=\rho \boldsymbol{G}+\nabla \cdot \boldsymbol{C}+\boldsymbol{\epsilon}:\boldsymbol{T} \tag{2-48}$$

其中，$\rho \boldsymbol{v} \boldsymbol{s}$ 可看作内禀角动量体积密度 $\rho \boldsymbol{s}$ 的通量，也即自旋通量。

对于铁磁流体内单分散的球形颗粒，其自旋角动量密度为

$$\boldsymbol{s}=I \boldsymbol{\omega}_{\mathrm{p}} \tag{2-49}$$

其中，$\boldsymbol{\omega}_{\mathrm{p}}$ 为颗粒的平均角速度；I 为单位质量流体的转动惯量，它与单位体积铁磁流体中颗粒的惯性矩密度 I' 间的关系为

$$I'=\rho I \tag{2-50}$$

I' 也是单位体积的转动惯量，应用下式计算（Odenbach，2002）：

$$I'=\frac{1}{10} \rho_{\mathrm{s}} \phi \bar{d}_{\mathrm{p}}^{2} \tag{2-51}$$

其中，ϕ 为颗粒的体积分数；$\bar{d}_{\mathrm{p}}$ 为颗粒的平均直径；ρ_{s} 为颗粒材料的密度，由于颗粒由核和表面活性剂组成，所以一般估算 ρ_{s} 为（Shliomis，2021）：

$$\rho_{\mathrm{s}}=\rho_{\text{coat}}\left[1+\left(\frac{\rho_{\text{mag}}}{\rho_{\text{coat}}}-1\right)\left(\frac{d_{\mathrm{m}}}{\bar{d}_{\mathrm{p}}}\right)^{5}\right] \tag{2-52}$$

其中，ρ_{mag} 和 ρ_{coat} 分别为颗粒核和表面活性剂的密度；d_{m} 为颗粒核的直径。

也可根据体积分数与颗粒的数量浓度 N 间的关系［式（2-53）］将 I' 表示为式（2-54）的形式：

$$\phi=\frac{1}{6} \pi \bar{d}_{\mathrm{p}}^{3} N \tag{2-53}$$

$$I'=\frac{1}{60} \pi \rho_{\mathrm{s}} N \bar{d}_{\mathrm{p}}^{5} \tag{2-54}$$

应用式（2-49）可得

$$\frac{\mathrm{D} \boldsymbol{s}}{\mathrm{D} t}=I \frac{\mathrm{D} \boldsymbol{\omega}_{\mathrm{p}}}{\mathrm{D} t} \tag{2-55}$$

所以铁磁流体的角动量守恒方程［式（2-47）］也可写为另一种形式：

$$\rho I \frac{\mathrm{D} \boldsymbol{\omega}_{\mathrm{p}}}{\mathrm{D} t}=\rho \boldsymbol{G}+\nabla \cdot \boldsymbol{C}+\boldsymbol{\epsilon}:\boldsymbol{T} \tag{2-56}$$

或

$$I' \frac{\mathrm{D} \boldsymbol{\omega}_{\mathrm{p}}}{\mathrm{D} t}=\rho \boldsymbol{G}+\nabla \cdot \boldsymbol{C}+\boldsymbol{\epsilon}:\boldsymbol{T} \tag{2-57}$$

2.5 能量守恒方程

系统的能量守恒定律表明，具有固定质量和可变体积的系统中总能量的时间变化率等于外界对系统所做的功和外界对系统提供的能量之和，表示为

$$\frac{\mathrm{D}}{\mathrm{D}t}\int_V \rho\left(u+\frac{v^2}{2}+\frac{I}{2}\omega_{\mathrm{p}}^2\right)\mathrm{d}V=\int_V(\rho\boldsymbol{G}\cdot\boldsymbol{\omega}_{\mathrm{p}}+\rho\boldsymbol{F}\cdot\boldsymbol{v})\mathrm{d}V+\oint_S(\boldsymbol{c}_n\cdot\boldsymbol{\omega}_{\mathrm{p}}+\boldsymbol{t}_n\cdot\boldsymbol{v})\mathrm{d}S-\oint_S\boldsymbol{n}\cdot\boldsymbol{q}\,\mathrm{d}S-\oint_S\boldsymbol{n}\cdot(\boldsymbol{E}'\times\boldsymbol{H}')\mathrm{d}S+\int_V\rho R\,\mathrm{d}V \tag{2-58}$$

其中，u 为单位质量的内能；$\boldsymbol{q}$ 为热流密度矢量（单位面积上传导的热量）；R 为体积热释放率（比如辐射等）；$\boldsymbol{\omega}_{\mathrm{p}}$ 为角速度矢量；Poynting 矢量 $\boldsymbol{E}'\times\boldsymbol{H}'$ 表示移动介质的电磁场能流密度矢量，表观电场强度 $\boldsymbol{E}'$ 和表观磁场强度 $\boldsymbol{H}'$ 分别表示为

$$\boldsymbol{E}'=\boldsymbol{E}_{/\!/}+\tilde{\gamma}(\boldsymbol{E}_{\perp}+\boldsymbol{v}\times\boldsymbol{B}) \tag{2-59}$$

$$\boldsymbol{H}'=\boldsymbol{H}_{/\!/}+\tilde{\gamma}(\boldsymbol{H}_{\perp}-\boldsymbol{v}\times\boldsymbol{D}) \tag{2-60}$$

其中，下标//和⊥分别表示与参考系相对速度 $\boldsymbol{v}$ 平行和垂直的分量；$\boldsymbol{E}$ 为电场强度；$\boldsymbol{H}$ 为磁场强度；$\boldsymbol{B}$ 为磁感应强度；$\boldsymbol{D}$ 为电位移矢量；系数 $\tilde{\gamma}$ 为 Lorentz 变换的系数，表示为

$$\tilde{\gamma}=\left[1-\left(\frac{v}{c}\right)^2\right]^{-\frac{1}{2}} \tag{2-61}$$

式（2-59）和式（2-60）中的项 $\boldsymbol{v}\times\boldsymbol{B}$ 和 $\boldsymbol{v}\times\boldsymbol{D}$ 分别表示当观察者以速度 $\boldsymbol{v}$ 行进时观察到的表观电场和表观磁场，如果速度 $\boldsymbol{v}$ 的大小远小于光速 c，系数 $\tilde{\gamma}\approx1$，此时有

$$\boldsymbol{E}'=\boldsymbol{E}+\boldsymbol{v}\times\boldsymbol{B},\ \boldsymbol{H}'=\boldsymbol{H}-\boldsymbol{v}\times\boldsymbol{D} \tag{2-62}$$

对于式（2-58）中的项 $\oint_S(\boldsymbol{t}_n\cdot\boldsymbol{v})\mathrm{d}S$，根据 Cauchy 理论和高斯定理，展开为

$$\begin{aligned}\oint_S(\boldsymbol{t}_n\cdot\boldsymbol{v})\mathrm{d}S&=\int_S\boldsymbol{n}\cdot\tilde{\boldsymbol{T}}\cdot\boldsymbol{v}\mathrm{d}S\\&=\int_V\nabla\cdot(\tilde{\boldsymbol{T}}\cdot\boldsymbol{v})\mathrm{d}V\end{aligned} \tag{2-63}$$

由张量表示法知：

$$\nabla\cdot(\tilde{\boldsymbol{T}}\cdot\boldsymbol{v})=\frac{\partial}{\partial x_i}\boldsymbol{e}_i\cdot(\tilde{T}_{jk}\boldsymbol{e}_j\boldsymbol{e}_k\cdot v_l\boldsymbol{e}_l)=\frac{\partial}{\partial x_i}\boldsymbol{e}_i\cdot(\tilde{T}_{jk}\boldsymbol{e}_j v_k)=v_k\frac{\partial\tilde{T}_{ik}}{\partial x_i}+\tilde{T}_{ik}\frac{\partial v_k}{\partial x_i} \tag{2-64}$$

$$(\nabla\cdot\tilde{\boldsymbol{T}})\cdot\boldsymbol{v}=\frac{\partial}{\partial x_i}\boldsymbol{e}_i\cdot\tilde{T}_{jk}\boldsymbol{e}_j\boldsymbol{e}_k\cdot v_l\boldsymbol{e}_l=\frac{\partial\tilde{T}_{ik}}{\partial x_i}v_k \tag{2-65}$$

$$\tilde{\boldsymbol{T}}^{\mathrm{T}}\cdot\cdot\nabla\boldsymbol{v}=\tilde{T}_{ji}\boldsymbol{e}_i\boldsymbol{e}_j\cdot\cdot\frac{\partial}{\partial x_k}\boldsymbol{e}_k v_l\boldsymbol{e}_l=\tilde{T}_{ji}\frac{\partial v_i}{\partial x_j} \tag{2-66}$$

$$\tilde{\boldsymbol{T}}:\nabla\boldsymbol{v}=\tilde{T}_{ij}\boldsymbol{e}_i\boldsymbol{e}_j:\frac{\partial}{\partial x_k}\boldsymbol{e}_k v_l\boldsymbol{e}_l=\tilde{T}_{ij}\frac{\partial v_j}{\partial x_i} \tag{2-67}$$

比较式（2-64）～式（2-67）的结果，可得

$$\begin{aligned}\nabla\cdot(\tilde{\boldsymbol{T}}\cdot\boldsymbol{v})&=(\nabla\cdot\tilde{\boldsymbol{T}})\cdot\boldsymbol{v}+\tilde{\boldsymbol{T}}^{\mathrm{T}}\cdot\cdot\nabla\boldsymbol{v}\\&=(\nabla\cdot\tilde{\boldsymbol{T}})\cdot\boldsymbol{v}+\tilde{\boldsymbol{T}}:\nabla\boldsymbol{v}\end{aligned} \tag{2-68}$$

从而可将式（2-63）写为

$$\oint_S(\boldsymbol{t}_n\cdot\boldsymbol{v})\mathrm{d}S=\int_V[(\nabla\cdot\tilde{\boldsymbol{T}})\cdot\boldsymbol{v}+\tilde{\boldsymbol{T}}:\nabla\boldsymbol{v}]\mathrm{d}V \tag{2-69}$$

同理有

$$\oint_S (\boldsymbol{c}_n \cdot \boldsymbol{\omega}_{\mathrm{p}})\mathrm{d}S = \int_V [(\nabla \cdot \boldsymbol{C}) \cdot \boldsymbol{\omega}_{\mathrm{p}} + \boldsymbol{C} : \nabla \boldsymbol{\omega}_{\mathrm{p}}]\,\mathrm{d}V \tag{2-70}$$

对于式（2-58）中的 Poynting 项，应用高斯定理得

$$\oint_S \boldsymbol{n} \cdot (\boldsymbol{E}' \times \boldsymbol{H}')\mathrm{d}S = \int_V \nabla \cdot (\boldsymbol{E}' \times \boldsymbol{H}')\mathrm{d}V \tag{2-71}$$

将式（2-62）代入其中，并展开其中的被积函数项：

$$\begin{aligned}
\nabla \cdot (\boldsymbol{E}' \times \boldsymbol{H}') &= \nabla \cdot [(\boldsymbol{E} + \boldsymbol{v} \times \boldsymbol{B}) \times (\boldsymbol{H} - \boldsymbol{v} \times \boldsymbol{D})] \\
&= \nabla \cdot [\boldsymbol{E} \times \boldsymbol{H} - \boldsymbol{E} \times (\boldsymbol{v} \times \boldsymbol{D}) + \boldsymbol{v} \times \boldsymbol{B} \times \boldsymbol{H} - (\boldsymbol{v} \times \boldsymbol{B}) \times (\boldsymbol{v} \times \boldsymbol{D})] \\
&= \nabla \cdot (\boldsymbol{E} \times \boldsymbol{H}) - \{(\boldsymbol{v} \times \boldsymbol{D}) \cdot (\nabla \times \boldsymbol{E}) - \boldsymbol{E} \cdot [\nabla \times (\boldsymbol{v} \times \boldsymbol{D})]\} \\
&\quad + \{\boldsymbol{H} \cdot [\nabla \times (\boldsymbol{v} \times \boldsymbol{B})] - (\boldsymbol{v} \times \boldsymbol{B}) \cdot (\nabla \times \boldsymbol{H})\} - \nabla \\
&\quad \cdot [(\boldsymbol{v} \times \boldsymbol{B}) \times (\boldsymbol{v} \times \boldsymbol{D})] \\
&= \nabla \cdot (\boldsymbol{E} \times \boldsymbol{H}) + \{\boldsymbol{E} \cdot [\nabla \times (\boldsymbol{v} \times \boldsymbol{D})] + \boldsymbol{H} \cdot [\nabla \times (\boldsymbol{v} \times \boldsymbol{B})]\} \\
&\quad - [(\boldsymbol{v} \times \boldsymbol{D}) \cdot (\nabla \times \boldsymbol{E}) + (\boldsymbol{v} \times \boldsymbol{B}) \cdot (\nabla \times \boldsymbol{H})] - \nabla \\
&\quad \cdot [(\boldsymbol{v} \times \boldsymbol{B}) \times (\boldsymbol{v} \times \boldsymbol{D})]
\end{aligned} \tag{2-72}$$

应用 Maxwell 方程：

$$-\frac{\partial \boldsymbol{B}}{\partial t} = \nabla \times \boldsymbol{E},\ \frac{\partial \boldsymbol{D}}{\partial t} + \boldsymbol{j}_0 = \nabla \times \boldsymbol{H} \tag{2-73}$$

其中，$\boldsymbol{j}_0$ 为传导电流密度。化简式（2-72）中的项：

$$\begin{aligned}
(\boldsymbol{v} \times \boldsymbol{D}) \cdot (\nabla \times \boldsymbol{E}) + (\boldsymbol{v} \times \boldsymbol{B}) \cdot (\nabla \times \boldsymbol{H}) &= -\frac{\partial \boldsymbol{B}}{\partial t} \cdot (\boldsymbol{v} \times \boldsymbol{D}) + \left(\frac{\partial \boldsymbol{D}}{\partial t} + \boldsymbol{j}_0\right) \cdot (\boldsymbol{v} \times \boldsymbol{B}) \\
&= \boldsymbol{v} \cdot \left(\frac{\partial \boldsymbol{B}}{\partial t} \times \boldsymbol{D}\right) - \boldsymbol{v} \cdot \left(\frac{\partial \boldsymbol{D}}{\partial t} \times \boldsymbol{B}\right) + \boldsymbol{j}_0 \cdot (\boldsymbol{v} \times \boldsymbol{B}) \\
&= -\boldsymbol{v} \cdot \frac{\partial \boldsymbol{g}}{\partial t} + \boldsymbol{j}_0 \cdot (\boldsymbol{v} \times \boldsymbol{B})
\end{aligned} \tag{2-74}$$

式（2-74）中应用了矢量计算的混合积公式，以及电磁场动量密度的定义：

$$\boldsymbol{g} = \boldsymbol{D} \times \boldsymbol{B} \tag{2-75}$$

对于项：

$$\begin{aligned}
\nabla \cdot [(\boldsymbol{v} \times \boldsymbol{B}) \times (\boldsymbol{v} \times \boldsymbol{D})] &= \nabla \cdot \{\boldsymbol{v}[(\boldsymbol{v} \times \boldsymbol{B}) \cdot \boldsymbol{D}] - \boldsymbol{D}[(\boldsymbol{v} \times \boldsymbol{B}) \cdot \boldsymbol{v}]\} \\
&= \nabla \cdot \{\boldsymbol{v}[(\boldsymbol{v} \times \boldsymbol{B}) \cdot \boldsymbol{D}]\} = \boldsymbol{v} \cdot \nabla[(\boldsymbol{v} \times \boldsymbol{B}) \cdot \boldsymbol{D}] + [(\boldsymbol{v} \times \boldsymbol{B}) \cdot \boldsymbol{D}](\nabla \cdot \boldsymbol{v}) \\
&= \boldsymbol{v} \cdot \nabla[\boldsymbol{v} \cdot (\boldsymbol{B} \times \boldsymbol{D})] + [\boldsymbol{v} \cdot (\boldsymbol{B} \times \boldsymbol{D})](\nabla \cdot \boldsymbol{v}) \\
&= -\boldsymbol{v} \cdot \nabla(\boldsymbol{v} \cdot \boldsymbol{g}) - (\boldsymbol{v} \cdot \boldsymbol{g})(\nabla \cdot \boldsymbol{v}) \\
&= -\boldsymbol{v} \cdot [\boldsymbol{v} \cdot \nabla \boldsymbol{g} + \boldsymbol{g} \cdot \nabla \boldsymbol{v} + \boldsymbol{v} \times (\nabla \times \boldsymbol{g}) + \boldsymbol{g} \times (\nabla \times \boldsymbol{v})] \\
&\quad - (\boldsymbol{v} \cdot \boldsymbol{g})(\nabla \cdot \boldsymbol{v}) \\
&= -\boldsymbol{v} \cdot (\boldsymbol{v} \cdot \nabla \boldsymbol{g}) - \boldsymbol{v} \cdot (\boldsymbol{g} \cdot \nabla \boldsymbol{v}) - \boldsymbol{v} \cdot [\boldsymbol{g} \times (\nabla \times \boldsymbol{v})] - (\boldsymbol{v} \cdot \boldsymbol{g})(\nabla \cdot \boldsymbol{v}) \\
&= -\boldsymbol{v} \cdot [\nabla \cdot (\boldsymbol{v}\boldsymbol{g})] - \boldsymbol{v} \cdot (\boldsymbol{g} \cdot \nabla \boldsymbol{v}) - \boldsymbol{v} \cdot [\boldsymbol{g} \times (\nabla \times \boldsymbol{v})]
\end{aligned} \tag{2-76}$$

应用张量展开式化简式（2-76）中等号右端的最后两项，得

$$
\begin{aligned}
&-\boldsymbol{v}\cdot(\boldsymbol{g}\cdot\nabla\boldsymbol{v})-\boldsymbol{v}\cdot[\boldsymbol{g}\times(\nabla\times\boldsymbol{v})]\\
&\quad=-v_i\boldsymbol{e}_i\cdot\left(g_j\boldsymbol{e}_j\cdot\frac{\partial}{\partial x_k}\boldsymbol{e}_k v_l\boldsymbol{e}_l\right)-v_i\boldsymbol{e}_i\cdot\left[g_j\boldsymbol{e}_j\times\left(\frac{\partial}{\partial x_k}\boldsymbol{e}_k\times v_l\boldsymbol{e}_l\right)\right]\\
&\quad=-v_i\boldsymbol{e}_i\cdot\left(g_j\frac{\partial v_l}{\partial x_j}\boldsymbol{e}_l\right)-v_i\boldsymbol{e}_i\cdot\left[g_j\boldsymbol{e}_j\times\left(\frac{\partial v_l}{\partial x_k}\epsilon_{klm}\boldsymbol{e}_m\right)\right]\\
&\quad=-v_i g_j\frac{\partial v_i}{\partial x_j}-v_i\boldsymbol{e}_i\cdot\left(g_j\frac{\partial v_l}{\partial x_k}\epsilon_{klm}\epsilon_{jmn}\boldsymbol{e}_n\right)\\
&\quad=-v_i g_j\frac{\partial v_i}{\partial x_j}-v_i g_j\frac{\partial v_l}{\partial x_k}\epsilon_{klm}\epsilon_{jmi}=-v_i g_j\frac{\partial v_i}{\partial x_j}-v_i g_j\frac{\partial v_l}{\partial x_k}\epsilon_{mlk}\epsilon_{mji}\\
&\quad=-v_i g_j\frac{\partial v_i}{\partial x_j}-v_i g_j\frac{\partial v_l}{\partial x_k}(\delta_{lj}\delta_{ki}-\delta_{li}\delta_{kj})\\
&\quad=-v_i g_j\frac{\partial v_i}{\partial x_j}-v_i g_j\frac{\partial v_j}{\partial x_i}+v_i g_j\frac{\partial v_i}{\partial x_j}=-v_i g_j\frac{\partial v_j}{\partial x_i}
\end{aligned}
\tag{2-77}
$$

另外：

$$(\boldsymbol{vg}):\nabla\boldsymbol{v}=v_i\boldsymbol{e}_i g_j\boldsymbol{e}_j:\frac{\partial}{\partial x_k}\boldsymbol{e}_k v_l\boldsymbol{e}_l=v_i g_j\frac{\partial v_l}{\partial x_k}\delta_{jl}\delta_{ki}=v_i g_j\frac{\partial v_j}{\partial x_i}\tag{2-78}$$

将式（2-78）的结果与式（2-77）的结果相比较后可得

$$-\boldsymbol{v}\cdot(\boldsymbol{g}\cdot\nabla\boldsymbol{v})-\boldsymbol{v}\cdot[\boldsymbol{g}\times(\nabla\times\boldsymbol{v})]=-(\boldsymbol{vg}):\nabla\boldsymbol{v}\tag{2-79}$$

将其代回至式（2-76）得

$$\nabla\cdot[(\boldsymbol{v}\times\boldsymbol{B})\times(\boldsymbol{v}\times\boldsymbol{D})]=-\boldsymbol{v}\cdot[\nabla\cdot(\boldsymbol{vg})]-(\boldsymbol{vg}):\nabla\boldsymbol{v}\tag{2-80}$$

或者只将其中的项$-\boldsymbol{v}\cdot(\boldsymbol{g}\cdot\nabla\boldsymbol{v})$表示为

$$-\boldsymbol{v}\cdot(\boldsymbol{g}\cdot\nabla\boldsymbol{v})=-(\boldsymbol{vg})\cdot\cdot\nabla\boldsymbol{v}\tag{2-81}$$

为了进一步化简式（2-72）中的项$\nabla\cdot(\boldsymbol{E}\times\boldsymbol{H})$，利用矢量运算式和 Maxwell 方程：

$$\nabla\cdot\boldsymbol{B}=0,\ \nabla\cdot\boldsymbol{D}=\rho_e\tag{2-82}$$

其中，ρ_e 为自由电荷体密度。展开项：

$$\nabla\times(\boldsymbol{v}\times\boldsymbol{D})=\rho_e\boldsymbol{v}-\boldsymbol{D}(\nabla\cdot\boldsymbol{v})+\boldsymbol{D}\cdot\nabla\boldsymbol{v}-\boldsymbol{v}\cdot\nabla\boldsymbol{D}\tag{2-83}$$

$$\nabla\times(\boldsymbol{v}\times\boldsymbol{B})=-\boldsymbol{B}(\nabla\cdot\boldsymbol{v})+\boldsymbol{B}\cdot\nabla\boldsymbol{v}-\boldsymbol{v}\cdot\nabla\boldsymbol{B}\tag{2-84}$$

移项后得

$$\boldsymbol{v}\cdot\nabla\boldsymbol{D}=\rho_e\boldsymbol{v}-\boldsymbol{D}(\nabla\cdot\boldsymbol{v})+\boldsymbol{D}\cdot\nabla\boldsymbol{v}-\nabla\times(\boldsymbol{v}\times\boldsymbol{D})\tag{2-85}$$

$$\boldsymbol{v}\cdot\nabla\boldsymbol{B}=-\boldsymbol{B}(\nabla\cdot\boldsymbol{v})+\boldsymbol{B}\cdot\nabla\boldsymbol{v}-\nabla\times(\boldsymbol{v}\times\boldsymbol{B})\tag{2-86}$$

利用式（2-85）、式（2-86）和式（2-73）可得

$$\frac{\mathrm{D}\boldsymbol{D}}{\mathrm{D}t}=\frac{\partial\boldsymbol{D}}{\partial t}+\boldsymbol{v}\cdot\nabla\boldsymbol{D}=\nabla\times\boldsymbol{H}-\boldsymbol{j}_0+\rho_e\boldsymbol{v}-\boldsymbol{D}(\nabla\cdot\boldsymbol{v})+\boldsymbol{D}\cdot\nabla\boldsymbol{v}-\nabla\times(\boldsymbol{v}\times\boldsymbol{D})\tag{2-87}$$

$$\frac{\mathrm{D}\boldsymbol{B}}{\mathrm{D}t}=\frac{\partial\boldsymbol{B}}{\partial t}+\boldsymbol{v}\cdot\nabla\boldsymbol{B}=-\nabla\times\boldsymbol{E}-\boldsymbol{B}(\nabla\cdot\boldsymbol{v})+\boldsymbol{B}\cdot\nabla\boldsymbol{v}-\nabla\times(\boldsymbol{v}\times\boldsymbol{B})\tag{2-88}$$

移项可得

$$\nabla\times\boldsymbol{H}=\frac{\mathrm{D}\boldsymbol{D}}{\mathrm{D}t}+\boldsymbol{j}_0-\rho_e\boldsymbol{v}+\boldsymbol{D}(\nabla\cdot\boldsymbol{v})-\boldsymbol{D}\cdot\nabla\boldsymbol{v}+\nabla\times(\boldsymbol{v}\times\boldsymbol{D})\tag{2-89}$$

$$\nabla\times\boldsymbol{E}=-\frac{\mathrm{D}\boldsymbol{B}}{\mathrm{D}t}-\boldsymbol{B}(\nabla\cdot\boldsymbol{v})+\boldsymbol{B}\cdot\nabla\boldsymbol{v}-\nabla\times(\boldsymbol{v}\times\boldsymbol{B})\tag{2-90}$$

从而有

$$\boldsymbol{H}\cdot(\nabla\times\boldsymbol{E})=-\boldsymbol{H}\cdot\frac{\mathrm{D}\boldsymbol{B}}{\mathrm{D}t}-\boldsymbol{H}\cdot[\boldsymbol{B}(\nabla\cdot\boldsymbol{v})]+\boldsymbol{H}\cdot(\boldsymbol{B}\cdot\nabla\boldsymbol{v})-\boldsymbol{H}\cdot[\nabla\times(\boldsymbol{v}\times\boldsymbol{B})] \tag{2-91}$$

$$\boldsymbol{E}\cdot(\nabla\times\boldsymbol{H})=\boldsymbol{E}\cdot\frac{\mathrm{D}\boldsymbol{D}}{\mathrm{D}t}+\boldsymbol{E}\cdot\boldsymbol{j}_0-\rho_e\boldsymbol{E}\cdot\boldsymbol{v}+\boldsymbol{E}\cdot[\boldsymbol{D}(\nabla\cdot\boldsymbol{v})]-\boldsymbol{E}\cdot(\boldsymbol{D}\cdot\nabla\boldsymbol{v})+\boldsymbol{E}\cdot[\nabla\times(\boldsymbol{v}\times\boldsymbol{D})] \tag{2-92}$$

由式（2-91）和式（2-92）得

$$\begin{aligned}\nabla\cdot(\boldsymbol{E}\times\boldsymbol{H})&=\boldsymbol{H}\cdot(\nabla\times\boldsymbol{E})-\boldsymbol{E}\cdot(\nabla\times\boldsymbol{H})\\&=-\boldsymbol{H}\cdot\frac{\mathrm{D}\boldsymbol{B}}{\mathrm{D}t}-\boldsymbol{H}\cdot[\boldsymbol{B}(\nabla\cdot\boldsymbol{v})]+\boldsymbol{H}\cdot(\boldsymbol{B}\cdot\nabla\boldsymbol{v})-\boldsymbol{H}\cdot[\nabla\times(\boldsymbol{v}\times\boldsymbol{B})]\\&\quad-\Big\{\boldsymbol{E}\cdot\frac{\mathrm{D}\boldsymbol{D}}{\mathrm{D}t}+\boldsymbol{E}\cdot\boldsymbol{j}_0-\rho_e\boldsymbol{E}\cdot\boldsymbol{v}+\boldsymbol{E}\cdot[\boldsymbol{D}(\nabla\cdot\boldsymbol{v})]-\boldsymbol{E}\cdot(\boldsymbol{D}\cdot\nabla\boldsymbol{v})+\boldsymbol{E}\\&\quad\cdot[\nabla\times(\boldsymbol{v}\times\boldsymbol{D})]\Big\}\\&=-\boldsymbol{E}\cdot\frac{\mathrm{D}\boldsymbol{D}}{\mathrm{D}t}-\boldsymbol{H}\cdot\frac{\mathrm{D}\boldsymbol{B}}{\mathrm{D}t}-\boldsymbol{E}\cdot(\boldsymbol{j}_0-\rho_e\boldsymbol{v})\\&\quad-\{\boldsymbol{E}\cdot[\nabla\times(\boldsymbol{v}\times\boldsymbol{D})]+\boldsymbol{H}\cdot[\nabla\times(\boldsymbol{v}\times\boldsymbol{B})]\}\\&\quad+[\boldsymbol{E}\cdot(\boldsymbol{D}\cdot\nabla\boldsymbol{v})+\boldsymbol{H}\cdot(\boldsymbol{B}\cdot\nabla\boldsymbol{v})]-\{\boldsymbol{E}\cdot[\boldsymbol{D}(\nabla\cdot\boldsymbol{v})]+\boldsymbol{H}\cdot[\boldsymbol{B}(\nabla\cdot\boldsymbol{v})]\}\end{aligned} \tag{2-93}$$

对于式（2-93）中的以下两项，利用张量表示法知：

$$\boldsymbol{E}\cdot(\boldsymbol{D}\cdot\nabla\boldsymbol{v})=E_i\boldsymbol{e}_i\cdot\left(D_j\boldsymbol{e}_j\cdot\frac{\partial}{\partial x_k}\boldsymbol{e}_k v_l\boldsymbol{e}_l\right)=E_i\boldsymbol{e}_i\cdot\left(D_j\frac{\partial v_l}{\partial x_j}\boldsymbol{e}_l\right)=E_iD_j\frac{\partial v_i}{\partial x_j} \tag{2-94}$$

$$\boldsymbol{E}\cdot[\boldsymbol{D}(\nabla\cdot\boldsymbol{v})]=E_i\boldsymbol{e}_i\cdot\left[D_j\boldsymbol{e}_j\left(\frac{\partial}{\partial x_k}\boldsymbol{e}_k\cdot v_l\boldsymbol{e}_l\right)\right]=E_i\boldsymbol{e}_i\cdot\left(D_j\boldsymbol{e}_j\frac{\partial v_k}{\partial x_k}\right)=E_iD_i\frac{\partial v_k}{\partial x_k} \tag{2-95}$$

另外有：

$$\boldsymbol{ED}\cdot\cdot(\nabla\boldsymbol{v})=E_i\boldsymbol{e}_iD_j\boldsymbol{e}_j\cdot\cdot\left(\frac{\partial}{\partial x_k}\boldsymbol{e}_k v_l\boldsymbol{e}_l\right)=E_iD_j\frac{\partial v_l}{\partial x_k}\delta_{jk}\delta_{il}=E_iD_j\frac{\partial v_i}{\partial x_j} \tag{2-96}$$

$$\boldsymbol{DE}:(\nabla\boldsymbol{v})=D_j\boldsymbol{e}_jE_i\boldsymbol{e}_i:\left(\frac{\partial}{\partial x_k}\boldsymbol{e}_k v_l\boldsymbol{e}_l\right)=D_jE_i\frac{\partial v_l}{\partial x_k}\delta_{jk}\delta_{il}=D_jE_i\frac{\partial v_i}{\partial x_j} \tag{2-97}$$

$$(\boldsymbol{E}\cdot\boldsymbol{D})\boldsymbol{I}\cdot\cdot(\nabla\boldsymbol{v})=(E_i\boldsymbol{e}_i\cdot D_j\boldsymbol{e}_j)\boldsymbol{e}_k\boldsymbol{e}_k\cdot\cdot\left(\frac{\partial}{\partial x_l}\boldsymbol{e}_l v_m\boldsymbol{e}_m\right)=E_iD_i\frac{\partial v_k}{\partial x_k}=(\boldsymbol{E}\cdot\boldsymbol{D})\boldsymbol{I}:(\nabla\boldsymbol{v}) \tag{2-98}$$

其中，$\boldsymbol{I}$ 为单位张量。比较式（2-94）、式（2-96）和式（2-97）的结果，并比较式（2-95）和式（2-98）的结果，分别得到

$$\boldsymbol{E}\cdot(\boldsymbol{D}\cdot\nabla\boldsymbol{v})=\boldsymbol{ED}\cdot\cdot(\nabla\boldsymbol{v})=\boldsymbol{DE}:(\nabla\boldsymbol{v}) \tag{2-99}$$

$$\boldsymbol{E}\cdot[\boldsymbol{D}(\nabla\cdot\boldsymbol{v})]=(\boldsymbol{E}\cdot\boldsymbol{D})\boldsymbol{I}\cdot\cdot(\nabla\boldsymbol{v})=(\boldsymbol{E}\cdot\boldsymbol{D})\boldsymbol{I}:(\nabla\boldsymbol{v}) \tag{2-100}$$

对式（2-93）中关于磁场的项进行同样的处理后，将其结果连同式（2-99）、式（2-100）代回至式（2-93），可得

$$
\begin{aligned}
\nabla\cdot(\boldsymbol{E}\times\boldsymbol{H})=&-\boldsymbol{E}\cdot\frac{\mathrm{D}\boldsymbol{D}}{\mathrm{D}t}-\boldsymbol{H}\cdot\frac{\mathrm{D}\boldsymbol{B}}{\mathrm{D}t}-\boldsymbol{E}\cdot(\boldsymbol{j}_0-\rho_e\boldsymbol{v})\\
&-\{\boldsymbol{E}\cdot[\nabla\times(\boldsymbol{v}\times\boldsymbol{D})]+\boldsymbol{H}\cdot[\nabla\times(\boldsymbol{v}\times\boldsymbol{B})]\}\\
&+[(\boldsymbol{D}\boldsymbol{E}+\boldsymbol{B}\boldsymbol{H})-(\boldsymbol{E}\cdot\boldsymbol{D}+\boldsymbol{H}\cdot\boldsymbol{B})\boldsymbol{I}]:(\nabla\boldsymbol{v})
\end{aligned}
\tag{2-101}
$$

将式（2-74）、式（2-80）和式（2-101）的结果代回至Poynting项的表达式［式（2-72)］中，得

$$
\begin{aligned}
\nabla\cdot(\boldsymbol{E}'\times\boldsymbol{H}')=&-\boldsymbol{E}\cdot\frac{\mathrm{D}\boldsymbol{D}}{\mathrm{D}t}-\boldsymbol{H}\cdot\frac{\mathrm{D}\boldsymbol{B}}{\mathrm{D}t}-\boldsymbol{E}\cdot(\boldsymbol{j}_0-\rho_e\boldsymbol{v})\\
&+[(\boldsymbol{D}\boldsymbol{E}+\boldsymbol{B}\boldsymbol{H})-(\boldsymbol{E}\cdot\boldsymbol{D}+\boldsymbol{H}\cdot\boldsymbol{B})\boldsymbol{I}]\\
&:(\nabla\boldsymbol{v})+\left[\boldsymbol{v}\cdot\frac{\partial\boldsymbol{g}}{\partial t}-\boldsymbol{j}_0\cdot(\boldsymbol{v}\times\boldsymbol{B})\right]+\boldsymbol{v}\cdot[\nabla\cdot(\boldsymbol{v}\boldsymbol{g})]+(\boldsymbol{v}\boldsymbol{g}):\nabla\boldsymbol{v}
\end{aligned}
\tag{2-102}
$$

将各面积分项［式（2-69）、式（2-70）和式（2-102）］的结果代回至式（2-58），并利用积分体积的任意性，同时对式（2-58）中等号左端的项应用式（2-11），得

$$
\begin{aligned}
&\rho\frac{\mathrm{D}}{\mathrm{D}t}\left(u+\frac{v^2}{2}+\frac{I}{2}\omega_p^2\right)\\
&=(\rho\boldsymbol{G}\cdot\boldsymbol{\omega}_p+\rho\boldsymbol{F}\cdot\boldsymbol{v})+[(\nabla\cdot\widetilde{\boldsymbol{T}})\cdot\boldsymbol{v}+\widetilde{\boldsymbol{T}}:\nabla\boldsymbol{v}]\\
&+[(\nabla\cdot\boldsymbol{C})\cdot\boldsymbol{\omega}_p+\boldsymbol{C}:\nabla\boldsymbol{\omega}_p]-\nabla\cdot\boldsymbol{q}\\
&-\left\{-\boldsymbol{E}\cdot\frac{\mathrm{D}\boldsymbol{D}}{\mathrm{D}t}-\boldsymbol{H}\cdot\frac{\mathrm{D}\boldsymbol{B}}{\mathrm{D}t}-\boldsymbol{E}\cdot(\boldsymbol{j}_0-\rho_e\boldsymbol{v})\right.\\
&+[(\boldsymbol{D}\boldsymbol{E}+\boldsymbol{B}\boldsymbol{H})-(\boldsymbol{E}\cdot\boldsymbol{D}+\boldsymbol{H}\cdot\boldsymbol{B})\boldsymbol{I}]\\
&\left.:(\nabla\boldsymbol{v})+\left[\boldsymbol{v}\cdot\frac{\partial\boldsymbol{g}}{\partial t}-\boldsymbol{j}_0\cdot(\boldsymbol{v}\times\boldsymbol{B})\right]+\boldsymbol{v}\cdot[\nabla\cdot(\boldsymbol{v}\boldsymbol{g})]+(\boldsymbol{v}\boldsymbol{g}):\nabla\boldsymbol{v}\right\}+\rho R
\end{aligned}
\tag{2-103}
$$

式（2-103）中等号左端的第二项和第三项可分别根据动量方程写为

$$
\rho\frac{\mathrm{D}}{\mathrm{D}t}\left(\frac{v^2}{2}\right)=\rho\boldsymbol{v}\cdot\frac{\mathrm{D}\boldsymbol{v}}{\mathrm{D}t}=-\boldsymbol{v}\cdot\frac{\partial\boldsymbol{g}}{\partial t}+\rho\boldsymbol{v}\cdot\boldsymbol{F}+\boldsymbol{v}\cdot(\nabla\cdot\boldsymbol{T})
\tag{2-104}
$$

$$
\rho\frac{\mathrm{D}}{\mathrm{D}t}\left(\frac{I}{2}\omega_p^2\right)=\rho I\boldsymbol{\omega}_p\cdot\frac{\mathrm{D}\boldsymbol{\omega}_p}{\mathrm{D}t}=\boldsymbol{\omega}_p\cdot\rho\boldsymbol{G}+\boldsymbol{\omega}_p\cdot(\nabla\cdot\boldsymbol{C})+\boldsymbol{\omega}_p\cdot(\boldsymbol{\epsilon}:\boldsymbol{T})
\tag{2-105}
$$

另外，令

$$
\boldsymbol{j}'=\boldsymbol{j}_0-\rho_e\boldsymbol{v}
\tag{2-106}
$$

则有

$$
\begin{aligned}
\boldsymbol{j}'\cdot\boldsymbol{E}'&=(\boldsymbol{j}_0-\rho_e\boldsymbol{v})\cdot(\boldsymbol{E}+\boldsymbol{v}\times\boldsymbol{B})\\
&=\boldsymbol{j}_0\cdot\boldsymbol{E}-\rho_e\boldsymbol{v}\cdot\boldsymbol{E}+\boldsymbol{j}_0\cdot(\boldsymbol{v}\times\boldsymbol{B})-\rho_e\boldsymbol{v}\cdot(\boldsymbol{v}\times\boldsymbol{B})\\
&=\boldsymbol{j}_0\cdot\boldsymbol{E}-\rho_e\boldsymbol{v}\cdot\boldsymbol{E}+\boldsymbol{j}_0\cdot(\boldsymbol{v}\times\boldsymbol{B})
\end{aligned}
\tag{2-107}
$$

此外，利用磁场和电场的本构关系式：

$$
\boldsymbol{B}=\mu_0(\boldsymbol{M}+\boldsymbol{H}),\ \boldsymbol{D}=\varepsilon_0\boldsymbol{E}+\boldsymbol{P}
\tag{2-108}
$$

其中，$\boldsymbol{M}$ 为磁化强度；μ_0 为真空中的磁导率；$\boldsymbol{P}$ 为极化强度；ε_0 为真空中的介电常数。

将式（2-103）中的 $\boldsymbol{E}\cdot\frac{\mathrm{D}\boldsymbol{D}}{\mathrm{D}t}$ 项表示为

$$\boldsymbol{E}\cdot\frac{\mathrm{D}\boldsymbol{D}}{\mathrm{D}t}=\varepsilon_0\boldsymbol{E}\cdot\frac{\mathrm{D}\boldsymbol{E}}{\mathrm{D}t}+\boldsymbol{E}\cdot\frac{\mathrm{D}\boldsymbol{P}}{\mathrm{D}t}\tag{2-109}$$

利用式：

$$\begin{aligned}\rho\frac{\mathrm{D}}{\mathrm{D}t}\left(\frac{\varepsilon_0E^2}{2\rho}\right)&=\varepsilon_0\boldsymbol{E}\cdot\frac{\mathrm{D}\boldsymbol{E}}{\mathrm{D}t}-\frac{\varepsilon_0E^2}{2\rho}\frac{\mathrm{D}\rho}{\mathrm{D}t}\\&=\varepsilon_0\boldsymbol{E}\cdot\frac{\mathrm{D}\boldsymbol{E}}{\mathrm{D}t}+\frac{\varepsilon_0E^2}{2}(\nabla\cdot\boldsymbol{v})\end{aligned}\tag{2-110}$$

将式（2-109）展开为

$$\boldsymbol{E}\cdot\frac{\mathrm{D}\boldsymbol{D}}{\mathrm{D}t}=\rho\frac{\mathrm{D}}{\mathrm{D}t}\left(\frac{\varepsilon_0E^2}{2\rho}\right)-\frac{\varepsilon_0E^2}{2}(\nabla\cdot\boldsymbol{v})+\boldsymbol{E}\cdot\frac{\mathrm{D}\boldsymbol{P}}{\mathrm{D}t}\tag{2-111}$$

同理有

$$\boldsymbol{H}\cdot\frac{\mathrm{D}\boldsymbol{B}}{\mathrm{D}t}=\mu_0\boldsymbol{H}\cdot\frac{\mathrm{D}\boldsymbol{M}}{\mathrm{D}t}+\mu_0\boldsymbol{H}\cdot\frac{\mathrm{D}\boldsymbol{H}}{\mathrm{D}t}\tag{2-112}$$

及

$$\rho\frac{\mathrm{D}}{\mathrm{D}t}\left(\frac{\mu_0H^2}{2\rho}\right)=\mu_0\boldsymbol{H}\cdot\frac{\mathrm{D}\boldsymbol{H}}{\mathrm{D}t}-\frac{\mu_0H^2}{2\rho}\frac{\mathrm{D}\rho}{\mathrm{D}t}=\mu_0\boldsymbol{H}\cdot\frac{\mathrm{D}\boldsymbol{H}}{\mathrm{D}t}+\frac{\mu_0H^2}{2}(\nabla\cdot\boldsymbol{v})\tag{2-113}$$

$$\boldsymbol{H}\cdot\frac{\mathrm{D}\boldsymbol{B}}{\mathrm{D}t}=\mu_0\boldsymbol{H}\cdot\frac{\mathrm{D}\boldsymbol{M}}{\mathrm{D}t}+\rho\frac{\mathrm{D}}{\mathrm{D}t}\left(\frac{\mu_0H^2}{2\rho}\right)-\frac{\mu_0H^2}{2}(\nabla\cdot\boldsymbol{v})\tag{2-114}$$

将式（2-104）、式（2-105）、式（2-107）、式（2-111）和式（2-114）的结果代入式（2-103），并利用式（2-22），得铁磁流体能量守恒方程的最终形式为

$$\begin{aligned}\rho\frac{\mathrm{D}u_{\mathrm{m}}}{\mathrm{D}t}=&\boldsymbol{T}:\nabla\boldsymbol{v}+\boldsymbol{C}:\nabla\boldsymbol{\omega}_{\mathrm{p}}-\boldsymbol{\omega}_{\mathrm{p}}\cdot(\boldsymbol{\epsilon}:\boldsymbol{T})-\left(\frac{\varepsilon_0E^2}{2}+\frac{\mu_0H^2}{2}\right)(\nabla\cdot\boldsymbol{v})\\&+\boldsymbol{E}\cdot\frac{\mathrm{D}\boldsymbol{P}}{\mathrm{D}t}+\mu_0\boldsymbol{H}\cdot\frac{\mathrm{D}\boldsymbol{M}}{\mathrm{D}t}-[(\boldsymbol{DE}+\boldsymbol{BH})-(\boldsymbol{E}\cdot\boldsymbol{D}+\boldsymbol{H}\cdot\boldsymbol{B})\boldsymbol{I}]:(\nabla\boldsymbol{v})\\&+\boldsymbol{j}'\cdot\boldsymbol{E}'-\nabla\cdot\boldsymbol{q}+\rho R\end{aligned}\tag{2-115}$$

其中

$$u_{\mathrm{m}}=u-\frac{\varepsilon_0E^2}{2\rho}-\frac{\mu_0H^2}{2\rho}\tag{2-116}$$

它表示在介质所占空间中除电磁场能外的介质内能。

2.6 熵增速率方程

2.6.1 平衡热力学关系式

可极化物质的状态取决于极化强度 $\boldsymbol{P}$ 和磁化强度 $\boldsymbol{M}$，极化功体密度分别表示为 $\boldsymbol{E}\cdot\mathrm{d}\boldsymbol{D}$ 和 $\boldsymbol{H}\cdot\mathrm{d}\boldsymbol{B}$。表示单位质量内能和熵之间的关系的 Gibbs 方程为（Odenbach，2002）：

$$\mathrm{d}u^{(\mathrm{e})}=T\mathrm{d}S_{\mathrm{e}}^{(\mathrm{e})}+\frac{p^{(\mathrm{e})}\mathrm{d}\rho}{\rho^2}+\boldsymbol{E}^{(\mathrm{e})}\cdot\mathrm{d}\left(\frac{\boldsymbol{D}^{(\mathrm{e})}}{\rho}\right)+\boldsymbol{H}^{(\mathrm{e})}\cdot\mathrm{d}\left(\frac{\boldsymbol{B}^{(\mathrm{e})}}{\rho}\right)\tag{2-117}$$

其中，上标(e)表示平衡值；S_{e} 为单位质量的熵；T 为温度。

有场存在时的压力 $p^{(e)}$ 与无场时的普通热力学压力 p_0 之间的关系为（Rosensweig，1985）：

$$
\begin{aligned}
p^{(e)} &= p_0(\rho,T) + \frac{1}{2}(\varepsilon_0(E^{(e)})^2 + \mu_0(H^{(e)})^2) + \int_0^E \left(\frac{\partial(\upsilon P)}{\partial \upsilon}\right)^{(e)}_{T,H,E} \mathrm{d}E^{(e)} \\
&\quad + \mu_0 \int_0^H \left(\frac{\partial(\upsilon M)}{\partial \upsilon}\right)^{(e)}_{T,H,E} \mathrm{d}H^{(e)} \\
&= p + \frac{1}{2}(\varepsilon_0(E^{(e)})^2 + \mu_0(H^{(e)})^2)
\end{aligned}
\tag{2-118}
$$

其中，$\upsilon=1/\rho$ 为比体积。如果无外场，$p^{(e)}$ 退化为 $p_0(\rho,T)$。变量 p 为

$$
p = p_0(\rho,T) + \int_0^E \left(\frac{\partial(\upsilon P)}{\partial \upsilon}\right)^{(e)}_{T,H,E} \mathrm{d}E^{(e)} + \mu_0 \int_0^H \left(\frac{\partial(\upsilon M)}{\partial \upsilon}\right)^{(e)}_{T,H,E} \mathrm{d}H^{(e)} \tag{2-119}
$$

将式（2-108）代入式（2-117）中的有关项，有

$$
\mathrm{d}\left(\frac{\boldsymbol{D}^{(e)}}{\rho}\right) = \mathrm{d}\left(\frac{\varepsilon_0 \boldsymbol{E}^{(e)} + \boldsymbol{P}^{(e)}}{\rho}\right) = \frac{\varepsilon_0}{\rho}\mathrm{d}\boldsymbol{E}^{(e)} - \frac{\varepsilon_0}{\rho^2}\boldsymbol{E}^{(e)}\mathrm{d}\rho + \frac{\mathrm{d}\boldsymbol{P}^{(e)}}{\rho} - \frac{\boldsymbol{P}^{(e)}}{\rho^2}\mathrm{d}\rho \tag{2-120}
$$

$$
\mathrm{d}\left(\frac{\boldsymbol{B}^{(e)}}{\rho}\right) = \mathrm{d}\left(\frac{\mu_0(\boldsymbol{M}+\boldsymbol{H})}{\rho}\right) = \frac{\mu_0}{\rho}\mathrm{d}\boldsymbol{M}^{(e)} - \frac{\mu_0}{\rho^2}\boldsymbol{M}^{(e)}\mathrm{d}\rho + \frac{\mu_0}{\rho}\mathrm{d}\boldsymbol{H}^{(e)} - \frac{\mu_0}{\rho^2}\boldsymbol{H}^{(e)}\mathrm{d}\rho \tag{2-121}
$$

将式（2-120）和式（2-121）代入式（2-117），并利用式（2-118），得

$$
\begin{aligned}
\rho \mathrm{d}u^{(e)} &= \rho T \mathrm{d}S_e^{(e)} + \frac{\mathrm{d}\rho}{\rho}\left[p + \frac{1}{2}(\varepsilon_0(E^{(e)})^2 + \mu_0(H^{(e)})^2)\right] \\
&\quad + \boldsymbol{E}^{(e)} \cdot \left(\varepsilon_0 \mathrm{d}\boldsymbol{E}^{(e)} - \frac{\varepsilon_0}{\rho}\boldsymbol{E}^{(e)}\mathrm{d}\rho + \mathrm{d}\boldsymbol{P}^{(e)} - \frac{\boldsymbol{P}^{(e)}}{\rho}\mathrm{d}\rho\right) \\
&\quad + \boldsymbol{H}^{(e)} \cdot \left(\mu_0 \mathrm{d}\boldsymbol{M}^{(e)} - \frac{\mu_0}{\rho}\boldsymbol{M}^{(e)}\mathrm{d}\rho + \mu_0 \mathrm{d}\boldsymbol{H}^{(e)} - \frac{\mu_0}{\rho}\boldsymbol{H}^{(e)}\mathrm{d}\rho\right)
\end{aligned}
\tag{2-122}
$$

从而得到另一种形式的 Gibbs 方程：

$$
\begin{aligned}
\rho \mathrm{d}u^{(e)} &= \rho T \mathrm{d}S_e^{(e)} + \left[p - \frac{\varepsilon_0}{2}(E^{(e)})^2 - \frac{\mu_0}{2}(H^{(e)})^2 - \boldsymbol{E}^{(e)} \cdot \boldsymbol{P}^{(e)} - \mu_0 \boldsymbol{H}^{(e)} \cdot \boldsymbol{M}^{(e)}\right]\frac{\mathrm{d}\rho}{\rho} \\
&\quad + \boldsymbol{E}^{(e)} \cdot \mathrm{d}\boldsymbol{D}^{(e)} + \boldsymbol{H}^{(e)} \cdot \mathrm{d}\boldsymbol{B}^{(e)}
\end{aligned}
\tag{2-123}
$$

该方程表示物质不同平衡状态间内能和熵的变化关系。

2.6.2 熵增速率方程

将式（2-123）两端同时除以 $\mathrm{d}t$，并将质量守恒方程［式（2-15）］代入所得结果方程，得

$$
\begin{aligned}
\rho \frac{\mathrm{d}u^{(e)}}{\mathrm{d}t} &= \rho T \frac{\mathrm{d}S_e^{(e)}}{\mathrm{d}t} - \left(p - \frac{\varepsilon_0}{2}(E^{(e)})^2 - \frac{\mu_0}{2}(H^{(e)})^2 - \boldsymbol{E}^{(e)} \cdot \boldsymbol{P}^{(e)} - \mu_0 \boldsymbol{H}^{(e)} \cdot \boldsymbol{M}^{(e)}\right)(\boldsymbol{\nabla} \cdot \boldsymbol{v}) \\
&\quad + \boldsymbol{E}^{(e)} \cdot \frac{\mathrm{d}\boldsymbol{D}^{(e)}}{\mathrm{d}t} + \boldsymbol{H}^{(e)} \cdot \frac{\mathrm{d}\boldsymbol{B}^{(e)}}{\mathrm{d}t}
\end{aligned}
\tag{2-124}
$$

假设熵的变化过程较缓慢，可认为在任意时刻物质的极化强度都处于平衡态，因此不再

区分 $\boldsymbol{P}^{(e)}$ 和 $\boldsymbol{P}$，以及 $\boldsymbol{M}^{(e)}$ 和 $\boldsymbol{M}$。利用式（2-116）的定义及表达式：

$$\frac{\mathrm{d}}{\mathrm{d}t}\left(\frac{\varepsilon_0 (E^{(e)})^2}{2\rho}\right)=\frac{\varepsilon_0}{2}\frac{1}{\rho}\frac{\mathrm{d}(\boldsymbol{E}^{(e)}\cdot\boldsymbol{E}^{(e)})}{\mathrm{d}t}-\frac{\varepsilon_0}{2}(E^{(e)})^2\frac{1}{\rho^2}\frac{\mathrm{d}\rho}{\mathrm{d}t}=\frac{\varepsilon_0}{\rho}\boldsymbol{E}^{(e)}\cdot\frac{\mathrm{d}\boldsymbol{E}^{(e)}}{\mathrm{d}t}+\frac{\varepsilon_0}{2\rho}(E^{(e)})^2(\nabla\cdot\boldsymbol{v}) \tag{2-125}$$

$$\begin{aligned}\frac{\mathrm{d}}{\mathrm{d}t}\left(\frac{\mu_0 (H^{(e)})^2}{2\rho}\right)&=\frac{\mu_0}{2}\frac{1}{\rho}\frac{\mathrm{d}(\boldsymbol{H}^{(e)}\cdot\boldsymbol{H}^{(e)})}{\mathrm{d}t}-\frac{\mu_0}{2}(H^{(e)})^2\frac{1}{\rho^2}\frac{\mathrm{d}\rho}{\mathrm{d}t}\\&=\frac{\mu_0}{\rho}\boldsymbol{H}^{(e)}\cdot\frac{\mathrm{d}\boldsymbol{H}^{(e)}}{\mathrm{d}t}+\frac{\mu_0}{2\rho}(H^{(e)})^2(\nabla\cdot\boldsymbol{v})\end{aligned} \tag{2-126}$$

将式（2-124）写为

$$\begin{aligned}\rho\frac{\mathrm{d}u_{\mathrm{m}}^{(e)}}{\mathrm{d}t}=\rho T\frac{\mathrm{d}S_{\mathrm{e}}^{(e)}}{\mathrm{d}t}-(p-\boldsymbol{E}^{(e)}\cdot\boldsymbol{P}^{(e)}-\mu_0\boldsymbol{H}^{(e)}\cdot\boldsymbol{M}^{(e)})(\nabla\cdot\boldsymbol{v})+\\ \boldsymbol{E}^{(e)}\cdot\frac{\mathrm{d}\boldsymbol{P}^{(e)}}{\mathrm{d}t}+\mu_0\boldsymbol{H}^{(e)}\cdot\frac{\mathrm{d}\boldsymbol{M}^{(e)}}{\mathrm{d}t}\end{aligned} \tag{2-127}$$

能量方程［式（2-115）］中的内能 $u_{\mathrm{m}}=u_{\mathrm{m}}(t)$ 可认为是介质处于平衡而 $\boldsymbol{E}$ 和 $\boldsymbol{H}$ 为非平衡时的状态，也即在任何时刻，有 $u_{\mathrm{m}}(t)=u_{\mathrm{m}}^{(e)}(t)$，故

$$\frac{\mathrm{d}u_{\mathrm{m}}(t)}{\mathrm{d}t}=\frac{\mathrm{d}u_{\mathrm{m}}^{(e)}(t)}{\mathrm{d}t} \tag{2-128}$$

为了计算介质所处不同状态间的熵变量，将式（2-115）和式（2-127）代入式（2-128），有

$$\begin{aligned}\rho T\frac{\mathrm{d}S_{\mathrm{e}}^{(e)}}{\mathrm{d}t}=&\boldsymbol{T}:\nabla\boldsymbol{v}+\boldsymbol{C}:\nabla\boldsymbol{\omega}_{\mathrm{p}}-\boldsymbol{\omega}_{\mathrm{p}}\cdot(\boldsymbol{\epsilon}:\boldsymbol{T})-\left(\frac{\varepsilon_0 E^2}{2}+\frac{\mu_0 H^2}{2}\right)(\nabla\cdot\boldsymbol{v})\\&+(\boldsymbol{E}-\boldsymbol{E}^{(e)})\cdot\frac{\mathrm{D}\boldsymbol{P}}{\mathrm{D}t}+\mu_0(\boldsymbol{H}-\boldsymbol{H}^{(e)})\cdot\frac{\mathrm{D}\boldsymbol{M}}{\mathrm{D}t}\\&-[(\boldsymbol{DE}+\boldsymbol{BH})-(\boldsymbol{E}\cdot\boldsymbol{D}+\boldsymbol{H}\cdot\boldsymbol{B})\boldsymbol{I}]:(\nabla\boldsymbol{v})+\boldsymbol{j}'\cdot\boldsymbol{E}'-\nabla\cdot\boldsymbol{q}\\&+\rho R+(p-\boldsymbol{E}^{(e)}\cdot\boldsymbol{P}^{(e)}-\mu_0\boldsymbol{H}^{(e)}\cdot\boldsymbol{M}^{(e)})(\nabla\cdot\boldsymbol{v})\end{aligned} \tag{2-129}$$

式（2-129）中的应力张量 $\boldsymbol{T}$ 可表示为

$$\boldsymbol{T}=\boldsymbol{T}_{\mathrm{v}}+\boldsymbol{T}_{\mathrm{m}}-p\boldsymbol{I}-\boldsymbol{vg} \tag{2-130}$$

其中，$\boldsymbol{T}_{\mathrm{v}}$ 为黏性应力张量；$\boldsymbol{T}_{\mathrm{m}}$ 为可极化流体的磁应力张量，表示为（Landau et al.，1960）：

$$\boldsymbol{T}_{\mathrm{m}}=-\left(\frac{\varepsilon_0 E^2}{2}+\frac{\mu_0 H^2}{2}\right)\boldsymbol{I}+(\boldsymbol{DE}+\boldsymbol{BH}) \tag{2-131}$$

分别将式（2-130）和式（2-131）代入式（2-129）中，并利用恒等式：

$$\boldsymbol{I}:\nabla\boldsymbol{v}=\nabla\cdot\boldsymbol{v} \tag{2-132}$$

得

$$\begin{aligned}\rho T\frac{\mathrm{d}S_{\mathrm{e}}^{(e)}}{\mathrm{d}t}=&(\boldsymbol{T}_{\mathrm{v}}-\boldsymbol{vg}):\nabla\boldsymbol{v}+\boldsymbol{C}:\nabla\boldsymbol{\omega}_{\mathrm{p}}-\boldsymbol{\omega}_{\mathrm{p}}\cdot(\boldsymbol{\epsilon}:\boldsymbol{T})+\boldsymbol{j}'\cdot\boldsymbol{E}'-\nabla\cdot\boldsymbol{q}+\rho R\\&+(\boldsymbol{E}\cdot\boldsymbol{D}+\boldsymbol{H}\cdot\boldsymbol{B})\boldsymbol{I}:(\nabla\boldsymbol{v})-(\boldsymbol{E}^{(e)}\cdot\boldsymbol{P}+\mu_0\boldsymbol{H}^{(e)}\cdot\boldsymbol{M})\boldsymbol{I}:\nabla\boldsymbol{v}\\&+(\boldsymbol{E}-\boldsymbol{E}^{(e)})\cdot\frac{\mathrm{D}\boldsymbol{P}}{\mathrm{D}t}+\mu_0(\boldsymbol{H}-\boldsymbol{H}^{(e)})\cdot\frac{\mathrm{D}\boldsymbol{M}}{\mathrm{D}t}-(\varepsilon_0 E^2+\mu_0 H^2)(\nabla\cdot\boldsymbol{v})\end{aligned} \tag{2-133}$$

对于式（2-133）中的项 $\boldsymbol{\omega}_{\mathrm{p}}\cdot(\boldsymbol{\epsilon}:\boldsymbol{T})$，有

$$\boldsymbol{\omega}_{\mathrm{p}}\cdot(\boldsymbol{\epsilon}:\boldsymbol{T})=(\boldsymbol{T}:\boldsymbol{\epsilon})\cdot\boldsymbol{\omega}_{\mathrm{p}}=[(\boldsymbol{T}_{\mathrm{v}}+\boldsymbol{T}_{\mathrm{m}}-p\boldsymbol{I}-\boldsymbol{v}\boldsymbol{g}):\boldsymbol{\epsilon}]\cdot\boldsymbol{\omega}_{\mathrm{p}} \tag{2-134}$$

对其中的项 $\boldsymbol{T}_{\mathrm{m}}:\boldsymbol{\epsilon}$，根据恒等式：

$$\boldsymbol{I}:\boldsymbol{\epsilon}=\boldsymbol{0} \tag{2-135}$$

得

$$\boldsymbol{T}_{\mathrm{m}}:\boldsymbol{\epsilon}=(\boldsymbol{DE}+\boldsymbol{BH}):\boldsymbol{\epsilon}=(\varepsilon_0\boldsymbol{EE}+\boldsymbol{PE}+\mu_0\boldsymbol{HH}+\mu_0\boldsymbol{MH}):\boldsymbol{\epsilon} \tag{2-136}$$

其中

$$\boldsymbol{PE}:\boldsymbol{\epsilon}=P_i\boldsymbol{e}_iE_j\boldsymbol{e}_j:\epsilon_{lmn}\boldsymbol{e}_l\boldsymbol{e}_m\boldsymbol{e}_n=P_iE_j\epsilon_{ijn}\boldsymbol{e}_n$$

由于 $\boldsymbol{P}\times\boldsymbol{E}$ 的张量表示法为

$$\boldsymbol{P}\times\boldsymbol{E}=P_i\boldsymbol{e}_i\times E_j\boldsymbol{e}_j=P_iE_j\epsilon_{ijn}\boldsymbol{e}_n$$

所以有

$$\boldsymbol{PE}:\boldsymbol{\epsilon}=\boldsymbol{P}\times\boldsymbol{E} \tag{2-137}$$

同理可得

$$\boldsymbol{EE}:\boldsymbol{\epsilon}=\boldsymbol{0},\ \boldsymbol{HH}:\boldsymbol{\epsilon}=\boldsymbol{0},\ \boldsymbol{MH}:\boldsymbol{\epsilon}=\boldsymbol{M}\times\boldsymbol{H} \tag{2-138}$$

将式（2-137）和式（2-138）的结果代入式（2-136），得

$$\boldsymbol{T}_{\mathrm{m}}:\boldsymbol{\epsilon}=\boldsymbol{P}\times\boldsymbol{E}+\mu_0\boldsymbol{M}\times\boldsymbol{H} \tag{2-139}$$

将式（2-139）代入式（2-134），得

$$\begin{aligned}\boldsymbol{\omega}_{\mathrm{p}}\cdot(\boldsymbol{\epsilon}:\boldsymbol{T})&=[(\boldsymbol{T}_{\mathrm{v}}+\boldsymbol{T}_{\mathrm{m}}-p\boldsymbol{I}-\boldsymbol{v}\boldsymbol{g}):\boldsymbol{\epsilon}]\cdot\boldsymbol{\omega}_{\mathrm{p}}\\&=(\boldsymbol{T}_{\mathrm{v}}-p\boldsymbol{I}-\boldsymbol{v}\boldsymbol{g}):\boldsymbol{\epsilon}\cdot\boldsymbol{\omega}_{\mathrm{p}}+\boldsymbol{P}\times\boldsymbol{E}\cdot\boldsymbol{\omega}_{\mathrm{p}}+\mu_0\boldsymbol{M}\times\boldsymbol{H}\cdot\boldsymbol{\omega}_{\mathrm{p}}\\&=(\boldsymbol{T}_{\mathrm{v}}-p\boldsymbol{I}-\boldsymbol{v}\boldsymbol{g}):\boldsymbol{\epsilon}\cdot\boldsymbol{\omega}_{\mathrm{p}}-\boldsymbol{P}\times\boldsymbol{\omega}_{\mathrm{p}}\cdot\boldsymbol{E}-\mu_0\boldsymbol{M}\times\boldsymbol{\omega}_{\mathrm{p}}\cdot\boldsymbol{H}\\&=(\boldsymbol{T}_{\mathrm{v}}-p\boldsymbol{I}-\boldsymbol{v}\boldsymbol{g}):\boldsymbol{\epsilon}\cdot\boldsymbol{\omega}_{\mathrm{p}}-(\boldsymbol{P}\times\boldsymbol{\omega}_{\mathrm{p}})\cdot(\boldsymbol{E}-\boldsymbol{E}^{(\mathrm{e})})-\mu_0(\boldsymbol{M}\times\boldsymbol{\omega}_{\mathrm{p}})\cdot(\boldsymbol{H}-\boldsymbol{H}^{(\mathrm{e})})\end{aligned} \tag{2-140}$$

式（2-140）中使用了平衡条件（$\boldsymbol{E}^{(\mathrm{e})}$ 与 $\boldsymbol{P}$ 平行，$\boldsymbol{H}^{(\mathrm{e})}$ 与 $\boldsymbol{M}$ 平行）下满足的等式：

$$(\boldsymbol{P}\times\boldsymbol{\omega}_{\mathrm{p}})\cdot\boldsymbol{E}^{(\mathrm{e})}=(\boldsymbol{E}^{(\mathrm{e})}\times\boldsymbol{P})\cdot\boldsymbol{\omega}_{\mathrm{p}}=0 \tag{2-141}$$

$$(\boldsymbol{M}\times\boldsymbol{\omega}_{\mathrm{p}})\cdot\boldsymbol{H}^{(\mathrm{e})}=(\boldsymbol{H}^{(\mathrm{e})}\times\boldsymbol{M})\cdot\boldsymbol{\omega}_{\mathrm{p}}=0 \tag{2-142}$$

将式（2-133）中的张量 $\nabla\boldsymbol{v}$ 写为其对称部分和反对称部分之和：

$$\nabla\boldsymbol{v}=\frac{1}{2}[\nabla\boldsymbol{v}+(\nabla\boldsymbol{v})^{\mathrm{T}}]+\frac{1}{2}[\nabla\boldsymbol{v}-(\nabla\boldsymbol{v})^{\mathrm{T}}]=\boldsymbol{D}^{(\mathrm{v})}+\boldsymbol{\epsilon}\cdot\boldsymbol{\Omega} \tag{2-143}$$

其中，$\boldsymbol{D}^{(\mathrm{v})}$ 为应变率张量；$\boldsymbol{\Omega}$ 为流体旋转速率，或流动涡量，表示为

$$\boldsymbol{\Omega}=\frac{1}{2}\nabla\times\boldsymbol{v} \tag{2-144}$$

应用张量表示法证明式（2-143）中的以下部分：

$$\frac{1}{2}[\nabla\boldsymbol{v}-(\nabla\boldsymbol{v})^{\mathrm{T}}]=\frac{1}{2}\left(\frac{\partial v_j}{\partial x_i}\boldsymbol{e}_i\boldsymbol{e}_j-\frac{\partial v_i}{\partial x_j}\boldsymbol{e}_i\boldsymbol{e}_j\right)$$

$$\begin{aligned}\boldsymbol{\epsilon}\cdot\boldsymbol{\Omega}&=\frac{1}{2}\epsilon_{lmn}\boldsymbol{e}_l\boldsymbol{e}_m\boldsymbol{e}_n\cdot\left(\frac{\partial}{\partial x_i}\boldsymbol{e}_i\times v_j\boldsymbol{e}_j\right)=\frac{1}{2}\epsilon_{lmn}\boldsymbol{e}_l\boldsymbol{e}_m\boldsymbol{e}_n\cdot\left(\frac{\partial v_j}{\partial x_i}\epsilon_{ijk}\boldsymbol{e}_k\right)\\&=\frac{1}{2}\epsilon_{lmn}\epsilon_{ijn}\frac{\partial v_j}{\partial x_i}\boldsymbol{e}_l\boldsymbol{e}_m=\frac{1}{2}\epsilon_{nml}\epsilon_{nji}\frac{\partial v_j}{\partial x_i}\boldsymbol{e}_l\boldsymbol{e}_m\\&=\frac{1}{2}(\delta_{mj}\delta_{li}-\delta_{mi}\delta_{lj})\frac{\partial v_j}{\partial x_i}\boldsymbol{e}_l\boldsymbol{e}_m=\frac{1}{2}\left(\frac{\partial v_j}{\partial x_i}\boldsymbol{e}_i\boldsymbol{e}_j-\frac{\partial v_j}{\partial x_i}\boldsymbol{e}_j\boldsymbol{e}_i\right)\end{aligned}$$

式（2-143）得证。

对于式（2-133）等号右端的项，有

$$
\begin{aligned}
&(\boldsymbol{E}\cdot\boldsymbol{D}+\boldsymbol{H}\cdot\boldsymbol{B})\boldsymbol{I}:(\nabla\boldsymbol{v})-(\boldsymbol{E}^{(e)}\cdot\boldsymbol{P}+\mu_0\boldsymbol{H}^{(e)}\cdot\boldsymbol{M})\boldsymbol{I}:\nabla\boldsymbol{v}\\
&\quad=(\boldsymbol{E}\cdot\boldsymbol{D}-\boldsymbol{E}^{(e)}\cdot\boldsymbol{P}+\boldsymbol{H}\cdot\boldsymbol{B}-\mu_0\boldsymbol{H}^{(e)}\cdot\boldsymbol{M})\boldsymbol{I}:(\nabla\boldsymbol{v})\\
&\quad=[\boldsymbol{E}\cdot(\varepsilon_0\boldsymbol{E}+\boldsymbol{P})-\boldsymbol{E}^{(e)}\cdot\boldsymbol{P}+\mu_0\boldsymbol{H}\cdot(\boldsymbol{M}+\boldsymbol{H})-\mu_0\boldsymbol{H}^{(e)}\cdot\boldsymbol{M}]\boldsymbol{I}:(\nabla\boldsymbol{v})\\
&\quad=[\varepsilon_0E^2+(\boldsymbol{E}-\boldsymbol{E}^{(e)})\cdot\boldsymbol{P}+\mu_0H^2+\mu_0(\boldsymbol{H}-\boldsymbol{H}^{(e)})\cdot\boldsymbol{M}](\nabla\cdot\boldsymbol{v})
\end{aligned}
\tag{2-145}
$$

将式（2-140）、式（2-143）和式（2-145）代入式（2-133），得熵增方程的最终形式为

$$
\begin{aligned}
\rho T\frac{\mathrm{d}S_e^{(e)}}{\mathrm{d}t}=&(\boldsymbol{T}_v-\boldsymbol{v}\boldsymbol{g}):[\boldsymbol{D}^{(v)}+\boldsymbol{\epsilon}\cdot(\boldsymbol{\Omega}-\boldsymbol{\omega}_p)]+\boldsymbol{C}:\nabla\boldsymbol{\omega}_p+\boldsymbol{j}'\cdot\boldsymbol{E}'-\nabla\cdot\boldsymbol{q}+\rho R\\
&+(\boldsymbol{E}-\boldsymbol{E}^{(e)})\cdot\left[\frac{\mathrm{D}\boldsymbol{P}}{\mathrm{D}t}+\boldsymbol{P}(\nabla\cdot\boldsymbol{v})-\boldsymbol{\omega}_p\times\boldsymbol{P}\right]\\
&+\mu_0(\boldsymbol{H}-\boldsymbol{H}^{(e)})\cdot\left[\frac{\mathrm{D}\boldsymbol{M}}{\mathrm{D}t}+\boldsymbol{M}(\nabla\cdot\boldsymbol{v})-\boldsymbol{\omega}_p\times\boldsymbol{M}\right]
\end{aligned}
\tag{2-146}
$$

式（2-146）中应用了恒等式 $p\boldsymbol{I}:\boldsymbol{\epsilon}=\boldsymbol{0}$。

2.7 本构关系

2.7.1 Clausius-Duhem 不等式

热力学第二定律表明，系统内的熵增 $\mathrm{d}S_e$ 等于外界提供的熵 $\mathrm{d}S_e^{(s)}$ 与系统内熵产 $\mathrm{d}S_e^{(i)}$ 之和，即

$$\mathrm{d}S_e=\mathrm{d}S_e^{(s)}+\mathrm{d}S_e^{(i)}\tag{2-147}$$

且有 $\mathrm{d}S_e^{(i)}\geqslant0$，从而可得

$$\mathrm{d}S_e-\mathrm{d}S_e^{(s)}\geqslant0\tag{2-148}$$

对连续体应用这一不等式，得

$$\frac{\mathrm{d}}{\mathrm{d}t}\int_V\rho S_e\mathrm{d}V-\left(-\int_S\boldsymbol{n}\cdot\frac{\boldsymbol{q}}{T}\mathrm{d}S+\int_V\frac{\rho R}{T}\mathrm{d}V\right)\geqslant0\tag{2-149}$$

其中，$\frac{\boldsymbol{q}}{T}$表示局部熵通量。分别应用 Reynolds 输运理论和 Gauss 定理，并考虑到积分体积的任意性，得

$$\rho T\frac{\mathrm{d}S_e}{\mathrm{d}t}+T\nabla\cdot\left(\frac{\boldsymbol{q}}{T}\right)-\rho R\geqslant0\tag{2-150}$$

其中，等号左端的第二项可展开为

$$
\begin{aligned}
T\,\boldsymbol{\nabla}\cdot\left(\frac{\boldsymbol{q}}{T}\right) &= T\left[\frac{1}{T}\boldsymbol{\nabla}\cdot\boldsymbol{q}+\boldsymbol{q}\cdot\boldsymbol{\nabla}\left(\frac{1}{T}\right)\right] \\
&= T\left[\frac{1}{T}\boldsymbol{\nabla}\cdot\boldsymbol{q}+\frac{1}{T}\boldsymbol{q}\cdot\boldsymbol{\nabla}\left(\ln\frac{1}{T}\right)\right] \\
&= \boldsymbol{\nabla}\cdot\boldsymbol{q}+\boldsymbol{q}\cdot\boldsymbol{\nabla}\left(\ln\frac{1}{T}\right)
\end{aligned} \tag{2-151}
$$

将式（2-151）的结果代入式（2-150），并应用式（2-146），得到系统的 Clausius-Duhem 不等式：

$$
\boldsymbol{j}'\cdot\boldsymbol{E}'+\boldsymbol{q}\cdot\boldsymbol{\nabla}\left(\ln\frac{1}{T}\right)+\Phi\geqslant 0 \tag{2-152}
$$

其中，Φ 为耗散函数，表示为

$$
\begin{aligned}
\Phi = &(\boldsymbol{T}_{\mathrm{v}}-\boldsymbol{v}\boldsymbol{g}):[\boldsymbol{D}^{(\mathrm{v})}+\boldsymbol{\epsilon}\cdot(\boldsymbol{\Omega}-\boldsymbol{\omega}_{\mathrm{p}})]+\boldsymbol{C}:\boldsymbol{\nabla}\boldsymbol{\omega}_{\mathrm{p}} \\
&+(\boldsymbol{E}-\boldsymbol{E}^{(\mathrm{e})})\cdot\left[\frac{\mathrm{D}\boldsymbol{P}}{\mathrm{D}t}+\boldsymbol{P}(\boldsymbol{\nabla}\cdot\boldsymbol{v})-\boldsymbol{\omega}_{\mathrm{p}}\times\boldsymbol{P}\right] \\
&+\mu_0(\boldsymbol{H}-\boldsymbol{H}^{(\mathrm{e})})\cdot\left[\frac{\mathrm{D}\boldsymbol{M}}{\mathrm{D}t}+\boldsymbol{M}(\boldsymbol{\nabla}\cdot\boldsymbol{v})-\boldsymbol{\omega}_{\mathrm{p}}\times\boldsymbol{M}\right]\geqslant 0
\end{aligned} \tag{2-153}
$$

假设系统内存在机械耗散、热流耗散和电流耗散，但它们之间没有耦合。式（2-152）成立的条件为

$$
\boldsymbol{q}\cdot\boldsymbol{\nabla}\left(\ln\frac{1}{T}\right)\geqslant 0 \tag{2-154}
$$

和

$$
\boldsymbol{j}'\cdot\boldsymbol{E}'\geqslant 0 \tag{2-155}
$$

式（2-154）和式（2-155）即为材料本构关系不违背热力学原理的前提条件。

2.7.2 有关 $\boldsymbol{q}$ 和 $\boldsymbol{j}'$ 的本构方程

假设导电的铁磁流体是各向同性的，为满足式（2-154）和式（2-155），并假设 $\boldsymbol{q}$ 正比于$\boldsymbol{\nabla}T$，$\boldsymbol{j}'$正比于$\boldsymbol{E}'$，得

$$
\boldsymbol{q}=-\kappa_T\,\boldsymbol{\nabla}T \tag{2-156}
$$

$$
\boldsymbol{j}'=\sigma_E\boldsymbol{E}' \tag{2-157}
$$

其中，式（2-156）对应 Fourier 导热定律；式（2-157）对应 Ohm 定律；κ_T 和σ_E 分别为热导率和电导率。

对于式（2-157），代入$\boldsymbol{E}'$和$\boldsymbol{j}'$的表达式［式（2-62）和式（2-106）］后得

$$
\boldsymbol{j}_0=\sigma_E(\boldsymbol{E}+\boldsymbol{v}\times\boldsymbol{B})+\rho_{\mathrm{e}}\boldsymbol{v} \tag{2-158}
$$

其中，$\sigma_E(\boldsymbol{v}\times\boldsymbol{B})$为洛伦兹力对传导电流的贡献；$\rho_{\mathrm{e}}\boldsymbol{v}$ 为运动的自由电荷的贡献。

2.7.3 应力张量和力偶应力张量的本构方程

任意二阶张量 $\boldsymbol{A}$ 都可分解为一球形张量$\frac{1}{3}\boldsymbol{I}\,\mathrm{tr}\boldsymbol{A}$、偏斜张量 $\boldsymbol{A}^{(\mathrm{s})}$ 和反对称张量 $\boldsymbol{A}^{(\mathrm{a})}$，即

$$
\boldsymbol{A}=\boldsymbol{A}^{(\mathrm{s})}+\boldsymbol{A}^{(\mathrm{a})}+\frac{1}{3}\boldsymbol{I}\,\mathrm{tr}\boldsymbol{A} \tag{2-159}
$$

其中，上标(s)和(a)分别表示偏斜和反对称；tr 表示张量的迹；偏斜张量 $\boldsymbol{A}^{(\mathrm{s})}$ 可由对称张量

$\boldsymbol{A}^{(\mathrm{sm})}$计算为

$$\boldsymbol{A}^{(\mathrm{s})}=\boldsymbol{A}^{(\mathrm{sm})}-\frac{1}{3}\boldsymbol{I}\,\mathrm{tr}\boldsymbol{A}=\frac{1}{2}(\boldsymbol{A}+\boldsymbol{A}^{\mathrm{T}})-\frac{1}{3}\boldsymbol{I}\,\mathrm{tr}\boldsymbol{A} \tag{2-160}$$

反对称张量可计算为

$$\boldsymbol{A}^{(\mathrm{a})}=\frac{1}{2}(\boldsymbol{A}-\boldsymbol{A}^{\mathrm{T}}) \tag{2-161}$$

所以，对于任意两个二阶张量 $\boldsymbol{A}_1$ 和 $\boldsymbol{A}_2$，有

$$\begin{aligned}
\boldsymbol{A}_1^{(\mathrm{s})}:\boldsymbol{A}_2^{(\mathrm{a})}&=\left[\frac{1}{2}(\boldsymbol{A}_1+\boldsymbol{A}_1^{\mathrm{T}})-\frac{1}{3}\boldsymbol{I}\,\mathrm{tr}\boldsymbol{A}_1\right]:\frac{1}{2}(\boldsymbol{A}_2-\boldsymbol{A}_2^{\mathrm{T}})\\
&=\frac{1}{4}(\boldsymbol{A}_1+\boldsymbol{A}_1^{\mathrm{T}}):(\boldsymbol{A}_2-\boldsymbol{A}_2^{\mathrm{T}})-\frac{1}{6}(\mathrm{tr}\boldsymbol{A}_1)\boldsymbol{I}:(\boldsymbol{A}_2-\boldsymbol{A}_2^{\mathrm{T}})\\
&=\frac{1}{4}(\boldsymbol{A}_1:\boldsymbol{A}_2-\boldsymbol{A}_1:\boldsymbol{A}_2^{\mathrm{T}}+\boldsymbol{A}_1^{\mathrm{T}}:\boldsymbol{A}_2-\boldsymbol{A}_1^{\mathrm{T}}:\boldsymbol{A}_2^{\mathrm{T}})\\
&\quad-\frac{1}{6}\mathrm{tr}\boldsymbol{A}_1(\boldsymbol{I}:\boldsymbol{A}_2-\boldsymbol{I}:\boldsymbol{A}_2^{\mathrm{T}})\\
&=\frac{1}{4}(A_{ij}^1\boldsymbol{e}_i\boldsymbol{e}_j:A_{lm}^2\boldsymbol{e}_l\boldsymbol{e}_m-A_{ij}^1\boldsymbol{e}_i\boldsymbol{e}_j:A_{ml}^2\boldsymbol{e}_l\boldsymbol{e}_m+A_{ji}^1\boldsymbol{e}_i\boldsymbol{e}_j:A_{lm}^2\boldsymbol{e}_l\boldsymbol{e}_m-\\
&\quad A_{ji}^1\boldsymbol{e}_i\boldsymbol{e}_j:A_{ml}^2\boldsymbol{e}_l\boldsymbol{e}_m)-\frac{1}{6}\mathrm{tr}\boldsymbol{A}_1(\boldsymbol{e}_k\boldsymbol{e}_k:A_{lm}^2\boldsymbol{e}_l\boldsymbol{e}_m-\boldsymbol{e}_k\boldsymbol{e}_k:A_{ml}^2\boldsymbol{e}_l\boldsymbol{e}_m)\\
&=\frac{1}{4}(A_{ij}^1A_{ij}^2-A_{ij}^1A_{ji}^2+A_{ji}^1A_{ij}^2-A_{ji}^1A_{ji}^2)-\frac{1}{6}\mathrm{tr}\boldsymbol{A}_1(A_{ii}^2-A_{ii}^2)=0
\end{aligned} \tag{2-162}$$

同理，有

$$\boldsymbol{A}_1^{(\mathrm{a})}:\boldsymbol{A}_2^{(\mathrm{s})}=0 \tag{2-163}$$

$$\begin{aligned}
\boldsymbol{A}_1^{(\mathrm{s})}:\frac{1}{3}\boldsymbol{I}\,\mathrm{tr}\boldsymbol{A}_2&=\left[\frac{1}{2}(\boldsymbol{A}_1+\boldsymbol{A}_1^{\mathrm{T}})-\frac{1}{3}\boldsymbol{I}\,\mathrm{tr}\boldsymbol{A}_1\right]:\frac{1}{3}\boldsymbol{I}\,\mathrm{tr}\boldsymbol{A}_2\\
&=\frac{1}{6}\boldsymbol{A}_1:\boldsymbol{I}\,\mathrm{tr}\boldsymbol{A}_2+\frac{1}{6}\boldsymbol{A}_1^{\mathrm{T}}:\boldsymbol{I}\,\mathrm{tr}\boldsymbol{A}_2-\frac{1}{9}\mathrm{tr}\boldsymbol{A}_1(\mathrm{tr}\boldsymbol{A}_2)\boldsymbol{I}:\boldsymbol{I}\\
&=\frac{1}{3}\mathrm{tr}\boldsymbol{A}_1\,\mathrm{tr}\boldsymbol{A}_2-3\times\frac{1}{9}\mathrm{tr}\boldsymbol{A}_1\,\mathrm{tr}\boldsymbol{A}_2\\
&=0
\end{aligned} \tag{2-164}$$

$$\boldsymbol{A}_2^{(\mathrm{s})}:\frac{1}{3}\boldsymbol{I}\,\mathrm{tr}\boldsymbol{A}_1=0 \tag{2-165}$$

$$\begin{aligned}
\boldsymbol{A}_1^{(\mathrm{a})}:\frac{1}{3}\boldsymbol{I}\,\mathrm{tr}\boldsymbol{A}_2&=\left[\frac{1}{2}(\boldsymbol{A}_2-\boldsymbol{A}_2^{\mathrm{T}})\right]:\frac{1}{3}\boldsymbol{I}\,\mathrm{tr}\boldsymbol{A}_2\\
&=\frac{1}{6}\mathrm{tr}\boldsymbol{A}_2(\boldsymbol{A}_2:\boldsymbol{I}-\boldsymbol{A}_2^{\mathrm{T}}:\boldsymbol{I})\\
&=0
\end{aligned} \tag{2-166}$$

$$\boldsymbol{A}_2^{(\mathrm{a})}:\frac{1}{3}\boldsymbol{I}\,\mathrm{tr}\boldsymbol{A}_1=0 \tag{2-167}$$

综合式（2-159）～式（2-167）的结果，得恒等式：

$$\boldsymbol{A}_1:\boldsymbol{A}_2=\frac{1}{9}\mathrm{tr}\boldsymbol{A}_1\,\mathrm{tr}\boldsymbol{A}_2+\boldsymbol{A}_1^{(\mathrm{a})}:\boldsymbol{A}_2^{(\mathrm{a})}+\boldsymbol{A}_1^{(\mathrm{s})}:\boldsymbol{A}_2^{(\mathrm{s})} \tag{2-168}$$

根据式（2-168），展开式（2-153）中的项 $\boldsymbol{T}_{\mathrm{v}}:[\boldsymbol{D}^{(\mathrm{v})}+\boldsymbol{\epsilon}\cdot(\boldsymbol{\Omega}-\boldsymbol{\omega}_{\mathrm{p}})]$。其中，张量 $\boldsymbol{D}^{(\mathrm{v})}$ 为对称张量，故有

$$(\boldsymbol{D}^{(\mathrm{v})})^{(\mathrm{a})}=\mathbf{0} \tag{2-169}$$

$$(\boldsymbol{D}^{(\mathrm{v})})^{(\mathrm{s})}=\boldsymbol{D}^{(\mathrm{v})}-\frac{1}{3}\boldsymbol{I}\,\mathrm{tr}\boldsymbol{D}^{(\mathrm{v})} \tag{2-170}$$

对于张量 $\boldsymbol{\epsilon}\cdot(\boldsymbol{\Omega}-\boldsymbol{\omega}_{\mathrm{p}})$，有

$$\boldsymbol{\epsilon}\cdot(\boldsymbol{\Omega}-\boldsymbol{\omega}_{\mathrm{p}})=\epsilon_{ijk}\boldsymbol{e}_i\boldsymbol{e}_j\boldsymbol{e}_k\cdot(\Omega_l\boldsymbol{e}_l-\omega_m\boldsymbol{e}_m)=\epsilon_{ijk}\boldsymbol{e}_i\boldsymbol{e}_j(\Omega_k-\omega_k) \tag{2-171}$$

它为反对称张量，故

$$[\boldsymbol{\epsilon}\cdot(\boldsymbol{\Omega}-\boldsymbol{\omega}_{\mathrm{p}})]^{(\mathrm{a})}=\boldsymbol{\epsilon}\cdot(\boldsymbol{\Omega}-\boldsymbol{\omega}_{\mathrm{p}}) \tag{2-172}$$

$$[\boldsymbol{\epsilon}\cdot(\boldsymbol{\Omega}-\boldsymbol{\omega}_{\mathrm{p}})]^{(\mathrm{s})}=\mathbf{0} \tag{2-173}$$

$$\mathrm{tr}[\boldsymbol{\epsilon}\cdot(\boldsymbol{\Omega}-\boldsymbol{\omega}_{\mathrm{p}})]=0 \tag{2-174}$$

应用式（2-168）～式（2-174）的结果，得

$$\begin{aligned}&\boldsymbol{T}_{\mathrm{v}}:[\boldsymbol{D}^{(\mathrm{v})}+\boldsymbol{\epsilon}\cdot(\boldsymbol{\Omega}-\boldsymbol{\omega}_{\mathrm{p}})]\\&=\frac{1}{9}\mathrm{tr}\boldsymbol{T}_{\mathrm{v}}\mathrm{tr}\boldsymbol{D}^{(\mathrm{v})}+\boldsymbol{T}_{\mathrm{v}}{}^{(\mathrm{a})}:[\boldsymbol{\epsilon}\cdot(\boldsymbol{\Omega}-\boldsymbol{\omega}_{\mathrm{p}})]+\boldsymbol{T}_{\mathrm{v}}{}^{(\mathrm{s})}:(\boldsymbol{D}^{(\mathrm{v})}-\frac{1}{3}\boldsymbol{I}\,\mathrm{tr}\boldsymbol{D}^{(\mathrm{v})})\\&=\frac{1}{9}\mathrm{tr}\boldsymbol{T}_{\mathrm{v}}\mathrm{tr}\boldsymbol{D}^{(\mathrm{v})}+\boldsymbol{T}_{\mathrm{v}}{}^{(\mathrm{a})}:[\boldsymbol{\epsilon}\cdot(\boldsymbol{\Omega}-\boldsymbol{\omega}_{\mathrm{p}})]+\boldsymbol{T}_{\mathrm{v}}{}^{(\mathrm{s})}:\boldsymbol{D}^{(\mathrm{v})}\end{aligned} \tag{2-175}$$

为了保证式（2-153）成立，式（2-175）中各项均需非负，可假设如下各式成立：

$$\mathrm{tr}\boldsymbol{T}_{\mathrm{v}}=\gamma'\,\mathrm{tr}\boldsymbol{D}^{(\mathrm{v})} \tag{2-176}$$

$$\boldsymbol{T}_{\mathrm{v}}{}^{(\mathrm{a})}=2\zeta[\boldsymbol{\epsilon}\cdot(\boldsymbol{\Omega}-\boldsymbol{\omega}_{\mathrm{p}})] \tag{2-177}$$

$$\boldsymbol{T}_{\mathrm{v}}{}^{(\mathrm{s})}=2\eta\boldsymbol{D}^{(\mathrm{v})} \tag{2-178}$$

其中，γ'为比例系数；η 为剪切黏性系数；ζ 为涡旋黏度。系数 γ'、ζ 和 η 均为正。另外，黏性应力张量 $\boldsymbol{T}_{\mathrm{v}}$ 可分解为

$$\boldsymbol{T}_{\mathrm{v}}=\boldsymbol{T}_{\mathrm{v}}{}^{(\mathrm{s})}+\boldsymbol{T}_{\mathrm{v}}{}^{(\mathrm{a})}+\frac{1}{3}\boldsymbol{I}\,\mathrm{tr}\boldsymbol{T}_{\mathrm{v}} \tag{2-179}$$

将式（2-176）～式（2-178）代入式（2-179），可得

$$\begin{aligned}\boldsymbol{T}_{\mathrm{v}}&=2\eta\boldsymbol{D}^{(\mathrm{v})}+2\zeta[\boldsymbol{\epsilon}\cdot(\boldsymbol{\Omega}-\boldsymbol{\omega}_{\mathrm{p}})]+\frac{\gamma'}{3}\boldsymbol{I}\,\mathrm{tr}\boldsymbol{D}^{(\mathrm{v})}\\&=\eta[\nabla\boldsymbol{v}+(\nabla\boldsymbol{v})^{\mathrm{T}}]+2\zeta\boldsymbol{\epsilon}\cdot(\boldsymbol{\Omega}-\boldsymbol{\omega}_{\mathrm{p}})+\lambda(\nabla\cdot\boldsymbol{v})\end{aligned} \tag{2-180}$$

式（2-180）中应用了关系式：

$$\lambda=\frac{\gamma'}{3} \tag{2-181}$$

和

$$\mathrm{tr}\boldsymbol{D}^{(\mathrm{v})}=\nabla\cdot\boldsymbol{v} \tag{2-182}$$

其中，λ 为块材黏度系数。

对于式（2-153）中的第二项，面力偶应力张量 $\boldsymbol{C}$ 可类比 $\boldsymbol{T}_{\mathrm{v}}$ 得到其表达式，但这里假设反对称力偶应力张量为零，故有（Odenbach，2002）：

$$\boldsymbol{C}=\eta'[\nabla\boldsymbol{\omega}_{\mathrm{p}}+(\nabla\boldsymbol{\omega}_{\mathrm{p}})^{\mathrm{T}}]+\lambda'(\nabla\cdot\boldsymbol{\omega}_{\mathrm{p}})\boldsymbol{I} \tag{2-183}$$

其中，η'和λ'分别为剪切自旋黏度系数和块材自旋黏度系数。在铁磁流体力学中，面力偶应力张量 $\boldsymbol{C}$ 表示内禀角动量的扩散输运对流动特性的影响关系。

2.7.4 运动方程的展开式

将应力张量表达式［式（2-130）］代入动量守恒方程［式（2-23）］中，并代入磁应力张量表达式［式（2-131）］、黏性应力张量表达式［式（2-180）］，以及电磁场动量密度的定义式［式（2-75）］，有

$$\boldsymbol{\nabla}\cdot\boldsymbol{T}=\boldsymbol{\nabla}\cdot(\boldsymbol{T}_{\mathrm{v}}+\boldsymbol{T}_{\mathrm{m}}-p\boldsymbol{I}-\boldsymbol{v}\boldsymbol{g}) \tag{2-184}$$

其中

$$\begin{aligned}\boldsymbol{\nabla}\cdot\boldsymbol{T}_{\mathrm{v}}&=\boldsymbol{\nabla}\cdot\{\eta[\boldsymbol{\nabla}\boldsymbol{v}+(\boldsymbol{\nabla}\boldsymbol{v})^{\mathrm{T}}]+2\zeta\boldsymbol{\epsilon}\cdot(\boldsymbol{\Omega}-\boldsymbol{\omega}_{\mathrm{p}})+\lambda(\boldsymbol{\nabla}\cdot\boldsymbol{v})\boldsymbol{I}\}\\&=\eta\,\boldsymbol{\nabla}\cdot[\boldsymbol{\nabla}\boldsymbol{v}+(\boldsymbol{\nabla}\boldsymbol{v})^{\mathrm{T}}]+2\zeta\,\boldsymbol{\nabla}\cdot[\boldsymbol{\epsilon}\cdot(\boldsymbol{\Omega}-\boldsymbol{\omega}_{\mathrm{p}})]+\lambda\,\boldsymbol{\nabla}\cdot[(\boldsymbol{\nabla}\cdot\boldsymbol{v})\boldsymbol{I}]\\&=\eta\,\boldsymbol{\nabla}^2\boldsymbol{v}+\eta\,\boldsymbol{\nabla}(\boldsymbol{\nabla}\cdot\boldsymbol{v})-2\zeta\,\boldsymbol{\nabla}\times(\boldsymbol{\Omega}-\boldsymbol{\omega}_{\mathrm{p}})+\lambda\,\boldsymbol{\nabla}(\boldsymbol{\nabla}\cdot\boldsymbol{v})\\&=\eta\,\boldsymbol{\nabla}^2\boldsymbol{v}+(\eta+\lambda)\boldsymbol{\nabla}(\boldsymbol{\nabla}\cdot\boldsymbol{v})-2\zeta\,\boldsymbol{\nabla}\times(\boldsymbol{\Omega}-\boldsymbol{\omega}_{\mathrm{p}})\end{aligned} \tag{2-185}$$

式（2-185）中应用了等式：

$$\boldsymbol{\nabla}\cdot[\boldsymbol{\epsilon}\cdot(\boldsymbol{\Omega}-\boldsymbol{\omega}_{\mathrm{p}})]=-\boldsymbol{\nabla}\times(\boldsymbol{\Omega}-\boldsymbol{\omega}_{\mathrm{p}}) \tag{2-186}$$

和

$$\boldsymbol{\nabla}\cdot[(\boldsymbol{\nabla}\boldsymbol{v})^{\mathrm{T}}]=\boldsymbol{\nabla}(\boldsymbol{\nabla}\cdot\boldsymbol{v}) \tag{2-187}$$

应用张量表达式证明式（2-186）和式（2-187），其中令

$$\boldsymbol{A}'=\boldsymbol{\Omega}-\boldsymbol{\omega}_{\mathrm{p}} \tag{2-188}$$

有

$$\boldsymbol{\nabla}\cdot(\boldsymbol{\epsilon}\cdot\boldsymbol{A}')=\frac{\partial}{\partial x_m}\boldsymbol{e}_m\cdot(\epsilon_{ijk}\boldsymbol{e}_i\boldsymbol{e}_j\boldsymbol{e}_k\cdot A'_l\boldsymbol{e}_l)=\frac{\partial}{\partial x_m}\boldsymbol{e}_m\cdot(\epsilon_{ijl}\boldsymbol{e}_i\boldsymbol{e}_jA'_l)=\frac{\partial A'_l}{\partial x_i}\epsilon_{ijl}\boldsymbol{e}_j$$

$$\boldsymbol{\nabla}\times\boldsymbol{A}'=\frac{\partial}{\partial x_m}\boldsymbol{e}_m\times A'_l\boldsymbol{e}_l=\frac{\partial A'_l}{\partial x_m}\epsilon_{mlk}\boldsymbol{e}_k=-\frac{\partial A'_l}{\partial x_m}\epsilon_{mkl}\boldsymbol{e}_k$$

$$\boldsymbol{\nabla}\cdot[(\boldsymbol{\nabla}\boldsymbol{v})^{\mathrm{T}}]=\frac{\partial}{\partial x_m}\boldsymbol{e}_m\cdot\left(\frac{\partial}{\partial x_i}\boldsymbol{e}_iv_l\boldsymbol{e}_l\right)^{\mathrm{T}}=\frac{\partial}{\partial x_m}\boldsymbol{e}_m\cdot\left(\frac{\partial v_i}{\partial x_l}\boldsymbol{e}_i\boldsymbol{e}_l\right)=\frac{\partial v_i}{\partial x_i\partial x_l}\boldsymbol{e}_l$$

$$\boldsymbol{\nabla}(\boldsymbol{\nabla}\cdot\boldsymbol{v})=\frac{\partial}{\partial x_m}\boldsymbol{e}_m\left(\frac{\partial}{\partial x_i}\boldsymbol{e}_i\cdot v_l\boldsymbol{e}_l\right)=\frac{\partial}{\partial x_m}\boldsymbol{e}_m\left(\frac{\partial v_i}{\partial x_i}\right)=\frac{\partial v_i}{\partial x_m\partial x_i}\boldsymbol{e}_m$$

式（2-186）和式（2-187）得证。

式（2-185）中等号右端的第二项还可以根据式（2-144）展开为

$$\begin{aligned}2\zeta\,\boldsymbol{\nabla}\times(\boldsymbol{\Omega}-\boldsymbol{\omega}_{\mathrm{p}})&=\zeta\,\boldsymbol{\nabla}\times\boldsymbol{\nabla}\times\boldsymbol{v}-2\zeta\,\boldsymbol{\nabla}\times\boldsymbol{\omega}_{\mathrm{p}}\\&=\zeta\,\boldsymbol{\nabla}(\boldsymbol{\nabla}\cdot\boldsymbol{v})-\zeta\,\boldsymbol{\nabla}^2\boldsymbol{v}-2\zeta\,\boldsymbol{\nabla}\times\boldsymbol{\omega}_{\mathrm{p}}\end{aligned} \tag{2-189}$$

从而可得式（2-185）的另一种形式：

$$\boldsymbol{\nabla}\cdot\boldsymbol{T}_{\mathrm{v}}=(\eta+\zeta)\boldsymbol{\nabla}^2\boldsymbol{v}+(\eta+\lambda-\zeta)\boldsymbol{\nabla}(\boldsymbol{\nabla}\cdot\boldsymbol{v})+2\zeta\,\boldsymbol{\nabla}\times\boldsymbol{\omega}_{\mathrm{p}} \tag{2-190}$$

展开式（2-184）中磁应力张量的散度，有

$$
\begin{aligned}
\nabla\cdot T_{\mathrm{m}} &= \nabla\cdot\left[-\left(\frac{\varepsilon_0 E^2}{2}+\frac{\mu_0 H^2}{2}\right)I+(DE+BH)\right]\\
&= -\nabla\left(\frac{\varepsilon_0 E^2}{2}+\frac{\mu_0 H^2}{2}\right)+\nabla\cdot(DE)+\nabla\cdot(BH)\\
&= -\frac{\varepsilon_0}{2}\nabla(E\cdot E)-\frac{\mu_0}{2}\nabla(H\cdot H)+D\cdot\nabla E+E(\nabla\cdot D)+B\cdot\nabla H+H(\nabla\cdot B)\\
&= -\varepsilon_0 E\cdot\nabla E-\varepsilon_0 E\times(\nabla\times E)-\mu_0 H\cdot\nabla H-\mu_0 H\times(\nabla\times H)+\varepsilon_0 E\cdot\nabla E\\
&\quad +P\cdot\nabla E+E(\nabla\cdot D)+\mu_0 H\cdot\nabla H+\mu_0 M\cdot\nabla H+H(\nabla\cdot B)\\
&= -\varepsilon_0 E\times(\nabla\times E)-\mu_0 H\times(\nabla\times H)+P\cdot\nabla E+\rho_e E+\mu_0 M\cdot\nabla H
\end{aligned}
\tag{2-191}
$$

其中，最后一步应用了式（2-82），倒数第二步应用了式（2-108）。根据式（2-73），式（2-191）可进一步化简为

$$
\begin{aligned}
\nabla\cdot T_{\mathrm{m}} &= -\varepsilon_0 E\times\left(-\frac{\partial B}{\partial t}\right)-\mu_0 H\times\left(\frac{\partial D}{\partial t}+j_0\right)+P\cdot\nabla E+\rho_e E+\mu_0 M\cdot\nabla H\\
&= \varepsilon_0 E\times\left(\frac{\partial B}{\partial t}\right)+\mu_0\left(\frac{\partial D}{\partial t}\right)\times H-\mu_0 H\times j_0+P\cdot\nabla E+\rho_e E+\mu_0 M\cdot\nabla H
\end{aligned}
\tag{2-192}
$$

对于式（2-23）中等号左端的第二项，根据电磁场动量密度定义［式（2-75）］将其展开为

$$
\begin{aligned}
\frac{\partial g}{\partial t} &= \frac{\partial}{\partial t}(D\times B)\\
&= \frac{\partial D}{\partial t}\times B+D\times\frac{\partial B}{\partial t}\\
&= \mu_0\frac{\partial D}{\partial t}\times H+\mu_0\frac{\partial D}{\partial t}\times M+\varepsilon_0 E\times\frac{\partial B}{\partial t}+P\times\frac{\partial B}{\partial t}\\
&= \mu_0\frac{\partial D}{\partial t}\times H+\mu_0(\nabla\times H-j_0)\times M+\varepsilon_0 E\times\frac{\partial B}{\partial t}-P\times(\nabla\times E)
\end{aligned}
\tag{2-193}
$$

将式（2-184）、式（2-185）、式（2-192）、式（2-193）代入式（2-23），得

$$
\begin{aligned}
\rho\left[\frac{\partial v}{\partial t}+(v\cdot\nabla)v\right] &= -\nabla p+\eta\nabla^2 v+(\eta+\lambda)\nabla(\nabla\cdot v)-2\zeta\nabla\times(\Omega-\omega_{\mathrm{p}})\\
&\quad +j_0\times B+P\cdot\nabla E+\rho_e E+\mu_0 M\cdot\nabla H-\nabla\cdot(vg)\\
&\quad +\mu_0 M\times(\nabla\times H)+P\times(\nabla\times E)+\rho F
\end{aligned}
\tag{2-194}
$$

或代入式（2-190），得运动（动量守恒）方程的另一种形式：

$$
\begin{aligned}
\rho\left[\frac{\partial v}{\partial t}+(v\cdot\nabla)v\right] &= -\nabla p+(\eta+\zeta)\nabla^2 v+(\eta+\lambda-\zeta)\nabla(\nabla\cdot v)+2\zeta\nabla\times\omega_{\mathrm{p}}\\
&\quad +j_0\times B+P\cdot\nabla E+\rho_e E+\mu_0 M\cdot\nabla H-\nabla\cdot(vg)\\
&\quad +\mu_0 M\times(\nabla\times H)+P\times(\nabla\times E)+\rho F
\end{aligned}
\tag{2-195}
$$

2.7.5 角动量方程的展开式

根据式（2-183），有

$$\begin{aligned}\nabla\cdot\boldsymbol{C}&=\nabla\cdot\{\eta'[\nabla\boldsymbol{\omega}_{\mathrm{p}}+(\nabla\boldsymbol{\omega}_{\mathrm{p}})^{\mathrm{T}}]+\lambda'(\nabla\cdot\boldsymbol{\omega}_{\mathrm{p}})\boldsymbol{I}\}\\&=\eta'\nabla^2\boldsymbol{\omega}_{\mathrm{p}}+(\eta'+\lambda')\nabla(\nabla\cdot\boldsymbol{\omega}_{\mathrm{p}})\end{aligned}\tag{2-196}$$

式（2-196）中应用了等式：

$$\nabla\cdot[(\nabla\boldsymbol{\omega}_{\mathrm{p}})^{\mathrm{T}}]=\nabla(\nabla\cdot\boldsymbol{\omega}_{\mathrm{p}})\tag{2-197}$$

根据式（2-180），有

$$\begin{aligned}\boldsymbol{\epsilon}:\boldsymbol{T}_{\mathrm{v}}&=\boldsymbol{\epsilon}:\{\eta[\nabla\boldsymbol{v}+(\nabla\boldsymbol{v})^{\mathrm{T}}]+2\zeta\boldsymbol{\epsilon}\cdot(\boldsymbol{\Omega}-\boldsymbol{\omega}_{\mathrm{p}})+\lambda(\nabla\cdot\boldsymbol{v})\boldsymbol{I}\}\\&=4\zeta(\boldsymbol{\Omega}-\boldsymbol{\omega}_{\mathrm{p}})\end{aligned}\tag{2-198}$$

式（2-198）中应用了等式：

$$\boldsymbol{\epsilon}:[\nabla\boldsymbol{v}+(\nabla\boldsymbol{v})^{\mathrm{T}}]=\boldsymbol{0}\tag{2-199}$$

$$\boldsymbol{\epsilon}:(\boldsymbol{\epsilon}\cdot\boldsymbol{A}')=2\boldsymbol{A}'\tag{2-200}$$

$$\boldsymbol{\epsilon}:\boldsymbol{I}=\boldsymbol{0}\tag{2-201}$$

其中，式（2-199）和式（2-200）应用张量表示法证明如下：

$$\nabla\boldsymbol{v}=\frac{\partial v_l}{\partial x_m}\boldsymbol{e}_m\boldsymbol{e}_l$$

$$(\nabla\boldsymbol{v})^{\mathrm{T}}=\frac{\partial v_m}{\partial x_l}\boldsymbol{e}_m\boldsymbol{e}_l$$

$$\begin{aligned}\boldsymbol{\epsilon}:[\nabla\boldsymbol{v}+(\nabla\boldsymbol{v})^{\mathrm{T}}]&=\epsilon_{ijk}\boldsymbol{e}_i\boldsymbol{e}_j\boldsymbol{e}_k:\left(\frac{\partial v_l}{\partial x_m}\boldsymbol{e}_m\boldsymbol{e}_l+\frac{\partial v_m}{\partial x_l}\boldsymbol{e}_m\boldsymbol{e}_l\right)\\&=\epsilon_{ijk}\boldsymbol{e}_i\left(\frac{\partial v_k}{\partial x_j}+\frac{\partial v_j}{\partial x_k}\right)\\&=\epsilon_{ijk}\boldsymbol{e}_i\frac{\partial v_k}{\partial x_j}-\epsilon_{ikj}\boldsymbol{e}_i\frac{\partial v_j}{\partial x_k}=\boldsymbol{0}\end{aligned}$$

$$\begin{aligned}\boldsymbol{\epsilon}:(\boldsymbol{\epsilon}\cdot\boldsymbol{A}')&=\epsilon_{ijk}\boldsymbol{e}_i\boldsymbol{e}_j\boldsymbol{e}_k:(\epsilon_{lmn}\boldsymbol{e}_l\boldsymbol{e}_m\boldsymbol{e}_n\cdot A'_p\boldsymbol{e}_p)\\&=\epsilon_{ijk}\boldsymbol{e}_i\boldsymbol{e}_j\boldsymbol{e}_k:(\epsilon_{lmn}\boldsymbol{e}_l\boldsymbol{e}_m A'_n)\\&=\epsilon_{ijk}\epsilon_{jkn}A'_n\boldsymbol{e}_i=\epsilon_{jki}\epsilon_{jkn}A'_n\boldsymbol{e}_i\\&=2\delta_{in}A'_n\boldsymbol{e}_i=2A'_i\boldsymbol{e}_i=2\boldsymbol{A}'\end{aligned}$$

式（2-199）和式（2-200）得证。

根据式（2-131），有

$$\begin{aligned}\boldsymbol{\epsilon}:\boldsymbol{T}_{\mathrm{m}}&=\boldsymbol{\epsilon}:\left[-\left(\frac{\varepsilon_0E^2}{2}+\frac{\mu_0H^2}{2}\right)\boldsymbol{I}+(\boldsymbol{DE}+\boldsymbol{BH})\right]\\&=\boldsymbol{\epsilon}:(\boldsymbol{DE}+\boldsymbol{BH})\\&=\boldsymbol{D}\times\boldsymbol{E}+\boldsymbol{B}\times\boldsymbol{H}\\&=\boldsymbol{P}\times\boldsymbol{E}+\mu_0\boldsymbol{M}\times\boldsymbol{H}\end{aligned}\tag{2-202}$$

其中，最后一步应用了本构关系［式（2-108）］。

将式（2-196）、式（2-197）、式（2-202）代入式（2-57）中，得到角动量方程的展开式：

$$\begin{aligned}\rho I\frac{\mathrm{D}\boldsymbol{\omega}_{\mathrm{p}}}{\mathrm{D}t}&=\rho\boldsymbol{G}+\eta'\nabla^2\boldsymbol{\omega}_{\mathrm{p}}+(\eta'+\lambda')\nabla(\nabla\cdot\boldsymbol{\omega}_{\mathrm{p}})+4\zeta(\boldsymbol{\Omega}-\boldsymbol{\omega}_{\mathrm{p}})\\&\quad+\boldsymbol{P}\times\boldsymbol{E}+\mu_0\boldsymbol{M}\times\boldsymbol{H}-\boldsymbol{\epsilon}:(\boldsymbol{vg})\end{aligned}\tag{2-203}$$

2.8 无电场作用时运动方程和角动量方程的简化形式

在式（2-195）中令电场相关项为零，得运动方程的简化形式为

$$\rho\left[\frac{\partial \boldsymbol{v}}{\partial t}+(\boldsymbol{v}\cdot\nabla)\boldsymbol{v}\right]=-\nabla p+(\eta+\zeta)\nabla^2\boldsymbol{v}+(\eta+\lambda-\zeta)\nabla(\nabla\cdot\boldsymbol{v})+2\zeta\nabla\times\boldsymbol{\omega}_{\mathrm{p}}+\mu_0\boldsymbol{M}\cdot\nabla\boldsymbol{H}+\mu_0\boldsymbol{M}\times(\nabla\times\boldsymbol{H})+\rho\boldsymbol{F} \tag{2-204}$$

如果进一步地，假设铁磁流体不可压缩，则有

$$\nabla\cdot\boldsymbol{v}=0 \tag{2-205}$$

式（2-204）变为

$$\rho\left[\frac{\partial \boldsymbol{v}}{\partial t}+(\boldsymbol{v}\cdot\nabla)\boldsymbol{v}\right]=-\nabla p+(\eta+\zeta)\nabla^2\boldsymbol{v}+2\zeta\nabla\times\boldsymbol{\omega}_{\mathrm{p}}+\mu_0\boldsymbol{M}\cdot\nabla\boldsymbol{H}+\mu_0\boldsymbol{M}\times(\nabla\times\boldsymbol{H})+\rho\boldsymbol{F} \tag{2-206}$$

如果铁磁流体内无电流，则有

$$\nabla\times\boldsymbol{H}=\boldsymbol{0} \tag{2-207}$$

此时式（2-204）变为

$$\rho\left[\frac{\partial \boldsymbol{v}}{\partial t}+(\boldsymbol{v}\cdot\nabla)\boldsymbol{v}\right]=-\nabla p+(\eta+\zeta)\nabla^2\boldsymbol{v}+2\zeta\nabla\times\boldsymbol{\omega}_{\mathrm{p}}+\mu_0\boldsymbol{M}\cdot\nabla\boldsymbol{H}+\rho\boldsymbol{F} \tag{2-208}$$

同样，在式（2-203）中令与电场有关的项为零，得角动量方程的简化形式为

$$\rho I\frac{\mathrm{D}\boldsymbol{\omega}_{\mathrm{p}}}{\mathrm{D}t}=\rho\boldsymbol{G}+\eta'\nabla^2\boldsymbol{\omega}_{\mathrm{p}}+(\eta'+\lambda')\nabla(\nabla\cdot\boldsymbol{\omega}_{\mathrm{p}})+4\zeta(\boldsymbol{\Omega}-\boldsymbol{\omega}_{\mathrm{p}})+\mu_0\boldsymbol{M}\times\boldsymbol{H} \tag{2-209}$$

如果忽略项$(\eta'+\lambda')\nabla(\nabla\cdot\boldsymbol{\omega}_{\mathrm{p}})$，则方程写为

$$\rho I\frac{\mathrm{D}\boldsymbol{\omega}_{\mathrm{p}}}{\mathrm{D}t}=\rho\boldsymbol{G}+\eta'\nabla^2\boldsymbol{\omega}_{\mathrm{p}}+4\zeta(\boldsymbol{\Omega}-\boldsymbol{\omega}_{\mathrm{p}})+\mu_0\boldsymbol{M}\times\boldsymbol{H} \tag{2-210}$$

其中，等号右端的最后一项表示当局部磁化强度偏离外加磁场方向时，作用在铁磁流体上的磁力矩；等号右端的第三项为 Cauchy 应力的反对称部分，表示铁磁流体内禀角动量与宏观角动量间的动量交换；等号右端的第二项表示内禀角动量在流体单元间的扩散，由于 η' 的数值较小，该项通常可以忽略。

2.9 角动量方程和运动方程的另一种简化形式

在式（2-203）中，如果忽略电极化和电场的影响，则项 $\boldsymbol{P}\times\boldsymbol{E}$ 和 $\boldsymbol{\epsilon}:(\boldsymbol{v}\boldsymbol{g})$ 为零。如果进一步假设体力偶项 $\rho\boldsymbol{G}$ 和自旋扩散项$(\eta'+\lambda')\nabla(\nabla\cdot\boldsymbol{\omega}_{\mathrm{p}})$均可忽略，同时根据每单位体积铁磁流体中颗粒的惯性矩密度表达式［式（2-54）］，以及颗粒旋转的弛豫时间：

$$\tau_{\mathrm{s}}=\frac{\rho_{\mathrm{s}}\bar{d}_{\mathrm{p}}^2}{60\eta_0} \tag{2-211}$$

可得

$$\frac{I'}{\tau_{\mathrm{s}}}=6\eta_0\phi \tag{2-212}$$

其中，η_0 为铁磁流体载液的黏度。再由涡旋黏度 ζ 的定义：

$$\zeta=3\eta_0\phi/2 \tag{2-213}$$

可得角动量方程的另一种简化形式：

$$\rho\frac{\mathrm{D}\boldsymbol{s}}{\mathrm{D}t}=\eta'\boldsymbol{\nabla}^2\boldsymbol{\omega}_{\mathrm{p}}+\frac{1}{\tau_{\mathrm{s}}}(\boldsymbol{\Omega}-\boldsymbol{\omega}_{\mathrm{p}})+\mu_0\boldsymbol{M}\times\boldsymbol{H} \tag{2-214}$$

其中，剪切自旋黏度系数 η' 一般可表示为

$$\eta'=\frac{\overline{d}_{\mathrm{p}}^2}{6\tau_{\mathrm{B}}} \tag{2-215}$$

其中，τ_{B} 为铁磁流体的 Brownian 弛豫时间。

可见 $\eta'\sim\eta l^2\phi^2$，其中 l 为铁磁流体中颗粒间的距离，数量级上与颗粒尺寸（一般为 10^{-8} 量级）相当，ϕ 的量级约为 0.01，所以 η' 通常非常小。Shliomis（2021）估算自旋黏度系数为

$$\eta'=\frac{1}{10}\eta\phi\frac{\rho_{\mathrm{s}}}{\rho}\overline{d}_{\mathrm{p}}^2 \tag{2-216}$$

以一种水基铁磁流体为例，该铁磁流体的参数为：$\overline{d}_{\mathrm{p}}=39$ nm，载液黏度 $\eta_0=1.02\times10^{-3}$ Pa·s，颗粒体积分数 $\phi=24\%$，颗粒核体积分数为 2%，饱和磁化强度为 6.77×10^2 A/m，无磁场作用时的自旋黏度值（系数）为 $\eta'=8.7\times10^{-20}$ kg·m/s，在磁场强度为 1.19×10^4 A/m 的磁场作用下，自旋黏度值为 $\eta'=11.4\times10^{-20}$ kg·m/s。同样表明 η' 的值非常小，所以在式（2-214）中通常将含有 η' 的项 $\eta'\boldsymbol{\nabla}^2\boldsymbol{\omega}_{\mathrm{p}}$ 忽略。另外，假设惯性项 $\rho I\frac{D\boldsymbol{\omega}_{\mathrm{p}}}{Dt}$ 也可忽略，从而将角动量方程最终简化为

$$4\zeta(\boldsymbol{\omega}_{\mathrm{p}}-\boldsymbol{\Omega})=\mu_0\boldsymbol{M}\times\boldsymbol{H} \tag{2-217}$$

对于铁磁流体的运动方程［式（2-194）］，设铁磁流体不导电、流体内无自由电荷且没有内部放热，则项 $\boldsymbol{j}_0\times\boldsymbol{B}$、$\rho_{\mathrm{e}}\boldsymbol{E}$、$\mu_0\boldsymbol{M}\times(\boldsymbol{\nabla}\times\boldsymbol{H})$ 和 $\boldsymbol{P}\times(\boldsymbol{\nabla}\times\boldsymbol{E})$ 均为零；如果无外电场作用且忽略极化强度，则项 $\boldsymbol{P}\cdot\boldsymbol{\nabla}\boldsymbol{E}$ 和 $\boldsymbol{\nabla}\cdot(\boldsymbol{v}\boldsymbol{g})$ 也为零；假设铁磁流体不可压缩，则有式（2-205）成立，从而得到运动方程的简化形式：

$$\rho\left[\frac{\partial\boldsymbol{v}}{\partial t}+(\boldsymbol{v}\cdot\boldsymbol{\nabla})\boldsymbol{v}\right]=-\boldsymbol{\nabla}p+\eta\boldsymbol{\nabla}^2\boldsymbol{v}-2\zeta\boldsymbol{\nabla}\times(\boldsymbol{\Omega}-\boldsymbol{\omega}_{\mathrm{p}})+\mu_0\boldsymbol{M}\cdot\boldsymbol{\nabla}\boldsymbol{H}+\rho\boldsymbol{F} \tag{2-218}$$

该方程中，等号右端的第四项表示因磁场不均匀引起的磁体积力；等号右端的第三项表示 Cauchy 应力的反对称分量，这一应力分量只有在颗粒旋转速度与流体局部涡量不相等时才会产生。

另外，可将式（2-217）代入式（2-218）中，得到运动方程的另一种简化形式：

$$\rho\left[\frac{\partial\boldsymbol{v}}{\partial t}+(\boldsymbol{v}\cdot\boldsymbol{\nabla})\boldsymbol{v}\right]=-\boldsymbol{\nabla}p+\eta\boldsymbol{\nabla}^2\boldsymbol{v}+\rho\boldsymbol{F}+\mu_0\boldsymbol{M}\cdot\boldsymbol{\nabla}\boldsymbol{H}+\frac{\mu_0}{2}\boldsymbol{\nabla}\times(\boldsymbol{M}\times\boldsymbol{H}) \tag{2-219}$$

该方程也可以由铁磁流体的应力张量求散度得到，是应用最广泛的形式。方程中等号右端的最后一项表示磁矩的弛豫速率，它在铁磁流体的诸多流动形式中起到关键作用。

根据式（2-211）～式（2-213），可由式（2-218）得到动量方程的另一种形式：

$$\rho\left[\frac{\partial\boldsymbol{v}}{\partial t}+(\boldsymbol{v}\cdot\boldsymbol{\nabla})\boldsymbol{v}\right]=-\boldsymbol{\nabla}p+\eta\boldsymbol{\nabla}^2\boldsymbol{v}+\frac{1}{2\tau_{\mathrm{s}}}\boldsymbol{\nabla}\times(\boldsymbol{s}-I\boldsymbol{\Omega})+\mu_0\boldsymbol{M}\cdot\boldsymbol{\nabla}\boldsymbol{H}+\rho\boldsymbol{F} \tag{2-220}$$

在式（2-219）中，如果忽略磁力矩的影响，也即假设铁磁流体的磁化强度与磁场强度平行（平行磁化假设），此时方程中等号右端最后一项为零，式（2-219）将简化为铁磁流体

的 Neuringer-Rosensweig 模型（Rosensweig，1985）。

另一方面，在均匀磁场中，式（2-219）中等号右端的第四项为零，但如果铁磁流体流动的涡量不为零，黏性力矩促使颗粒旋转，从而使磁化强度方向偏离外磁场方向，那么式（2-219）中等号右端的最后一项不为零，导致流动状态与无磁场时的状态不同。

2.10 铁磁流体的应力张量

分别将黏性应力张量表达式［式（2-180）］、压力表达式［式（2-119）］、磁应力张量表达式［式（2-131）］代入铁磁流体的应力张量表达式［式（2-130）］，得铁磁流体应力张量的最一般形式为

$$\boldsymbol{T}=\eta[\nabla\boldsymbol{v}+(\nabla\boldsymbol{v})^{\mathrm{T}}]+2\zeta\boldsymbol{\epsilon}\cdot(\boldsymbol{\Omega}-\boldsymbol{\omega}_{\mathrm{p}})+\lambda(\nabla\cdot\boldsymbol{v})\boldsymbol{I}-\left(\frac{\varepsilon_0 E^2}{2}+\frac{\mu_0 H^2}{2}\right)\boldsymbol{I}+(\boldsymbol{DE}+\boldsymbol{BH})$$
$$-\left[p_0(\rho,T)+\int_0^E\left(\frac{\partial(vP)}{\partial v}\right)^{(\mathrm{e})}_{T,H,E}\mathrm{d}E^{(\mathrm{e})}+\mu_0\int_0^H\left(\frac{\partial(vM)}{\partial v}\right)^{(\mathrm{e})}_{T,H,E}\mathrm{d}H^{(\mathrm{e})}\right]\boldsymbol{I}-\boldsymbol{v}\boldsymbol{g} \tag{2-221}$$

对于不导电、不可压缩、无外电场作用的铁磁流体，应用角动量方程的简化形式，得应力张量简化形式为

$$\boldsymbol{T}=-p\boldsymbol{I}+\eta[\nabla\boldsymbol{v}+(\nabla\boldsymbol{v})^{\mathrm{T}}]-\frac{\mu_0}{2}\boldsymbol{\epsilon}\cdot(\boldsymbol{M}\times\boldsymbol{H})-\frac{\mu_0 H^2}{2}\boldsymbol{I}+\boldsymbol{BH} \tag{2-222}$$

其中，将磁致伸缩项并入了 p。式（2-222）的分量形式为

$$T_{ij}=-p\delta_{ij}+\eta\left(\frac{\partial v_i}{\partial x_j}+\frac{\partial v_j}{\partial x_i}\right)-\frac{\mu_0}{2}(M_iH_j-M_jH_i)-\frac{\mu_0 H^2}{2}\delta_{ij}+B_iH_j \tag{2-223}$$

项 $\boldsymbol{\epsilon}\cdot(\boldsymbol{M}\times\boldsymbol{H})$ 的展开式证明如下：

$$\begin{aligned}\boldsymbol{\epsilon}\cdot(\boldsymbol{M}\times\boldsymbol{H})&=\epsilon_{ijk}\boldsymbol{e}_i\boldsymbol{e}_j\boldsymbol{e}_k\cdot(M_l\boldsymbol{e}_l\times H_m\boldsymbol{e}_m)=\epsilon_{ijk}\boldsymbol{e}_i\boldsymbol{e}_j\boldsymbol{e}_k\cdot(M_lH_m\epsilon_{lmn}\boldsymbol{e}_n)\\&=M_lH_m\epsilon_{ijk}\epsilon_{lmk}\boldsymbol{e}_i\boldsymbol{e}_j=M_lH_m\epsilon_{kij}\epsilon_{klm}\boldsymbol{e}_i\boldsymbol{e}_j\\&=M_lH_m\boldsymbol{e}_i\boldsymbol{e}_j(\delta_{il}\delta_{jm}-\delta_{im}\delta_{jl})=(M_iH_j-M_jH_i)\boldsymbol{e}_i\boldsymbol{e}_j\end{aligned}$$

在式（2-223）中，取 $B_i=\mu_0(H_i+M_i)$，得到应力张量的另一种分量形式：

$$T_{ij}=-p\delta_{ij}+\eta\left(\frac{\partial v_i}{\partial x_j}+\frac{\partial v_j}{\partial x_i}\right)+\frac{\mu_0}{2}(M_iH_j+M_jH_i)-\frac{\mu_0 H^2}{2}\delta_{ij}+\mu_0H_iH_j \tag{2-224}$$

铁磁流体的这一应力张量表示形式已由多个实验证实（Pshenichnikov et al.，2000）。在流动的铁磁流体中，由于存在流动涡量与颗粒旋转间的耦合作用，使得式（2-224）中等号右端的第三项不为零，这时铁磁流体的应力张量为非对称张量（Feng et al.，2006）。

应用铁磁流体的应力张量可计算铁磁流体作用于与其相邻的边界固体壁面（法向单位矢量为 $\boldsymbol{n}$）上的力。由于 $\boldsymbol{n}\cdot\boldsymbol{T}$ 表示单位面积上的力，则铁磁流体作用于壁面上的应力为$[\boldsymbol{n}\cdot\boldsymbol{T}]$，其中中括号表示在流体-固体界面两侧的差值。代入式（2-223）后可得该应力差为

$$\boldsymbol{f}'=\left[-p\delta_{nj}+\eta\left(\frac{\partial v_n}{\partial x_j}+\frac{\partial v_j}{\partial x_n}\right)-\frac{\mu_0}{2}(M_nH_j-M_jH_n)-\frac{\mu_0 H^2}{2}\delta_{nj}+B_nH_j\right] \tag{2-225}$$

进一步可得壁面受到的切向应力为

$$
\begin{aligned}
f_{\tau} &= \boldsymbol{f}' \cdot \boldsymbol{\tau} \\
&= \left[-p\delta_{n\tau} + \eta\left(\frac{\partial v_n}{\partial x_{\tau}} + \frac{\partial v_{\tau}}{\partial x_n}\right) - \frac{\mu_0}{2}(M_n H_{\tau} - M_{\tau} H_n) - \frac{\mu_0 H^2}{2}\delta_{n\tau} + B_n H_{\tau}\right]
\end{aligned}
\tag{2-226}
$$

其中，$\boldsymbol{\tau}$ 为壁面的切向单位矢量。将磁场的边界条件［式（2-227）、式（2-228）］代入式（2-226），并在界面两侧应用流动边界条件，即流体法向速度 v_n 沿界面切向无变化，同时假设固体介质不导磁，得壁面受到的切向应力为式（2-229）形式。

$$
[H_{\tau}] = 0 \tag{2-227}
$$

$$
[B_n] = 0 \tag{2-228}
$$

$$
\begin{aligned}
f_{\tau} &= \boldsymbol{f}' \cdot \boldsymbol{\tau} \\
&= \left[\eta\left(\frac{\partial v_n}{\partial x_{\tau}} + \frac{\partial v_{\tau}}{\partial x_n}\right) - \frac{\mu_0}{2}(M_n H_{\tau} - M_{\tau} H_n)\right] \\
&= \eta \frac{\partial v_{\tau}}{\partial x_n} + \frac{\mu_0}{2}(M_{\tau} H_n - M_n H_{\tau})
\end{aligned}
\tag{2-229}
$$

从式（2-229）可以看出，由于磁场的作用，壁面受到的流体切向应力除了普通的黏性应力［式（2-229）中等号右端的第一项］外，还包括与铁磁流体交界面两侧的磁化强度突变引起的磁应力［式（2-229）中等号右端的第二项］。

第3章 准平衡铁磁流体力学简介

早期的铁磁流体力学理论建立在铁磁流体的磁化强度在任何时刻都与磁场同向的假设的基础上，也称为准平衡铁磁流体力学。准平衡铁磁流体力学包含相对简单的控制方程和应力张量，Kelvin 力、Bernoulli 方程和磁悬浮力是准平衡铁磁流体力学最典型的应用基础。

本章在准平衡铁磁流体力学框架内，给出铁磁流体 Bernoulli 方程和 Kelvin 力表达式；推导得到柱形永磁体和柱形永磁体复合结构在铁磁流体中受到的径向磁悬浮力；分别应用磁荷镜像法和电流镜像法，计算得到柱形永磁体在铁磁流体中受到的轴向磁悬浮力。

3.1 准平衡铁磁流体力学方程和应力张量

在准平衡铁磁流体力学中，假设铁磁流体不导电、不可压缩，铁磁流体内的颗粒无自由旋转，空间中也无外电场作用，此时连续性方程［式（2-205）］和磁场方程［式（2-207）］成立，将它们代入式（2-194）中，得准平衡铁磁流体力学的运动方程：

$$\rho\left[\frac{\partial \boldsymbol{v}}{\partial t}+(\boldsymbol{v}\cdot\nabla)\boldsymbol{v}\right]=-\nabla p+\eta\nabla^2\boldsymbol{v}+\mu_0\boldsymbol{M}\cdot\nabla\boldsymbol{H}+\rho\boldsymbol{g}_0 \tag{3-1}$$

其中，$\boldsymbol{g}_0$ 为重力加速度；等号右端的第三项为 Kelvin 力 $\boldsymbol{F}_{\text{Kelvin}}$，即

$$\boldsymbol{F}_{\text{Kelvin}}=\mu_0\boldsymbol{M}\cdot\nabla\boldsymbol{H} \tag{3-2}$$

由于假设磁化强度与局部磁场强度同向，所以可将磁化强度 $\boldsymbol{M}$ 表示为

$$\boldsymbol{M}=\frac{M}{H}\boldsymbol{H} \tag{3-3}$$

故 Kelvin 力也可表示为

$$\boldsymbol{F}_{\text{Kelvin}}=\mu_0\frac{M}{H}\boldsymbol{H}\cdot\nabla\boldsymbol{H} \tag{3-4}$$

应用矢量恒等式 $\boldsymbol{H}\cdot\nabla\boldsymbol{H}=\frac{1}{2}\nabla H^2-\boldsymbol{H}\times(\nabla\times\boldsymbol{H})$ 和式（2-207），得 Kelvin 力的表达式（Odenbach et al.，2001）：

$$\boldsymbol{F}_{\text{Kelvin}}=\mu_0 M\nabla H \tag{3-5}$$

从而得到式（3-1）的另一种形式：

$$\rho\left[\frac{\partial \boldsymbol{v}}{\partial t}+(\boldsymbol{v}\cdot\nabla)\boldsymbol{v}\right]=-\nabla p+\eta\nabla^2\boldsymbol{v}+\mu_0 M\nabla H+\rho\boldsymbol{g}_0 \tag{3-6}$$

式（3-1）和式（3-6）中的磁化强度等于平衡磁化强度 M_0，它与磁场强度间的关系由 Langevin 函数表示：

$$M_0 = M_S L(\alpha) = m_p N L(\alpha) \tag{3-7}$$

其中，M_S 为铁磁流体的饱和磁化强度；m_p 为单个颗粒的磁矩大小；N 为铁磁流体中磁性颗粒的数量浓度；$L(\alpha)$为 Langevin 函数，其参数 α 为

$$\alpha = \frac{\mu_0 m_p H}{k_B T} \tag{3-8}$$

其中，k_B 为 Boltzmann 常数。可见，在准平衡铁磁流体力学中，铁磁流体的流动受到磁化强度的影响，而流动速度对磁化强度无影响。

将 p 的表达式［式（2-119）］代入式（3-6）中，并忽略铁磁流体的极化强度，得到第三种形式的准平衡铁磁流体力学方程：

$$\rho\left[\frac{\partial \boldsymbol{v}}{\partial t} + (\boldsymbol{v} \cdot \nabla)\boldsymbol{v}\right] = -\nabla p_0 + \eta \nabla^2 \boldsymbol{v} + \rho \boldsymbol{g}_0 - \nabla\left[\mu_0 \int_0^H \left(\frac{\partial(\upsilon M)}{\partial \upsilon}\right)_{T,H} \mathrm{d}H\right] + \mu_0 M \nabla H \tag{3-9}$$

其中，等号右端第四项表示磁致伸缩压力（magnetostrictive force）（Rosensweig，1985）；p_0 为普通的热力学压力。

式（3-9）中等号右端的最后两项可看作是准平衡条件下的磁体积力密度 $\boldsymbol{f}_m$，即

$$\boldsymbol{f}_m = -\nabla\left[\mu_0 \int_0^H \left(\frac{\partial(\upsilon M)}{\partial \upsilon}\right)_{T,H} \mathrm{d}H\right] + \mu_0 M \nabla H \tag{3-10}$$

式（3-10）也可以由准平衡条件下铁磁流体的等效磁应力张量 $\boldsymbol{T}'_m$求散度后得到（Shliomis et al.，1988），即

$$\boldsymbol{f}_m = \nabla \cdot \boldsymbol{T}'_m \tag{3-11}$$

其中

$$\boldsymbol{T}'_m = -\left[\mu_0 \int_0^H \left(\frac{\partial(\upsilon M)}{\partial \upsilon}\right)_{T,H} \mathrm{d}H + \frac{1}{2}\mu_0 H^2\right]\boldsymbol{I} + \boldsymbol{BH} \tag{3-12}$$

3.2 铁磁流体的 Bernoulli 方程

在式（3-9）的基础上，如果进一步假设铁磁流体内的温度恒定或其磁化强度与温度无关，即温度远离居里温度，有

$$\left(\frac{\partial M}{\partial T}\right)_{H,\upsilon} = 0 \tag{3-13}$$

且假设流动无旋，有

$$\nabla \times \boldsymbol{v} = \boldsymbol{0} \tag{3-14}$$

处于稳态流动或流动与时间无关时，通过对运动方程积分可得到铁磁流体的 Bernoulli 方程，也称为 FHD（ferrohydrodynamic）Bernoulli 方程（Rosensweig，1985；Cowley et al.，1967）：

$$p_0 + \mu_0 \int_0^H \left(\frac{\partial(\upsilon M)}{\partial \upsilon}\right)_{T,H} \mathrm{d}H + \frac{1}{2}\rho v^2 + \rho g_0 h_g - \mu_0 \overline{M} H = 0 \tag{3-15}$$

其中，h_g 为所关注点与参考点在重力相反方向上的高度差，即重力方向上的参考高度；$\overline{M}$ 为场平均磁化强度，表示为

$$\overline{M}=\frac{1}{H}\int_0^H M\mathrm{d}H \tag{3-16}$$

铁磁流体 Bernoulli 方程在忽略黏性阻力的稳态流动中具有广泛应用，比如静止铁磁流体弯月面的形状、磁场作用下的铁磁流体射流、铁磁流体密封、轴承、静支撑、材料的沉-浮分离器件等场合。尤其是在铁磁流体密封中，当旋转轴转速较低时，应用 FHD Bernoulli 方程可近似得到密封的耐压值。

3.3 准平衡铁磁流体中的 Kelvin 力

分别将式（3-7）和式（3-8）代入式（3-5），在温度 T 恒定的条件下，可将 Kelvin 力表示为

$$\boldsymbol{F}_{\mathrm{Kelvin}}=Nk_{\mathrm{B}}TL(\alpha)\boldsymbol{\nabla}\alpha \tag{3-17}$$

对于 Langevin 函数，由于：

$$L(\alpha)=\frac{\mathrm{d}}{\mathrm{d}\alpha}\ln\frac{\mathrm{sh}\alpha}{\alpha} \tag{3-18}$$

从而可将 Kelvin 力进一步表示为

$$\boldsymbol{F}_{\mathrm{Kelvin}}=Nk_{\mathrm{B}}T\ \boldsymbol{\nabla}\left(\ln\frac{\mathrm{sh}\alpha}{\alpha}\right) \tag{3-19}$$

如果铁磁流体内磁性颗粒均匀分布，则颗粒的数量浓度 N 恒定，Kelvin 力为

$$\boldsymbol{F}_{\mathrm{Kelvin}}=\boldsymbol{\nabla}\left(Nk_{\mathrm{B}}T\ln\frac{\mathrm{sh}\alpha}{\alpha}\right) \tag{3-20}$$

由此可见，Kelvin 力为有势力。

由式（3-20）可得到铁磁流体中每个颗粒的平均受力为

$$\frac{\boldsymbol{F}_{\mathrm{Kelvin}}}{N}=-\boldsymbol{\nabla}U \tag{3-21}$$

其中，U 为能量势，表示为

$$U=-k_{\mathrm{B}}T\ln\frac{\mathrm{sh}\alpha}{\alpha} \tag{3-22}$$

假设处于平衡状态的铁磁流体内的颗粒服从 Boltzmann 分布，也即颗粒的数量浓度可表示为（Odenbach，2002）：

$$N=N_0\exp\left(-\frac{U}{k_{\mathrm{B}}T}\right) \tag{3-23}$$

其中，N_0 为由一定体积的铁磁流体满足颗粒数量守恒的归一化条件决定的常数。将式（3-22）代入式（3-23），得颗粒数量浓度的表达式：

$$N=N_0\ \frac{\mathrm{sh}\alpha}{\alpha} \tag{3-24}$$

将式（3-24）代入式（3-20）可得

$$\begin{aligned}\boldsymbol{F}_{\mathrm{Kelvin}}&=N_0k_{\mathrm{B}}T\ \frac{\mathrm{sh}\alpha}{\alpha}\boldsymbol{\nabla}\left(\ln\frac{\mathrm{sh}\alpha}{\alpha}\right)\\&=N_0k_{\mathrm{B}}T\ \boldsymbol{\nabla}\left(\frac{\mathrm{sh}\alpha}{\alpha}\right)\\&=\boldsymbol{\nabla}(Nk_{\mathrm{B}}T)\end{aligned} \tag{3-25}$$

令磁压力为

$$p_m = Nk_B T \tag{3-26}$$

则由式（3-25）得 Kelvin 力为

$$\boldsymbol{F}_{\text{Kelvin}} = \nabla p_m \tag{3-27}$$

式（3-27）表明，Kelvin 力可表示为某一磁压力的梯度。

Kelvin 力可看作铁磁流体磁体积力的简化形式，但其有效性条件仍存在争论。Liu（2000）认为 Kelvin 力由 Helmholtz 力推导而来，在液体的磁化率与其密度成正比时才有效；Aquino 等（2003）认为 Helmholtz 力适用于线性铁磁流体；刘桂雄等（2008）讨论了铁磁流体中这两种力的适用条件，并指出当铁磁流体的磁化率与其密度成正比时，Helmholtz 力可以转化为 Kelvin 力。

3.4 铁磁流体的磁悬浮力

准平衡铁磁流体力学的另一个重要应用是磁性体或非磁性体在铁磁流体内的稳定悬浮特性（Rosensweig，1966）。根据准平衡条件下铁磁流体的等效磁应力张量 $\boldsymbol{T}'_m$ 表达式［式（3-12）］和 FHD Bernoulli 方程［式（3-15）］，可推得作用在悬浮体上的磁悬浮力为（Rosensweig，1985）：

$$\boldsymbol{F}_m = \oint_{S_m} \left[\left(H_n B_n - \int_0^B B \mathrm{d}H \right) \boldsymbol{n} + H_\tau B_n \boldsymbol{\tau} \right] \mathrm{d}S_m \tag{3-28}$$

其中，积分曲面 S_m 为悬浮体表面；$\boldsymbol{n}$ 和 $\boldsymbol{\tau}$ 分别为悬浮体表面外法向单位矢量和切向单位矢量。

根据式（3-28），研究人员获得了几种形状的永磁体在铁磁流体中受到的磁悬浮力（Barkov et al.，1978；Katja，1993），如球形边界时处于铁磁流体中心区域的球形永磁体在小扰动作用下受到的磁悬浮力的变化（Kvitantsev et al.，2002；Ivanov et al.，2023）、无感应近似条件下球形永磁体在盛满铁磁流体的球形容器中的运动轨迹（Naletova et al.，2003），以及这种情况下多种参数对磁悬浮力的影响规律（Liu et al.，2009）等。本节借鉴 Blums（1997）和 Rosensweig（1977）的方法，分别针对柱形永磁体和由多个柱形永磁体组成的复合结构，推导它们在具有柱面边界的铁磁流体中受到的径向磁悬浮力和轴向磁悬浮力。

3.4.1 柱形永磁体在具有柱形边界的铁磁流体中受到的径向磁悬浮力

（1）双极坐标系中标量磁位满足的方程

假设永磁体沿其轴线方向磁化，将其浸入充满在圆柱形非磁性壳体内的铁磁流体中，假设永磁体的长度远大于其直径，其横截面如图 3-1 所示，图中内圆表示永磁体边界，外圆表示外壳内边界。应用平面双极坐标系(θ,γ)，它与直角坐标系之间的关系为

$$x = a\,\frac{\operatorname{sh}\gamma}{\operatorname{ch}\gamma - \cos\theta} \tag{3-29}$$

$$y = a\,\frac{\sin\theta}{\operatorname{ch}\gamma - \cos\theta} \tag{3-30}$$

其中，a 为双极坐标系中位于 y 轴右侧的焦点的坐标；θ 为平面内任一点 $P(x, y)$ 到两焦

点的线段间夹角的弧度值；γ 为 P 到两焦点线段长度比值取对数后的值。由于 $\mathrm{ch}\gamma \geqslant 1$，当 $\mathrm{ch}\gamma=1$ 时，点 P 位于 y 轴上，对于有限平面内的点，θ 不会为 0 或者 2π，所以有 $\cos\theta<1$，从而可得 $\mathrm{ch}\gamma \neq \cos\theta$。

由式（3-29）得

$$\cos\theta=\mathrm{ch}\gamma-\frac{a}{x}\mathrm{sh}\gamma \tag{3-31}$$

将式（3-31）代入式（3-30）中，有

$$\sin\theta=\frac{y}{x}\mathrm{sh}\gamma \tag{3-32}$$

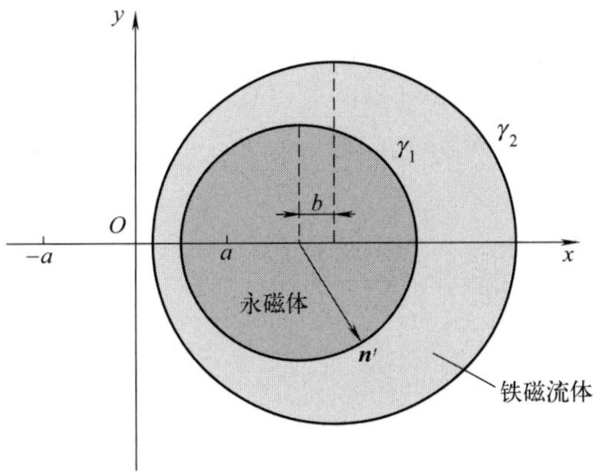

图 3-1 双极坐标中计算径向磁悬浮力的模型

根据恒等式 $\sin^2\theta+\cos^2\theta=1$，并将式（3-31）和式（3-32）代入其中，经化简后得

$$y^2\mathrm{sh}^2\gamma+(x\,\mathrm{sh}\gamma-a\,\mathrm{ch}\gamma)^2=a^2 \tag{3-33}$$

从而得到不同 γ 值的等值曲线：

$$(x-a\coth\gamma)^2+y^2=\frac{a^2}{\mathrm{sh}^2\gamma} \tag{3-34}$$

可见，γ 的等值曲线是一组围着焦点、互不相交、不同半径的圆，它们的圆心都位于 x 轴上，而且随着 γ 的增加，圆的半径减小。所以可假设 $\gamma=\gamma_1$ 和 $\gamma=\gamma_2$ 时的等值曲线分别与永磁体外圆周和外壳内圆周一致，并且两者的轴线相距 b。

假设永磁体外半径和外壳内半径分别为 R_1 和 R_2，则根据 γ 的等值曲线方程知，$R_1=a/\mathrm{sh}\gamma_1$，$R_2=a/\mathrm{sh}\gamma_2$，即

$$a=R_1\mathrm{sh}\gamma_1=R_2\mathrm{sh}\gamma_2 \tag{3-35}$$

由该式可得

$$R_1^2\mathrm{ch}^2\gamma_1=a^2+R_1^2 \tag{3-36}$$

$$R_2^2\mathrm{ch}^2\gamma_2=a^2+R_2^2 \tag{3-37}$$

再根据永磁体和外壳轴线间距 b 和 γ 的等值曲线方程［式（3-34）］，有

$$a\coth\gamma_2-a\coth\gamma_1=b$$

它可转换为

$$a\frac{\mathrm{ch}\gamma_2}{\mathrm{sh}\gamma_2}-a\frac{\mathrm{ch}\gamma_1}{\mathrm{sh}\gamma_1}=b \tag{3-38}$$

将式（3-35）代入式（3-38），有

$$R_2\mathrm{ch}\gamma_2-R_1\mathrm{ch}\gamma_1=b \tag{3-39}$$

对式（3-39）移项后两端平方，并代入式（3-36）和式（3-37），得

$$\mathrm{ch}\gamma_2=\frac{R_2^2-R_1^2+b^2}{2R_2b} \tag{3-40}$$

将式（3-40）代入式（3-39），得

$$\mathrm{ch}\gamma_1=\frac{R_2^2-R_1^2-b^2}{2R_1b} \tag{3-41}$$

由图 3-1 知，$R_2>R_1+b$，也即 $R_2^2-R_1^2-b^2>2R_1b$，所以根据式（3-41）得 $\mathrm{ch}\gamma_1>1$。

图 3-1 所示的坐标平面将空间划分为永磁体区域（用 1 表示）、铁磁流体区域（用 2 表示）和外壳外的非磁性介质区域（用 3 表示）三部分。在这三个区域内，由于没有电流存在，而且忽略位移电流，根据安培定律，磁场强度满足式（2-207），这样可得到标量磁位与磁场强度间的关系：

$$\boldsymbol{H}=-\nabla\varphi_{\mathrm{m}} \tag{3-42}$$

导磁介质的磁荷体密度可以表示为 $-\mu_0\nabla\cdot\boldsymbol{M}$，而对于永磁体，磁荷只分布在其表面上，所以有

$$\nabla\cdot\boldsymbol{M}=0 \tag{3-43}$$

这样，由式（2-108）和式（2-82）可得

$$\nabla\cdot\boldsymbol{H}=0 \tag{3-44}$$

假设铁磁流体的磁导率 μ 恒定，则由 $\boldsymbol{B}=\mu\boldsymbol{H}$ 和式（2-82）也可得到式（3-44）。这样，综合式（3-42）和式（3-44）知，在三个区域内，标量磁位都满足 Laplace 方程，用 φ_{m} 统一表示三个区域的标量磁位，有

$$\nabla^2\varphi_{\mathrm{m}}=0 \tag{3-45}$$

根据 Lamé 系数的定义，计算双极坐标系的 Lamé 系数为

$$h_\theta=\sqrt{\left(\frac{\partial x}{\partial\theta}\right)^2+\left(\frac{\partial y}{\partial\theta}\right)^2} \tag{3-46}$$

$$h_\gamma=\sqrt{\left(\frac{\partial x}{\partial\gamma}\right)^2+\left(\frac{\partial y}{\partial\gamma}\right)^2} \tag{3-47}$$

由式（3-29）和式（3-30）可以计算得到

$$\frac{\partial x}{\partial\theta}=\frac{-a\,\mathrm{sh}\gamma\sin\theta}{(\mathrm{ch}\gamma-\cos\theta)^2},\ \frac{\partial x}{\partial\gamma}=\frac{a(1-\mathrm{ch}\gamma\cos\theta)}{(\mathrm{ch}\gamma-\cos\theta)^2},\ \frac{\partial y}{\partial\theta}=\frac{a(\mathrm{ch}\gamma\cos\theta-1)}{(\mathrm{ch}\gamma-\cos\theta)^2},\ \frac{\partial y}{\partial\gamma}=\frac{-a\,\mathrm{sh}\gamma\sin\theta}{(\mathrm{ch}\gamma-\cos\theta)^2} \tag{3-48}$$

将它们代入式（3-46）和式（3-47）中，可得

$$h_\theta=\frac{a}{\mathrm{ch}\gamma-\cos\theta} \tag{3-49}$$

$$h_\gamma=\frac{a}{\mathrm{ch}\gamma-\cos\theta} \tag{3-50}$$

这样，在双极坐标系中，标量磁位 φ_{m} 满足的 Laplace 方程为

$$\begin{aligned}\nabla^2\varphi_{\mathrm{m}}&=\frac{a}{h_\theta h_\gamma}\left[\frac{\partial}{\partial\theta}\left(\frac{h_\gamma}{h_\theta}\frac{\partial\varphi_{\mathrm{m}}}{\partial\theta}\right)+\frac{\partial}{\partial\gamma}\left(\frac{h_\theta}{h_\gamma}\frac{\partial\varphi_{\mathrm{m}}}{\partial\gamma}\right)\right]\\&=\left(\frac{\mathrm{ch}\gamma-\cos\theta}{a}\right)^2\left(\frac{\partial^2\varphi_{\mathrm{m}}}{\partial\theta^2}+\frac{\partial^2\varphi_{\mathrm{m}}}{\partial\gamma^2}\right)=0\end{aligned}$$

由于 $\mathrm{ch}\gamma\neq\cos\theta$，所以该方程为

$$\frac{\partial^2\varphi_{\mathrm{m}}}{\partial\theta^2}+\frac{\partial^2\varphi_{\mathrm{m}}}{\partial\gamma^2}=0 \tag{3-51}$$

(2) 双极坐标系中求解标量磁位时的边界条件

在求解区域内，与式（3-51）对应的边界条件如下：

$\gamma\to+\infty$ 时，即在 x 轴正半轴上的焦点附近区域内，$\varphi_{\mathrm{m},1}$ 为有限值 (3-52)

$\gamma\to-\infty$ 时，即在 x 轴负半轴上的焦点附近区域内，$\varphi_{\mathrm{m},3}$ 为有限值 (3-53)

$\gamma=\gamma_1$时，
$$\varphi_{m,1}=\varphi_{m,2} \tag{3-54}$$
$\gamma=\gamma_2$时，
$$\varphi_{m,2}=\varphi_{m,3} \tag{3-55}$$
$\gamma=\gamma_1$时，
$$B_{n,1}=B_{n,2} \tag{3-56}$$
$\gamma=\gamma_2$时，
$$B_{n,2}=B_{n,3} \tag{3-57}$$
同时，在所考虑的区域内，有
$$\boldsymbol{B}_1=\mu_0(\boldsymbol{H}_1+\boldsymbol{M}),\ \boldsymbol{B}_2=\mu\boldsymbol{H}_2,\ \boldsymbol{B}_3=\mu_0\boldsymbol{H}_3 \tag{3-58}$$
根据双极坐标系与直角坐标系中单位矢量间的关系，可得双极坐标系中沿坐标方向的单位矢量为
$$\boldsymbol{e}_\gamma=\frac{1}{h_\gamma}\frac{\partial x}{\partial\gamma}\boldsymbol{e}_x+\frac{1}{h_\gamma}\frac{\partial y}{\partial\gamma}\boldsymbol{e}_y,\ \boldsymbol{e}_\theta=\frac{1}{h_\theta}\frac{\partial x}{\partial\theta}\boldsymbol{e}_x+\frac{1}{h_\theta}\frac{\partial y}{\partial\theta}\boldsymbol{e}_y \tag{3-59}$$
将式（3-48）～式（3-50）的结果代入式（3-59），可得
$$\boldsymbol{e}_\gamma=\frac{1}{\mathrm{ch}\gamma-\cos\theta}[(1-\mathrm{ch}\gamma\cos\theta)\boldsymbol{e}_x-\mathrm{sh}\gamma\sin\theta\boldsymbol{e}_y] \tag{3-60}$$
$$\boldsymbol{e}_\theta=\frac{1}{\mathrm{ch}\gamma-\cos\theta}[-\mathrm{sh}\gamma\sin\theta\boldsymbol{e}_x+(\mathrm{ch}\gamma\cos\theta-1)\boldsymbol{e}_y] \tag{3-61}$$
根据γ的等值曲线方程［式（3-34）］知，在γ的等值曲线上某一点(x,y)处外法线方向上的矢量为
$$\boldsymbol{n}'=(x-a\coth\gamma)\boldsymbol{e}_x+y\boldsymbol{e}_y \tag{3-62}$$
将式（3-29）和式（3-30）代入式（3-62），并化简，有
$$\boldsymbol{n}'=-\frac{a}{\mathrm{sh}\gamma}\boldsymbol{e}_\gamma \tag{3-63}$$
对于与确定γ值对应的γ等值曲线，式（3-63）中的$\mathrm{sh}\gamma$为常数。可见，$\boldsymbol{n}'$与$\boldsymbol{e}_\gamma$共线但方向相反，表明γ_1和γ_2等值曲线的外法线方向单位矢量与γ方向单位矢量共线但方向相反，所以在这两个曲线表示的边界上，两种坐标系中磁场强度间的关系式为
$$H_n=-H_\gamma \tag{3-64}$$
而在双极坐标系中：
$$\boldsymbol{H}=-\nabla\varphi_m=-\boldsymbol{e}_\theta\frac{1}{h_\theta}\frac{\partial\varphi_m}{\partial\theta}-\boldsymbol{e}_\gamma\frac{1}{h_\gamma}\frac{\partial\varphi_m}{\partial\gamma} \tag{3-65}$$
也即
$$H_\gamma=-\frac{1}{h_\gamma}\frac{\partial\varphi_m}{\partial\gamma} \tag{3-66}$$
根据式（3-64）和式（3-66），并代入式（3-50），可得在三个区域的分界面$\gamma=\gamma_1$和$\gamma=\gamma_2$上，磁场强度的法向分量为
$$H_n=\frac{1}{h_\gamma}\frac{\partial\varphi_m}{\partial\gamma}=\frac{\mathrm{ch}\gamma-\cos\theta}{a}\frac{\partial\varphi_m}{\partial\gamma} \tag{3-67}$$
另外，$\boldsymbol{M}$在分界面$\gamma=\gamma_1$上沿其外法线方向上的分量为
$$M_n=\boldsymbol{M}\cdot(-\boldsymbol{e}_\gamma)=(M_x\boldsymbol{e}_x+M_y\boldsymbol{e}_y)\cdot(-\boldsymbol{e}_\gamma) \tag{3-68}$$
其中，M_x和M_y分别为$\boldsymbol{M}$在直角坐标系中沿x和y轴方向上的分量。将$\boldsymbol{e}_\gamma$的表达式［式（3-60）］代入式（3-68），有
$$M_n=-\frac{\mathrm{ch}\gamma-\cos\theta}{a}\left[\frac{M_xa(1-\mathrm{ch}\gamma\cos\theta)}{(\mathrm{ch}\gamma-\cos\theta)^2}-\frac{M_ya\,\mathrm{sh}\gamma\sin\theta}{(\mathrm{ch}\gamma-\cos\theta)^2}\right](M_x\boldsymbol{e}_x+M_y\boldsymbol{e}_y)\cdot(-\boldsymbol{e}_\gamma) \tag{3-69}$$

应用式（3-67）和式（3-69）的结果，根据式（3-58），有

$$B_{n,1}=\mu_0(H_{n,1}+M_n)=\mu_0\frac{\mathrm{ch}\gamma-\cos\theta}{a}\left[\frac{\partial\varphi_{\mathrm{m},1}}{\partial\gamma}-\frac{M_x a(1-\mathrm{ch}\gamma\cos\theta)}{(\mathrm{ch}\gamma-\cos\theta)^2}+\frac{M_y a\,\mathrm{sh}\gamma\sin\theta}{(\mathrm{ch}\gamma-\cos\theta)^2}\right] \tag{3-70}$$

$$B_{n,2}=\mu H_{n,2}=\mu\frac{\mathrm{ch}\gamma-\cos\theta}{a}\frac{\partial\varphi_{\mathrm{m},2}}{\partial\gamma} \tag{3-71}$$

$$B_{n,3}=\mu_0 H_{n,3}=\mu_0\frac{\mathrm{ch}\gamma-\cos\theta}{a}\frac{\partial\varphi_{\mathrm{m},3}}{\partial\gamma} \tag{3-72}$$

从而式（3-56）变为

$$\mu_0\left.\frac{\partial\varphi_{\mathrm{m},1}}{\partial\gamma}\right|_{\gamma_1}-\mu_0\frac{M_x a(1-\mathrm{ch}\gamma_1\cos\theta)}{(\mathrm{ch}\gamma_1-\cos\theta)^2}+\mu_0\frac{M_y a\,\mathrm{sh}\gamma_1\sin\theta}{(\mathrm{ch}\gamma_1-\cos\theta)^2}=\mu\left.\frac{\partial\varphi_{\mathrm{m},2}}{\partial\gamma}\right|_{\gamma_1} \tag{3-73}$$

式（3-57）变为

$$\mu\left.\frac{\partial\varphi_{\mathrm{m},2}}{\partial\gamma}\right|_{\gamma_2}=\mu_0\left.\frac{\partial\varphi_{\mathrm{m},3}}{\partial\gamma}\right|_{\gamma_2} \tag{3-74}$$

将式（3-73）中两个关于 θ 的函数在区间 $[0,2\pi]$ 内展开成 Fourier 级数。对于其中的第一个函数$(1-\mathrm{ch}\gamma_1\cos\theta)/(\mathrm{ch}\gamma_1-\cos\theta)^2$，由于它是关于 θ 的偶函数，所以展开式为余弦级数，当 n 为大于 2 的正整数时，其系数为

$$a_n=\frac{2}{\pi}\int_0^{\pi}\frac{1-\mathrm{ch}\gamma_1\cos\theta}{(\mathrm{ch}\gamma_1-\cos\theta)^2}\cos(n\theta)\mathrm{d}\theta \tag{3-75}$$

将式（3-75）中的项写为

$$\cos(n\theta)=\cos[(n-2)\theta]-2\sin[(n-1)\theta]\sin\theta$$

从而可得

$$\begin{aligned}a_n=a_{n-2}&-\frac{4}{\pi}\int_0^{\pi}\frac{\sin[(n-1)\theta]}{(\mathrm{ch}\gamma_1-\cos\theta)^2}\sin\theta\mathrm{d}\theta+\frac{2\mathrm{ch}\gamma_1}{\pi}\int_0^{\pi}\frac{\sin(n\theta)\sin\theta}{(\mathrm{ch}\gamma_1-\cos\theta)^2}\mathrm{d}\theta\\&+\frac{2\mathrm{ch}\gamma_1}{\pi}\int_0^{\pi}\frac{\sin[(n-2)\theta]\sin\theta}{(\mathrm{ch}\gamma_1-\cos\theta)^2}\mathrm{d}\theta\end{aligned} \tag{3-76}$$

其中

$$\begin{aligned}\int_0^{\pi}\frac{\sin[(n-1)\theta]}{(\mathrm{ch}\gamma_1-\cos\theta)^2}\sin\theta\mathrm{d}\theta&=\int_0^{\pi}\sin[(n-1)\theta]\mathrm{d}\left(\frac{1}{\mathrm{ch}\gamma_1-\cos\theta}\right)\\&=\left\{\frac{\sin[(n-1)\theta]}{\mathrm{ch}\gamma_1-\cos\theta}\right\}_0^{\pi}-\int_0^{\pi}\frac{(n-1)\cos[(n-1)\theta]}{\mathrm{ch}\gamma_1-\cos\theta}\mathrm{d}\theta\\&=-\frac{n-1}{\mathrm{ch}\gamma_1}\int_0^{\pi}\frac{\cos[(n-1)\theta]}{1-\dfrac{\cos\theta}{\mathrm{ch}\gamma_1}}\mathrm{d}\theta\end{aligned} \tag{3-77}$$

由于 $\mathrm{ch}\gamma_1>1$，所以$(-1/\mathrm{ch}\gamma_1)^2<1$，可得式（3-77）的结果为

$$\int_0^{\pi}\frac{\sin[(n-1)\theta]}{(\mathrm{ch}\gamma_1-\cos\theta)^2}\sin\theta\mathrm{d}\theta=-\frac{n-1}{\mathrm{ch}\gamma_1}\frac{\pi}{\sqrt{1-\dfrac{1}{\mathrm{ch}^2\gamma_1}}}\left(\frac{\sqrt{1-\dfrac{1}{\mathrm{ch}^2\gamma_1}}-1}{-\dfrac{1}{\mathrm{ch}\gamma_1}}\right)^{n-1}$$
$$=-\frac{(n-1)\pi}{\mathrm{sh}\gamma_1}(\mathrm{ch}\gamma_1-\mathrm{sh}\gamma_1)^{n-1}$$
$$=-\frac{(n-1)\pi}{\mathrm{sh}\gamma_1}\mathrm{e}^{-(n-1)\gamma_1} \tag{3-78}$$

同理可得

$$\int_0^{\pi}\frac{\sin(n\theta)\sin\theta}{(\mathrm{ch}\gamma_1-\cos\theta)^2}\mathrm{d}\theta=-\frac{n\pi}{\mathrm{sh}\gamma_1}\mathrm{e}^{-n\gamma_1} \tag{3-79}$$

$$\int_0^{\pi}\frac{\sin[(n-2)\theta]\sin\theta}{(\mathrm{ch}\gamma_1-\cos\theta)^2}\mathrm{d}\theta=-\frac{(n-2)\pi}{\mathrm{sh}\gamma_1}\mathrm{e}^{-(n-2)\gamma_1} \tag{3-80}$$

将式（3-77）～式（3-80）的积分结果代入式（3-76）并化简，有

$$a_n=a_{n-2}+\frac{2}{\mathrm{sh}\gamma_1}\mathrm{e}^{-(n-2)\gamma_1}[2(n-1)\mathrm{e}^{-\gamma_1}-n\mathrm{e}^{-2\gamma_1}\mathrm{ch}\gamma_1-(n-2)\mathrm{ch}\gamma_1]$$
$$=a_{n-2}+\frac{2}{\mathrm{sh}\gamma_1}\mathrm{e}^{-(n-2)\gamma_1}\left\{2(n-1)\mathrm{e}^{-\gamma_1}-\frac{1}{2}[n\mathrm{e}^{-2\gamma_1}+(n-2)](\mathrm{e}^{\gamma_1}+\mathrm{e}^{-\gamma_1})\right\}$$
$$=a_{n-2}+\frac{2}{\mathrm{sh}\gamma_1}\mathrm{e}^{-(n-2)\gamma_1}[(n-1)\mathrm{e}^{-\gamma_1}-n\mathrm{e}^{-\gamma_1}\mathrm{ch}2\gamma_1+\mathrm{e}^{\gamma_1}]$$
$$=a_{n-2}+\frac{2}{\mathrm{sh}\gamma_1}\mathrm{e}^{-(n-2)\gamma_1}[2\mathrm{sh}\gamma_1+n\mathrm{e}^{-\gamma_1}(1-\mathrm{ch}^2\gamma_1-\mathrm{sh}^2\gamma_1)]$$
$$=a_{n-2}+\frac{2}{\mathrm{sh}\gamma_1}\mathrm{e}^{-(n-2)\gamma_1}[\mathrm{sh}\gamma_1(2-n+n\mathrm{e}^{-2\gamma_1})]$$
$$=a_{n-2}-2(n-2)\mathrm{e}^{-(n-2)\gamma_1}+2n\mathrm{e}^{-n\gamma_1} \tag{3-81}$$

移项后可得

$$a_n-2n\mathrm{e}^{-n\gamma_1}=a_{n-2}-2(n-2)\mathrm{e}^{-(n-2)\gamma_1} \tag{3-82}$$

其中，$n\geqslant 2$。当 $n=0$ 时，有

$$a_0=\frac{2}{\pi}\int_0^{\pi}\frac{1-\mathrm{ch}\gamma_1\cos\theta}{(\mathrm{ch}\gamma_1-\cos\theta)^2}\mathrm{d}\theta$$
$$=\frac{2}{\pi}\int_0^{\pi}\left[\frac{\mathrm{ch}\gamma_1}{\mathrm{ch}\gamma_1-\cos\theta}-\frac{\mathrm{sh}^2\gamma_1}{(\mathrm{ch}\gamma_1-\cos\theta)^2}\right]\mathrm{d}\theta \tag{3-83}$$
$$=\frac{2}{\pi}\int_0^{\pi}\frac{1}{1-\dfrac{\cos\theta}{\mathrm{ch}\gamma_1}}\mathrm{d}\theta-\frac{2}{\pi}\frac{\mathrm{sh}^2\gamma_1}{\mathrm{ch}^2\gamma_1}\int_0^{\pi}\frac{1}{\left(1-\dfrac{\cos\theta}{\mathrm{ch}\gamma_1}\right)^2}\mathrm{d}\theta$$

由于 $1/\mathrm{ch}\gamma_1<1$，所以有

$$\int_0^{\pi}\frac{1}{1-\dfrac{\cos\theta}{\mathrm{ch}\gamma_1}}\mathrm{d}\theta=\frac{\pi}{\sqrt{1-\dfrac{1}{\mathrm{ch}^2\gamma_1}}}=\frac{\pi\mathrm{sh}\gamma_1}{\mathrm{ch}\gamma_1},\ \int_0^{\pi}\frac{1}{\left(1-\dfrac{\cos\theta}{\mathrm{ch}\gamma_1}\right)^2}\mathrm{d}\theta=\frac{\pi}{\left(1-\dfrac{1}{\mathrm{ch}^2\gamma_1}\right)^{\frac{3}{2}}}=\frac{\pi\mathrm{ch}^3\gamma_1}{\mathrm{sh}^3\gamma_1}$$

将它们代入式（3-83），得

$$a_0=\frac{2\mathrm{ch}\gamma_1}{\mathrm{sh}\gamma_1}-\frac{2\mathrm{ch}^3\gamma_1}{\mathrm{sh}^3\gamma_1}\frac{\mathrm{sh}^2\gamma_1}{\mathrm{ch}^2\gamma_1}=0 \tag{3-84}$$

同理可得到

$$a_1=2\mathrm{e}^{-\gamma_1} \tag{3-85}$$

综合式（3-82）、式（3-84）和式（3-85）的结果，系数 a_n 可以统一表示为

$$a_n=2n\mathrm{e}^{-n\gamma_1},\ n=0,1,2,\cdots \tag{3-86}$$

这样，函数$(1-\mathrm{ch}\gamma_1\cos\theta)/(\mathrm{ch}\gamma_1-\cos\theta)^2$ 的 Fourier 级数展开式为

$$\frac{1-\mathrm{ch}\gamma_1\cos\theta}{(\mathrm{ch}\gamma_1-\cos\theta)^2}=\frac{a_0}{2}+\sum_{n=1}^{\infty}a_n\cos(n\theta)=\sum_{n=1}^{\infty}2n\mathrm{e}^{-n\gamma_1}\cos(n\theta) \tag{3-87}$$

同样，对于式（3-73）中的第二个函数 $\mathrm{sh}\gamma_1\sin\theta/(\mathrm{ch}\gamma_1-\cos\theta)^2$，由于它是关于 θ 的奇函数，所以其 Fourier 级数展开式为正弦级数，n 为正整数时，其系数为

$$\begin{aligned}
b_n&=\frac{2}{\pi}\int_0^{\pi}\frac{\mathrm{sh}\gamma_1\sin\theta}{(\mathrm{ch}\gamma_1-\cos\theta)^2}\sin(n\theta)\mathrm{d}\theta\\
&=\frac{2\mathrm{sh}\gamma_1}{\pi}\int_0^{\pi}\sin(n\theta)\mathrm{d}\left(\frac{1}{\mathrm{ch}\gamma_1-\cos\theta}\right)\\
&=\frac{2\mathrm{sh}\gamma_1}{\pi}\left[\frac{\sin(n\theta)}{\mathrm{ch}\gamma_1-\cos\theta}\right]_0^{\pi}-\frac{2n\mathrm{sh}\gamma_1}{\pi}\int_0^{\pi}\frac{\cos(n\theta)}{\mathrm{ch}\gamma_1-\cos\theta}\mathrm{d}\theta\\
&=-\frac{2n\mathrm{sh}\gamma_1}{\pi\mathrm{ch}\gamma_1}\int_0^{\pi}\frac{\cos(n\theta)}{1-\dfrac{\cos\theta}{\mathrm{ch}\gamma_1}}\mathrm{d}\theta
\end{aligned} \tag{3-88}$$

由于 $1/\mathrm{ch}\gamma_1<1$，b_n 的表达式［式（3-88）］变为

$$b_n=-\frac{2n\mathrm{sh}\gamma_1}{\pi\mathrm{ch}\gamma_1}\frac{\pi}{\sqrt{1-\dfrac{1}{\mathrm{ch}^2\gamma_1}}}\left(\frac{\sqrt{1-\dfrac{1}{\mathrm{ch}^2\gamma_1}}-1}{-\dfrac{1}{\mathrm{ch}\gamma_1}}\right)=-2n\mathrm{e}^{-n\gamma_1} \tag{3-89}$$

因此

$$\frac{\mathrm{sh}\gamma_1\sin\theta}{(\mathrm{ch}\gamma_1-\cos\theta)^2}=\sum_{n=1}^{\infty}b_n\sin(n\theta)=-\sum_{n=1}^{\infty}2n\mathrm{e}^{-n\gamma_1}\sin(n\theta) \tag{3-90}$$

将式（3-87）和式（3-90）的结果代入式（3-73），该边界条件为

$$\mu_0\left.\frac{\partial\varphi_{\mathrm{m},1}}{\partial\gamma}\right|_{\gamma_1}-2\mu_0a\left[\sum_{n=1}^{\infty}nM_x\mathrm{e}^{-n\gamma_1}\cos(n\theta)-\sum_{n=1}^{\infty}nM_y\mathrm{e}^{-n\gamma_1}\sin(n\theta)\right]=\mu\left.\frac{\partial\varphi_{\mathrm{m},2}}{\partial\gamma}\right|_{\gamma_1} \tag{3-91}$$

至此，该物理问题的边界条件由式（3-52）～式（3-57）和式（3-74）、式（3-91）组成。

(3) 标量磁位的求解

采用分离变量法求解式（3-51），标量磁位在各个区域上的通解可以表示为

$$\varphi_{m,1}=(C_1 e^{k\gamma}+C_2 e^{-k\gamma})\cos(k\theta)+(C_3 e^{k\gamma}+C_4 e^{-k\gamma})\sin(k\theta) \tag{3-92}$$

$$\varphi_{m,2}=(C_5 e^{k\gamma}+C_6 e^{-k\gamma})\cos(k\theta)+(C_7 e^{k\gamma}+C_8 e^{-k\gamma})\sin(k\theta) \tag{3-93}$$

$$\varphi_{m,3}=(C_9 e^{k\gamma}+C_{10} e^{-k\gamma})\cos(k\theta)+(C_{11} e^{k\gamma}+C_{12} e^{-k\gamma})\sin(k\theta) \tag{3-94}$$

其中，$C_1 \sim C_{12}$ 为由边界条件确定的常数；k 为待定系数。根据边界条件［式（3-52)］，可得 $C_1=C_3=0$；根据边界条件［式（3-53)］，可得 $C_{10}=C_{12}=0$。这样式（3-92）和式（3-94）变为

$$\varphi_{m,1}=C_2 e^{-k\gamma}\cos(k\theta)+C_4 e^{-k\gamma}\sin(k\theta) \tag{3-95}$$

$$\varphi_{m,3}=C_9 e^{k\gamma}\cos(k\theta)+C_{11} e^{k\gamma}\sin(k\theta) \tag{3-96}$$

令 $k=1,2,\cdots,n$，根据 Laplace 方程解的叠加原理，标量磁位的通解可以写为

$$\varphi_{m,1}=\sum_{n=1}^{\infty} A_n e^{-n\gamma}\cos(n\theta)+\sum_{n=1}^{\infty} E_n e^{-n\gamma}\sin(n\theta) \tag{3-97}$$

$$\varphi_{m,2}=\sum_{n=1}^{\infty}(O_n e^{-n\gamma}+C_n e^{n\gamma})\cos(n\theta)+\sum_{n=1}^{\infty}(F_n e^{-n\gamma}+G_n e^{n\gamma})\sin(n\theta) \tag{3-98}$$

$$\varphi_{m,3}=\sum_{n=1}^{\infty} D_n e^{n\gamma}\cos(n\theta)+\sum_{n=1}^{\infty} Q_n e^{n\gamma}\sin(n\theta) \tag{3-99}$$

其中，$A_n \sim Q_n$ 为待定系数。将式（3-97）和式（3-98）代入边界条件［式（3-54)］中，由于函数 $\cos(n\theta)$和 $\sin(n\theta)$在相同 n 值时对应项相等，可得

$$\begin{cases} A_n=O_n+C_n e^{2n\gamma_1} \\ E_n=F_n+G_n e^{2n\gamma_1} \end{cases} \tag{3-100}$$

将式（3-98）和式（3-99）代入边界条件［式（3-55)］中，可得

$$\begin{cases} D_n=C_n+O_n e^{-2n\gamma_2} \\ Q_n=G_n+F_n e^{-2n\gamma_2} \end{cases} \tag{3-101}$$

将式（3-98）和式（3-99）代入边界条件［式（3-74)］中，可得

$$\begin{cases} -\mu O_n e^{-2n\gamma_2}+\mu C_n=\mu_0 D_n \\ -\mu F_n e^{-2n\gamma_2}+\mu G_n=\mu_0 Q_n \end{cases} \tag{3-102}$$

将式（3-101）代入式（3-102）中，可得

$$\begin{cases} O_n=\dfrac{\mu-\mu_0}{\mu+\mu_0} e^{2n\gamma_2} C_n \\ F_n=\dfrac{\mu-\mu_0}{\mu+\mu_0} e^{2n\gamma_2} G_n \end{cases} \tag{3-103}$$

将式（3-97）和式（3-98）代入边界条件［式（3-91)］中，经整理后得

$$\begin{cases} \mu_0 A_n+2\mu_0 M_x a=\mu O_n-\mu C_n e^{2n\gamma_1} \\ \mu_0 E_n+2\mu_0 M_y a=\mu F_n-\mu G_n e^{2n\gamma_1} \end{cases} \tag{3-104}$$

将式（3-100）代入式（3-104）中，得

$$\begin{cases} (\mu-\mu_0)O_n-(\mu+\mu_0)C_n e^{2n\gamma_1}=2\mu_0 M_x a \\ (\mu-\mu_0)F_n-(\mu+\mu_0)G_n e^{2n\gamma_1}=2\mu_0 M_y a \end{cases} \tag{3-105}$$

将式（3-103）代入式（3-105）中，化简后得

$$C_n=\frac{2\mu_0(\mu+\mu_0)aM_x}{(\mu-\mu_0)^2\mathrm{e}^{2n\gamma_2}-(\mu+\mu_0)^2\mathrm{e}^{2n\gamma_1}} \tag{3-106}$$

$$G_n=\frac{2\mu_0(\mu+\mu_0)aM_y}{(\mu-\mu_0)^2\mathrm{e}^{2n\gamma_2}-(\mu+\mu_0)^2\mathrm{e}^{2n\gamma_1}} \tag{3-107}$$

将式（3-106）和式（3-107）代入式（3-103）中，得到

$$O_n=\frac{2\mu_0(\mu-\mu_0)aM_x\mathrm{e}^{2n\gamma_2}}{(\mu-\mu_0)^2\mathrm{e}^{2n\gamma_2}-(\mu+\mu_0)^2\mathrm{e}^{2n\gamma_1}} \tag{3-108}$$

$$F_n=\frac{2\mu_0(\mu-\mu_0)aM_y\mathrm{e}^{2n\gamma_2}}{(\mu-\mu_0)^2\mathrm{e}^{2n\gamma_2}-(\mu+\mu_0)^2\mathrm{e}^{2n\gamma_1}} \tag{3-109}$$

将式（3-106）～式（3-109）代入式（3-98）中，即可得到铁磁流体内的标量磁位 $\varphi_{\mathrm{m},2}$。

(4) 永磁体在铁磁流体中所受径向磁悬浮力的计算

对于式（3-12）表示的等效磁应力张量 $\boldsymbol{T}'_{\mathrm{m}}$，计算其中的积分项，有

$$\mu_0\int_0^H\left(\frac{\partial(\upsilon M)}{\partial\upsilon}\right)_{T,H}\mathrm{d}H=\mu_0\int_0^H M\mathrm{d}H+\mu_0\int_0^H\upsilon\left(\frac{\partial M}{\partial\upsilon}\right)_{T,H}\mathrm{d}H \tag{3-110}$$

假设铁磁流体不可压缩，所以其比容恒定，式（3-110）中等号右端的第二个积分为零。而又假设对于处于磁场中的铁磁流体，$\boldsymbol{B}/\!/\boldsymbol{H}/\!/\boldsymbol{M}$，以及平衡条件下铁磁流体的磁导率恒定，所以有 $B=\mu_0(M+H)$，$B=\mu H$，可得

$$\mu_0 M=(\mu-\mu_0)H \tag{3-111}$$

将式（3-111）代入式（3-110）的积分中，可得

$$\mu_0\int_0^H\upsilon\left(\frac{\partial M}{\partial\upsilon}\right)_{T,H}\mathrm{d}H=\int_0^H(\mu-\mu_0)H\mathrm{d}H=\frac{1}{2}(\mu-\mu_0)H^2 \tag{3-112}$$

将式（3-112）的结果代入式（3-12）中，并写为分量形式，有

$$\boldsymbol{T}'_{\mathrm{m}}=-\frac{1}{2}\mu H^2\delta_{ij}+\mu H_iH_j \tag{3-113}$$

根据式（3-113），得

$$\begin{aligned}\boldsymbol{n}\cdot\boldsymbol{T}'_{\mathrm{m}}&=n_k\boldsymbol{e}_k\cdot\left(-\frac{1}{2}\mu H^2\delta_{ij}+\mu H_iH_j\right)\boldsymbol{e}_i\boldsymbol{e}_j\\&=\left(n_k\mu H_kH_j-\frac{1}{2}\mu H^2n_j\right)\boldsymbol{e}_j\end{aligned} \tag{3-114}$$

用等效表面压力代替永磁体受力，浸于铁磁流体中的永磁体受到的磁悬浮力可以根据式（3-114）表示为

$$\begin{aligned}\boldsymbol{F}_{\mathrm{m}}&=\oiint_{S_{\mathrm{m}}}\boldsymbol{n}\cdot\boldsymbol{T}'_{\mathrm{m}}\mathrm{d}S_{\mathrm{m}}\\&=\boldsymbol{e}_j\mu\oiint_{S_{\mathrm{m}}}\left(n_kH_kH_j-\frac{1}{2}H^2n_j\right)\mathrm{d}S_{\mathrm{m}}\end{aligned} \tag{3-115}$$

假设永磁体在轴向为无限长，这样在每单位长度上受到相同大小的径向磁悬浮力。在单位长度的永磁体上，$\mathrm{d}S_{\mathrm{m}}=\mathrm{d}l_{\mathrm{m}}$，$l_{\mathrm{m}}$ 为在铁磁流体内沿永磁体截面轮廓上的曲线。这样，每单位长度上的径向磁悬浮力为

$$\boldsymbol{F}_{\mathrm{m}}=\boldsymbol{e}_j\mu\oiint_{l_{\mathrm{m}}}\left(n_kH_kH_j-\frac{1}{2}H^2n_j\right)\mathrm{d}l_{\mathrm{m}} \tag{3-116}$$

根据图 3-1 中模型的对称性，可知径向磁悬浮力沿 x 方向。由式（3-116）得到 x 方向的径向磁悬浮力为

$$F_{m,x}=\mu\oint_{l_m}\left(n_yH_yH_x-\frac{1}{2}H^2n_x\right)dl_m \tag{3-117}$$

在表示永磁体轮廓的圆 γ_1 上某一点的邻域内，有

$$dl_m=\sqrt{(dx)^2+(dy)^2} \tag{3-118}$$

同时根据式（3-29）和式（3-30）可得

$$dx=\frac{a\,\text{sh}\gamma_1\sin\theta}{(\text{ch}\gamma_1-\cos\theta)^2}d\theta,\ dy=\frac{a(\text{ch}\gamma_1\cos\theta-1)}{(\text{ch}\gamma_1-\cos\theta)^2}d\theta \tag{3-119}$$

将它们分别代入式（3-118）中，得到

$$dl_m=\frac{a}{\text{ch}\gamma_1-\cos\theta}d\theta \tag{3-120}$$

当 l_m 绕永磁体轮廓一周时，θ 的变化范围为 $[0,\ 2\pi]$。

在平面双极坐标系中，铁磁流体中的磁场强度 $\boldsymbol{H}$ 可根据标量磁位计算为

$$\boldsymbol{H}=-\nabla\varphi_{m,2}=-\boldsymbol{e}_\theta\frac{1}{h_\theta}\frac{\partial\varphi_{m,2}}{\partial\theta}-\boldsymbol{e}_\gamma\frac{1}{h_\gamma}\frac{\partial\varphi_{m,2}}{\partial\gamma} \tag{3-121}$$

将式（3-49）、式（3-50）、式（3-60）和式（3-61）代入式（3-121）中，有

$$\begin{aligned}\boldsymbol{H}=&\frac{1}{a}\left[\text{sh}\gamma\sin\theta\frac{\partial\varphi_{m,2}}{\partial\theta}-(1-\text{ch}\gamma\cos\theta)\frac{\partial\varphi_{m,2}}{\partial\gamma}\right]\boldsymbol{e}_x\\&+\frac{1}{a}\left[(1-\text{ch}\gamma\cos\theta)\frac{\partial\varphi_{m,2}}{\partial\theta}+\text{sh}\gamma\sin\theta\frac{\partial\varphi_{m,2}}{\partial\gamma}\right]\boldsymbol{e}_y\end{aligned} \tag{3-122}$$

由于永磁体表面外法线方向上的单位矢量 $\boldsymbol{n}$ 与 γ 方向单位矢量 $\boldsymbol{e}_{\gamma_1}$ 共线但方向相反，所以有

$$\boldsymbol{n}=-\boldsymbol{e}_{\gamma_1} \tag{3-123}$$

据此可以推得直角坐标系中 $\boldsymbol{n}$ 在两坐标方向上的分量为

$$n_x=-\boldsymbol{e}_{\gamma_1}\cdot\boldsymbol{e}_x=-\frac{1-\text{ch}\gamma_1\cos\theta}{\text{ch}\gamma_1-\cos\theta} \tag{3-124}$$

$$n_y=-\boldsymbol{e}_{\gamma_1}\cdot\boldsymbol{e}_y=\frac{\text{sh}\gamma_1\sin\theta}{\text{ch}\gamma_1-\cos\theta} \tag{3-125}$$

这样，对于式（3-117）中的项 $n_yH_yH_x$，将式（3-122）、式（3-123）和式（3-125）代入其中，有

$$\begin{aligned}n_yH_yH_x=&\frac{1}{a^2}\frac{\text{sh}\gamma_1\sin\theta}{\text{ch}\gamma_1-\cos\theta}\left\{\text{sh}\gamma_1\sin\theta(1-\text{ch}\gamma_1\cos\theta)\left[\left(\frac{\partial\varphi_{m,2}}{\partial\theta}\right)^2-\left(\frac{\partial\varphi_{m,2}}{\partial\gamma}\right)^2\right]\right.\\&\left.+[(\text{sh}\gamma_1\sin\theta)^2-(1-\text{ch}\gamma_1\cos\theta)^2]\frac{\partial\varphi_{m,2}}{\partial\theta}\frac{\partial\varphi_{m,2}}{\partial\gamma}\right\}\end{aligned} \tag{3-126}$$

对于式（3-117）中的项 $\frac{1}{2}H^2n_x$，将式（3-122）～式（3-124）代入其中，有

$$\frac{1}{2}H^2n_x=-\frac{1}{2a^2}\frac{1-\text{ch}\gamma_1\cos\theta}{\text{ch}\gamma_1-\cos\theta}(\text{ch}\gamma_1-\cos\theta)^2\left[\left(\frac{\partial\varphi_{m,2}}{\partial\theta}\right)^2+\left(\frac{\partial\varphi_{m,2}}{\partial\gamma}\right)^2\right] \tag{3-127}$$

将式（3-126）和式（3-127）的结果代入式（3-117），并应用式（3-120），得

$$F_{\mathrm{m},x}=\frac{\mu}{2a}\int_{0}^{2\pi}\left\{\left[\left(\frac{\partial\varphi_{\mathrm{m},2}}{\partial\theta}\right)^{2}-\left(\frac{\partial\varphi_{\mathrm{m},2}}{\partial\gamma}\right)^{2}\right](1-\mathrm{ch}\gamma_{1}\cos\theta)-2\mathrm{sh}\gamma_{1}\sin\theta\frac{\partial\varphi_{\mathrm{m},2}}{\partial\theta}\frac{\partial\varphi_{\mathrm{m},2}}{\partial\gamma}\right\}\mathrm{d}\theta \tag{3-128}$$

由式（3-98）可得

$$\frac{\partial\varphi_{\mathrm{m},2}}{\partial\theta}=\sum_{n=1}^{\infty}\left[-(O_{n}\mathrm{e}^{-n\gamma}+C_{n}\mathrm{e}^{n\gamma})n\sin(n\theta)+(F_{n}\mathrm{e}^{-n\gamma}+G_{n}\mathrm{e}^{n\gamma})n\cos(n\theta)\right] \tag{3-129}$$

$$\frac{\partial\varphi_{\mathrm{m},2}}{\partial\gamma}=\sum_{n=1}^{\infty}\left[-(O_{n}\mathrm{e}^{-n\gamma}-C_{n}\mathrm{e}^{n\gamma})n\cos(n\theta)-(F_{n}\mathrm{e}^{-n\gamma}-G_{n}\mathrm{e}^{n\gamma})n\sin(n\theta)\right] \tag{3-130}$$

设 n' 为正整数，根据式（3-129）和式（3-130）可得

$$\begin{aligned}\left(\frac{\partial\varphi_{\mathrm{m},2}}{\partial\theta}\right)^{2}&=\sum_{n=1}^{\infty}\sum_{n'=1}^{\infty}\left\{\begin{array}{l}\left[-(O_{n}\mathrm{e}^{-n\gamma}+C_{n}\mathrm{e}^{n\gamma})n\sin(n\theta)+(F_{n}\mathrm{e}^{-n\gamma}+G_{n}\mathrm{e}^{n\gamma})n\cos(n\theta)\right]\cdot\\\left[-(O_{n'}\mathrm{e}^{-n'\gamma}+C_{n'}\mathrm{e}^{n'\gamma})n'\sin(n'\theta)+(F_{n'}\mathrm{e}^{-n'\gamma}+G_{n'}\mathrm{e}^{n'\gamma})n'\cos(n'\theta)\right]\end{array}\right\}\\&=\sum_{n=1}^{\infty}\sum_{n'=1}^{\infty}\left\{\begin{array}{l}\left[O_{n}O_{n'}\mathrm{e}^{-(n+n')\gamma}+C_{n}C_{n'}\mathrm{e}^{(n+n')\gamma}+O_{n}C_{n'}\mathrm{e}^{(n'-n)\gamma}+C_{n}O_{n'}\mathrm{e}^{(n-n')\gamma}\right]nn'\sin(n\theta)\sin(n'\theta)+\\\left[F_{n}F_{n'}\mathrm{e}^{-(n+n')\gamma}+G_{n}G_{n'}\mathrm{e}^{(n+n')\gamma}+F_{n}G_{n'}\mathrm{e}^{(n'-n)\gamma}+G_{n}F_{n'}\mathrm{e}^{(n-n')\gamma}\right]nn'\cos(n\theta)\cos(n'\theta)-\\\left[O_{n}F_{n'}\mathrm{e}^{-(n+n')\gamma}+C_{n}G_{n'}\mathrm{e}^{(n+n')\gamma}+O_{n}G_{n'}\mathrm{e}^{(n'-n)\gamma}+C_{n}F_{n'}\mathrm{e}^{(n-n')\gamma}\right]nn'\sin(n\theta)\cos(n'\theta)-\\\left[F_{n}O_{n'}\mathrm{e}^{-(n+n')\gamma}+G_{n}C_{n'}\mathrm{e}^{(n+n')\gamma}+F_{n}C_{n'}\mathrm{e}^{(n'-n)\gamma}+G_{n}O_{n'}\mathrm{e}^{(n-n')\gamma}\right]nn'\cos(n\theta)\sin(n'\theta)\end{array}\right\}\end{aligned} \tag{3-131}$$

$$\begin{aligned}\left(\frac{\partial\varphi_{\mathrm{m},2}}{\partial\gamma}\right)^{2}&=\sum_{n=1}^{\infty}\sum_{n'=1}^{\infty}\left\{\begin{array}{l}\left[-(O_{n}\mathrm{e}^{-n\gamma}-C_{n}\mathrm{e}^{n\gamma})n\cos(n\theta)-(F_{n}\mathrm{e}^{-n\gamma}-G_{n}\mathrm{e}^{n\gamma})n\sin(n\theta)\right]\cdot\\\left[-(O_{n'}\mathrm{e}^{-n'\gamma}-C_{n'}\mathrm{e}^{n'\gamma})n'\cos(n'\theta)-(F_{n'}\mathrm{e}^{-n'\gamma}-G_{n'}\mathrm{e}^{n'\gamma})n'\sin(n'\theta)\right]\end{array}\right\}\\&=\sum_{n=1}^{\infty}\sum_{n'=1}^{\infty}\left\{\begin{array}{l}\left[O_{n}O_{n'}\mathrm{e}^{-(n+n')\gamma}+C_{n}C_{n'}\mathrm{e}^{(n+n')\gamma}-O_{n}C_{n'}\mathrm{e}^{(n'-n)\gamma}-C_{n}O_{n'}\mathrm{e}^{(n-n')\gamma}\right]nn'\cos(n\theta)\cos(n'\theta)+\\\left[F_{n}F_{n'}\mathrm{e}^{-(n+n')\gamma}+G_{n}G_{n'}\mathrm{e}^{(n+n')\gamma}-F_{n}G_{n'}\mathrm{e}^{(n'-n)\gamma}-G_{n}F_{n'}\mathrm{e}^{(n-n')\gamma}\right]nn'\sin(n\theta)\sin(n'\theta)+\\\left[O_{n}F_{n'}\mathrm{e}^{-(n+n')\gamma}+C_{n}G_{n'}\mathrm{e}^{(n+n')\gamma}-O_{n}G_{n'}\mathrm{e}^{(n'-n)\gamma}-C_{n}F_{n'}\mathrm{e}^{(n-n')\gamma}\right]nn'\cos(n\theta)\sin(n'\theta)+\\\left[F_{n}O_{n'}\mathrm{e}^{-(n+n')\gamma}+G_{n}C_{n'}\mathrm{e}^{(n+n')\gamma}-F_{n}C_{n'}\mathrm{e}^{(n'-n)\gamma}-G_{n}O_{n'}\mathrm{e}^{(n-n')\gamma}\right]nn'\sin(n\theta)\cos(n'\theta)\end{array}\right\}\end{aligned} \tag{3-132}$$

$$\begin{aligned}\frac{\partial\varphi_{\mathrm{m},2}}{\partial\theta}\frac{\partial\varphi_{\mathrm{m},2}}{\partial\gamma}&=\sum_{n=1}^{\infty}\sum_{n'=1}^{\infty}\left\{\begin{array}{l}\left[-(O_{n}\mathrm{e}^{-n\gamma}+C_{n}\mathrm{e}^{n\gamma})n\sin(n\theta)+(F_{n}\mathrm{e}^{-n\gamma}+G_{n}\mathrm{e}^{n\gamma})n\cos(n\theta)\right]\cdot\\\left[-(O_{n'}\mathrm{e}^{-n'\gamma}-C_{n'}\mathrm{e}^{n'\gamma})n'\cos(n'\theta)-(F_{n'}\mathrm{e}^{-n'\gamma}-G_{n'}\mathrm{e}^{n'\gamma})n'\sin(n'\theta)\right]\end{array}\right\}\\&=\sum_{n=1}^{\infty}\sum_{n'=1}^{\infty}\left\{\begin{array}{l}\left[O_{n}O_{n'}\mathrm{e}^{-(n+n')\gamma}-C_{n}C_{n'}\mathrm{e}^{(n+n')\gamma}-O_{n}C_{n'}\mathrm{e}^{(n'-n)\gamma}+C_{n}O_{n'}\mathrm{e}^{(n-n')\gamma}\right]nn'\sin(n\theta)\cos(n'\theta)-\\\left[F_{n}F_{n'}\mathrm{e}^{-(n+n')\gamma}-G_{n}G_{n'}\mathrm{e}^{(n+n')\gamma}-F_{n}G_{n'}\mathrm{e}^{(n'-n)\gamma}+G_{n}F_{n'}\mathrm{e}^{(n-n')\gamma}\right]nn'\cos(n\theta)\sin(n'\theta)+\\\left[O_{n}F_{n'}\mathrm{e}^{-(n+n')\gamma}-C_{n}G_{n'}\mathrm{e}^{(n+n')\gamma}-O_{n}G_{n'}\mathrm{e}^{(n'-n)\gamma}+C_{n}F_{n'}\mathrm{e}^{(n-n')\gamma}\right]nn'\sin(n\theta)\sin(n'\theta)-\\\left[F_{n}O_{n'}\mathrm{e}^{-(n+n')\gamma}-G_{n}C_{n'}\mathrm{e}^{(n+n')\gamma}-F_{n}C_{n'}\mathrm{e}^{(n'-n)\gamma}+G_{n}O_{n'}\mathrm{e}^{(n-n')\gamma}\right]nn'\cos(n\theta)\cos(n'\theta)\end{array}\right\}\end{aligned} \tag{3-133}$$

将式（3-131）～式（3-133）在 $\gamma=\gamma_1$ 时的值代入式（3-128）中，有

$$
F_{m,x}=\frac{\mu}{2a}\sum_{n=1}^{\infty}\sum_{n'=1}^{\infty}nn'\left\{\begin{aligned}
&\left[\begin{aligned}&(O_nO_{n'}-F_nF_{n'})e^{-(n+n')\gamma_1}+(C_nC_{n'}-G_nG_{n'})e^{(n+n')\gamma_1}+\\&(O_nC_{n'}+F_nG_{n'})e^{(n'-n)\gamma_1}+(C_nO_{n'}+G_nF_{n'})e^{(n-n')\gamma_1}\end{aligned}\right]\times\\
&\int_0^{2\pi}\sin(n\theta)\sin(n'\theta)(1-\mathrm{ch}\gamma_1\cos\theta)d\theta+\\
&\left[\begin{aligned}&(F_nF_{n'}-O_nO_{n'})e^{-(n+n')\gamma_1}+(G_nG_{n'}-C_nC_{n'})e^{(n+n')\gamma_1}+\\&(F_nG_{n'}+O_nC_{n'})e^{(n'-n)\gamma_1}+(G_nF_{n'}+C_nO_{n'})e^{(n-n')\gamma_1}\end{aligned}\right]\times\\
&\int_0^{2\pi}\cos(n\theta)\cos(n'\theta)(1-\mathrm{ch}\gamma_1\cos\theta)d\theta-\\
&\left[\begin{aligned}&(O_nF_{n'}+F_nO_{n'})e^{-(n+n')\gamma_1}+(C_nG_{n'}+G_nC_{n'})e^{(n+n')\gamma_1}+\\&(O_nG_{n'}-F_nC_{n'})e^{(n'-n)\gamma_1}+(C_nF_{n'}-G_nO_{n'})e^{(n-n')\gamma_1}\end{aligned}\right]\times\\
&\int_0^{2\pi}\sin(n\theta)\cos(n'\theta)(1-\mathrm{ch}\gamma_1\cos\theta)d\theta-\\
&\left[\begin{aligned}&(F_nO_{n'}+O_nF_{n'})e^{-(n+n')\gamma_1}+(G_nC_{n'}+C_nG_{n'})e^{(n+n')\gamma_1}+\\&(F_nC_{n'}-O_nG_{n'})e^{(n'-n)\gamma_1}+(G_nO_{n'}-C_nF_{n'})e^{(n-n')\gamma_1}\end{aligned}\right]\times\\
&\int_0^{2\pi}\cos(n\theta)\sin(n'\theta)(1-\mathrm{ch}\gamma_1\cos\theta)d\theta
\end{aligned}\right\}
$$

$$
-\frac{\mu\,\mathrm{sh}\gamma_1}{a}\sum_{n=1}^{\infty}\sum_{n'=1}^{\infty}nn'\left\{\begin{aligned}
&[O_nO_{n'}e^{-(n+n')\gamma_1}-C_nC_{n'}e^{(n+n')\gamma_1}-O_nC_{n'}e^{(n'-n)\gamma_1}+C_nO_{n'}e^{(n-n')\gamma_1}]\times\\
&\int_0^{2\pi}\sin(n\theta)\cos(n'\theta)\sin\theta d\theta-\\
&[F_nF_{n'}e^{-(n+n')\gamma_1}-G_nG_{n'}e^{(n+n')\gamma_1}-F_nG_{n'}e^{(n'-n)\gamma_1}+G_nF_{n'}e^{(n-n')\gamma_1}]\times\\
&\int_0^{2\pi}\cos(n\theta)\sin(n'\theta)\sin\theta d\theta+\\
&[O_nF_{n'}e^{-(n+n')\gamma_1}-C_nG_{n'}e^{(n+n')\gamma_1}-O_nG_{n'}e^{(n'-n)\gamma_1}+C_nF_{n'}e^{(n-n')\gamma_1}]\times\\
&\int_0^{2\pi}\sin(n\theta)\sin(n'\theta)\sin\theta d\theta-\\
&[F_nO_{n'}e^{-(n+n')\gamma_1}-G_nC_{n'}e^{(n+n')\gamma_1}-F_nC_{n'}e^{(n'-n)\gamma_1}+G_nO_{n'}e^{(n-n')\gamma_1}]\times\\
&\int_0^{2\pi}\cos(n\theta)\cos(n'\theta)\sin\theta d\theta
\end{aligned}\right\}
\tag{3-134}
$$

在计算式（3-134）中各积分项时，需将它们的被积函数作进一步化简，例如：

$$
\begin{aligned}
&\sin(n\theta)\sin(n'\theta)(1-\mathrm{ch}\gamma_1\cos\theta)\\
&\qquad=\frac{1}{2}\{\cos[(n'-n)\theta]-\cos[(n'+n)\theta]\}\\
&\qquad\quad-\frac{1}{4}\mathrm{ch}\gamma_1\{\cos[(n'-n+1)\theta]+\cos[(n'-n-1)\theta]-\cos[(n'+n+1)\theta]\\
&\qquad\quad-\cos[(n'+n-1)\theta]\}
\end{aligned}
\tag{3-135}
$$

根据式（3-135），计算式（3-134）中的积分为

$$
\int_0^{2\pi}\sin(n\theta)\sin(n'\theta)(1-\mathrm{ch}\gamma_1\cos\theta)\mathrm{d}\theta=\begin{cases}\pi, & n'=n\\ -\dfrac{1}{2}\pi\mathrm{ch}\gamma_1, & n'=n+1\\ -\dfrac{1}{2}\pi\mathrm{ch}\gamma_1, & n=n'+1\end{cases}
\tag{3-136}
$$

同理，有

$$
\int_0^{2\pi}\cos(n\theta)\cos(n'\theta)(1-\mathrm{ch}\gamma_1\cos\theta)\mathrm{d}\theta=\begin{cases}\pi, & n'=n\\ -\dfrac{1}{2}\pi\mathrm{ch}\gamma_1, & n'=n+1\\ -\dfrac{1}{2}\pi\mathrm{ch}\gamma_1, & n=n'+1\end{cases}
\tag{3-137}
$$

$$
\int_0^{2\pi}\sin(n\theta)\cos(n'\theta)(1-\mathrm{ch}\gamma_1\cos\theta)\mathrm{d}\theta=0
\tag{3-138}
$$

$$
\int_0^{2\pi}\cos(n\theta)\sin(n'\theta)(1-\mathrm{ch}\gamma_1\cos\theta)\mathrm{d}\theta=0
\tag{3-139}
$$

$$
\int_0^{2\pi}\sin(n\theta)\cos(n'\theta)\sin\theta\mathrm{d}\theta=\begin{cases}\dfrac{\pi}{2}, & n=n'+1\\ -\dfrac{\pi}{2}, & n'=n+1\end{cases}
\tag{3-140}
$$

$$
\int_0^{2\pi}\cos(n\theta)\sin(n'\theta)\sin\theta\mathrm{d}\theta=\begin{cases}\dfrac{\pi}{2}, & n'=n+1\\ -\dfrac{\pi}{2}, & n=n'+1\end{cases}
\tag{3-141}
$$

$$
\int_0^{2\pi}\sin(n\theta)\sin(n'\theta)\sin\theta\mathrm{d}\theta=0
\tag{3-142}
$$

$$
\int_0^{2\pi}\cos(n\theta)\cos(n'\theta)\sin\theta\mathrm{d}\theta=0
\tag{3-143}
$$

将式（3-136）～式（3-143）代入式（3-134）中后化简，可得

$$
\begin{aligned}
F_{\mathrm{m},x}=\frac{\pi\mu}{a}\sum_{n=1}^{\infty}\{&2n^2(O_nC_n+F_nG_n)-n(n+1)[(O_nC_{n+1}+F_nG_{n+1})\mathrm{e}^{2\gamma_1}+\\
&(C_nO_{n+1}+G_nF_{n+1})\mathrm{e}^{-2\gamma_1}]\}
\end{aligned}
\tag{3-144}
$$

对于式（3-144）中的各项，根据式（3-106）～式（3-109）将它们展开为

$$O_nC_n+F_nG_n=\frac{4\mu_0^2(\mu-\mu_0)a^2M^2}{(\mu+\mu_0)^3}\frac{e^{-2n(\gamma_1-\gamma_2)}e^{-2n\gamma_1}}{\left[1-\frac{(\mu-\mu_0)^2}{(\mu+\mu_0)^2}e^{-2n(\gamma_1-\gamma_2)}\right]^2} \tag{3-145}$$

$$O_nC_{n+1}+F_nG_{n+1}=\frac{4\mu_0^2(\mu-\mu_0)a^2M^2}{(\mu+\mu_0)^3}\frac{e^{-2n(\gamma_1-\gamma_2)}}{1-\frac{(\mu-\mu_0)^2}{(\mu+\mu_0)^2}e^{-2n(\gamma_1-\gamma_2)}}\frac{e^{-2(n+1)\gamma_1}}{1-\frac{(\mu-\mu_0)^2}{(\mu+\mu_0)^2}e^{-2(n+1)(\gamma_1-\gamma_2)}} \tag{3-146}$$

$$C_nO_{n+1}+G_nF_{n+1}=\frac{4\mu_0^2(\mu-\mu_0)a^2M^2}{(\mu+\mu_0)^3}\frac{e^{-2n\gamma_1}}{1-\frac{(\mu-\mu_0)^2}{(\mu+\mu_0)^2}e^{-2n(\gamma_1-\gamma_2)}}\frac{e^{-2(n+1)(\gamma_1-\gamma_2)}}{1-\frac{(\mu-\mu_0)^2}{(\mu+\mu_0)^2}e^{-2(n+1)(\gamma_1-\gamma_2)}} \tag{3-147}$$

将式（3-145）～式（3-147）代入式（3-144），得永磁体在单位长度上受到的铁磁流体的径向磁悬浮力：

$$F_{m,x}=\frac{4\pi a\mu_0^2\mu(\mu-\mu_0)M^2}{(\mu+\mu_0)^3}\sum_{n=1}^{\infty}\left[2n^2d_nc_n-n(n+1)(d_nc_{n+1}e^{2\gamma_1}+c_nd_{n+1}e^{-2\gamma_1})\right] \tag{3-148}$$

其中

$$d_n=\frac{e^{-2n(\gamma_1-\gamma_2)}}{1-\frac{(\mu-\mu_0)^2}{(\mu+\mu_0)^2}e^{-2n(\gamma_1-\gamma_2)}} \tag{3-149}$$

$$c_n=\frac{e^{-2n\gamma_1}}{1-\frac{(\mu-\mu_0)^2}{(\mu+\mu_0)^2}e^{-2n(\gamma_1-\gamma_2)}} \tag{3-150}$$

(5) 永磁体所受径向磁悬浮力的计算结果分析

为了研究各参数对径向磁悬浮力的影响，定义无量纲参数 $w_1=b/R_1$，$w_2=R_2/R_1$，$w_3=b/(R_2-R_1)$，称 w_3 为偏心率，且 $w_1=w_3(w_2-1)$。根据式（3-35）、式（3-40）、式（3-41）以及恒等式 $\mathrm{ch}^2\gamma-\mathrm{sh}^2\gamma=1$，有

$$\left(\frac{R_2^2-R_1^2-b^2}{2R_1b}\right)^2-\left(\frac{a}{R_1}\right)^2=1 \tag{3-151}$$

从而有

$$a=\frac{R_1}{2w_1}\sqrt{(w_2^2-w_1^2-1)^2-4w_1^2} \tag{3-152}$$

由恒等式 $e^\gamma=\mathrm{ch}\gamma+\mathrm{sh}\gamma$ 可得

$$\gamma_1=\ln\left(\frac{w_2^2-w_1^2-1}{2w_1}+\frac{a}{R_1}\right) \tag{3-153}$$

$$\gamma_2=\ln\left(\frac{w_2^2+w_1^2-1}{2w_1w_2}+\frac{a}{w_2R_1}\right) \tag{3-154}$$

设铁磁流体的相对磁导率为 μ_r，则

$$\mu=\mu_0\mu_r \tag{3-155}$$

将式（3-155）代入式（3-148）中，并结合式（3-152）~式（3-154）中各参数的表示，即可得到 F_x 关于参数 R_1、w_2、w_3 和 μ_r 的函数 $F_x=F_x(R_1,w_2,w_3,\mu_r)$，写为无量纲的形式：

$$\frac{F_{m,x}}{\mu_0 M^2}=\frac{4\pi a\mu_r(\mu_r-1)}{(\mu_r+1)^3}\sum_{n=1}^{\infty}\left[2n^2 d_n c_n-n(n+1)(d_n c_{n+1}e^{2\gamma_1}+c_n d_{n+1}e^{-2\gamma_1})\right] \tag{3-156}$$

其中，d_n 和 c_n 分别由式（3-149）和式（3-150）给出。

如图 3-2 为由式（3-156）得到的永磁体单位长度上无量纲径向磁悬浮力 $\frac{F_{m,x}}{\mu_0 M^2}$ 随偏心率和半径比的变化关系曲线。可以看出，对于给定种类的永磁体，它受到的径向磁悬浮力都随着偏心率的增大单调增加，这一规律已由实验证实（Yang，2017，2021；Yang et al.，2017）。当 R_2/R_1 较小时，也即永磁体与外壳半径差别较小时，径向磁悬浮力随着偏心率几乎成线性变化，而且在一定范围内，R_2/R_1 的值越大，线性变化的速率越快。当 R_2/R_1 较大（如图 3-2 中 $R_2/R_1=1.4$、2、2.3 三种情况）时，力在偏心率较小时随偏心率变化缓慢，偏心率较大时变化逐渐加快。可以预见，当 R_2/R_1 足够大时，径向磁悬浮力在永磁体发生最大的偏心时可达到非常大的数值。

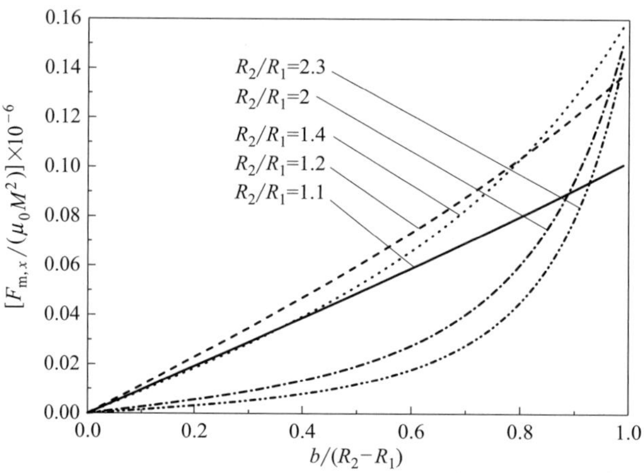

图 3-2 径向磁悬浮力随偏心率和半径比的变化曲线（$\mu_r=1.1$，$R_1=5$ mm）

更多的结果表明，其他条件相同时，随着永磁体半径 R_1 的增大，径向磁悬浮力也增大，也即永磁体居中时与外壳间的间隙越小，同种偏心率下永磁体受到的磁悬浮力也越大。此外，径向磁悬浮力随铁磁流体的相对磁导率 μ_r 的增加而增加。

在忽略重力的空间环境中，永磁体在不受外界干扰时在铁磁流体中径向居中，这时通常关心永磁体保持这种居中状态的稳定性，也即初始磁悬浮力的大小。假设永磁体具有微小位移，$b\ll(R_2-R_1)$，如图 3-3 为根据式（3-156）得到的在 $R_1=5$ mm，$b/R_1=0.02$ 条件下，永磁体存在单位偏心率时，不同磁导率情况下初始径向磁悬浮力随半径比 R_2/R_1 的变化关系。可以看出，半径比越小，即永磁体的半径越接近外壳的半径，磁悬浮力越大。而且铁磁流体的磁导率越大，永磁体发生单位偏心时受到的径向磁悬浮力也越大。所以可以得出，增大铁磁流体的磁导率并减小永磁体和外壳间的半径比，可以得到较大的初始径向磁悬浮力。

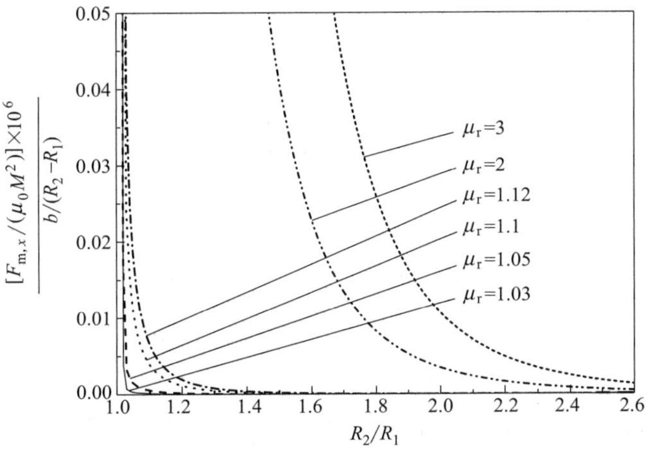

图 3-3 初始径向磁悬浮力随外壳和永磁体半径比的变化关系（$b/R_1=0.02$，$R_1=5$ mm）

3.4.2 柱形永磁体复合结构在铁磁流体中受到的径向磁悬浮力

(1) 柱形永磁体复合结构的磁场分布

有时为了增大磁悬浮力，同时减少铁磁流体对永磁体的吸附，器件中采用如图 3-4 所示的由多个柱形永磁体组成的柱形复合结构。这里假设相邻两个永磁体之间的间隙相对于整体结构尺寸较小。计算这种结构的磁场分布时，将其简化在二维平面内，如图 3-5 所示，它由复合结构的表面和非磁性壁的表面组成，两表面间的距离为 h_c。

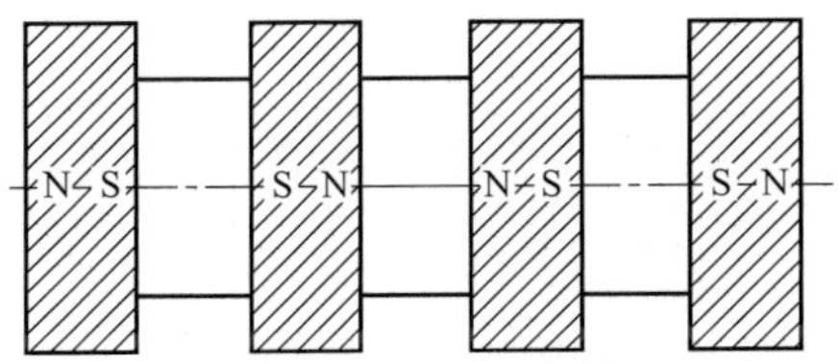

图 3-4 由多个柱形永磁体组成的永磁体复合结构

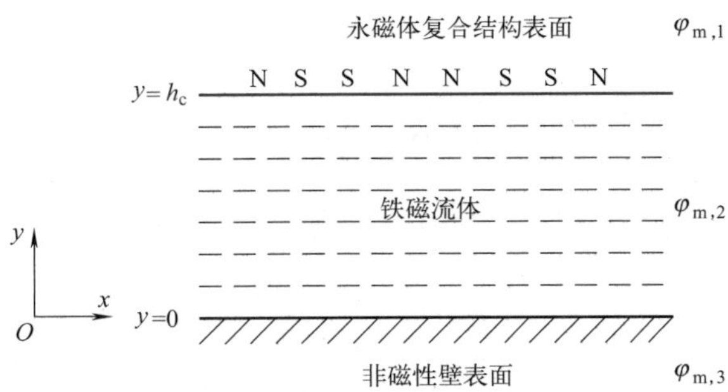

图 3-5 计算磁场分布的模型

复合结构内的磁化强度可以表示为（Rosensweig，1977）：

$$\boldsymbol{M}=\widetilde{M}_0 e^{-k_m(y-h_c)}[\cos(k_m x)\boldsymbol{e}_x-\sin(k_m x)\boldsymbol{e}_y] \tag{3-157}$$

在没有铁磁流体时，复合结构表面上磁化强度的峰值为 $\widetilde{M}_0/2$；k_m 为复合结构中永磁体周期排列的波数，且有 $k_m=2\pi/\lambda_m$，$\lambda_m/2$ 为永磁体磁极面的间距。

在铁磁流体内没有电流存在，而且忽略位移电流，并假设铁磁流体的磁导率 μ 均匀，不受磁场的影响，则铁磁流体内的磁标势仍满足 Laplace 方程［式（3-45）］，其他两个区域内该方程也成立，所以在图 3-5 中的三个区域内标量磁位的通解分别为

$$\varphi_{m,1}=(C_1 e^{k_m y}+C_2 e^{-k_m y})\sin(k_m x) \tag{3-158}$$

$$\varphi_{m,2}=(C_3 e^{k_m y}+C_4 e^{-k_m y})\sin(k_m x) \tag{3-159}$$

$$\varphi_{m,3}=(C_5 e^{k_m y}+C_6 e^{-k_m y})\sin(k_m x) \tag{3-160}$$

这里取其中一个待定系数与永磁体的波数 k_m 相同，$C_1 \sim C_6$ 为由边界条件确定的常数。在计算域内，有边界条件：

$$\varphi_{m,1} \to 0,\ y \to +\infty \tag{3-161}$$

$$\varphi_{m,3} \to 0,\ y \to -\infty \tag{3-162}$$

$$\varphi_{m,1}=\varphi_{m,2},\ y=h_c \tag{3-163}$$

$$(\boldsymbol{B}_1-\boldsymbol{B}_2)\cdot \boldsymbol{n}=0,\ y=h_c \tag{3-164}$$

$$\varphi_{m,2}=\varphi_{m,3},\ y=0 \tag{3-165}$$

$$(\boldsymbol{B}_2-\boldsymbol{B}_3)\cdot \boldsymbol{n}=0,\ y=0 \tag{3-166}$$

其中，$\boldsymbol{n}=-\boldsymbol{e}_y$。在 $y=h_c$ 界面上 $y>h_c$ 的一侧，有

$$H_{n,1}=\frac{\partial \varphi_{m,1}}{\partial y},\ M_{n,1}=-\boldsymbol{M}\cdot \boldsymbol{e}_y\big|_{y=h_c}=\widetilde{M}_0 \sin(k_m x) \tag{3-167}$$

从而可得

$$B_{n,1}=\mu_0(H_{n,1}+M_{n,1})=\mu_0\left[\frac{\partial \varphi_{m,1}}{\partial y}+\widetilde{M}_0 \sin(k_m x)\right] \tag{3-168}$$

在 $0<y<h_c$ 的区域内：

$$B_{n,1}=\mu H_{n,2}=\mu \frac{\partial \varphi_{m,2}}{\partial y} \tag{3-169}$$

在 $y<0$ 的区域内：

$$B_{n,3}=\mu_0 H_{n,3}=\mu_0 \frac{\partial \varphi_{m,3}}{\partial y} \tag{3-170}$$

将式（3-168）～式（3-170）代入边界条件［式（3-164）和式（3-166）］：

$$\mu_0\left[\left(\frac{\partial \varphi_{m,1}}{\partial y}\right)_{y=h_c}+\widetilde{M}_0 \sin(k_m x)\right]=\left(\mu \frac{\partial \varphi_{m,2}}{\partial y}\right)_{y=h_c},\ y=h_c \tag{3-171}$$

$$\left(\mu \frac{\partial \varphi_{m,2}}{\partial y}\right)_{y=0}=\mu_0\left(\frac{\partial \varphi_{m,3}}{\partial y}\right)_{y=0},\ y=0 \tag{3-172}$$

由式（3-161）和式（3-162）可以看出，$C_1=0$，$C_6=0$。由式（3-163）可得

$$C_2-e^{2k_m h_c}C_3-C_4=0 \tag{3-173}$$

将式（3-158）和式（3-159）代入式（3-171）中，并化简得

$$e^{-k_m h_c}C_2-\mu_r e^{k_m h_c}C_3-\mu_r e^{-k_m h_c}C_4=\frac{\widetilde{M}_0}{k_m} \tag{3-174}$$

由式（3-165）得

$$C_3+C_4-C_5=0 \tag{3-175}$$

将式（3-159）和式（3-160）代入式（3-172）中，化简得

$$\mu_r(C_3-C_4)-C_5=0 \tag{3-176}$$

联立式（3-173）～式（3-176）组成方程组，求解该方程组，得到各待定系数的表达式：

$$
\begin{cases}
C_2=-\dfrac{\widetilde{M}_0\left[\mathrm{e}^{2k_m h_c}(\mu_r-1)+(\mu_r+1)\right]}{k_m D_m} \\
C_3=-\dfrac{\widetilde{M}_0(\mu_r+1)}{k_m D_m} \\
C_4=-\dfrac{\widetilde{M}_0(\mu_r-1)}{k_m D_m} \\
C_5=-\dfrac{2\widetilde{M}_0\mu_r}{k_m D_m}
\end{cases}
\tag{3-177}
$$

其中

$$D_m=(\mu_r-1)^2\mathrm{e}^{-k_m h_c}-(\mu_r+1)^2\mathrm{e}^{k_m h_c}$$

(2) 柱形永磁体复合结构所受径向磁悬浮力的计算

在计算复合结构受到的磁悬浮力时，假设复合结构在其轴向为无限长，如图 3-6 所示，复合结构在非磁性壁面间居中时每一侧的间隙为 δ_m，当复合结构偏离中心位置 Δ 时，距其最近的壁面 $y=0$ 的距离表示为 $y=h_{c,1}$。面 S_1 和 S_2 在垂直纸面的方向上为单位长度，且近似为平面。

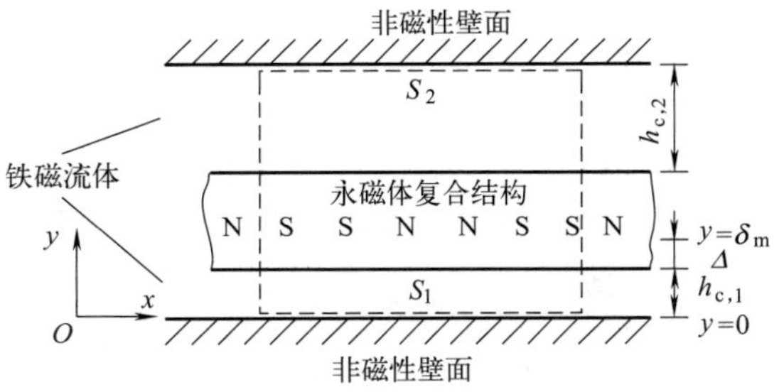

图 3-6 计算永磁体复合结构磁悬浮力的模型

由于假设铁磁流体为线性磁化介质，根据式 (2-222)，此时铁磁流体的应力张量可以写为

$$\boldsymbol{T}=-(p_0+p_s+\frac{1}{2}\mu H^2)\boldsymbol{I}+\boldsymbol{BH} \tag{3-178}$$

其中，p_s 为磁致伸缩压力。用铁磁流体的应力张量表示的铁磁流体体积力密度为

$$\boldsymbol{f}=\boldsymbol{\nabla}\cdot\boldsymbol{T}=-\boldsymbol{\nabla}(p_0+p_s)-\mu H\,\boldsymbol{\nabla}H+\frac{B}{H}(\boldsymbol{H}\cdot\boldsymbol{\nabla})\boldsymbol{H}=-\boldsymbol{\nabla}(p_0+p_s) \tag{3-179}$$

当图 3-6 所示的系统平衡时，在铁磁流体内部，其单位体积上的合力为零，忽略铁磁流体的重力，有 $\boldsymbol{f}=\boldsymbol{0}$，所以 p_0+p_s 是关于位置的常数。

以图 3-6 中虚线包围的控制体为研究对象，由于复合结构在 x 方向为无限长，所以只考虑上下两底面 S_1 和 S_2，作用于铁磁流体这两个面单位面积上的平均表面力可根据其应力张量表示为

$$\frac{1}{S_m}\oiint_{S_m}\boldsymbol{n}\cdot\boldsymbol{T}\mathrm{d}S_m=\frac{1}{S_1}\iint_{S_1}\boldsymbol{n}_1\cdot\boldsymbol{T}\mathrm{d}S_1+\frac{1}{S_2}\iint_{S_2}\boldsymbol{n}_2\cdot\boldsymbol{T}\mathrm{d}S_2 \tag{3-180}$$

其中，$\boldsymbol{n}_1$ 和 $\boldsymbol{n}_2$ 为控制体相应表面外法线方向上的单位矢量。设铁磁流体施加于复合结构单位面积上的磁悬浮力为 $\boldsymbol{F}_m$，根据牛顿第三定律，铁磁流体受到复合结构的反作用力为 $-\boldsymbol{F}_m$，列出控制体内铁磁流体受力的平衡方程：

$$-\boldsymbol{F}_m+\frac{1}{S_1}\iint_{S_1}\boldsymbol{n}_1\cdot\boldsymbol{T}\mathrm{d}S_1+\frac{1}{S_2}\iint_{S_2}\boldsymbol{n}_2\cdot\boldsymbol{T}\mathrm{d}S_2=\boldsymbol{0}$$

从而可得复合结构受到的磁悬浮力为

$$\boldsymbol{F}_{\mathrm{m}}=\frac{1}{S_1}\iint_{S_1}\boldsymbol{n}_1\cdot\boldsymbol{T}\mathrm{d}S_1+\frac{1}{S_2}\iint_{S_2}\boldsymbol{n}_2\cdot\boldsymbol{T}\mathrm{d}S_2 \tag{3-181}$$

为了计算方便，将式（3-178）的应力张量表示为如下形式：

$$\begin{aligned}\boldsymbol{T}=&\left[-(p_0+p_{\mathrm{s}})+\frac{1}{2}\mu(H_x^2-H_y^2)\right]\boldsymbol{e}_x\boldsymbol{e}_y+\mu H_xH_y\boldsymbol{e}_x\boldsymbol{e}_y+\mu H_xH_y\boldsymbol{e}_y\boldsymbol{e}_x\\&+\left[-(p_0+p_{\mathrm{s}})+\frac{1}{2}\mu(H_y^2-H_x^2)\right]\boldsymbol{e}_y\boldsymbol{e}_y+\left[-(p_0+p_{\mathrm{s}})-\frac{1}{2}\mu H^2\right]\boldsymbol{e}_z\boldsymbol{e}_z\end{aligned} \tag{3-182}$$

对于面 S_1，其单位法向矢量 $\boldsymbol{n}_1=-\boldsymbol{e}_y$，应用式（3-182）的结果，式（3-181）中等号右端第一项的积分变为

$$\begin{aligned}&\frac{1}{S_1}\iint_{S_1}\boldsymbol{n}_1\cdot\boldsymbol{T}\,\mathrm{d}S_1\\&=-\frac{1}{S_1}\left\{\boldsymbol{e}_x\iint_{S_1}\mu H_xH_y\mathrm{d}S_1+\boldsymbol{e}_y\iint_{S_1}\left[-(p_0+p_{\mathrm{s}})+\frac{1}{2}\mu(H_y^2-H_x^2)\right]\mathrm{d}S_1\right\}\end{aligned} \tag{3-183}$$

由于项(p_0+p_{s})是关于位置的常数，同时由于复合结构中永磁体在 x 方向周期排列，所以积分时只取沿 x 方向一个波长的长度 λ_{m}，这样 $S_1=S_2=2\pi/k_{\mathrm{m}}$，$\mathrm{d}S_1=\mathrm{d}S_2=\mathrm{d}x$，则式（3-183）变为

$$\frac{1}{S_1}\iint_{S_1}\boldsymbol{n}_1\cdot\boldsymbol{T}\mathrm{d}S_1=-\frac{k_{\mathrm{m}}}{2\pi}\left[\boldsymbol{e}_x\iint_0^{\frac{2\pi}{k_{\mathrm{m}}}}\mu H_xH_y\mathrm{d}x+\boldsymbol{e}_y\frac{\mu}{2}\iint_0^{\frac{2\pi}{k_{\mathrm{m}}}}(H_y^2-H_x^2)\mathrm{d}x\right]+\boldsymbol{e}_y(p_0+p_{\mathrm{s}}) \tag{3-184}$$

根据标量磁位与磁场强度间的关系式［式（3-42）］和式（3-159）计算磁场分量：

$$H_x=-\frac{\partial\varphi_{\mathrm{m},2}}{\partial x}=-k_{\mathrm{m}}(C_3\mathrm{e}^{k_{\mathrm{m}}y}+C_4\mathrm{e}^{-k_{\mathrm{m}}y})\cos(k_{\mathrm{m}}x) \tag{3-185}$$

$$H_y=-\frac{\partial\varphi_{\mathrm{m},2}}{\partial y}=-k_{\mathrm{m}}(C_3\mathrm{e}^{k_{\mathrm{m}}y}+C_4\mathrm{e}^{-k_{\mathrm{m}}y})\sin(k_{\mathrm{m}}x) \tag{3-186}$$

将式（3-185）和式（3-186）代入式（3-184）后并化简，得

$$\frac{1}{S_1}\iint_{S_1}\boldsymbol{n}_1\cdot\boldsymbol{T}\mathrm{d}S_1=\boldsymbol{e}_y\mu k_{\mathrm{m}}^2C_3C_4+\boldsymbol{e}_y(p_0+p_{\mathrm{s}}) \tag{3-187}$$

将式（3-177）中 C_3 和 C_4 的结果代入式（3-187）中，可得

$$\frac{1}{S_1}\iint_{S_1}\boldsymbol{n}_1\cdot\boldsymbol{T}\mathrm{d}S_1=\boldsymbol{e}_y\frac{\mu\widetilde{M}_0^2(\mu_{\mathrm{r}}^2-1)}{[(\mu_{\mathrm{r}}-1)^2\mathrm{e}^{-k_{\mathrm{m}}h_{\mathrm{c},1}}-(\mu_{\mathrm{r}}+1)^2\mathrm{e}^{k_{\mathrm{m}}h_{\mathrm{c},1}}]^2}+\boldsymbol{e}_y(p_0+p_{\mathrm{s}}) \tag{3-188}$$

对于面 S_2，其单位法向矢量 $\boldsymbol{n}_2=\boldsymbol{e}_y$，同理可得

$$\frac{1}{S_2}\iint_{S_2}\boldsymbol{n}_2\cdot\boldsymbol{T}\mathrm{d}S_2=-\boldsymbol{e}_y\frac{\mu\widetilde{M}_0^2(\mu_{\mathrm{r}}^2-1)}{[(\mu_{\mathrm{r}}-1)^2\mathrm{e}^{-k_{\mathrm{m}}h_{\mathrm{c},2}}-(\mu_{\mathrm{r}}+1)^2\mathrm{e}^{k_{\mathrm{m}}h_{\mathrm{c},2}}]^2}-\boldsymbol{e}_y(p_0+p_{\mathrm{s}}) \tag{3-189}$$

将式（3-188）和式（3-189）代入式（3-181）中，并代入 $h_{\mathrm{c},1}=\delta_{\mathrm{m}}-\Delta$ 和 $h_{\mathrm{c},2}=\delta_{\mathrm{m}}+\Delta$ 后化简，可得永磁体单位面积上受到的磁悬浮力为

$$\boldsymbol{F}_{\mathrm{m}}=\boldsymbol{e}_y\mu\widetilde{M}_0^2(\mu_{\mathrm{r}}^2-1)\left\{\frac{1}{[(\mu_{\mathrm{r}}-1)^2\mathrm{e}^{-k_{\mathrm{m}}h_{\mathrm{c},1}}-(\mu_{\mathrm{r}}+1)^2\mathrm{e}^{k_{\mathrm{m}}h_{\mathrm{c},1}}]^2}-\frac{1}{[(\mu_{\mathrm{r}}-1)^2\mathrm{e}^{-k_{\mathrm{m}}h_{\mathrm{c},2}}-(\mu_{\mathrm{r}}+1)^2\mathrm{e}^{k_{\mathrm{m}}h_{\mathrm{c},2}}]^2}\right\}$$

$$=\boldsymbol{e}_y\mu\widetilde{M}_0^2(\mu_{\mathrm{r}}^2-1)\frac{2(\xi_1^2-\xi_2^2)\mathrm{sh}(2k_{\mathrm{m}}\Delta)}{[\xi_1^2-2\xi_1\xi_2\mathrm{ch}(2k_{\mathrm{m}}\Delta)+\xi_2^2]^2}\tag{3-190}$$

其中

$$\xi_1=(\mu_{\mathrm{r}}+1)^2\mathrm{e}^{k_{\mathrm{m}}\delta_{\mathrm{m}}},\ \xi_2=(\mu_{\mathrm{r}}-1)^2\mathrm{e}^{-k_{\mathrm{m}}\delta_{\mathrm{m}}}$$

式（3-190）即为复合结构偏离中心位置 Δ 时单位面积上受到的径向磁悬浮力。

(3) 复合结构所受径向磁悬浮力的计算结果分析

图 3-7 为 $\mu_{\mathrm{r}}=1.1$、$k_{\mathrm{m}}\delta_{\mathrm{m}}$ 取不同值时由式（3-190）计算得到的单位面积上无量纲磁悬浮力随偏心率的变化曲线。可以看出，对于给定种类的永磁体组成的复合结构，其受到的磁悬浮力都随着偏心率的增大而单调增加，且当 $k_{\mathrm{m}}\delta_{\mathrm{m}}$ 较小时，也即永磁体磁极面的间距较大时，磁悬浮力随着偏心率变化几乎成线性变化。在一定范围内，对于相同的偏心率，$k_{\mathrm{m}}\delta_{\mathrm{m}}$ 的值越大（永磁体磁极面的间距越小），磁悬浮力的值也越大，线性变化的速率越快。当 $k_{\mathrm{m}}\delta_{\mathrm{m}}$ 较大（如图 3-7 中 $k_{\mathrm{m}}\delta_{\mathrm{m}}=0.8$、$1.6$ 两种情况），也即永磁体磁极面的间距较小时，磁悬浮力在偏心率较小时变化较慢，偏心率较大时变化逐渐加快。更多的结果表明，相同 $k_{\mathrm{m}}\delta_{\mathrm{m}}$ 值时，铁磁流体的相对磁导率越大，复合结构受到的磁悬浮力也越大。

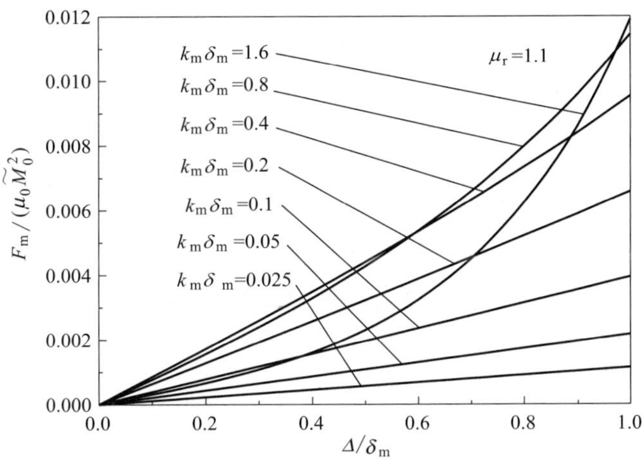

图 3-7 永磁体柱形复合结构在铁磁流体中受到的径向磁悬浮力

当复合结构与非磁性壁面接触，且间隙尺寸与磁极面的间距相比较大时，有 $\Delta=\delta_{\mathrm{m}}$ 和 $k_{\mathrm{m}}\delta_{\mathrm{m}}\to\infty$，将它们代入式（3-190），可得到磁悬浮力的最大值：

$$\boldsymbol{F}_{\max}=\boldsymbol{e}_y\mu\widetilde{M}_0^2(\mu_{\mathrm{r}}^2-1)\frac{[(\mu_{\mathrm{r}}+1)^4\mathrm{e}^{2k_{\mathrm{m}}\delta_{\mathrm{m}}}-(\mu_{\mathrm{r}}-1)^4\mathrm{e}^{-2k_{\mathrm{m}}\delta_{\mathrm{m}}}](\mathrm{e}^{2k_{\mathrm{m}}\Delta}-\mathrm{e}^{-2k_{\mathrm{m}}\Delta})}{[(\mu_{\mathrm{r}}+1)^4\mathrm{e}^{2k_{\mathrm{m}}\delta_{\mathrm{m}}}-(\mu_{\mathrm{r}}+1)^2(\mu_{\mathrm{r}}-1)^2(\mathrm{e}^{2k_{\mathrm{m}}\Delta}+\mathrm{e}^{-2k_{\mathrm{m}}\Delta})+(\mu_{\mathrm{r}}-1)^4\mathrm{e}^{-2k_{\mathrm{m}}\delta_{\mathrm{m}}}]^2}$$

$$=\boldsymbol{e}_y\widetilde{M}_0^2\frac{\mu_0(\mu_{\mathrm{r}}^2-1)}{16\mu_{\mathrm{r}}}\tag{3-191}$$

图 3-8 为复合结构受到的最大磁悬浮力随铁磁流体相对磁导率的变化曲线，可以看出，最大磁悬浮力随相对磁导率的增大而增大，而且几乎呈线性变化。

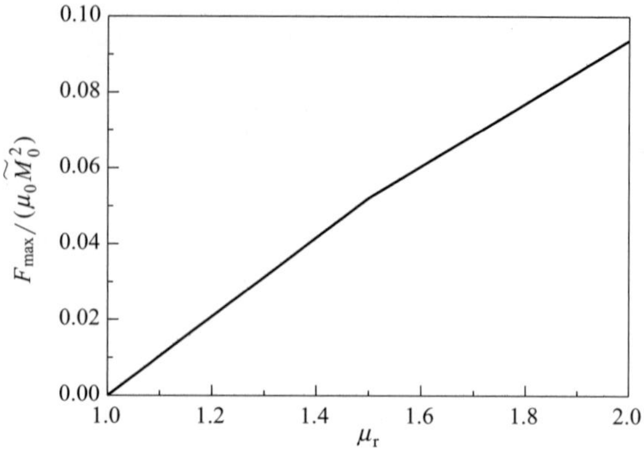

图 3-8 复合结构受到的最大磁悬浮力随铁磁流体相对磁导率的变化曲线

在忽略重力的空间环境中，复合结构在不受外界干扰时在铁磁流体中径向居中，这时关心的是复合结构保持这种居中状态的稳定性，也即初始磁悬浮力的大小。假设复合结构具有微小位移，$\Delta\to0$，即 $k_m\Delta\ll1$，此时有

$$e^{2k_m\Delta}+e^{-2k_m\Delta}\approx2$$

$$e^{2k_m\Delta}-e^{-2k_m\Delta}\approx(1+k_m\Delta)^2-(1-k_m\Delta)^2=4k_m\Delta$$

从而根据式（3-190）可得复合结构具有单位偏心率时单位面积上的无量纲初始磁悬浮力为

$$\frac{\dfrac{F_{ini}}{\mu_0\widetilde{M}_0^2}}{\dfrac{\Delta}{\delta_m}}=4k_m\delta_m\mu_r(\mu_r^2-1)\frac{(\mu_r+1)^2e^{k_m\delta_m}+(\mu_r-1)^2e^{-k_m\delta_m}}{[(\mu_r+1)^2e^{k_m\delta_m}-(\mu_r-1)^2e^{-k_m\delta_m}]^3}\tag{3-192}$$

式中，F_{ini} 为初始磁悬浮力。

图 3-9 为复合结构在单位偏心率时受到的初始磁悬浮力在多种铁磁流体相对磁导率下随永磁体磁极面间距的变化曲线。可以看出，对于给定磁导率值的铁磁流体，有一个最优的 $k_m\delta_m$ 值，也即最佳的永磁体磁极面距离，使得发生单位偏心率时的初始磁悬浮力最大，而且这个最大值随着铁磁流体相对磁导率的增大而增大，但最优值移向较低的 $k_m\delta_m$ 值。这就意味着在不考虑其他因素的变化时，如若通过增加铁磁流体磁导率获得最大的初始磁悬浮力，需要增加永磁体的磁极面间距。

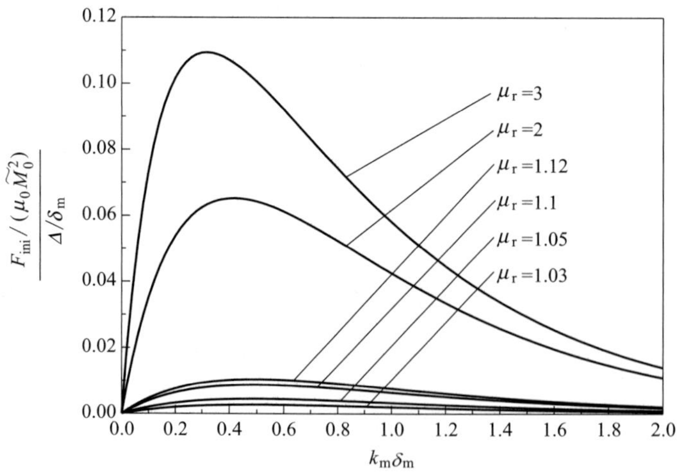

图 3-9 单位偏心率时初始磁悬浮力随永磁体磁极面间距的变化曲线

3.4.3 磁荷镜像法计算永磁体在铁磁流体中受到的轴向磁悬浮力

本小节从电磁场的磁荷观点出发，用经典的镜像法直接计算柱形永磁体在铁磁流体中受到的轴向磁悬浮力。

(1) 圆柱形永磁体的等效磁荷模型

等效磁荷观点认为，磁极可以看成磁荷积聚的地方，N 极上聚集有正磁荷，S 极上聚集有负磁荷。与电学中的对应表达相类似，从磁荷观点出发的静磁场中也有描述两点磁荷之间相互作用力的磁的库仑定律和点磁荷的静磁位表达式。对于圆柱形永磁体，磁荷仅分布于其外表面上，磁荷的面密度为

$$\sigma_m = \boldsymbol{J} \cdot \boldsymbol{n} \tag{3-193}$$

其中，$\boldsymbol{J}$ 为永磁体的磁极化强度；$\boldsymbol{n}$ 为永磁体表面的外法向单位矢量。再根据 $\boldsymbol{J}$ 和永磁体磁化强度 $\boldsymbol{M}$ 间的关系式：

$$\boldsymbol{J} = \mu_0 \boldsymbol{M} \tag{3-194}$$

可得永磁体外表面上的磁荷面密度为

$$\sigma_m = \mu_0 \boldsymbol{M} \cdot \boldsymbol{n} \tag{3-195}$$

从式（3-195）可以看出，对于沿轴向均匀磁化的圆柱形永磁体，磁荷仅分布于其两平面端面上，所以圆柱形永磁体可以看作分布于其平面端面上密度均匀的磁荷的集合。

对于如图 3-10 所示的均匀磁化永磁体，其磁化强度与其剩余磁感应强度 B_r 间具有近似关系式：

$$\boldsymbol{M} = \frac{B_r}{\mu_0} \boldsymbol{e}_z \tag{3-196}$$

从而可得到均匀磁化的圆柱形永磁体端面上磁荷面密度的大小为

$$\sigma_m = B_r \tag{3-197}$$

$\boldsymbol{M}$ 指向的一端分布正磁荷，另一端分布负磁荷。

(2) 求解永磁体磁场的磁荷镜像法

假设半径为 R_1 的圆柱形永磁体竖直浸没在磁导率恒为 μ 的铁磁流体中，无限大的分界面将铁磁流体与不导磁的介质分开，永磁体的轴线垂直于分界面，其靠近分界面的端面与分界面的距离为 h'，以分界面为其中一个坐标面建立坐标系，如图 3-11 所示。在永磁体靠近分界面的端面上任一位置处取一面元，分布在该面元上的磁荷可以看作点磁荷，其强度为 q_m。

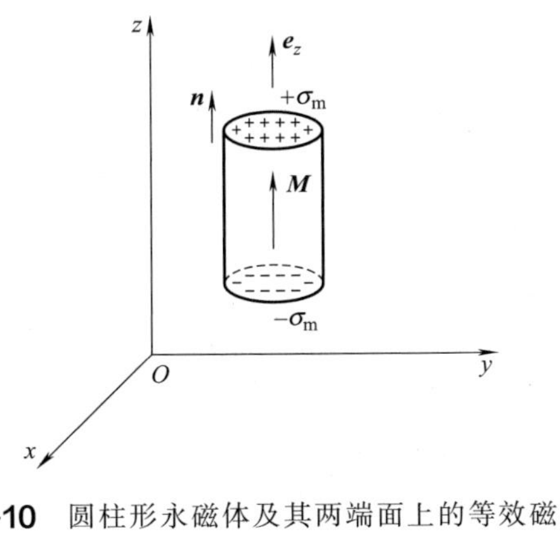

图 3-10 圆柱形永磁体及其两端面上的等效磁荷

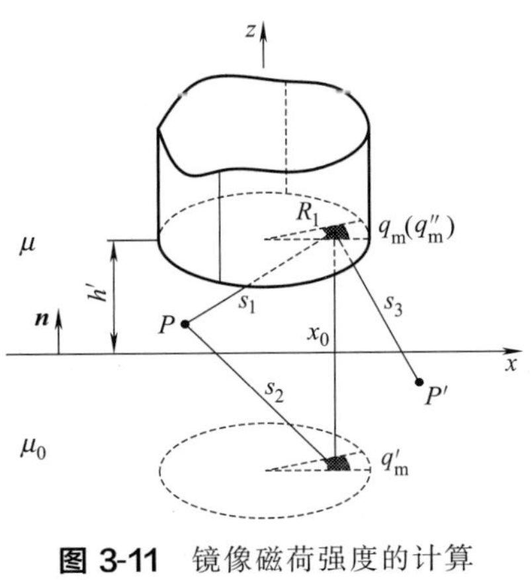

图 3-11 镜像磁荷强度的计算

根据磁场的唯一性定理，无论两种介质中的磁荷如何分布，它们产生的场必须使得在边界平面 $z=0$ 上满足边界条件：

$$\varphi_{m,1}=\varphi_{m,2}, \ \mu\frac{\partial \varphi_{m,1}}{\partial z}=\mu_0\frac{\partial \varphi_{m,2}}{\partial z} \tag{3-198}$$

其中，$\varphi_{m,1}$、$\varphi_{m,2}$ 分别为分界面两侧的标量磁位。假设实际磁荷强度 q_m 产生标量磁位 $\varphi_{m,1}$，分界面的影响用强度为 q'_m 的镜像磁荷代替，则它必位于实际磁荷的几何镜像点上以保证满足边界条件。假设镜像磁荷将产生标量磁位 $\varphi_{m,2}$，这样，在铁磁流体中某一点 P 上总的标量磁位为

$$\varphi_{m,1}+\varphi_{m,2}=\frac{q_m}{4\pi\mu s_1}+\frac{q'_m}{4\pi\mu s_2} \tag{3-199}$$

其中，s_1 和 s_2 分别为点 P（x，z）到实际磁荷和镜像磁荷的距离。假设不导磁介质中的标量磁位 $\varphi_{m,3}$ 由位于原磁荷位置处强度为 q''_m 的磁荷产生，在不导磁介质中的任一点 $P'(x', z')$上的标量磁位为

$$\varphi_{m,3}=\frac{q''_m}{4\pi\mu s_3} \tag{3-200}$$

其中，s_3 为点 P'到所假设磁荷位置的距离。

根据原磁场问题的边界条件，在面 $z=0$ 上的某一点$(x,0)$处，有

$$\varphi_{m,1}+\varphi_{m,2}=\varphi_{m,3}, \ \mu\frac{\partial(\varphi_{m,1}+\varphi_{m,2})}{\partial z}=\mu_0\frac{\partial \varphi_{m,3}}{\partial z} \tag{3-201}$$

将式（3-199）和式（3-200）分别代入边界条件［式（3-201）］中，并由

$$s_1=\sqrt{(x-x_0)^2+(h'-z)^2}$$

$$s_2=\sqrt{(x-x_0)^2+(h'+z)^2}$$

$$s_3=\sqrt{(x'-x_0)^2+(h'-z)^2}$$

及

$$z=0\text{ 时，}s_1=s_2=s_3$$

得

$$\frac{q_m+q'_m}{\mu}=\frac{q''_m}{\mu_0} \tag{3-202}$$

$$\left(\frac{q_m}{4\pi}\frac{h'-z}{s_1^3}-\frac{q'_m}{4\pi}\frac{h'+z}{s_2^3}\right)\Bigg|_{z=0,s_1=s_2=s_3}=\frac{q''_m}{4\pi}\frac{h'-z}{s_3^3}\Bigg|_{z=0,s_1=s_2=s_3} \tag{3-203}$$

从而得到方程组

$$\begin{cases}\mu_0(q_m+q'_m)=\mu q''_m\\ q_m-q'_m=q''_m\end{cases} \tag{3-204}$$

求解该方程组可得

$$q'_m=\frac{\mu_r-1}{\mu_r+1}q_m \tag{3-205}$$

根据所取原磁荷在永磁体端面上位置的任意性，可知圆柱形永磁体所有端面磁荷的镜像磁荷均位于与端面关于分界面成几何镜像的位置上，镜像磁荷占据的区域也为半径为 R_1 的圆面，镜像磁荷强度的面密度为

$$\sigma'_m=\frac{\mu_r-1}{\mu_r+1}\sigma_m \tag{3-206}$$

相应地，圆柱形永磁体在铁磁流体内靠近其端面的边界附近产生的磁场分布，相当于永磁体端面上的磁荷与其镜像磁荷共同产生的磁场分布。永磁体受到铁磁流体的磁悬浮力也相当于其端面上的磁荷与其镜像磁荷间的相互作用力。

(3) 磁悬浮力的计算

根据圆柱形永磁体在铁磁流体中受到的磁悬浮力，与永磁体在介质分界面附近的端面磁荷与其镜像磁荷间的相互作用力间的等效性，求解永磁体离开分界面 h'时受到的磁悬浮力。

如图 3-12 所示，将永磁体浸于铁磁流体中，其一个端面位于介质分界面附近，另一端位于无限远，并假设永磁体周围的铁磁流体在分界面上方延伸到无限远，分界面下方为非磁性介质。在永磁体靠近介质分界面的端面上取一面元，该面元所在圆周的半径为 r，它与端面中心的连线与某一过永磁体轴线的面的夹角为 φ，规定该面为零角度面，则该面元上的磁荷强度为 $\mathrm{d}q_m=\sigma_m r\mathrm{d}\varphi\mathrm{d}r$。同样，在镜像磁荷所在的圆面上取一面元，该面元所在圆周的半径为 r'，它与端面中心的连线与零角度面的夹角为 φ'，则该面元上的磁荷强度为 $\mathrm{d}q'_m=\sigma'_m r'\mathrm{d}\varphi'\mathrm{d}r'$。

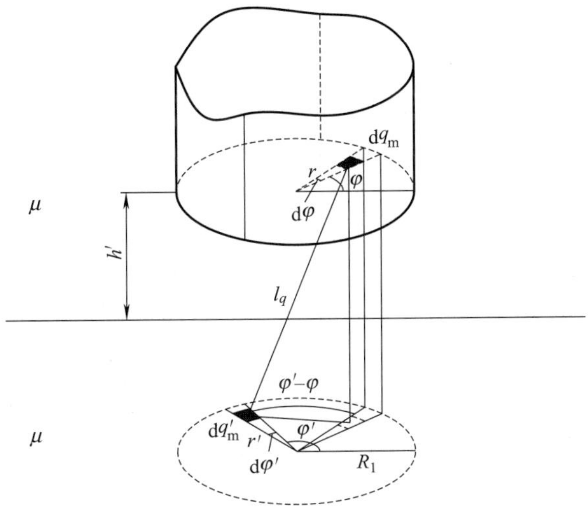

图 3-12 磁荷镜像法计算永磁体在铁磁流体中受到的轴向磁悬浮力

由库仑定律可知，所取两面元上磁荷间的相互作用力的大小为

$$\mathrm{d}F_m=\frac{\mathrm{d}q_m\mathrm{d}q'_m}{4\pi\mu l_q^2}=\frac{\sigma_m\sigma'_m}{4\pi\mu}\frac{rr'\mathrm{d}\varphi\mathrm{d}\varphi'\mathrm{d}r\mathrm{d}r'}{l_q^2} \tag{3-207}$$

其中，l_q 为两面元间的距离，其大小为

$$l_q=\sqrt{4h'^2+r^2+r'^2-2rr'\cos(\varphi'-\varphi)}$$

则两个端面上所有磁荷之间相互作用力的大小为 $F_m=\int\mathrm{d}F_m$。又由于磁荷分布的轴对称性，所有磁荷间的相互作用力只有在竖直方向上的分量不为零，所以下面仅考虑竖直方向上的力，即磁荷间的相互作用力为

$$F_m=\int_0^{2\pi}\int_0^{2\pi}\int_0^{R_1}\int_0^{R_1}\frac{h'\sigma_m\sigma'_m}{2\pi\mu}\frac{rr'\mathrm{d}\varphi\mathrm{d}\varphi'\mathrm{d}r\mathrm{d}r'}{[4h'^2+r^2+r'^2-2rr'\cos(\varphi'-\varphi)]^{3/2}} \tag{3-208}$$

令 $\xi=r/R_1$，$\xi'=r'/R_1$，$\xi''=2h'/R_1$，则 $\mathrm{d}r=R_1\mathrm{d}\xi$，$\mathrm{d}r'=R_1\mathrm{d}\xi'$，从而式（3-208）变为

$$F_{\mathrm{m}}=\frac{h'R_1\sigma_{\mathrm{m}}\sigma'_{\mathrm{m}}}{2\pi\mu}\int_0^{2\pi}\int_0^{2\pi}\int_0^1\int_0^1\frac{h'\sigma_{\mathrm{m}}\sigma'_{\mathrm{m}}}{2\pi\mu}\frac{\xi\xi'\mathrm{d}\xi\mathrm{d}\xi'\mathrm{d}\varphi\mathrm{d}\varphi'}{[\xi''^2+\xi^2+\xi'^2-2\xi\xi'\cos(\varphi'-\varphi)]^{3/2}} \tag{3-209}$$

由于

$$\begin{aligned}&\int_0^1\frac{\xi\mathrm{d}\xi}{[\xi''^2+\xi^2+\xi'^2-2\xi\xi'\cos(\varphi'-\varphi)]^{3/2}}\\&=\left.\frac{\xi\xi'\cos(\varphi'-\varphi)-\xi''^2-\xi'^2}{[\xi''^2+\xi'^2\sin^2(\varphi'-\varphi)][\xi''^2+\xi^2+\xi'^2-2\xi\xi'\cos(\varphi'-\varphi)]^{1/2}}\right|_0^1\\&=\frac{\xi'\cos(\varphi'-\varphi)-\xi''^2-\xi'^2}{[\xi''^2+\xi'^2\sin^2(\varphi'-\varphi)][\xi''^2+1+\xi'^2-2\xi'\cos(\varphi'-\varphi)]^{1/2}}+\frac{(\xi''^2+\xi'^2)^{1/2}}{\xi''^2+\xi'^2\sin^2(\varphi'-\varphi)}\end{aligned}$$

所以力的表达式［式（3-209）］变为

$$\begin{aligned}F_{\mathrm{m}}=&\frac{R_1(\mu_{\mathrm{r}}-1)\sigma_{\mathrm{m}}^2h'}{2\pi\mu(\mu_{\mathrm{r}}+1)}\int_0^{2\pi}\int_0^{2\pi}\int_0^1\left\{\frac{\xi'[\xi'\cos(\varphi'-\varphi)-\xi''^2-\xi'^2]}{[\xi''^2+\xi'^2\sin^2(\varphi'-\varphi)][\xi''^2+1+\xi'^2-2\xi'\cos(\varphi'-\varphi)]^{1/2}}\right.\\&\left.+\frac{\xi'(\xi''^2+\xi'^2)^{1/2}}{\xi''^2+\xi'^2\sin^2(\varphi'-\varphi)}\right\}\mathrm{d}\xi'\mathrm{d}\varphi\mathrm{d}\varphi'\end{aligned} \tag{3-210}$$

由于式（3-205）所表示的镜像磁荷与原磁荷具有相同的符号，所以它们之间的相互作用力为排斥力。式（3-210）即为圆柱形永磁体端面上的磁荷与其镜像磁荷间的相互作用力，也即永磁体在铁磁流体中受到的轴向磁悬浮力。

用数值方法求解式（3-210）中的积分。如图 3-13 为永磁体半径分别为 5mm 和 12mm，铁磁流体相对磁导率分别为 1.07 和 1.12，盛放铁磁流体的圆柱形容器的半径约为 40mm，用 Romberg 求积方法计算式（3-210）的积分时，得到的永磁体受到铁磁流体的轴向磁悬浮力与其悬浮高度间的关系。

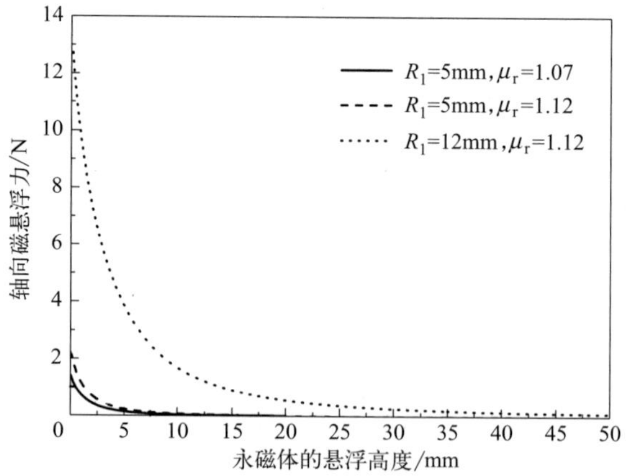

图 3-13 磁荷镜像法计算永磁体受到轴向磁悬浮力的结果

从图 3-13 中可以看出，永磁体受到的轴向磁悬浮力都随着悬浮高度的增大而显著减小。对于相同磁导率的铁磁流体，永磁体的半径越大，处于同一悬浮位置时的磁悬浮力也越大，这一点可以直接从式（3-210）中看出。

图 3-13 中的结果还表明，对于相同半径的永磁体，铁磁流体的磁导率越大，处于同一悬浮位置时的磁悬浮力也越大，但这一规律仅限于某一数值范围的磁导率。对于给定的永磁体半径和悬浮高度，式（3-210）中的积分为定值，假设该值为 C，将式（3-210）对 μ_r 求导，有

$$\frac{\partial F_m}{\partial \mu_r}=\frac{R_1\sigma_m^2 h'C}{2\pi\mu(\mu_r+1)}\frac{2\mu_r-\mu_r^2+1}{[\mu_r(\mu_r+1)]^2} \tag{3-211}$$

由式（3-211）可知，当 $\mu_r<1+\sqrt{2}$ 时，$\partial F_m/\partial \mu_r>0$，即永磁体受到的磁悬浮力随着其周围铁磁流体磁导率的增大而增大，铁磁流体的相对磁导率超过这个值时，磁悬浮力将随着磁导率的增大而减小。而实际中受稳定性限制，铁磁流体的相对磁导率很少超过 $1+\sqrt{2}$，所以通常认为磁悬浮力随着磁导率的增大而增大。

3.4.4 电流镜像法计算永磁体在铁磁流体中受到的轴向磁悬浮力

(1) 圆柱形永磁体的磁化电流模型

对于给定的处于沿轴向磁化状态的圆柱形永磁体，它产生的磁场相当于在其曲面表面上分布的磁化电流产生的磁场，单位长度的磁化电流，即面磁化电流密度 $\boldsymbol{i}_m$ 为

$$\boldsymbol{i}_m=\boldsymbol{M}\times\boldsymbol{n} \tag{3-212}$$

其中，$\boldsymbol{n}$ 为永磁体柱形曲面的外法向单位矢量。

对于沿轴向均匀磁化的圆柱形永磁体，如图 3-14 所示，根据式（3-196）给出的磁化强度 $\boldsymbol{M}$ 与其剩余磁感应强度 B_r 间的关系，可得

$$\boldsymbol{i}_m=\frac{B_r}{\mu_0}\boldsymbol{e}_z\times\boldsymbol{n}=\frac{B_r}{\mu_0}\boldsymbol{e}_\theta \tag{3-213}$$

其中，$\boldsymbol{e}_\theta$ 为沿永磁体圆柱面周向并与圆柱面相切的单位矢量。

这样，圆柱形永磁体曲面上的磁化电流与圆柱面相切并垂直于其磁化强度的方向，而且沿永磁体轴向均匀分布，密度约为 B_r/μ_0，如图 3-14 所示，其中 I_m 为在永磁体柱面所取长度上分布的电流大小。

(2) 求解永磁体磁场的电流镜像法

根据磁场的唯一性定理，在不改变磁场区域内电流分布和边界条件的情况下，用场域外的等效电流来代替边界对场的影响。对于如图 3-15 所示的圆柱形永磁体浸于占据无限大区

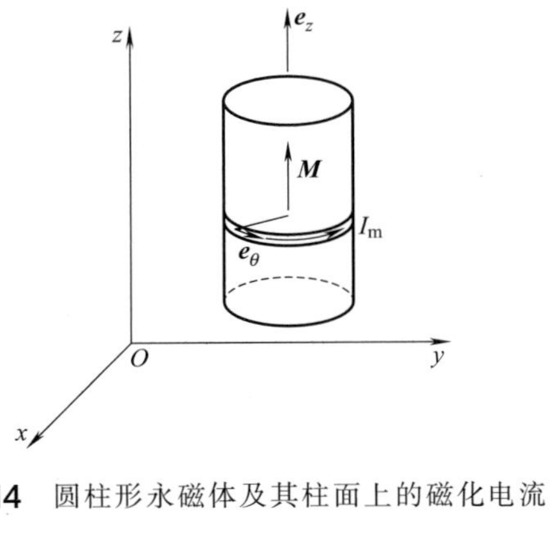

图 3-14 圆柱形永磁体及其柱面上的磁化电流

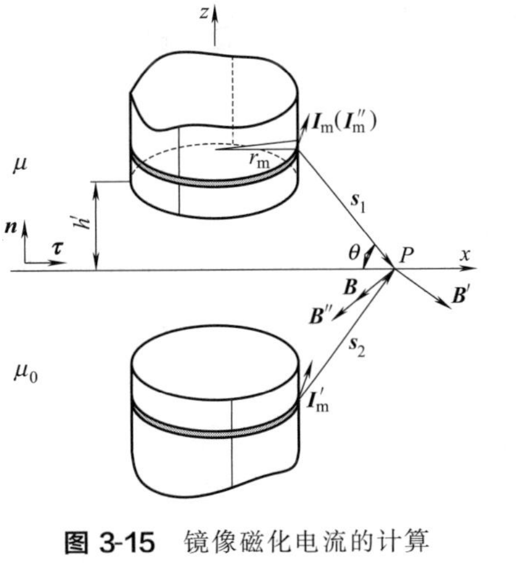

图 3-15 镜像磁化电流的计算

域的铁磁流体中的情况，在分界面 $z=0$ 上满足的边界条件为

$$H_{\tau,1}=H_{\tau,2},\ B_{n,1}=B_{n,2} \tag{3-214}$$

其中，$H_{\tau,1}$ 和 $H_{\tau,2}$ 分别为分界面上铁磁流体侧和不导磁介质一侧的磁场强度的切向分量；$B_{n,1}$ 和 $B_{n,2}$ 分别为这两侧磁感应强度的法向分量。

在与 3.4.3 节相同的假设条件下，以分界面为其中一个坐标面建立坐标系如图 3-15 所示。在永磁体磁化电流所在表面上的任意位置取电流 $\boldsymbol{I}_{\rm m}$，方向与柱面相切并指向电流流向，由于永磁体处于竖直位置，则 $\boldsymbol{I}_{\rm m}$ 的方向平行于分界面（它为水平面）。

在求解分界面上半区域（铁磁流体区域）内的磁场时，用镜像电流 $\boldsymbol{I}'_{\rm m}$代替分界面的影响，为了满足边界条件，它必位于磁化电流 $\boldsymbol{I}_{\rm m}$ 关于分界面的几何镜像点上，假设其方向与 $\boldsymbol{I}_{\rm m}$ 的方向相同。根据毕奥-萨伐尔定律，此时磁化电流 $\boldsymbol{I}_{\rm m}$ 及其镜像电流 $\boldsymbol{I}'_{\rm m}$在垂直于电流 $\boldsymbol{I}_{\rm m}$ 的平面与分界面的交线上任一点 P（该点与磁化电流所在位置的连线与分界面的夹角为 θ）处产生的磁感应强度和磁场强度分别为

$$\boldsymbol{B}=\frac{\mu}{4\pi}\frac{\boldsymbol{I}_{\rm m}\times\boldsymbol{s}_1}{s_1^3},\ \boldsymbol{B}'=\frac{\mu}{4\pi}\frac{\boldsymbol{I}'_{\rm m}\times\boldsymbol{s}_2}{s_2^3},\ \boldsymbol{H}=\frac{1}{4\pi}\frac{\boldsymbol{I}_{\rm m}\times\boldsymbol{s}_1}{s_1^3},\ \boldsymbol{H}'=\frac{1}{4\pi}\frac{\boldsymbol{I}'_{\rm m}\times\boldsymbol{s}_2}{s_2^3} \tag{3-215}$$

其中，$\boldsymbol{s}_1$ 和 $\boldsymbol{s}_2$ 分别为由磁化电流 $\boldsymbol{I}_{\rm m}$ 和镜像电流 $\boldsymbol{I}'_{\rm m}$指向点 P 的矢量。则在点 P 上铁磁流体一侧，有

$$B_{n,1}=\boldsymbol{B}\cdot\boldsymbol{n}+\boldsymbol{B}'\cdot\boldsymbol{n},\ H_{\tau,1}=\boldsymbol{H}\cdot\boldsymbol{\tau}+\boldsymbol{H}'\cdot\boldsymbol{\tau} \tag{3-216}$$

其中，$\boldsymbol{n}$ 和 $\boldsymbol{\tau}$ 分别为分界面的法向和切向单位矢量。又由于在 P 点上，$s_1=s_2$，将式（3-215）代入式（3-216）可得

$$B_{n,1}=\frac{\mu}{4\pi s_1^3}[(\boldsymbol{I}_{\rm m}\times\boldsymbol{s}_1)\cdot\boldsymbol{n}+(\boldsymbol{I}'_{\rm m}\times\boldsymbol{s}_2)\cdot\boldsymbol{n}]=-\frac{\mu}{4\pi s_1^3}(I_{\rm m}+I'_{\rm m})\cos\theta \tag{3-217}$$

$$H_{\tau,1}=\frac{1}{4\pi s_1^3}[(\boldsymbol{I}_{\rm m}\times\boldsymbol{s}_1)\cdot\boldsymbol{\tau}+(\boldsymbol{I}'_{\rm m}\times\boldsymbol{s}_2)\cdot\boldsymbol{\tau}]=\frac{1}{4\pi s_1^3}(-I_{\rm m}+I'_{\rm m})\sin\theta \tag{3-218}$$

在求解分界面下半部分区域（非磁性介质区域）的磁场时，假设磁场由位于磁化电流位置处的电流 $\boldsymbol{I}''_{\rm m}$产生，而且该电流与 $\boldsymbol{I}_{\rm m}$ 的方向相同，它在点 P 处产生的磁感应强度和磁场强度分别为

$$\boldsymbol{B}''=\frac{\mu_0}{4\pi}\frac{\boldsymbol{I}''_{\rm m}\times\boldsymbol{s}_1}{s_1^3},\ \boldsymbol{H}''=\frac{1}{4\pi}\frac{\boldsymbol{I}''_{\rm m}\times\boldsymbol{s}_1}{s_1^3} \tag{3-219}$$

则在点 P 上非磁性介质一侧，有

$$B_{n,2}=\boldsymbol{B}''\cdot\boldsymbol{n}=-\frac{\mu_0 I''_{\rm m}}{4\pi s_1^3}\cos\theta \tag{3-220}$$

$$H_{\tau,2}=\boldsymbol{H}''\cdot\boldsymbol{\tau}=-\frac{I''_{\rm m}}{4\pi s_1^3}\sin\theta \tag{3-221}$$

将式（3-217）～式（3-221）代入边界条件［式（3-214）］，并化简，可得方程组：

$$\begin{cases}-\mu(I_{\rm m}+I'_{\rm m})=\mu_0 I''_{\rm m}\\ -I_{\rm m}+I'_{\rm m}=-I''_{\rm m}\end{cases} \tag{3-222}$$

解该方程组得

$$I'_{\rm m}=-\frac{\mu-\mu_0}{\mu+\mu_0}I_{\rm m} \tag{3-223}$$

式（3-223）即为求解铁磁流体区域内的磁场时磁化电流的镜像电流大小。

由所取 $\boldsymbol{I}_m$ 在永磁体圆柱面上的任意性知，永磁体曲面上所有磁化电流的镜像电流均位于与介质分界面成镜像的位置上。分布有镜像电流的圆柱面的长度为 l_m，半径为 R_1，两种电流之间都具有式（3-223）的大小关系。这样，在数值上，镜像电流密度与面磁化电流密度间具有如下关系：

$$i_m' = \frac{\mu-\mu_0}{\mu+\mu_0} i_m \tag{3-224}$$

同时磁化电流与其镜像电流位于同一直线上，并且从式（3-223）可以看出，它们的方向相反，所以相互间的作用力为排斥力。因此，圆柱形永磁体在铁磁流体中产生的磁场分布相当于其上的磁化电流与其镜像电流共同产生的磁场分布，永磁体受到铁磁流体的轴向磁悬浮力则相当于其上磁化电流与其镜像电流间的相互作用力。

(3) 磁悬浮力的计算

根据圆柱形永磁体在铁磁流体中受到的磁悬浮力，与永磁体的磁化电流与其镜像电流间的相互作用力间的等效性，求解永磁体离开分界面 h' 时受到的磁悬浮力。如图 3-16 所示，将长为 l_m、半径为 R_1 的圆柱形永磁体竖直浸于铁磁流体中，假设永磁体周围的铁磁流体在分界面上方延伸到无限远，分界面下方为非磁性介质。

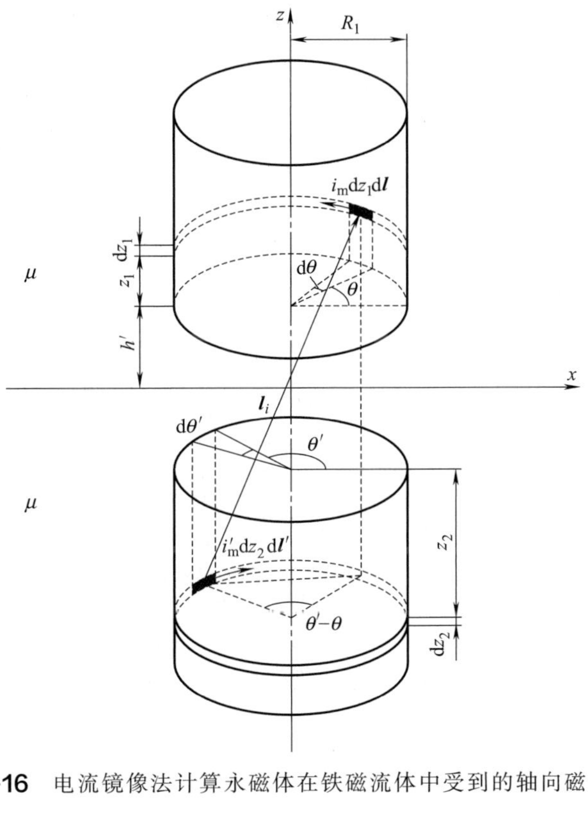

图 3-16 电流镜像法计算永磁体在铁磁流体中受到的轴向磁悬浮力

在永磁体的柱形表面上距其底端为 z_1 处，取轴向宽度为 dz_1、周向长度为 dl 的面元，规定矢量 $d\boldsymbol{l}$ 与面元相切，指向该面元上磁化电流的方向，则该面元上的磁化电流元为 $i_m dz_1 d\boldsymbol{l}$。同时假设在平行于水平面的平面内，面元与永磁体轴线的连线与 xOz 面的夹角为 θ，所以有 $dl = R_1 d\theta$。

在永磁体磁化电流的镜像电流所在的圆柱面上，距离 x 轴最近的一个端面 z_2 处，取轴向宽度为 dz_2、周向长度为 dl' 的面元，规定矢量 $d\boldsymbol{l}'$ 与该面元相切，指向面元上镜像电流的方向，则该面元上的镜像电流元为 $i'_m dz_2 d\boldsymbol{l}'$。在平行于水平面的平面内，该面元与永磁体轴线的连线与 xOz 面的夹角为 θ'，也即有 $dl'=R_1 d\theta'$。

两电流元间的距离为

$$l_i=\sqrt{(z_1+2h'+z_2)^2+2R_1^2[1-\cos(\theta-\theta')]}$$

令矢量 $\boldsymbol{l}_i$ 的方向由镜像电流元指向磁化电流元，则根据安培定律，磁化电流元受到镜像电流元的磁力为

$$d\boldsymbol{F}_m=\frac{\mu}{4\pi}\frac{i_m i'_m dz_1 dz_2 d\boldsymbol{l}\times(d\boldsymbol{l}'\times\boldsymbol{l}_i)}{l_i^3} \tag{3-225}$$

根据矢量恒等式 $d\boldsymbol{l}\times(d\boldsymbol{l}'\times\boldsymbol{l}_i)=d\boldsymbol{l}'(d\boldsymbol{l}\cdot\boldsymbol{l}_i)-\boldsymbol{l}_i(d\boldsymbol{l}\cdot d\boldsymbol{l}')$ 表示式（3-225）中的矢量叉乘项，并将整个磁化电流受到整个镜像电流对其的作用力，也即永磁体在铁磁流体中受到的磁悬浮力表示为

$$\boldsymbol{F}_m=\int d\boldsymbol{F}_m=\int\frac{\mu i_m i'_m dz_1 dz_2}{4\pi l_i^3}[d\boldsymbol{l}'(d\boldsymbol{l}\cdot\boldsymbol{l}_i)-\boldsymbol{l}_i(d\boldsymbol{l}\cdot d\boldsymbol{l}')] \tag{3-226}$$

由电流分布的对称性知，这个力指向 z 方向，其他方向上的分量为零，而式（3-226）中第一个矢量表达式在 z 方向上无分量，所以不予考虑。又由于 $d\boldsymbol{l}\cdot d\boldsymbol{l}'=-R_1^2\cos(\theta-\theta')d\theta d\theta'$，且矢量 $\boldsymbol{l}_i$ 在 z 方向上的分量为 $(z_1+2h'+z_2)\boldsymbol{e}_z$，所以式（3-226）变为

$$\boldsymbol{F}_m=\boldsymbol{e}_z\frac{\mu i_m i'_m R_1^2}{4\pi}\int_0^{2\pi}\int_0^{2\pi}\int_0^{l_m}\int_0^{l_m}\frac{(z_1+2h'+z_2)\cos(\theta-\theta')dz_1 dz_2 d\theta d\theta'}{\{(z_1+2h'+z_2)^2+2R_1^2[1-\cos(\theta-\theta')]\}^{3/2}} \tag{3-227}$$

令 $\bar{\omega}=z_1/l_m$，$\bar{\omega}'=z_2/l_m$，$k=R_1/l_m$，$c_m=2h'/l_m$，则 $dz_1=l_m d\bar{\omega}$，$dz_2=l_m d\bar{\omega}'$，从而式（3-227）变为

$$\boldsymbol{F}_m=\boldsymbol{e}_z\frac{\mu i_m i'_m R_1^2}{4\pi}\int_0^{2\pi}\int_0^{2\pi}\int_0^1\int_0^1\frac{(\bar{\omega}+c_m+\bar{\omega}')\cos(\theta-\theta')d\bar{\omega}d\bar{\omega}'d\theta d\theta'}{\{(\bar{\omega}+c_m+\bar{\omega}')^2+2k^2[1-\cos(\theta-\theta')]\}^{3/2}} \tag{3-228}$$

式（3-228）可以解析地求积分两次，积分项：

$$\begin{aligned}&\int_0^1\frac{(\bar{\omega}+c_m+\bar{\omega}')d\bar{\omega}}{\{(\bar{\omega}+c_m+\bar{\omega}')^2+2k^2[1-\cos(\theta-\theta')]\}^{3/2}}\\&=\left.\frac{-1}{\{(\bar{\omega}+c_m+\bar{\omega}')^2+2k^2[1-\cos(\theta-\theta')]\}^{1/2}}\right|_0^1\\&=\frac{1}{\{(c_m+\bar{\omega}')^2+2k^2[1-\cos(\theta-\theta')]\}^{1/2}}-\\&\quad\frac{1}{\{(c_m+\bar{\omega}'+1)^2+2k^2[1-\cos(\theta-\theta')]\}^{1/2}}\end{aligned} \tag{3-229}$$

进一步地，式（3-229）结果中的两项关于 $d\bar{\omega}'$ 积分后分别为

$$\int_0^1 \frac{\mathrm{d}\tilde{\omega}'}{\{(c_m+\tilde{\omega}')^2+2k^2[1-\cos(\theta-\theta')]\}^{1/2}}$$

$$=\ln \left.\frac{\left\{\frac{1}{2}(c_m+\tilde{\omega}')^2+k^2[1-\cos(\theta-\theta')]\right\}^{1/2}+c_m+\tilde{\omega}'}{\{2k^2[1-\cos(\theta-\theta')]\}^{1/2}}\right|_0^1 \tag{3-230}$$

$$=\ln \frac{\left\{\frac{1}{2}(c_m+1)^2+k^2[1-\cos(\theta-\theta')]\right\}^{1/2}+c_m+1}{\left\{\frac{1}{2}c_m^2+k^2[1-\cos(\theta-\theta')]\right\}^{1/2}+c_m}$$

和

$$\int_0^1 \frac{\mathrm{d}\tilde{\omega}'}{\{(c_m+\tilde{\omega}'+1)^2+2k^2[1-\cos(\theta-\theta')]\}^{1/2}}$$

$$=\ln \frac{\left\{\frac{1}{2}(c_m+2)^2+k^2[1-\cos(\theta-\theta')]\right\}^{1/2}+c_m+2}{\left\{\frac{1}{2}(c_m+1)^2+k^2[1-\cos(\theta-\theta')]\right\}^{1/2}+c_m+1} \tag{3-231}$$

将式（3-229）～式（3-231）的积分结果代入式（3-228），磁悬浮力的表达式变为

$$\boldsymbol{F}_m=\boldsymbol{e}_z\frac{\mu i_m i'_m R_1^2}{4\pi}\int_0^{2\pi}\int_0^{2\pi}\frac{\left(\left\{\frac{1}{2}(c_m+1)^2+k^2[1-\cos(\theta-\theta')]\right\}^{1/2}+c_m+1\right)^2\cos(\theta-\theta')\mathrm{d}\theta\mathrm{d}\theta'}{\left(\left\{\frac{1}{2}c_m^2+k^2[1-\cos(\theta-\theta')]\right\}^{1/2}+c_m\right)\left(\left\{\frac{1}{2}(c_m+2)^2+k^2[1-\cos(\theta-\theta')]\right\}^{1/2}+c_m+2\right)} \tag{3-232}$$

式（3-232）即为圆柱形永磁体在铁磁流体中受到的轴向磁悬浮力，其中 i_m 和 i'_m 可分别由式（3-213）和式（3-224）计算。

如图 3-17 为采用与 3.4.3 节相同的永磁体和铁磁流体参数时，用 Romberg 求积方法计算式（3-232）的积分，得到的永磁体受到的轴向磁悬浮力与其悬浮高度间的关系。

从图 3-17 中可以得到与 3.4.3 节所得到的磁悬浮力随各参数变化的相同规律。但在这里，永磁体受到的磁悬浮力随着其周围铁磁流体磁导率的变化没有磁导率临界值的限制。将式（3-232）对 μ_r 求导时发现，这个求导结果恒大于零，也即在磁导率的所有变化范围内，磁悬浮力都将随着磁导率的增大而增大。

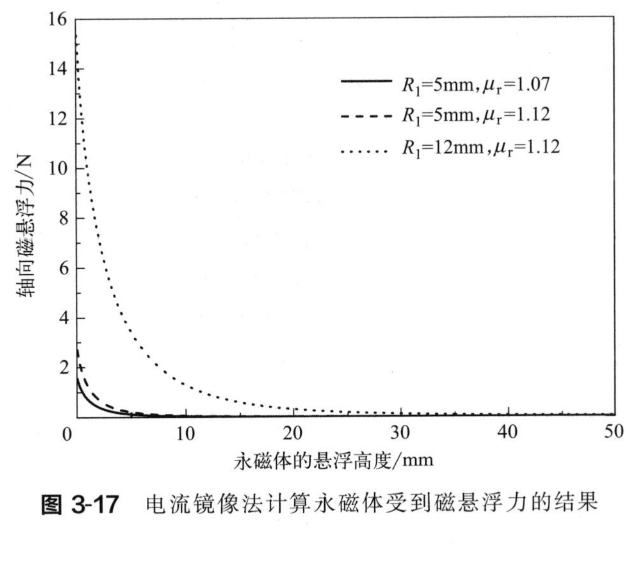

图 3-17 电流镜像法计算永磁体受到磁悬浮力的结果

第4章 铁磁流体的磁化特性

铁磁流体中的每一个磁性颗粒都具有磁矩，当没有外磁场作用时，这些磁矩的方向随机分布，使流体整体上无净磁化强度。而如果有外磁场作用，颗粒磁矩则会具有转向磁场方向的趋势，而且磁场越强，转向外磁场方向的颗粒磁矩也越多。当磁场强度超过某一阈值时，所有颗粒磁矩则完全朝向磁场方向，铁磁流体被磁化饱和。

本章将讨论铁磁流体的磁化特性，给出平衡磁化时在弱场和强磁场的极限情况下的初始磁化率的表达式；介绍两种磁化弛豫机制及相应磁化弛豫时间的表示；详细讨论唯象磁化方程Ⅰ、微观磁化方程和唯象磁化方程Ⅱ的各种数学形式，并给出了它们的适用范围。

4.1 平衡磁化方程

当铁磁流体中磁性颗粒的浓度不太高时，一般认为低于10%（Odenbach，2002），可以忽略颗粒间的相互作用，这时可将磁性颗粒看作载液中受到热扰动的微小永磁体，从而使铁磁流体整体表现为顺磁性。对于包含有单分散颗粒的超顺磁性铁磁流体，在平衡磁化假设条件下，其磁化强度与磁场强度始终具有相同的方向，在不考虑颗粒间磁相互作用的条件下，平衡磁化强度的大小由 Langevin 方程表示为（Rosensweig，1985）：

$$M_0=M_S\left(\coth\alpha-\frac{1}{\alpha}\right)=M_SL(\alpha),\ \alpha=\mu_0 m_p H/k_B T \tag{4-1}$$

其中，α 为 Langevin 参数，表示在磁场 H 中颗粒磁矩 m_p 的能量与热运动能之比；$L(\alpha)$为 Langevin 函数；M_S 为铁磁流体的饱和磁化强度，且有

$$M_S=\phi M_d=Nm_p \tag{4-2}$$

其中，M_d 为颗粒材料的饱和磁化强度；ϕ 为颗粒相在铁磁流体中的体积分数：

$$\phi=V_pN \tag{4-3}$$

其中，N 为单位体积铁磁流体中磁性颗粒的数量；V_p 为单个颗粒的体积，且有

$$V_p=\frac{\pi}{6}d_p^3 \tag{4-4}$$

其中，d_p 为铁磁流体中磁性颗粒的直径。

单个颗粒的磁矩 m_p 可由下式计算：

$$m_p=M_dV_p \tag{4-5}$$

对于典型铁磁流体中的铁氧体磁性颗粒，$M_d=4.46\times10^5$ A/m，典型体积分数为 $\phi=4\%$，磁性颗粒尺寸 $d_p=10$ nm（$V_p=5.25\times10^{-25}$ m^3），可计算得到铁磁流体的饱和磁化强度为 $\mu_0 M_S=0.0244$ T（Rindldi et al.，2005），磁性颗粒的数量浓度为 $N=7.6\times10^{22}$ 个/m^3（Rindldi et al.，2005），无量纲磁场强度约为 $\alpha\approx7\times10^{-5}H$，所以当外磁场较弱时（$H$ 约小于 10^3 A/m 时），有 $\alpha\ll1$。

获得铁磁流体的平衡磁化特性的一种最直接的方法是测量其磁化曲线，如图 4-1 给出一种典型铁磁流体（APG513A，Ferrotec）的磁化曲线测量结果。根据磁化曲线得到饱和磁化强度后，还可以由 $\phi=M_S/M_d$ 获得铁磁流体中颗粒体积分数的信息。

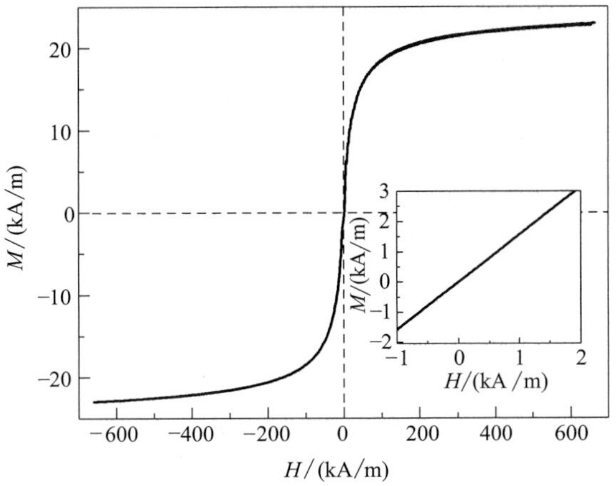

图 4-1 典型铁磁流体（APG513A，Ferrotec）的磁化曲线

也有研究人员通过应用反正切函数来拟合由实验得到的铁磁流体的磁化曲线，将铁磁流体的磁化强度与磁场强度间的关系表示为（Yang，2012）：

$$M_0=a_1\arctan(b_1 H) \tag{4-6}$$

其中，a_1 和 b_1 分别为控制铁磁流体饱和磁化强度和初始磁化率的系数，单位分别为 A/m 和 m/A。由于这一表示缺乏直接的物理意义，只在数学计算铁磁流体的平衡磁化强度时采用，没有 Langevin 函数表示的平衡磁化强度应用广泛。

当外磁场较弱时，也即参数 α 值较小时（$\alpha\ll1$），由 Langevin 函数的 Taylor 展开式知：

$$L(\alpha)\approx\alpha/3 \tag{4-7}$$

此时，铁磁流体的初始磁化率为

$$\chi_0=\frac{M_0}{H}=\frac{\mu_0 m_p^2 N}{3k_B T}=\frac{\pi\phi\mu_0 M_d^2 d_p^3}{18k_B T} \tag{4-8}$$

在已知初始磁化率 χ_0 和颗粒体积分数 ϕ 的前提下，可以由式（4-9）估算颗粒的平均直径（Chantrell et al.，1978）：

$$\bar{d}_p=\left(\frac{18k_B T\chi_0}{\pi\phi\mu_0 M_d^2}\right)^{1/3} \tag{4-9}$$

当外磁场较强时，也即 α 值较大时（$\alpha\gg1$），有

$$L(\alpha)\approx1-1/\alpha \tag{4-10}$$

由此可得

$$\frac{M_0}{M_S} \approx 1-\frac{1}{\alpha}=1-\frac{6k_B T}{\pi\mu_0 M_d H d_p^3} \tag{4-11}$$

可见，当外磁场较强时，$1/\alpha$ 接近于 0，M_0 接近于 M_S。

式（4-8）和式（4-11）可用来在假设颗粒为球形的条件下根据磁化曲线估算铁磁流体中的颗粒尺寸。在弱的磁场中，对磁化强度的主要贡献来源于尺寸较大的颗粒，尺寸越大，颗粒磁矩越容易转向磁场方向；而当铁磁流体接近饱和时，磁化强度主要取决于尺寸较小的颗粒，因为这些颗粒的转向需要较强的磁场作用。

如果初始磁化率较大，则不能忽略铁磁流体中颗粒磁矩间的相互作用，Shliomis（1974）和 Morozov 等（1987）在单分散颗粒的假设条件下，应用极性流体的 Debye-Onsager 理论，得到如下估算初始磁化率的关系式：

$$\frac{\chi_0(2\chi_0+3)}{\chi_0+1}=\frac{\mu_0 m_p^2 N}{k_B T}=\frac{\pi\phi\mu_0 M_d^2 d_p^3}{6k_B T} \tag{4-12}$$

4.2 磁化弛豫

对于实际的铁磁流体，当正在作用的外磁场方向发生变化时，颗粒将受到磁力矩 $\mu_0 \boldsymbol{m}_p \times \boldsymbol{H}$，该力矩使 $\boldsymbol{m}_p$ 具有转向 $\boldsymbol{H}$ 方向的趋势。此后，流体整体的磁化强度则通过两种方式重新达到平衡：一种为 Brownian 弛豫过程，即通过颗粒的旋转实现，磁矩相对于颗粒则固定不动，旋转过程中受到周围载液的黏滞阻力矩的影响；另一种方式为 Néel 弛豫过程，颗粒内的磁矩相对于晶轴向 $\boldsymbol{H}$ 方向旋转，而颗粒保持不动。如图 4-2 为两种弛豫过程的比较。

两种弛豫过程的快慢用相应的弛豫时间来表征，如 Brownian 弛豫过程用 Brownian 扩散时间 τ_B 来表征（Rosensweig，1985）：

$$\tau_B=\frac{3V_h\eta_0}{k_B T} \tag{4-13}$$

其中，V_h 为包含表面活性剂层的颗粒体积；η_0 为载液的动力黏度。

Néel 弛豫过程由 Néel 弛豫时间 τ_N 表征，表示磁矩克服相对于晶格结构跳变的能量势垒（Rosensweig，1985）：

$$\tau_N=\tau_0 \exp\left(\frac{KV_p}{k_B T}\right) \tag{4-14}$$

其中，K 为颗粒材料的各向异性常数，对于铁氧体，其值与颗粒尺寸有关，一般为 $2.3\times10^4 \sim 2.3\times10^5 \mathrm{J/m^3}$；$\tau_0$ 的倒数为各向异性场中颗粒磁矩的 Larmour 频率。当颗粒尺寸为 12.6 nm 时，$K=7.8\times10^4\ \mathrm{J/m^3}$，$\tau_0$ 的值约为 10^{-9}s（Lehlooh et al.，2002）。

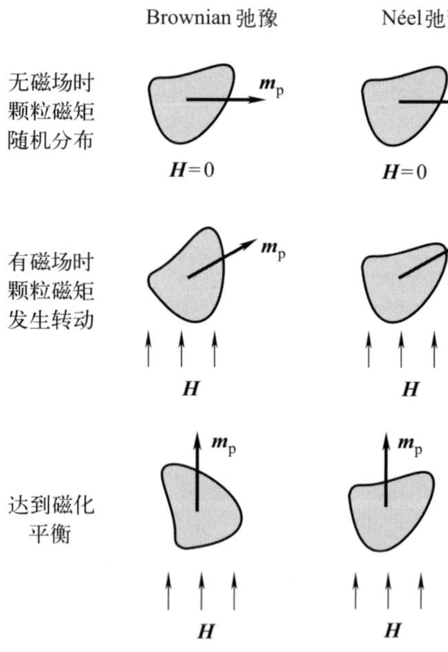

图 4-2 铁磁流体磁化过程的 Brownian 弛豫过程和 Néel 弛豫过程

当两种弛豫过程同时存在时，铁磁流体总的磁化弛豫时间为（Rosensweig，1985；Berkovsky et al.，1993）：

$$\tau=\frac{\tau_B\tau_N}{\tau_B+\tau_N} \tag{4-15}$$

可见，铁磁流体的磁化弛豫时间取决于 τ_B 和 τ_N 中的较小者。如图 4-3 为两种磁化弛豫时间的比较。如果 $\tau_N \ll \tau_B$，Néel 弛豫过程起主要作用，且称相应的材料具有内禀超顺磁性；而如果 $\tau_B \ll \tau_N$，Brownian 弛豫过程起主要作用，称材料具有外赋超顺磁性。

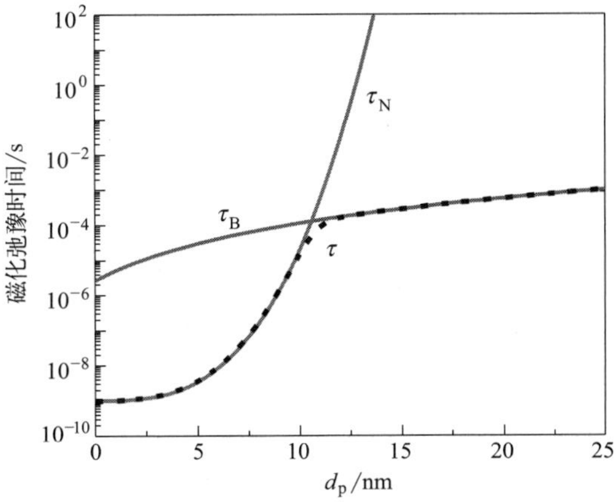

图 4-3 铁磁流体的磁化弛豫时间比较（表面活性剂厚 2nm、$\eta_0=0.108$ Pa·s、$K=7.8\times10^4$ J/m^3、$T=298$ K、$\tau_0=10^{-9}$ s）

对比式（4-13）和式（4-14）知，τ_N 与颗粒体积间呈指数关系，与 τ_B 的比例关系相比，τ_N 对颗粒的尺寸更加敏感。所以颗粒尺寸较小时，Néel 机制起到主要作用，相应的弛豫时间较小，一般小于 10^{-8} s。

铁磁流体中磁性颗粒的各向异性能 KV_p 与热运动能 k_BT 的比值决定了颗粒磁矩与颗粒本身的固结程度，如果颗粒直径 $d_p \geqslant 10$ nm，则有 $KV_p \gg k_BT$，磁矩完全与颗粒固结，这时改变磁矩方向只能通过颗粒旋转。也即在这种情况下，Brownian 弛豫过程起主要作用，$\tau \approx \tau_B \approx 10^{-5} \sim 10^{-4}$ s，而且此时在处理铁磁流体的动态流动问题时不能假设 $\boldsymbol{M}$ 与 $\boldsymbol{H}$ 共线，铁磁流体除了受到力密度 $\mu_0\boldsymbol{M}\cdot\nabla\boldsymbol{H}$ 的作用外，还会受到磁力矩密度 $\mu_0\boldsymbol{M}\times\boldsymbol{H}$ 的作用。

上述两种磁化弛豫过程对应的弛豫时间计算公式中均基于颗粒单分散的假设，如果须考虑实际铁磁流体中颗粒的多分散性，参见 Ivanov 和 Camp（2023）的研究。

在流动的铁磁流体中，如果磁化弛豫时间远小于特征流动时间，则可忽略磁化弛豫过程（$\tau\approx0$），也即认为 $\boldsymbol{M}$ 总是瞬间转向 $\boldsymbol{H}$ 的方向，或总是与 $\boldsymbol{H}$ 同向。任何时刻的磁化强度都由计算平衡磁化强度的式（4-1）表示，相应的铁磁流体理论也称为准平衡铁磁流体力学（quasistationary ferrofluid dyanmics）。

4.3 唯象磁化方程 I

由本构关系中的耗散函数 Φ 非负可知，式（2-153）中等号右端最后一项非负，为了满足这一条件，假设其中中括号内的项与 $\boldsymbol{H}-\boldsymbol{H}^{(e)}$ 成比例。设 $\boldsymbol{M}_0$ 为磁场为 $\boldsymbol{H}$ 时铁磁流体的平衡磁化强度，$\boldsymbol{M}$ 为铁磁流体的实际磁化强度，且假设 $\boldsymbol{M}$ 为平衡值时对应的磁场强度为 $\boldsymbol{H}_e$，也称 $\boldsymbol{H}_e$ 为有效场（effective field）（Martsenyuk et al.，1974）。在磁化的初始阶段（磁化曲线近似为直线），或 $\boldsymbol{M}$ 偏离 $\boldsymbol{M}_0$ 较小时，$\boldsymbol{M}_0-\boldsymbol{M}$ 正比于 $\boldsymbol{H}-\boldsymbol{H}_e$，从而可得磁化方程（Odenbach，2002；Felderhof et al.，1999）：

$$\frac{\mathrm{D}\boldsymbol{M}}{\mathrm{D}t}+\boldsymbol{M}(\nabla\cdot\boldsymbol{v})-\boldsymbol{\omega}_p\times\boldsymbol{M}=\frac{1}{\tau}(\boldsymbol{M}_0-\boldsymbol{M}) \tag{4-16}$$

或

$$\frac{\mathrm{D}\boldsymbol{M}}{\mathrm{D}t}=\boldsymbol{\omega}_p\times\boldsymbol{M}-\boldsymbol{M}(\nabla\cdot\boldsymbol{v})+\frac{1}{\tau}(\boldsymbol{M}_0-\boldsymbol{M}) \tag{4-17}$$

其中，等号右端第一项表示由磁化颗粒的旋转引起的磁化强度变化；最后一项表示磁化强度经弛豫过程向平衡磁化强度的变化过程。

将角动量方程的简化形式［式（2-217）］代入式（4-17），并设铁磁流体不可压缩，应用$\nabla \cdot \boldsymbol{v}=0$，得

$$\frac{\mathrm{D}\boldsymbol{M}}{\mathrm{D}t}=\boldsymbol{\Omega}\times\boldsymbol{M}-\frac{1}{\tau}(\boldsymbol{M}-\boldsymbol{M}_0)-\frac{\mu_0}{4\zeta}\boldsymbol{M}\times(\boldsymbol{M}\times\boldsymbol{H}) \tag{4-18}$$

对于稀铁磁流体，系数 ζ 由式（2-213）计算得到。对于实际铁磁流体，计算时往往用 τ_{B} 代替 τ。

对于初始磁化率较大的铁磁流体，由式（4-12）可得

$$M_{\mathrm{S}}^2=M_{\mathrm{d}}^2\phi^2=\frac{6k_{\mathrm{B}}T\phi}{\pi\mu_0 d_{\mathrm{p}}^3}\ \frac{\chi_0(2\chi_0+3)}{\chi_0+1}$$

从而有

$$\frac{3\chi_0}{2\tau_{\mathrm{B}}M_{\mathrm{S}}^2}=\frac{3\chi_0 k_{\mathrm{B}}T\pi\mu_0 d_{\mathrm{p}}^3(\chi_0+1)}{2\times 3\eta V_{\mathrm{h}}6k_{\mathrm{B}}T\phi\chi_0(2\chi_0+3)}=\frac{\mu_0(\chi_0+1)}{2\eta\phi(2\chi_0+3)} \tag{4-19}$$

因一般情况下 $\chi_0\ll 1$，故

$$\frac{3\chi_0}{2\tau_{\mathrm{B}}M_{\mathrm{S}}^2}\approx\frac{\mu_0}{6\eta\phi} \tag{4-20}$$

式（4-20）中等号右端的项与式（4-18）右端最后一项的系数相等，由此可得磁化方程［式（4-18）］的另一种表达形式：

$$\frac{\partial\boldsymbol{M}}{\partial t}+(\boldsymbol{v}\cdot\nabla)\boldsymbol{M}=\boldsymbol{\Omega}\times\boldsymbol{M}-\frac{1}{\tau}(\boldsymbol{M}-\boldsymbol{M}_0)-\frac{3\chi_0}{2\tau_{\mathrm{B}}M_{\mathrm{S}}^2}\boldsymbol{M}\times(\boldsymbol{M}\times\boldsymbol{H}) \tag{4-21}$$

Shliomis（1972）在 Debye 弛豫方程的基础上进行推广，得到与式（4-18）相同的磁化弛豫方程。他定义了一种与铁磁流体中磁性颗粒相对静止的局部参考系 Σ'，在该参考系中，磁性颗粒的平均旋转速度为零，即 $\omega_{\mathrm{p}}'=0$。设铁磁流体的磁化强度与其平衡值的偏离量以指数规律衰减，即

$$(\boldsymbol{M}-\boldsymbol{M}_0)\sim\exp\left(-\frac{t}{\tau_{\mathrm{B}}}\right) \tag{4-22}$$

则在该参考系中的磁化方程具有与 Debye 方程类似的形式：

$$\frac{\mathrm{d}'\boldsymbol{M}}{\mathrm{d}t}=-\frac{1}{\tau_{\mathrm{B}}}(\boldsymbol{M}-\boldsymbol{M}_0) \tag{4-23}$$

其中矢量形式的平衡磁化强度可根据式（4-1）表示为

$$\boldsymbol{M}_0=M_{\mathrm{S}}L(\alpha)\boldsymbol{\alpha}/\alpha,\ \boldsymbol{\alpha}=\mu_0 m_{\mathrm{p}}\boldsymbol{H}/k_{\mathrm{B}}T \tag{4-24}$$

参考系 Σ'以角速度 $\boldsymbol{\omega}_{\mathrm{p}}$ 在固定参考系中旋转，则对于在固定参考系中的任何矢量（以 $\boldsymbol{M}$ 为例），有关系式：

$$\frac{\mathrm{d}\boldsymbol{M}}{\mathrm{d}t}=\boldsymbol{\omega}_{\mathrm{p}}\times\boldsymbol{M}+\frac{\mathrm{d}'\boldsymbol{M}}{\mathrm{d}t} \tag{4-25}$$

将式（2-217）代入式（4-25），同样可得到与磁化方程［式（4-18）］形式相同的方程，只不过此时其中的弛豫时间使用 τ_{B}。

式（4-18）中等号右端的最后一项描述磁化强度向其平衡方向的接近过程，且该过程中 $\boldsymbol{M}$ 的大小不变，所以 $\boldsymbol{M}$ 在平行和垂直于磁场方向上的两个分量的弛豫速率并不相同。为了计算这两个分量，首先将 $\boldsymbol{M}-\boldsymbol{M}_0$ 表示为

$$\begin{aligned}\boldsymbol{M}-\boldsymbol{M}_0&=\frac{\boldsymbol{M}(\boldsymbol{H}\cdot\boldsymbol{H})}{H^2}-\frac{\boldsymbol{H}(\boldsymbol{H}\cdot\boldsymbol{M}_0)}{H^2}\\&=\frac{\boldsymbol{M}(\boldsymbol{H}\cdot\boldsymbol{H})}{H^2}-\frac{\boldsymbol{H}(\boldsymbol{H}\cdot\boldsymbol{M})}{H^2}+\frac{\boldsymbol{H}(\boldsymbol{H}\cdot\boldsymbol{M})}{H^2}-\frac{\boldsymbol{H}(\boldsymbol{H}\cdot\boldsymbol{M}_0)}{H^2}\\&=\frac{\boldsymbol{H}\times(\boldsymbol{M}\times\boldsymbol{H})}{H^2}+\frac{\boldsymbol{H}[\boldsymbol{H}\cdot(\boldsymbol{M}-\boldsymbol{M}_0)]}{H^2}\end{aligned}\tag{4-26}$$

其中，第一个等号应用了 $\boldsymbol{H}$ 与 $\boldsymbol{M}_0$ 同向的条件；最后一个等号右端第一项可看作垂直于磁场方向上的分量，第二项可看作平行于磁场方向上的分量。将它们代入磁化方程［式（4-18)］中，得

$$\frac{\mathrm{D}\boldsymbol{M}}{\mathrm{D}t}=\boldsymbol{\Omega}\times\boldsymbol{M}-\frac{\boldsymbol{H}[\boldsymbol{H}\cdot(\boldsymbol{M}-\boldsymbol{M}_0)]}{\tau_{\mathrm{B}}H^2}-\left(\frac{\boldsymbol{H}}{\tau_{\mathrm{B}}H^2}+\frac{\mu_0}{4\zeta}\boldsymbol{M}\right)\times(\boldsymbol{M}\times\boldsymbol{H})\tag{4-27}$$

为了对式（4-27）关于 $\boldsymbol{M}$ 线性化，将其等号右端第三项中的第一个 $\boldsymbol{M}$ 用其平衡值 $\boldsymbol{M}_0$ 代替，并应用式（4-24)、式（4-13）和式（2-213)，得到线性化的磁化方程：

$$\frac{\mathrm{D}\boldsymbol{M}}{\mathrm{D}t}=\boldsymbol{\Omega}\times\boldsymbol{M}-\frac{\boldsymbol{H}[\boldsymbol{H}\cdot(\boldsymbol{M}-\boldsymbol{M}_0)]}{\tau_{\parallel}H^2}-\frac{\boldsymbol{H}\times(\boldsymbol{M}\times\boldsymbol{H})}{\tau_{\perp}H^2}\tag{4-28}$$

其中

$$\tau_{\parallel}=\tau_{\mathrm{B}}$$

$$\frac{1}{\tau_{\perp}}=\frac{1}{\tau_{\mathrm{B}}}+\frac{\mu_0}{6\eta\phi}HNm_{\mathrm{p}}L(\alpha)=\frac{1}{\tau_{\mathrm{B}}}\left[1+\frac{1}{2}\alpha L(\alpha)\right]$$

$$\tau_{\perp}=\frac{2\tau_{\mathrm{B}}}{2+\alpha L(\alpha)}$$

关于 $\boldsymbol{M}$ 线性化的磁化方程［式（4-28)］适用于 $\boldsymbol{M}$ 偏离 $\boldsymbol{M}_0$ 较小的情况。

唯象磁化方程［式（4-18)］也可以由 Landau 提出的不可逆热力学理论（Landau et al.，1960）推导得到。应用该理论，设磁化强度 $\boldsymbol{M}$ 为序参数（order parameter)，则当热力学势 ψ（通常为 Gibbs 或 Helmholtz 自由能）取最小值时该序参数达到其平衡值 $\boldsymbol{M}_0$，其中热力学势 ψ 为磁化强度和其他热力学变量的函数。也即在平衡状态时：

$$\frac{\partial\psi}{\partial\boldsymbol{M}}=0\tag{4-29}$$

偏离平衡时则不满足该式。弛豫过程也可以认为是 $\boldsymbol{M}$ 随时间变化而逐渐接近 $\boldsymbol{M}_0$ 的过程。当偏离平衡值较小时，$\frac{\partial\psi}{\partial\boldsymbol{M}}$ 和 $\frac{\mathrm{d}\boldsymbol{M}}{\mathrm{d}t}$ 均较小，此时 Landau 理论认为这两个导数间具有简单的比例关系：

$$\frac{\mathrm{d}\boldsymbol{M}}{\mathrm{d}t}=-\gamma_M\frac{\partial\psi}{\partial\boldsymbol{M}}\tag{4-30}$$

其中，常数系数 $\gamma_M>0$，从而有

$$\frac{\mathrm{d}\psi}{\mathrm{d}t}=\frac{\partial\psi}{\partial\boldsymbol{M}}\cdot\frac{\mathrm{d}\boldsymbol{M}}{\mathrm{d}t}=-\gamma_M\left(\frac{\mathrm{d}\boldsymbol{M}}{\mathrm{d}t}\right)^2<0\tag{4-31}$$

可见，系统向其平衡状态接近过程中，其自由能减小。对于偏离平衡状态较小的弱非平衡状态，有

$$\frac{\partial\psi}{\partial\boldsymbol{M}}=\left(\frac{\partial\psi}{\partial\boldsymbol{M}}\right)_0+\left(\frac{\partial^2\psi}{\partial\boldsymbol{M}^2}\right)_0(\boldsymbol{M}-\boldsymbol{M}_0)+\cdots\tag{4-32}$$

其中，下标 0 表示平衡点，在该点上的一阶导数为零，二阶导数为正，并令

$$\gamma_M\left(\frac{\partial^2\psi}{\partial \boldsymbol{M}^2}\right)_0=\frac{1}{\tau_B} \tag{4-33}$$

这样可由式（4-30）推得式（4-23），从而证实了式（4-18）。且有

$$\frac{\mathrm{d}\psi}{\mathrm{d}t}=-\frac{(\boldsymbol{M}-\boldsymbol{M}_0)^2}{\gamma_M\tau_B^2} \tag{4-34}$$

式（4-18）在 $\Omega\tau_B\ll 1$ 的条件下，预测静态磁场作用下铁磁流体的旋转黏度时与实验结果吻合较好。这一条件对绝大多数实际情况均能满足，但对于非常不平衡的状态，即磁化强度偏离平衡值较远的状态，条件 $\Omega\tau_B\ll 1$ 不再满足，或者交变磁场作用时，式（4-18）不再有效。

4.4 微观磁化方程

铁磁流体在磁场中运动时，流体流动和磁场间的相互作用会产生非常复杂的现象，这一相互作用的起因是：在磁场 $\boldsymbol{H}$ 的作用下，磁矩为 $\boldsymbol{m}_p$ 的铁磁颗粒受到磁场力$(\boldsymbol{m}_p\cdot\nabla)\boldsymbol{H}$ 和磁力矩 $\boldsymbol{m}_p\times\boldsymbol{H}$。其中：

$$\boldsymbol{m}_p\times\boldsymbol{H}=6\eta V_p(\boldsymbol{\omega}_p-\boldsymbol{\Omega}) \tag{4-35}$$

颗粒的磁自由度和旋转自由度间的联系源于其磁各项异性，各向异性能 KV_p 与热运动能 k_BT 之比表征磁矩在颗粒中被“固结”的程度，也即磁矩矢量 $\boldsymbol{m}_p$ 与晶轴间的固结刚度。如果颗粒直径 $d_p\geqslant 10\mathrm{nm}$，有 $KV_p\gg k_BT$，磁矩与颗粒完全固结，这时改变磁矩方向只能通过颗粒旋转，有

$$\frac{\mathrm{d}\boldsymbol{m}_p}{\mathrm{d}t}=\boldsymbol{\omega}_p\times\boldsymbol{m}_p \tag{4-36}$$

利用式（4-35）消去式（4-36）中的 $\boldsymbol{\omega}_p$ 后得

$$\frac{\mathrm{d}\boldsymbol{m}_p}{\mathrm{d}t}=\boldsymbol{\Omega}\times\boldsymbol{m}_p-\frac{1}{6\eta V_p}\boldsymbol{m}_p\times(\boldsymbol{m}_p\times\boldsymbol{H}) \tag{4-37}$$

式（4-37）虽然可以描述颗粒磁矩的演化过程，但其中未考虑颗粒的 Brownian 旋转扩散。当考虑颗粒的取向波动时，需将该方程中的 $\boldsymbol{H}$ 代替为外场与波动场之和，即

$$\boldsymbol{H}\rightarrow\boldsymbol{H}-(k_BT/m_p)\nabla\ln W \tag{4-38}$$

其中，W 为颗粒磁矩的取向分布函数；∇为关于单位矢量角变量的微分$\nabla=\partial/\partial\boldsymbol{e}_m$，$\boldsymbol{e}_m=\boldsymbol{m}_p/m_p$ 为沿颗粒磁矩方向上的单位矢量。式（4-37）中的 $\boldsymbol{H}$ 经式（4-38）的代替后可得

$$\frac{\mathrm{d}\boldsymbol{e}_m}{\mathrm{d}t}=\boldsymbol{\Omega}\times\boldsymbol{e}_m-\frac{1}{2\tau_B}\boldsymbol{e}_m\times[\boldsymbol{e}_m\times(\boldsymbol{\alpha}-\nabla\ln W)] \tag{4-39}$$

其中，非平衡分布函数满足概率守恒定律：

$$\frac{\mathrm{d}W}{\mathrm{d}t}+\nabla\cdot\left(\frac{\mathrm{d}\boldsymbol{e}_m}{\mathrm{d}t}W\right)=0 \tag{4-40}$$

将$\dfrac{\mathrm{d}\boldsymbol{e}_m}{\mathrm{d}t}$的表达式［式（4-39）］代入式（4-40），可得到在磁场作用下流动的铁磁流体不考虑颗粒间相互作用时的 Fokker-Planck 方程（Martsenyuk et al.，1974）：

$$2\tau_B\frac{\partial W}{\partial t}=\hat{\boldsymbol{R}}\cdot(\hat{\boldsymbol{R}}-2\tau_B\boldsymbol{\Omega}-\boldsymbol{e}_m\times\boldsymbol{\alpha})W \tag{4-41}$$

其中，$\hat{\boldsymbol{R}}=\boldsymbol{e}_{\mathrm{m}}\times\partial/\partial\boldsymbol{e}_{\mathrm{m}}$ 为无穷小的旋转算子。Fokker-Planck 方程用来描述胶体中的颗粒扩散。

宏观磁化强度由以下关系式决定：

$$\boldsymbol{M}(t)=Nm_{\mathrm{p}}\langle\boldsymbol{e}_{\mathrm{m}}\rangle \tag{4-42}$$

其中，$\langle\boldsymbol{e}_{\mathrm{m}}\rangle$表示关于分布函数的统计平均。在式（4-41）两端叉乘$\langle\boldsymbol{e}_{\mathrm{m}}\rangle$，并在整个角度范围上积分，得

$$\tau_{\mathrm{B}}\frac{\partial\langle\boldsymbol{e}_{\mathrm{m}}\rangle}{\partial t}=\tau_{\mathrm{B}}\boldsymbol{\Omega}\times\langle\boldsymbol{e}_{\mathrm{m}}\rangle-\langle\boldsymbol{e}_{\mathrm{m}}\rangle-\langle\boldsymbol{e}_{\mathrm{m}}\times(\boldsymbol{e}_{\mathrm{m}}\times\boldsymbol{\alpha})\rangle \tag{4-43}$$

应用有效场方法（effective field method，EFM）（Martsenyuk et al.，1974）使式（4-43）封闭并求解该方程。在恒定磁场作用下，平衡时（$\Omega=0$）式（4-43）的静态值为 Gibbs 分布函数：

$$W_0(\boldsymbol{e}_{\mathrm{m}})=\frac{\alpha}{4\pi\mathrm{sh}\alpha}\exp(\boldsymbol{\alpha}\cdot\boldsymbol{e}_{\mathrm{m}}) \tag{4-44}$$

在该函数中对矢量 $\boldsymbol{e}_{\mathrm{m}}$ 取平均可得到平衡磁化强度的表达式［式（4-24)］。而偏离平衡态的任意磁化强度 $\boldsymbol{M}$ 可看作某特定磁场强度 $\boldsymbol{H}_{\mathrm{e}}$ 下的平衡磁化强度值，它与非平衡磁化强度间具有关系式：

$$\boldsymbol{M}=M_{\mathrm{S}}L(\zeta)\boldsymbol{\zeta}/\zeta,\ \boldsymbol{\zeta}=\mu_0 m_{\mathrm{p}}\boldsymbol{H}_{\mathrm{e}}/k_{\mathrm{B}}T \tag{4-45}$$

其中，参数 ζ 表示无量纲的有效场。在向平衡状态接近的过程中，随着有效场 $\boldsymbol{H}_{\mathrm{e}}$ 接近真实场 $\boldsymbol{H}$，磁化强度 $\boldsymbol{M}$ 也弛豫至其平衡值$\boldsymbol{M}_0$。式（4-45）可通过对以下分布函数关于 $\boldsymbol{e}_{\mathrm{m}}$ 取平均得到：

$$W_e(\boldsymbol{e}_{\mathrm{m}})=\frac{\zeta}{4\pi\mathrm{sh}\zeta}\exp(\boldsymbol{\zeta}\cdot\boldsymbol{e}_{\mathrm{m}}) \tag{4-46}$$

该函数可由有效场 ζ 代替 Gibbs 分布函数中的实际场 α 得到。对式（4-43）关于 $W_e(\boldsymbol{e}_{\mathrm{m}})$取平均，得其解为

$$\frac{\mathrm{D}\boldsymbol{M}}{\mathrm{D}t}=\boldsymbol{\Omega}\times\boldsymbol{M}-\frac{1}{\tau_{\mathrm{B}}}\left(\boldsymbol{M}-M_{\mathrm{S}}\frac{L(\zeta)}{\zeta}\boldsymbol{\alpha}\right)-\frac{\mu_0}{L(\zeta)}\left(\frac{1}{L(\zeta)}-\frac{3}{\zeta}\right)\frac{\boldsymbol{M}\times(\boldsymbol{M}\times\boldsymbol{H})}{6\eta\phi} \tag{4-47}$$

式（4-47）和式（4-45）一起隐式地确定了 $\boldsymbol{M}(t;\boldsymbol{H},\boldsymbol{\Omega})$。

有时为了求解 $\boldsymbol{\zeta}$，利用式（4-45）得到关于 $\boldsymbol{\zeta}$ 的方程。在式（4-47）中代入 $\boldsymbol{M}=M_{\mathrm{S}}L(\zeta)\boldsymbol{\zeta}/\zeta$，其中的项：

$$\begin{aligned}\frac{\mu_0}{L(\zeta)}\left(\frac{1}{L(\zeta)}-\frac{3}{\zeta}\right)\frac{\boldsymbol{M}\times(\boldsymbol{M}\times\boldsymbol{H})}{6\eta\phi}&=\frac{M_{\mathrm{S}}^2}{6\eta\phi}\frac{\mu_0}{L(\zeta)}\left(\frac{1}{L(\zeta)}-\frac{3}{\zeta}\right)\left(\frac{L(\zeta)}{\zeta}\right)^2\frac{k_{\mathrm{B}}T}{\mu_0 m_{\mathrm{p}}}\boldsymbol{\zeta}\times(\boldsymbol{\zeta}\times\boldsymbol{\alpha})\\&=\frac{k_{\mathrm{B}}T}{3\eta V}\frac{M_{\mathrm{S}}^2V}{2m_{\mathrm{p}}\phi}\frac{1}{\zeta^2}\left(1-\frac{3L(\zeta)}{\zeta}\right)\boldsymbol{\zeta}\times(\boldsymbol{\zeta}\times\boldsymbol{\alpha})\\&=\frac{N\bar{m}V}{m_{\mathrm{p}}\phi}\frac{M_{\mathrm{S}}}{2\tau_{\mathrm{B}}\zeta^2}\left(1-\frac{3L(\zeta)}{\zeta}\right)\boldsymbol{\zeta}\times(\boldsymbol{\zeta}\times\boldsymbol{\alpha})\\&=\frac{M_{\mathrm{S}}}{2\tau_{\mathrm{B}}\zeta^2}\left(1-\frac{3L(\zeta)}{\zeta}\right)\boldsymbol{\zeta}\times(\boldsymbol{\zeta}\times\boldsymbol{\alpha})\end{aligned} \tag{4-48}$$

将式（4-48）的结果代入式（4-47），得另一种形式的微观磁化方程：

$$\frac{\mathrm{D}}{\mathrm{D}t}\left(\frac{L(\zeta)}{\zeta}\boldsymbol{\zeta}\right)=\boldsymbol{\Omega}\times\left(\frac{L(\zeta)}{\zeta}\boldsymbol{\zeta}\right)-\frac{1}{\tau_{\mathrm{B}}}\frac{L(\zeta)}{\zeta}(\boldsymbol{\zeta}-\boldsymbol{\alpha})-\frac{1}{2\tau_{\mathrm{B}}\zeta^{2}}\left(1-\frac{3L(\zeta)}{\zeta}\right)\boldsymbol{\zeta}\times(\boldsymbol{\zeta}\times\boldsymbol{\alpha}) \quad (4\text{-}49)$$

如果外磁场较弱，也即参数 α 值较小时（$\alpha \ll 1$），根据式（4-8）和式（4-13）可得

$$M_{\mathrm{S}}\frac{L(\zeta)}{\zeta}\boldsymbol{\alpha}=M_{\mathrm{S}}\frac{L(\zeta)}{\zeta}\frac{\mu_{0}m_{\mathrm{p}}\boldsymbol{H}}{k_{\mathrm{B}}T}=\frac{L(\zeta)}{\zeta}\frac{\mu_{0}Nm_{\mathrm{p}}^{2}}{k_{\mathrm{B}}T}\boldsymbol{H}=3\frac{L(\zeta)}{\zeta}\chi_{0}\boldsymbol{H} \quad (4\text{-}50)$$

$$\begin{aligned}\frac{\mu_{0}}{6\eta\phi L(\zeta)}\left(\frac{1}{L(\zeta)}-\frac{3}{\zeta}\right)&=\frac{\mu_{0}}{6\eta\phi L^{2}(\zeta)}\left(1-\frac{3L(\zeta)}{\zeta}\right)\\&=\frac{\mu_{0}M_{\mathrm{S}}^{2}}{6\eta\phi M^{2}}\left(1-\frac{3L(\zeta)}{\zeta}\right)\\&=\frac{\mu_{0}}{6\eta\phi M^{2}}\frac{3Nk_{\mathrm{B}}T\chi_{0}}{\mu_{0}}\left(1-\frac{3L(\zeta)}{\zeta}\right)\\&=\frac{k_{\mathrm{B}}T}{3V_{\mathrm{h}}\eta}\frac{3\chi_{0}}{2M^{2}}\left(1-\frac{3L(\zeta)}{\zeta}\right)\\&=\frac{3\chi_{0}}{2\tau_{\mathrm{B}}M^{2}}\left(1-\frac{3L(\zeta)}{\zeta}\right)\end{aligned} \quad (4\text{-}51)$$

将式（4-50）和式（4-51）代入式（4-47），得到弱磁场条件下的微观磁化方程：

$$\frac{\mathrm{D}\boldsymbol{M}}{\mathrm{D}t}=\boldsymbol{\Omega}\times\boldsymbol{M}-\frac{1}{\tau_{\mathrm{B}}}\left(\boldsymbol{M}-\chi_{0}\frac{3L(\zeta)}{\zeta}\boldsymbol{H}\right)-\frac{3\chi_{0}}{2\tau_{\mathrm{B}}M^{2}}\left(1-\frac{3L(\zeta)}{\zeta}\right)\boldsymbol{M}\times(\boldsymbol{M}\times\boldsymbol{H}) \quad (4\text{-}52)$$

如果磁化强度偏离平衡状态较小，可将有效场表示为真实场和一微小修正场的和（$\boldsymbol{\zeta}=\boldsymbol{\alpha}+\boldsymbol{v}$），并将 Langevin 函数进行 Taylor 级数展开，代入式（4-45）并关于 $\boldsymbol{v}$ 线性化，得到

$$\boldsymbol{M}-\boldsymbol{M}_{0}=\boldsymbol{M}_{\mathrm{S}}\left[\frac{\mathrm{d}L(\alpha)}{\mathrm{d}\alpha}\boldsymbol{v}_{\parallel}+\frac{L(\alpha)}{\alpha}\boldsymbol{v}_{\perp}\right] \quad (4\text{-}53)$$

其中

$$\boldsymbol{v}_{\parallel}=\frac{\boldsymbol{\alpha}(\boldsymbol{v}\cdot\boldsymbol{\alpha})}{\alpha^{2}},\ \boldsymbol{v}_{\perp}=\frac{\boldsymbol{\alpha}\times(\boldsymbol{v}\times\boldsymbol{\alpha})}{\alpha^{2}} \quad (4\text{-}54)$$

$\boldsymbol{v}_{\parallel}$ 和 $\boldsymbol{v}_{\perp}$ 分别为平行和垂直于真实磁场方向上的修正场。将式（4-53）代入式（4-47）可得到线性化的磁化方程［式（4-28）］，但此时其中的磁化弛豫时间分量分别为

$$\tau_{\parallel}=\frac{\mathrm{d}\ln L(\alpha)}{\mathrm{d}\ln\alpha}\tau_{\mathrm{B}},\ \tau_{\perp}=\frac{2L(\alpha)}{\alpha-L(\alpha)}\tau_{\mathrm{B}} \quad (4\text{-}55)$$

由有效场方法推得的磁化方程［式（4-47）］可用来描述实际铁磁流体的磁化过程，即使在磁化强度偏离平衡值较大时（即 $\Omega\tau_{\mathrm{B}}\gg 1$）也能保证描述的正确性（Shliomis et al.，1988；Bacri et al.，1995；Zeuner et al.，1998；Embs et al.，2000）。

4.5 唯象磁化方程Ⅱ

推导唯象磁化方程Ⅱ的方法与 4.3 节中关于唯象磁化方程Ⅰ的推导过程类似，但这里选择有效场 $\boldsymbol{H}_{\mathrm{e}}$ 代替磁化强度 $\boldsymbol{M}$ 作为独立变量，相应的热力学势为 $\widetilde{\psi}(\boldsymbol{H}_{\mathrm{e}})$，可得到类似于式（4-30）的方程（Shliomis，2001）：

$$\frac{\mathrm{d}\boldsymbol{H}_{\mathrm{e}}}{\mathrm{d}t}=-\widetilde{\gamma}\frac{\partial\widetilde{\psi}}{\partial\boldsymbol{H}_{\mathrm{e}}} \quad (4\text{-}56)$$

其中，$\widetilde{\gamma}$ 为常数系数。应用与 4.3 节相同的方法，可得到方程：

$$\frac{\mathrm{d}'\boldsymbol{H}_{\mathrm{e}}}{\mathrm{d}t}=-\frac{1}{\tau_{\mathrm{B}}}(\boldsymbol{H}_{\mathrm{e}}-\boldsymbol{H}) \tag{4-57}$$

其中，令

$$\frac{1}{\widetilde{\gamma}}=\frac{\partial^2\widetilde{\psi}}{\partial\boldsymbol{H}_{\mathrm{e}}^2}\tau_{\mathrm{B}} \tag{4-58}$$

在弱场条件下，如果实际磁化强度和与其对应的平衡值分别为 $\boldsymbol{M}=\chi_0\boldsymbol{H}_{\mathrm{e}}$ 和 $\boldsymbol{M}_0=\chi_0\boldsymbol{H}$ 时，式（4-57）可简化为式（4-23）。将式（4-57）转化为静止坐标系中的形式，并应用式（2-217)，得唯象磁化方程Ⅱ：

$$\frac{\mathrm{D}\boldsymbol{H}_{\mathrm{e}}}{\mathrm{D}t}=\boldsymbol{\Omega}\times\boldsymbol{H}_{\mathrm{e}}-\frac{1}{\tau_{\mathrm{B}}}(\boldsymbol{H}_{\mathrm{e}}-\boldsymbol{H})-\frac{\mu_0}{4\zeta}\boldsymbol{H}_{\mathrm{e}}\times(\boldsymbol{M}\times\boldsymbol{H}) \tag{4-59}$$

如果忽略铁磁流体的自旋黏度，将式（2-217）代入式（4-59）中，得到唯象磁化方程Ⅱ的另一种形式：

$$\frac{\mathrm{D}\boldsymbol{H}_{\mathrm{e}}}{\mathrm{D}t}=\boldsymbol{\omega}_{\mathrm{p}}\times\boldsymbol{H}_{\mathrm{e}}-\frac{1}{\tau_{\mathrm{B}}}(\boldsymbol{H}_{\mathrm{e}}-\boldsymbol{H}) \tag{4-60}$$

在弱场条件下式（4-59）与式（4-18）一致，但当 α 值较大时，该两式预测得到的 $\boldsymbol{M}$ 值差别也较大。

此外，有时为了应用方便，在各磁化方程［式（4-18)、式（4-47）和式（4-59)］中，根据矢量恒等式和连续性方程，可将各方程中的项$(\boldsymbol{v}\cdot\nabla)\boldsymbol{M}$ 由$\nabla\cdot(\boldsymbol{v}\boldsymbol{M})$代替。矢量恒等式为

$$\nabla\cdot(\boldsymbol{v}\boldsymbol{M})=\boldsymbol{M}(\nabla\cdot\boldsymbol{v})+(\boldsymbol{v}\cdot\nabla)\boldsymbol{M}$$

前述三种磁化方程中，唯象磁化方程Ⅰ应用最多（Rindldi et al.，2005），它适用于弱非平衡态且剪切率相对较小的铁磁流体（Felderhof，2000）；微观磁化方程在整个磁场范围内都适用（Martsenyuk et al.，1974；Patel et al.，2003）；唯象磁化方程Ⅱ在远离平衡态时也适用（Shliomis，2001）。Müller 和 Liu（2001）根据非平衡热力学理论推导了另一种格式的磁化方程，本章所述的三种磁化方程均可看作这种形式的特殊情况。

第5章 铁磁流体的黏度及磁黏效应

黏度是铁磁流体最基本的特征。铁磁流体的表观黏度会随着外加磁场而变化，其实质是磁场的作用使得铁磁流体内的剪切应力不单是通常的黏性剪切力，而是增加了一种磁剪切应力，表现为铁磁流体在无磁场作用时的本征黏度的基础上增加了一种附加黏度（Odenbach，2002；Zubarev et al.，2010；Soto-Aquino et al.，2010；Fang，2019）。该附加黏度在不同形式的磁场（稳态、交变、旋转等）中的大小也不同。为了研究外加磁场对铁磁流体黏度的影响，通常需要求解磁化方程，用得到的磁化强度计算式（2-229）中剪切应力的磁应力部分，也即磁场对剪切应力的贡献决定了附加黏度的大小。

本章讨论铁磁流体的黏度特征，包括本征黏度和旋转黏度，分别给出低浓度和高浓度铁磁流体本征黏度的计算公式。以平面剪切流为例，分别应用唯象磁化方程Ⅰ、微观磁化方程和唯象磁化方程Ⅱ，推导并比较静磁场中不同 $\Omega\tau_B$ 下旋转黏度随磁场强度的变化规律。针对低剪切率时小振幅和有限振幅交变磁场分别作用的情况，推导相应旋转黏度满足的关系式，讨论铁磁流体中出现“负黏度”的条件。

5.1 铁磁流体的本征黏度

铁磁流体被磁化后仍能保持流动性，但磁场会引起铁磁流体表观黏度的变化。这里将无外磁场作用时铁磁流体的黏度称为本征黏度。由于铁磁流体中磁性颗粒的存在，其本征黏度大于载液的黏度。如果无外磁场作用，铁磁流体的黏度与非磁性颗粒悬浮液的黏度具有相同的表达式，最早描述这一黏度的理论模型为 Einstein 公式（Rosensweig，1985）：

$$\eta=\eta_0\left(1+\frac{5}{2}\phi\right) \tag{5-1}$$

该公式的条件为颗粒上无表面活性剂等覆盖物。其中，η_0 为载液的黏度；ϕ 为铁磁流体中固体颗粒的体积分数。一般认为，Einstein 公式只对低浓度的铁磁流体有效。

针对浓度较高的铁磁流体，Rosensweig（1985）提出了另一种理论模型：

$$\frac{\eta-\eta_0}{\phi\eta}=\frac{5}{2}\left(1+\frac{\delta_0}{r_0}\right)^3-\left(\frac{\frac{5}{2}\phi_c-1}{\phi_c^2}\right)\left(1+\frac{\delta_0}{r_0}\right)^6\phi \tag{5-2}$$

其中，ϕ_c 为铁磁流体中颗粒紧密堆积时对应的体积分数值，$\phi_c=0.74$；r_0 为未包覆表面活性剂时颗粒的半径；δ_0 为颗粒上表面活性剂层的厚度。实际铁磁流体在长期使用后会发生颗粒成链等聚集状态（Weis et al.，1993；Morozov et al.，2004；Zubarev et al.，2011），式（5-2）表示的黏度未考虑实际铁磁流体中颗粒成链等的影响，Zubarev 等（2002）给出了颗粒在聚集状态下的黏度计算模型。

对于以速度 $\boldsymbol{v}$ 运动的铁磁流体，假设其内部每一个流体单元均以局部角速度（涡量）$\boldsymbol{\Omega}$ 旋转，无外磁场作用时，流体单元内的磁性颗粒以相同的角速度旋转，即 $\boldsymbol{\omega}_p=\boldsymbol{\Omega}$。这里将颗粒旋转的宏观角速度定义为在较小物理体积的流体单元上的平均值，$\boldsymbol{\omega}_p$ 相对于 $\boldsymbol{\Omega}$ 的任何偏差都会在极短的时间内衰减为零，这一时间值为（Martsenyuk et al.，1974）：

$$\tau_s=\frac{\rho_s d_p^2}{60\eta_0} \tag{5-3}$$

对于直径 $d_p=10\text{nm}$、密度 $\rho_s=6\times10^3\text{kg/m}^3$ 的颗粒和黏度 $\eta_0=10^{-3}$ Pa · s 的载液，$\tau_s=10^{-11}$ s。如果存在静态磁场作用，磁场会使颗粒的磁矩转向磁场方向，阻碍了颗粒在涡量场中的自由旋转，这时颗粒旋转角速度与流动涡量间存在偏差 $\boldsymbol{\omega}_p-\boldsymbol{\Omega}$。铁磁流体需要消耗额外的运动能以保持这一角速度差，表现为增加了一旋转黏度（或涡旋黏度）（Odenbach，2002）：

$$\eta_r=\frac{3}{2}\eta\phi\frac{\alpha-\text{th}\alpha}{\alpha+\text{th}\alpha}\sin^2\beta \tag{5-4}$$

其中，β 为矢量 $\boldsymbol{H}$ 和 $\boldsymbol{\Omega}$ 之间的夹角。可见，如果 $\boldsymbol{H}$ 与 $\boldsymbol{\Omega}$ 平行，黏度与磁场无关，颗粒磁矩沿磁场方向取向，允许颗粒以与流动涡量相同的角速度旋转。如果 $\beta=\frac{\pi}{2}$，也即 $\boldsymbol{H}\perp\boldsymbol{\Omega}$ 时，比如沿垂直于流动方向施加磁场时的平面 Couette 或 Poiseuille 流，或者在沿电磁线圈轴线方向摆放的毛细管中的 Poiseuille 管流，由式（5-4）知，在弱的静态场中，η_r 随 α^2 成比例增加，即

$$\eta_r=\frac{1}{4}\eta\phi\alpha^2,\ \alpha\ll1 \tag{5-5}$$

在强的磁场中，η_r 趋近于饱和值，即

$$\eta_r=\frac{3}{2}\eta\phi,\ \alpha\gg1 \tag{5-6}$$

而且旋转黏度 η_r 与 Einstein 公式［式（5-1）］中的黏度增加量 $\frac{5}{2}\eta_0\phi$ 具有相同的量级，这是因为两种模型均针对稀的悬浮液，忽略了颗粒间的流体动力和磁相互作用。

在线性磁化的交变磁场中，如果流体静止，即 $\boldsymbol{\Omega}=\boldsymbol{0}$，磁场会引起磁性颗粒做旋转摇摆，但这种旋转无偏向性，使得在非常小的物理体积上的平均角速度值为零，即 $\boldsymbol{\omega}_p=\boldsymbol{0}$。但任何的涡旋流动（$\boldsymbol{\Omega}\neq\boldsymbol{0}$）足以打破这种旋转方向的无偏向性，并引起非零的宏观角速度 $\boldsymbol{\omega}_p$。这时，慢速振荡的磁场会阻碍颗粒的自由旋转，也即 $\eta_r>0$；相反，快速振荡的磁场会使颗粒的旋转速度快于流动涡量，即 $\boldsymbol{\omega}_p>\boldsymbol{\Omega}$。可见这种情况下，颗粒旋转会加速流体旋转，有部分交变磁场的能量转变为流体的运动能，表现为流体表观黏度的减小，称为“负黏度”效应（Shliomis et al.，1994；Zahn et al.，1998，1999）。

无论是静态磁场中的旋转黏度还是在交变磁场中的“负黏度”，由于它们均源于颗粒与载液之间的旋转角速度差（Pop et al.，2006），所以只有 Brownian 磁化弛豫过程对铁磁流

体的磁黏效应有影响，对应铁磁流体中磁性颗粒较大的情况。

5.2 静磁场中的旋转黏度

对于稀铁磁流体，当不考虑铁磁流体中固体颗粒相对于载液的旋转运动时，铁磁流体的黏度由 Einstein 公式［式（5-1）］表示。而当有磁场作用于铁磁流体时，磁场将阻碍颗粒的自由旋转，颗粒角速度 $\boldsymbol{\omega}_p$ 与流体运动角速度 $\boldsymbol{\Omega}$ 间的任何偏离都将引起额外的能量耗散，表现为在本征黏度的基础上增加了旋转黏度 η_r。

以 Poiseuille 或 Couette 流等平面剪切流为例计算旋转黏度，如图 5-1 所示。上壁面以速度 $\boldsymbol{v}_0$ 沿 x 方向做平移运动，铁磁流体的速度 $\boldsymbol{v}=(v(y),0,0)$，在纵向静磁场 $\boldsymbol{H}=(0,H,0)$ 的作用下，流体内的磁化强度具有两个分量，$\boldsymbol{M}=(M_x,M_y,0)$。根据式（2-229），铁磁流体对壁面的切向作用力为

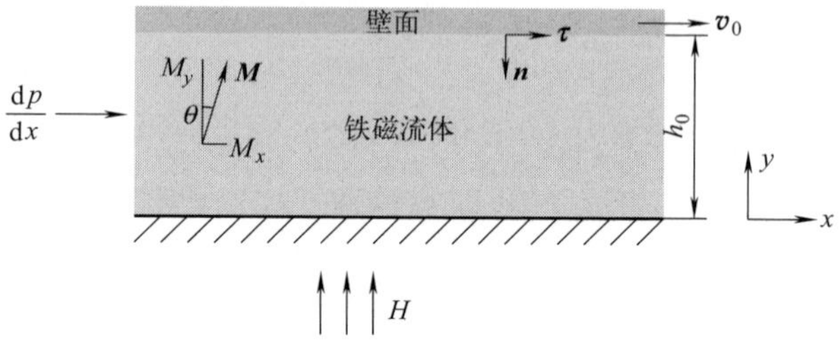

图 5-1 铁磁流体平面 Couette-Poiseuille 流

$$f_\tau=\eta\frac{\partial v}{\partial y}+\frac{\mu_0}{2}M_xH \tag{5-7}$$

将其写为普通流体切应力表达式的形式：

$$f_\tau=\eta_{\text{eff}}\frac{\partial v}{\partial y} \tag{5-8}$$

其中，η_{eff} 为有磁场作用时铁磁流体的有效黏度或表观黏度。比较式（5-7）和式（5-8）可得

$$\eta_{\text{eff}}=\eta+\frac{\mu_0}{2\frac{\partial v}{\partial y}}M_xH \tag{5-9}$$

其中，等号右端第二项为旋转黏度，将其中的速度梯度用涡量大小 Ω 表示为

$$2\Omega=\frac{\partial v}{\partial y} \tag{5-10}$$

从而可得旋转黏度的表达式：

$$\eta_r=\frac{\mu_0M_xH}{4\Omega} \tag{5-11}$$

此时对应的切应力为

$$f_\tau=2(\eta+\eta_r)\Omega \tag{5-12}$$

由式（5-11）可知，旋转黏度与非磁场方向上的磁化强度 M_x 直接相关，在求得铁磁流体的流速分布和其内部的磁化强度后即可得到旋转黏度的值。另外，由于存在垂直于磁场方向上的非零分量 M_x，切应力不再正比于应变率$\frac{\partial v}{\partial y}$，也即在磁场作用下铁磁流体存在非牛顿特性。下面应用第 4 章介绍的三种磁化方程推导相应的旋转黏度。

首先应用唯象磁化方程Ⅰ推导旋转黏度。如果 $\Omega\tau_B\ll1$，唯象磁化方程Ⅰ线性化为式（4-28），只考虑 x 方向上的分量方程，用 $\boldsymbol{M}_0$ 代替式（4-28）中等号右端第一项中的 $\boldsymbol{M}$，令

第二项为零，第三项退化为 $M_x/\tau_\perp$，从而可得

$$\boldsymbol{M}_\perp=\tau_\perp\boldsymbol{\Omega}\times\boldsymbol{M}_0,\ M_x=\tau_\perp M_0\Omega \tag{5-13}$$

将式（5-13）代入式（5-11），得

$$\eta_{\mathrm{r}}=\frac{1}{4}\mu_0\tau_\perp M_0H \tag{5-14}$$

分别将 $\tau_\perp$ 的表达式和 M_0 的表达式［式（4-1）］代入式（5-14），得

$$\eta_{\mathrm{r}}=\frac{\mu_0}{2}\frac{\tau_{\mathrm{B}}}{2+\alpha L(\alpha)}M_{\mathrm{S}}L(\alpha)H$$

分别应用式（4-13）和式（4-2）表示其中的 τ_{B} 和 M_{S}，可得

$$\eta_{\mathrm{r}}=\frac{\mu_0}{2}\frac{L(\alpha)}{2+\alpha L(\alpha)}\frac{3V_{\mathrm{h}}\eta_0}{k_{\mathrm{B}}T}\phi M_{\mathrm{d}}H$$

再分别利用式（4-4）和式（4-1）的第二式表示该式中的 M_{d} 和 H，并经化简得到

$$\eta_{\mathrm{r}}=\frac{3}{2}\phi\frac{\alpha L(\alpha)}{2+\alpha L(\alpha)}\frac{V_{\mathrm{h}}\eta_0}{V_{\mathrm{p}}} \tag{5-15}$$

如果忽略 V_{h} 和 V_{p} 之间的差异，并且在稀铁磁流体假设条件下，近似用铁磁流体的黏度代替其载液黏度，从而可根据式（5-15）将旋转黏度表示为

$$\eta_{\mathrm{r}}(\alpha)=\frac{3}{2}\eta\phi\frac{\alpha L(\alpha)}{2+\alpha L(\alpha)}=\frac{3}{2}\eta\phi\frac{\alpha-\mathrm{th}\alpha}{\alpha+\mathrm{th}\alpha} \tag{5-16}$$

式（5-16）为基于唯象磁化方程Ⅰ推得的旋转黏度表达式。在弱场条件下（$\alpha\ll1$），根据式（4-7）的近似，由唯象磁化方程Ⅰ［式（4-18）］推得旋转黏度的渐近值：

$$\eta_{\mathrm{r}}(\alpha)\approx\frac{3}{2}\eta\phi\frac{\alpha^2/3L(\alpha)}{2+\alpha^2/3}\approx\frac{1}{4}\eta\phi\alpha^2 \tag{5-17}$$

无外磁场作用时，颗粒以角速度 $\boldsymbol{\omega}_{\mathrm{p}}$ 绕剪切平面自由旋转，且 $\boldsymbol{\omega}_{\mathrm{p}}=\boldsymbol{\Omega}$，所以 $\eta_{\mathrm{r}}=0$。而如果有足够强的磁场作用，颗粒方向被磁场固定且载液对颗粒的作用不能改变颗粒的方向，此时颗粒与载液间发生相对滑动，η_{r} 达到其极限值 $\eta_{\mathrm{r}}(\infty)=\frac{3}{2}\eta\phi$，也称为饱和值。实际上，该饱和值与磁化方程的具体形式无关，可由运动方程［式（2-206）］直接得到，由于 η_{r} 取饱和值时对应 $\boldsymbol{\omega}_{\mathrm{p}}=\mathbf{0}$，将其代入角动量方程［式（2-209）］后得

$$\mu_0\boldsymbol{M}\times\boldsymbol{H}=-6\eta\phi\boldsymbol{\Omega} \tag{5-18}$$

将式（5-18）代入式（2-208）并根据矢量恒等式展开，然后合并等号右端的第二项和第五项得到

$$\eta\nabla^2\boldsymbol{v}+\frac{\mu_0}{2}\nabla\times(\boldsymbol{M}\times\boldsymbol{H})=\left(\eta+\frac{3}{2}\eta\phi\right)\nabla^2\boldsymbol{v} \tag{5-19}$$

由此可直接得到因磁化弛豫引起的相比于本征黏度 η 增加的旋转黏度 $\eta_{\mathrm{r}}(\infty)=\frac{3}{2}\eta\phi$。

下面应用微观磁化方程推导旋转黏度的表达式。将微观磁化方程对应的线性化方程中的 $\tau_\perp$［式（4-55）］代入式（5-14），得

$$\eta_{\mathrm{r}}(\alpha)=\frac{3}{2}\eta\phi\frac{\alpha L^2(\alpha)}{\alpha-L(\alpha)} \tag{5-20}$$

这一结果与由唯象磁化方程Ⅰ推导的结果［式（5-16）］稍有区别，但它们的结果在整个 α

范围内较为接近，且在 $\alpha \gg 1$ 时均趋向于饱和值 $\frac{3}{2}\eta\phi$。如图 5-2 为式（5-16）和式（5-20）对旋转黏度计算结果的比较，可以发现，它们在非常弱和非常强的磁场极限情况下相互接近，在中间部分稍有偏离，但在整个 α 范围内，它们的偏离量小于 15%。另外，由式（5-14）知，在 $\Omega\tau_B \ll 1$ 的条件下，η_r 与涡量 Ω 无关；而对于有限的 $\Omega\tau_B$ 值，η_r 与 Ω 相关，铁磁流体将具有流变特性。

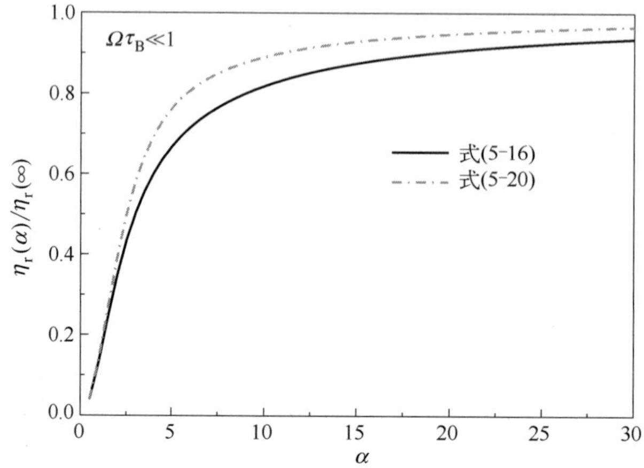

图 5-2 $\Omega\tau_B \ll 1$ 条件下铁磁流体的旋转黏度

利用式（5-13）、式（5-11）和式（5-20），可得到简单剪切流中垂直于外磁场方向上的磁化强度分量为

$$M_x = \tau_\perp M_0 \Omega = \frac{4\eta_r \Omega}{\mu_0 H} = \frac{6\eta\phi\Omega}{\mu_0 H}\frac{\alpha L^2(\alpha)}{\alpha - L(\alpha)} \tag{5-21}$$

从而有

$$\boldsymbol{M} \times \boldsymbol{H} = -M_x H = -\frac{6\eta\phi\Omega}{\mu_0}\frac{\alpha L^2(\alpha)}{\alpha - L(\alpha)} \tag{5-22}$$

将其代入式（2-217）后得颗粒旋转角速度大小为

$$\omega_p = \left(1 - \frac{\alpha L^2(\alpha)}{\alpha - L(\alpha)}\right)\Omega \tag{5-23}$$

可见，在静磁场作用下，颗粒的旋转角速度慢于载液的局部角速度，所以颗粒旋转会阻碍载液的流动，并导致流体内切向应力的增大。

下面比较有限 $\Omega\tau_B$ 值条件下应用磁化方程［式（4-18）、式（4-47）和式（4-59）］时，铁磁流体在静态磁场作用下引起的非牛顿特性的黏度。对于式（4-59），应用无量纲场 $\boldsymbol{\alpha}$［式（4-24）］和 $\boldsymbol{\zeta}$［式（4-45）］分别代替 $\boldsymbol{H}$ 和 $\boldsymbol{H}_e$，并应用式（4-13）、式（4-45）和式（4-3），得

$$\frac{D\boldsymbol{\zeta}}{Dt} = \boldsymbol{\Omega} \times \boldsymbol{\zeta} - \frac{1}{\tau_B}(\boldsymbol{\zeta} - \boldsymbol{\alpha}) - \frac{L(\zeta)}{2\tau_B \zeta}\boldsymbol{\zeta} \times (\boldsymbol{\zeta} \times \boldsymbol{\alpha}) \tag{5-24}$$

在稳态条件下，式（5-24）等号左端为零。设有效场 $\boldsymbol{\zeta}$ 与实际场 $\boldsymbol{\alpha}$ 矢量间的夹角为 θ_m，列出方程平行于 $\boldsymbol{\zeta}$ 方向上的分量方程：

$$\cos\theta_m = \frac{\zeta}{\alpha} \tag{5-25}$$

相应地，垂直于 $\boldsymbol{\zeta}$ 方向上的分量方程为

$$\Omega\zeta-\frac{\alpha\sin\theta_{\mathrm{m}}}{\tau_{\mathrm{B}}}-\frac{L(\zeta)\zeta\alpha\sin\theta_{\mathrm{m}}}{2\tau_{\mathrm{B}}}=0 \tag{5-26}$$

综合式（5-25）和式（5-26）可得

$$\alpha\sin\theta_{\mathrm{m}}=\sqrt{\alpha^2-\zeta^2}=\frac{2\tau_{\mathrm{B}}\Omega\zeta}{L(\zeta)\zeta+2} \tag{5-27}$$

在式（5-11）中应用式（5-28）和式（5-27），得式（5-29）：

$$M_x=M_{\mathrm{S}}L(\zeta)\sin\theta_{\mathrm{m}} \tag{5-28}$$

$$\eta_{\mathrm{r}}=\frac{3}{2}\eta\phi\,\frac{\zeta L(\zeta)}{L(\zeta)\zeta+2},\quad \cos\theta_{\mathrm{m}}=\frac{\zeta}{\alpha} \tag{5-29}$$

在式（4-47）中应用式（4-24）和式（4-45）表示的无量纲磁场，对于其中等号右端的项，有

$$\begin{aligned}&\frac{M_{\mathrm{S}}L(\zeta)}{\zeta}\boldsymbol{\Omega}\times\boldsymbol{\zeta}-\left(1-\frac{\boldsymbol{\alpha}\cdot\boldsymbol{\zeta}}{\zeta^2}\right)\frac{M_{\mathrm{S}}L(\zeta)\boldsymbol{\zeta}}{\zeta\tau_{\mathrm{B}}}\\&\quad-\frac{\mu_0}{L(\zeta)}\left(\frac{1}{L(\zeta)}-\frac{1}{\zeta}\right)\left(\frac{M_{\mathrm{S}}L(\zeta)}{\zeta}\right)^2\frac{k_{\mathrm{B}}T}{\mu_0 m_{\mathrm{p}}}\frac{\boldsymbol{\zeta}\times(\boldsymbol{\zeta}\times\boldsymbol{\alpha})}{6\eta\phi}\\&=\boldsymbol{\Omega}\times\boldsymbol{\zeta}-\left(1-\frac{\boldsymbol{\alpha}\cdot\boldsymbol{\zeta}}{\zeta^2}\right)\frac{\boldsymbol{\zeta}}{\tau_{\mathrm{B}}}-\left(\frac{1}{L(\zeta)}-\frac{1}{\zeta}\right)\frac{\boldsymbol{\zeta}\times(\boldsymbol{\zeta}\times\boldsymbol{\alpha})}{2\tau_{\mathrm{B}}\zeta}=\mathbf{0}\end{aligned} \tag{5-30}$$

由式（5-30）知，在平行于 $\boldsymbol{\zeta}$ 方向上，有

$$1-\frac{\boldsymbol{\alpha}\cdot\boldsymbol{\zeta}}{\zeta^2}=0 \tag{5-31}$$

得 $\cos\theta_{\mathrm{m}}=\frac{\zeta}{\alpha}$。在垂直于 $\boldsymbol{\zeta}$ 方向上，有

$$\Omega\zeta-\left(\frac{1}{L(\zeta)}-\frac{1}{\zeta}\right)\frac{\zeta^2\alpha\sin\theta_{\mathrm{m}}}{2\tau_{\mathrm{B}}\zeta}=0 \tag{5-32}$$

整理得

$$\alpha\sin\theta_{\mathrm{m}}=\sqrt{\alpha^2-\zeta^2}=\frac{2\tau_{\mathrm{B}}\zeta\Omega L(\zeta)}{\zeta-L(\zeta)} \tag{5-33}$$

相应的旋转黏度为

$$\eta_{\mathrm{r}}=\frac{3}{2}\eta\phi\,\frac{\zeta L^2(\zeta)}{\zeta-L(\zeta)},\quad \cos\theta_{\mathrm{m}}=\frac{\zeta}{\alpha} \tag{5-34}$$

对于式（4-18），令

$$\boldsymbol{M}=M_0\boldsymbol{\zeta}/\alpha,\quad M_0=M_{\mathrm{S}}L(\alpha) \tag{5-35}$$

此时不再需要表示有效场。将式（5-35）代入式（4-18）右端，得

$$\begin{aligned}&\frac{M_{\mathrm{S}}L(\alpha)}{\alpha}\boldsymbol{\Omega}\times\boldsymbol{\zeta}-\frac{1}{\tau}\frac{M_{\mathrm{S}}L(\alpha)}{\alpha}(\boldsymbol{\zeta}-\boldsymbol{\alpha})-\frac{\mu_0}{6\eta\phi}\left(\frac{M_{\mathrm{S}}L(\alpha)}{\alpha}\right)^2\frac{k_{\mathrm{B}}T}{\mu_0 m_{\mathrm{p}}}\boldsymbol{\zeta}\times(\boldsymbol{\zeta}\times\boldsymbol{\alpha})\\&=\boldsymbol{\Omega}\times\boldsymbol{\zeta}-\frac{1}{\tau_{\mathrm{B}}}(\boldsymbol{\zeta}-\boldsymbol{\alpha})-\frac{L(\alpha)}{2\tau_{\mathrm{B}}\alpha}\boldsymbol{\zeta}\times(\boldsymbol{\zeta}\times\boldsymbol{\alpha})=\mathbf{0}\end{aligned} \tag{5-36}$$

根据式（5-36），由平行于 $\boldsymbol{\zeta}$ 方向上的分量方程得 $\cos\theta_{\mathrm{m}}=\frac{\zeta}{\alpha}$，由垂直于 $\boldsymbol{\zeta}$ 方向上的分量方程得

$$\Omega\zeta-\frac{\alpha\sin\theta_m}{\tau_B}-\frac{\zeta^2L(\alpha)\alpha\sin\theta_m}{2\tau_B\alpha}=0 \tag{5-37}$$

整理后得

$$\alpha\sin\theta_m=\sqrt{\alpha^2-\zeta^2}=\frac{2\tau_B\alpha\zeta\Omega}{2\alpha+\zeta^2L(\alpha)} \tag{5-38}$$

相应地：

$$M_x=M_0(\zeta/\alpha)\sin\theta_m \tag{5-39}$$

且

$$\eta_r=\frac{3}{2}\eta\phi\frac{\zeta^2L(\alpha)}{2\alpha+\zeta^2L(\alpha)},\ \cos\theta_m=\frac{\zeta}{\alpha} \tag{5-40}$$

在 $\Omega\tau_B\ll1$ 条件下，可认为式（5-27）、式（5-33）和式（5-38）中最后一项趋于零，由该三式均可得到 $\zeta=\alpha$，这时式（5-29）和式（5-40）分别简化为式（5-5），式（5-34）则简化为式（5-20）。而如果剪切率较大，也即 $\Omega\tau_B\geqslant1$，黏性剪切将使磁性颗粒的旋转偏离磁场方向，产生退磁现象，这一效应源于参数 ζ 的减小。

由式（5-27）、式（5-33）和式（5-38）可知，如果 α 不变，$\Omega\tau_B$ 越大，ζ 越小。磁化强度的减小反过来又会使旋转黏度进一步减小。但实际上，在 $\Omega\tau_B$ 趋近于 1 的过程中，旋转黏度的减小量非常小，只有 $\Omega\tau_B$ 远大于 1 时，旋转黏度才会显著减小。图 5-3～图 5-5 分别给出了 $\Omega\tau_B$ 取 2、4 和 6 时旋转黏度随磁场强度的增大关系。可见，当剪切率为有限值时，式（5-29）和式（5-40）对旋转黏度的预测结果不再一致，而且剪切率越大，两者的差别也越大。在较大剪切率且磁场强度较大时（图 5-5），由唯象磁化方程Ⅰ得到的旋转黏度具有弛豫特性，这一结果在实验上和与微观磁化方程数值解的比较上均未得到证实（Shliomis et al.，1988；Ambacher et al.，1992）。相比而言，唯象磁化方程Ⅱ在较宽范围的 α 和 $\Omega\tau_B$ 上均得到与微观磁化方程较为一致的结果。所以，对于静态磁场的情况，唯象磁化方程Ⅱ与微观磁化方程具有几乎相同的预测结果。其中为了建立图 5-5 中式（5-40）对应的曲线，将对应的关系式变换为

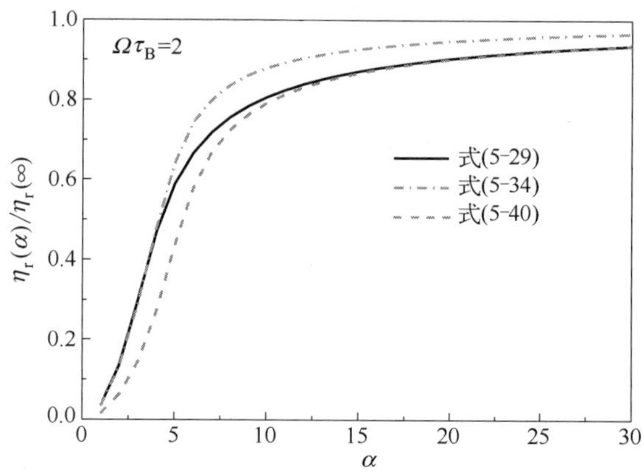

图 5-3 旋转黏度随外磁场的变化（$\Omega\tau_B=2$）

$$\frac{\eta_r}{\eta_r(\infty)}/\sin\theta_m=\frac{\zeta L(\alpha)}{2\tau_B\Omega} \tag{5-41}$$

$$\sin\theta_m=\frac{2\tau_B\Omega}{2\dfrac{\alpha}{\zeta}+\zeta L(\alpha)}=\frac{1}{\dfrac{1}{\tau_B\Omega\cos\theta_m}+\dfrac{\eta_r}{\eta_r(\infty)}/\sin\theta_m}\Rightarrow\theta_m=\arctan\left[\left(1-\frac{\eta_r}{\eta_r(\infty)}\right)\tau_B\Omega\right] \tag{5-42}$$

由式（5-42）求得 θ_m 后，用 $\alpha\cos\theta_m$ 替换式（5-41）中的 ζ，求解所得到的方程即可得到一定 $\eta_r/\eta_r(\infty)$ 值对应的 α 值。

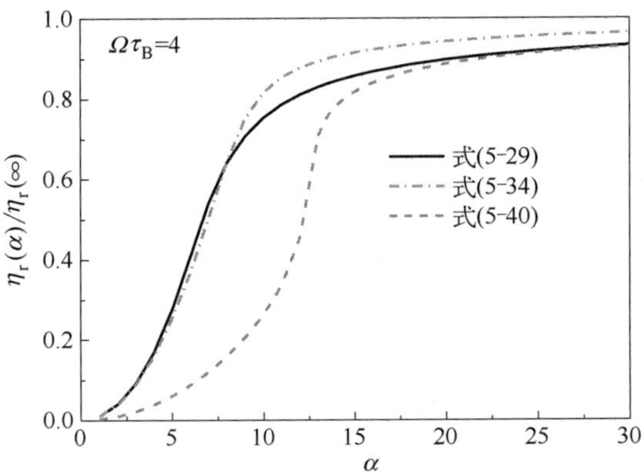

图 5-4 旋转黏度随外磁场的变化（$\Omega\tau_B=4$）

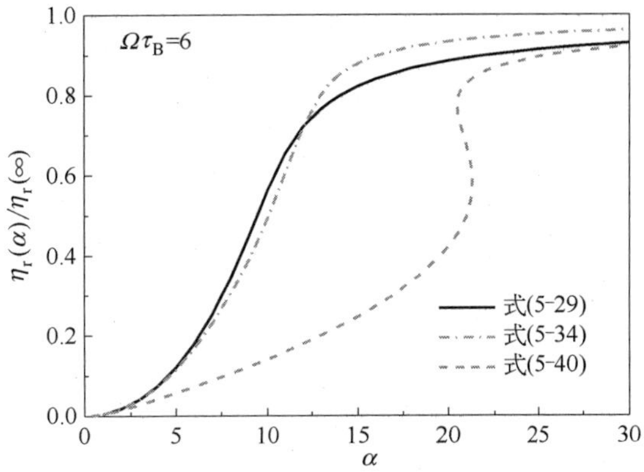

图 5-5 旋转黏度随外磁场的变化（$\Omega\tau_B=6$）

需要指出的是，上述对于剪切流的计算同样适用于横向磁场作用下刚性旋转的铁磁流体，即角速度与磁场垂直（$\boldsymbol{\Omega}\perp\boldsymbol{H}$）的情况，以及旋转的均匀磁场作用下的静止铁磁流体$\{\boldsymbol{H}=[H\cos(wt),H\sin(wt),0]\}$。此外，有关铁磁流体的表观黏度随剪切率的变化关系参见 Odenbach（2002）、Odenbach 和 Störk（1998）、Cunha 等（2022）、Müller 等（2006）、Pinho 等（2011）、Zubarev 和 Iskakova 等（2008）的研究；随悬浮介质的变化关系参见 Borin 等（2016）、Gerth-Noritzsch 等（2011）、Ilg 等（2005）的研究。

5.3 交变磁场作用产生的"负黏度"

5.3.1 低剪切率时小振幅交变磁场作用下的旋转黏度

这里的交变磁场指方向固定、磁场大小随时间周期性变化的磁场，假设磁场沿 x 方向，其磁场强度可表示为

$$\boldsymbol{H}=[H_0\cos(wt),0,0] \tag{5-43}$$

其中，交变磁场的振幅为 H_0；w 为磁场变化频率的 2π 倍。在小振幅假设条件下，有

$$\mu_0 m_p H_0 \ll k_B T \tag{5-44}$$

根据式（4-1）的定义，令参数：

$$\alpha_0=\mu_0 m_p H_0/k_B T \tag{5-45}$$

由式（5-44）知，$\alpha_0\ll 1$。根据式（4-7）和式（4-8），将 Langevin 函数线性化，并将平衡磁化强度表示为

$$\boldsymbol{M}_0(t)=\chi_0\boldsymbol{H}(t),\ \chi_0=\frac{\mu_0 m_p^2 N}{3k_B T} \tag{5-46}$$

正是由于小振幅交变磁场条件下存在式（5-46）的线性化近似，因此可以得到旋转黏度的解析解。

在线性磁化的假设条件下，可将式（5-43）表示的磁场看作两旋转磁场的叠加（Shliomis et al.，1994），该两旋转磁场分别为

$$\boldsymbol{H}_+=[H_0\cos(wt),H_0\sin(wt),0] \tag{5-47}$$

$$\boldsymbol{H}_-=[H_0\cos(wt),-H_0\sin(wt),0] \tag{5-48}$$

这时磁场强度可表示为

$$\boldsymbol{H}=(\boldsymbol{H}_{+}+\boldsymbol{H}_{-})/2 \tag{5-49}$$

当流体静止时（$\Omega=0$），在这两种旋转磁场的分别作用下，磁化强度将以与场的角频率相同的角频率旋转，但滞后一定角度 ϑ，颗粒也以垂直于磁场旋转平面的某一角速度稳定旋转。假设磁化强度可以表示为

$$\boldsymbol{M}_{\pm}=[M\cos(wt-\vartheta),\pm M\sin(wt-\vartheta),0] \tag{5-50}$$

对于磁场 $\boldsymbol{H}_{+}$ 单独作用时的情况，为了在笛卡儿坐标系中通过求解磁化方程［式（4-18)］得到 M 的表达式，将该方程中的项分别展开为

$$\frac{\mathrm{D}\boldsymbol{M}}{\mathrm{D}t}=-Mw\sin(wt-\vartheta)\boldsymbol{e}_x+Mw\cos(wt-\vartheta)\boldsymbol{e}_y \tag{5-51}$$

$$\boldsymbol{M}-\boldsymbol{M}_0=[M\cos(wt-\vartheta)-\chi_0H_0\cos(wt)]\boldsymbol{e}_x+[M\sin(wt-\vartheta)-\chi_0H_0\sin(wt)]\boldsymbol{e}_y \tag{5-52}$$

$$\boldsymbol{M}\times\boldsymbol{H}=MH_0\sin\vartheta\boldsymbol{e}_z \tag{5-53}$$

$$\boldsymbol{M}\times(\boldsymbol{M}\times\boldsymbol{H})=M^2H_0\sin\vartheta[\sin(wt-\vartheta)\boldsymbol{e}_x-\cos(wt-\vartheta)\boldsymbol{e}_y] \tag{5-54}$$

此时式（4-18）在 x 和 y 方向上的分量方程分别为

$$\begin{aligned}&-Mw\sin(wt-\vartheta)\\&=-\frac{1}{\tau_{\mathrm{B}}}[M\cos(wt-\vartheta)-\chi_0H_0\cos(wt)]-\frac{\mu_0}{6\eta\phi}M^2H_0\sin\vartheta\sin(wt-\vartheta)\end{aligned} \tag{5-55}$$

$$\begin{aligned}&Mw\cos(wt-\vartheta)\\&=-\frac{1}{\tau_{\mathrm{B}}}[M\sin(wt-\vartheta)-\chi_0H_0\sin(wt)]+\frac{\mu_0}{6\eta\phi}M^2H_0\sin\vartheta\cos(wt-\vartheta)\end{aligned} \tag{5-56}$$

分别重新整理式（5-55）和式（5-56），并将得到的结果相除后得

$$\tan(wt-\vartheta)=\frac{Mw\sin(wt-\vartheta)-\dfrac{1}{\tau_{\mathrm{B}}}[M\cos(wt-\vartheta)-\chi_0H_0\cos(wt)]}{Mw\cos(wt-\vartheta)+\dfrac{1}{\tau_{\mathrm{B}}}[M\sin(wt-\vartheta)-\chi_0H_0\sin(wt)]} \tag{5-57}$$

化简式（5-57）得

$$\begin{aligned}&M\left\{\tan(wt-\vartheta)\left[w\cos(wt-\vartheta)+\frac{1}{\tau_{\mathrm{B}}}\sin(wt-\vartheta)\right]-w\sin(wt-\vartheta)+\frac{1}{\tau_{\mathrm{B}}}\cos(wt-\vartheta)\right\}\\&=\frac{1}{\tau_{\mathrm{B}}}\chi_0H_0\cos(wt)+\frac{1}{\tau_{\mathrm{B}}}\chi_0H_0\sin(wt)\tan(wt-\vartheta)\end{aligned} \tag{5-58}$$

即

$$\begin{aligned}M&=\frac{\dfrac{1}{\tau_{\mathrm{B}}}\chi_0H_0[\cos(wt)+\sin(wt)\tan(wt-\vartheta)]}{\dfrac{1}{\tau_{\mathrm{B}}}[\tan(wt-\vartheta)\sin(wt-\vartheta)+\cos(wt-\vartheta)]}\\&=\frac{\chi_0H_0[\cos(wt)\cos(wt-\vartheta)+\sin(wt)\sin(wt-\vartheta)]}{[\sin^2(wt-\vartheta)+\cos^2(wt-\vartheta)]}=\chi_0H_0\cos\vartheta\end{aligned} \tag{5-59}$$

下面计算在式（5-47）所表示的磁场作用下，静止铁磁流体中颗粒的平均角速度。根据

式（2-217）、式（2-213）、式（5-53）和式（5-59），将颗粒的平均角速度表示为

$$\boldsymbol{\omega}_{\mathrm{p}}^{+}=\frac{\mu_0}{6\eta\phi}MH_0\sin\vartheta\boldsymbol{e}_z=\frac{\mu_0}{6\eta\phi}\chi_0H_0^2\cos\vartheta\sin\vartheta\boldsymbol{e}_z \tag{5-60}$$

为了求解其中的 ϑ，将 M 的计算结果［式（5-59）］代入第一个分量方程［式（5-55）］，有

$$\begin{aligned}&w\cos\vartheta\sin(wt-\vartheta)\\&=\frac{1}{\tau_{\mathrm{B}}}[\cos\vartheta\cos(wt-\vartheta)-\cos(wt)]+\frac{\mu_0}{6\eta\phi}\chi_0H_0^2\cos^2\vartheta\sin\vartheta\sin(wt-\vartheta)\\&=\frac{1}{\tau_{\mathrm{B}}}\left\{\cos\vartheta\cos(wt-\vartheta)-\cos[\vartheta-(\vartheta-wt)]\right\}+\frac{\mu_0}{6\eta\phi}\chi_0H_0^2\cos^2\vartheta\sin\vartheta\sin(wt-\vartheta)\\&=\frac{1}{\tau_{\mathrm{B}}}\sin\vartheta\sin(wt-\vartheta)+\frac{\mu_0}{6\eta\phi}\chi_0H_0^2\cos^2\vartheta\sin\vartheta\sin(wt-\vartheta)\end{aligned}$$

化简后得

$$w\cos\vartheta=\frac{1}{\tau_{\mathrm{B}}}\sin\vartheta+\frac{\mu_0}{6\eta\phi}\chi_0H_0^2\cos^2\vartheta\sin\vartheta \tag{5-61}$$

在式（5-61）中等号右端应用式（5-60），得

$$\tan\vartheta=\tau_{\mathrm{B}}\left(w-\frac{\mu_0}{6\eta\phi}\chi_0H_0^2\cos\vartheta\sin\vartheta\right)=\tau_{\mathrm{B}}(w-\omega_{\mathrm{p}}^{+}) \tag{5-62}$$

同理，对于磁场 $\boldsymbol{H}_-$ 单独作用时的情况，有

$$\boldsymbol{\omega}_{\mathrm{p}}^{-}=-\frac{\mu_0}{6\eta\phi}MH_0\sin\vartheta\boldsymbol{e}_z=-\frac{\mu_0}{6\eta\phi}\chi_0H_0^2\cos\vartheta\sin\vartheta\boldsymbol{e}_z \tag{5-63}$$

由叠加原理知，在由式（5-49）表示的合成磁场 $\boldsymbol{H}$ 的作用下，颗粒的平均旋转速度 $\boldsymbol{\omega}_{\mathrm{p}}$ 和 y 方向上的磁化强度均为零。这是因为在静止的流体中，线性磁化的交变磁场并不会选择某一偏向性的方向，也可以理解为，在某一固定时刻，有一半的颗粒顺时针旋转，另一半的颗粒则逆时针旋转，导致宏观的平均旋转速度为零（Shliomis et al.，1988）。

当铁磁流体存在流动且具有涡量 $\boldsymbol{\Omega}$ 时，比如边界驱动的 Couette 流或压力梯度驱动的 Poiseuille 流中，流动涡量的存在打破了上述颗粒旋转角速度正负解的对称性。将流动涡量表示为

$$\boldsymbol{\Omega}=(0,0,\Omega) \tag{5-64}$$

$\boldsymbol{H}_+$ 和 $\boldsymbol{H}_-$ 两种旋转磁场分别作用下的磁化强度可根据式（5-59）分别表示为

$$M_+=\chi_0H_0\cos\vartheta_+,\quad M_-=\chi_0H_0\cos\vartheta_- \tag{5-65}$$

相应的颗粒旋转角速度和滞后角分别为

$$\omega_{\mathrm{p}}^{+}=\frac{\mu_0}{6\eta\phi}\chi_0H_0^2\cos\vartheta\sin\vartheta+\Omega,\quad \omega_{\mathrm{p}}^{-}=\frac{\mu_0}{6\eta\phi}\chi_0H_0^2\cos\vartheta\sin\vartheta-\Omega \tag{5-66}$$

$$\tan\vartheta_+=\tau_{\mathrm{B}}(w-\omega_{\mathrm{p}}^{+}),\quad \tan\vartheta_-=\tau_{\mathrm{B}}(w-\omega_{\mathrm{p}}^{-}) \tag{5-67}$$

可见，当颗粒角速度与流动涡量方向相同时，颗粒转速加快。在弱场近似条件下，忽略 ω_{p}^{+} 和 ω_{p}^{-} 表达式中的第一项，得到

$$\tan\vartheta_+=\tau_{\mathrm{B}}(w-\Omega),\quad \tan\vartheta_-=\tau_{\mathrm{B}}(w+\Omega) \tag{5-68}$$

和

$$\cos^2\vartheta_+=\frac{1}{1+(w-\Omega)^2\tau_{\mathrm{B}}^2},\quad \cos^2\vartheta_-=\frac{1}{1+(w+\Omega)^2\tau_{\mathrm{B}}^2} \tag{5-69}$$

由式（5-50）、式（5-65）、式（5-68）和式（5-69）可得两种旋转磁场作用下分别产生的 y 方向上的磁化强度分量分别为

$$
\begin{aligned}
M_y^+ &= M_+\sin(wt-\vartheta_+) \\
&= \chi_0 H_0\cos^2\vartheta_+[\sin(wt)-\tan\vartheta_+\cos(wt)] \\
&= \frac{\chi_0 H_0}{1+(w-\Omega)^2\tau_B^2}[\sin(wt)-\tau_B(w-\Omega)\cos(wt)]
\end{aligned}
\tag{5-70}
$$

$$
\begin{aligned}
M_y^- &= -M_-\sin(wt-\vartheta_-) \\
&= -\chi_0 H_0\cos\vartheta_-\cos^2\vartheta_-[\sin(wt)-\tan\vartheta_-\cos(wt)] \\
&= -\frac{\chi_0 H_0}{1+(w+\Omega)^2\tau_B^2}[\sin(wt)-\tau_B(w+\Omega)\cos(wt)]
\end{aligned}
\tag{5-71}
$$

在 $\Omega\tau_B \ll 1$ 的假设条件下，应用式（5-70）和式（5-71）的结果，可得合成磁场 $\boldsymbol{H}$ 作用下 y 方向上的磁化强度分量为

$$
M_y = \chi_0 H_0\tau_B\Omega\cos^2\vartheta\cos(wt-2\vartheta) \tag{5-72}
$$

式（5-72）的证明过程如下：

$$
\begin{aligned}
M_y &= \frac{1}{2}(M_y^+ + M_y^-) \\
&= \frac{1}{2}\chi_0 H_0\left\{\begin{array}{l}\dfrac{1}{1+(w-\Omega)^2\tau_B^2}[\sin(wt)-\tau_B(w-\Omega)\cos(wt)]- \\ \dfrac{1}{1+(w+\Omega)^2\tau_B^2}[\sin(wt)-\tau_B(w+\Omega)\cos(wt)]\end{array}\right\} \\
&= \frac{1}{2}\chi_0 H_0\left\{\begin{array}{l}\sin(wt)\left[\dfrac{1}{1+(w-\Omega)^2\tau_B^2}-\dfrac{1}{1+(w+\Omega)^2\tau_B^2}\right]+ \\ \tau_B\cos(wt)\left[\dfrac{w+\Omega}{1+(w+\Omega)^2\tau_B^2}-\dfrac{w-\Omega}{1+(w-\Omega)^2\tau_B^2}\right]\end{array}\right\} \\
&= \frac{1}{2}\chi_0 H_0\left\{\begin{array}{l}\tau_B^2\sin(wt)\dfrac{(w+\Omega)^2-(w-\Omega)^2}{[1+(w-\Omega)^2\tau_B^2][1+(w+\Omega)^2\tau_B^2]}+ \\ \tau_B\cos(wt)\dfrac{2\Omega+w\tau_B^2[(w-\Omega)^2-(w+\Omega)^2]+\Omega\tau_B^2[(w-\Omega)^2+(w+\Omega)^2]}{[1+(w-\Omega)^2\tau_B^2][1+(w+\Omega)^2\tau_B^2]}\end{array}\right\} \\
&= \frac{\frac{1}{2}\chi_0 H_0}{[1+(w-\Omega)^2\tau_B^2][1+(w+\Omega)^2\tau_B^2]}\left\{\begin{array}{l}4\Omega w\tau_B^2\sin(wt)+ \\ \tau_B\cos(wt)[2\Omega-4w^2\tau_B^2\Omega+2\Omega\tau_B^2(w^2+\Omega^2)]\end{array}\right\} \\
&= \frac{\chi_0 H_0\tau_B\Omega}{[1+(w-\Omega)^2\tau_B^2][1+(w+\Omega)^2\tau_B^2]}\left\{2w\tau_B\sin(wt)+\cos(wt)[1-\tau_B^2(w^2-\Omega^2)]\right\} \\
&\approx \frac{\chi_0 H_0\tau_B\Omega}{(1+w^2\tau_B^2)^2}[2w\tau_B\sin(wt)+(1-w^2\tau_B^2)\cos(wt)] \\
&= \chi_0 H_0\tau_B\Omega\cos^2\vartheta\left[\frac{2\tan\vartheta}{1+\tan^2\vartheta}\sin(wt)+\frac{1-\tan^2\vartheta}{1+\tan^2\vartheta}\cos(wt)\right] \\
&= \chi_0 H_0\tau_B\Omega\cos^2\vartheta[\sin(2\vartheta)\sin(wt)+\cos(2\vartheta)\cos(wt)]
\end{aligned}
$$

$$=\chi_0 H_0 \tau_B \Omega \cos^2\vartheta \cos(wt-2\vartheta)$$

其中应用了条件 $\Omega\tau_B \ll 1$ 和 $\tan\vartheta = w\tau_B$。

式（5-72）中非零的 M_y 意味着铁磁流体质点受到磁矩的作用，相应的磁力矩密度可由式（5-72）的结果和式（5-43）计算为

$$\begin{aligned}\mu_0 \boldsymbol{M}\times\boldsymbol{H} &= -\mu_0 M_y H_x \boldsymbol{k}\\ &= -\mu_0 \chi_0 H_0^2 \tau_B \boldsymbol{\Omega} \cos^2\vartheta \cos(wt-2\vartheta)\cos(wt)\\ &= -\mu_0 \chi_0 H_0^2 \tau_B \boldsymbol{\Omega} \cos^2\vartheta [\cos^2(wt)\cos(2\vartheta) + \sin(wt)\cos(wt)\sin(2\vartheta)]\end{aligned} \tag{5-73}$$

其中，$\boldsymbol{k}$ 为沿 z 方向上的单位矢量。应用式（5-45）、式（4-13）和式（5-46）得

$$\mu_0 \boldsymbol{M}\times\boldsymbol{H} = -\frac{1}{2}\eta\phi\alpha_0^2 \boldsymbol{\Omega} \cos^2\vartheta \left\{\cos 2\vartheta [1+\cos(2wt)] + \sin(2\vartheta)\sin(2wt)\right\} \tag{5-74}$$

式（5-74）含有两种时间尺度：一种为显式的时间变量 t，它与 w 相乘，且具有特征尺度$\dfrac{1}{\tau_B}$；另一种隐含在涡量 $\boldsymbol{\Omega}$ 中，具有特征时间尺度 $\tau_h \sim l^2/\nu$，其中 l 为流动的特征长度尺度，ν 为铁磁流体的运动黏度，该时间尺度一般远大于磁化弛豫时间，也即满足 $\tau_h \gg \tau_B$。这样，在求解交变磁场作用时的动量方程［式（2-219）］时，可将其解表示为缓变分量和速变分量之和：

$$\boldsymbol{v} = \boldsymbol{v}_1 + \boldsymbol{v}_2,\quad p = p_1 + p_2 \tag{5-75}$$

对于 $\boldsymbol{M}$ 和 $\boldsymbol{H}$ 则无缓变和速变之分，因为它们均为时间的快速振荡函数。将式（5-75）代入动量方程［式（2-219）］中，得

$$\begin{aligned}&\rho\left[\frac{D\boldsymbol{v}_1}{Dt} + \frac{D\boldsymbol{v}_2}{Dt} + (\boldsymbol{v}_2 \cdot \nabla)\boldsymbol{v}_1\right] =\\ &-\nabla(p_1+p_2) + \eta\nabla^2(\boldsymbol{v}_1+\boldsymbol{v}_2) + \mu_0 \boldsymbol{M}\cdot\nabla\boldsymbol{H} + \frac{\mu_0}{2}\nabla\times(\boldsymbol{M}\times\boldsymbol{H})\end{aligned} \tag{5-76}$$

其中使用了恒等式：

$$(\boldsymbol{v}\cdot\nabla)\boldsymbol{v} = \boldsymbol{v}_1\cdot\nabla\boldsymbol{v}_1 + \boldsymbol{v}_1\cdot\nabla\boldsymbol{v}_2 + \boldsymbol{v}_2\cdot\nabla\boldsymbol{v}_1 + \boldsymbol{v}_2\cdot\nabla\boldsymbol{v}_2$$

但忽略了其中的高阶小量 $\boldsymbol{v}_2\cdot\nabla\boldsymbol{v}_2$。

对式（5-76）两端在速变时间周期，即磁场变化的周期 $2\pi/w$ 内取平均，在这一尺度上缓变分量可看作恒定量，取平均运算使得含有 $\boldsymbol{v}_2$ 和 p_2 的项为零，因为它们的周期与磁场的变化周期相同，得到

$$\rho\frac{Dv_1}{Dt} = -\nabla p_1 + \eta\nabla^2 v_1 + \mu_0\langle\boldsymbol{M}\cdot\nabla\boldsymbol{H}\rangle + \frac{\mu_0}{2}\nabla\times\langle\boldsymbol{M}\times\boldsymbol{H}\rangle \tag{5-77}$$

其中，尖括号“〈〉”表示在周期 $2\pi/w$ 内取平均值。另外，由式（5-74）知：

$$\langle\boldsymbol{M}\times\boldsymbol{H}\rangle = -\frac{1}{2}\eta\phi\alpha_0^2\boldsymbol{\Omega}\cos^2\vartheta\cos(2\vartheta) \tag{5-78}$$

将式（5-78）代入式（5-77）中，并将含有本征黏度的项合并：

$$\eta\nabla^2\boldsymbol{v}_1 - \frac{1}{4}\eta\phi\alpha_0^2\cos^2\vartheta\cos(2\vartheta)\nabla\times\boldsymbol{\Omega} = -2\left[\eta + \frac{1}{8}\eta\phi\alpha_0^2\cos^2\vartheta\cos(2\vartheta)\right]\nabla\times\boldsymbol{\Omega} \tag{5-79}$$

其中应用了铁磁流体的不可压缩假设条件和矢量恒等式：

$$\nabla^2\boldsymbol{v}_1 = \nabla(\nabla\cdot\boldsymbol{v}_1) - \nabla\times(\nabla\times\boldsymbol{v}_1) = -2\nabla\times\boldsymbol{\Omega} \tag{5-80}$$

由式（5-79）可以看出，加在本征黏度上的项即为旋转黏度：

$$\eta_r = \frac{1}{8}\eta\phi\alpha_0^2\cos^2\vartheta\cos(2\vartheta) \tag{5-81}$$

将 $\tan\vartheta = w\tau_B$ 代入式（5-81）可得

$$\begin{aligned}\eta_r &= \frac{1}{16}\eta\phi\alpha_0^2[1+\cos(2\vartheta)]\cos(2\vartheta) \\ &= \frac{1}{16}\eta\phi\alpha_0^2\left(1+\frac{1-\tan^2\vartheta}{1+\tan^2\vartheta}\right)\frac{1-\tan^2\vartheta}{1+\tan^2\vartheta} \\ &= \frac{1}{8}\eta\phi\alpha_0^2\ \frac{1-w^2\tau_B^2}{(1+w^2\tau_B^2)^2}\end{aligned} \tag{5-82}$$

图 5-6 给出了式（5-82）表示的相对旋转黏度随 $w\tau_B$ 的变化关系曲线，可见，当 $w=0$ 时，即静态磁场时，$\alpha_0=\alpha$，式（5-82）的结果与式（5-17）一致。当 $w\tau_B=1$ 时，旋转黏度的符号改变，且当 $w\tau_B=\sqrt{3}$ 时，旋转黏度达到最小值。对于较大频率的交变磁场，$\eta_r<0$，铁磁流体的表观黏度小于本征黏度，表现出“负黏度”效应。在 $w\tau_B \gg 1$ 的条件下，有

$$\eta_r = \frac{1}{2}\frac{\phi}{\eta}\left(\frac{M_d H_0}{w}\right)^2,\quad w\tau_B \gg 1 \tag{5-83}$$

此时旋转黏度反比于 w^2。交变磁场作用下铁磁流体黏度随磁场振荡频率的变化趋势已被实验证实。

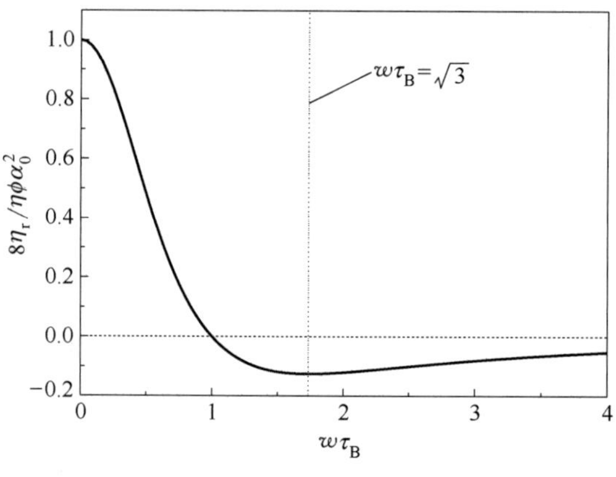

图 5-6 弱场条件下相对旋转黏度随磁场频率的变化关系

根据角动量方程［式（2-217）］和时间平均表达式［式（5-78）］，可得到在磁场振荡周期内取平均的颗粒角速度表达式：

$$\begin{aligned}\langle\boldsymbol{\omega}_p\rangle &= \boldsymbol{\Omega} + \frac{\mu_0}{6\eta\phi}\langle\boldsymbol{M}\times\boldsymbol{H}\rangle \\ &= \boldsymbol{\Omega}\left[1-\frac{1}{12}\alpha_0^2\cos^2\vartheta\cos(2\vartheta)\right] \\ &= \boldsymbol{\Omega}\left[1-\frac{\alpha_0^2}{12}\frac{1-w^2\tau_B^2}{(1+w^2\tau_B^2)^2}\right]\end{aligned} \tag{5-84}$$

从式（5-84）可以得到磁场对黏度的影响关系，稳恒磁场或缓变磁场（$w\tau_B<1$）会阻碍颗粒在铁磁流体中的旋转，这时 $\boldsymbol{\omega}_p<\boldsymbol{\Omega}$，颗粒旋转速度小于周围载液，相当于载液会流

过颗粒表面，这会引起流体额外的运动能耗散，表现为 $\eta_r>0$。

联立式（5-82）和式（5-84），可得

$$\eta_r=\frac{3}{2}\eta\phi\frac{\boldsymbol{\Omega}-\boldsymbol{\omega}_p}{\boldsymbol{\Omega}} \tag{5-85}$$

由式（5-85）可清楚看出铁磁流体内颗粒旋转速度与旋转黏度的关系。当无磁场作用时，颗粒和流体同步旋转（$\boldsymbol{\Omega}=\boldsymbol{\omega}_p$），无额外摩擦能量损失，$\eta_r=0$。与此相反，如果磁场很强，颗粒磁矩方向被完全固定，颗粒不再旋转，$\boldsymbol{\omega}_p=\boldsymbol{0}$，旋转黏度达到饱和值 $\eta_r=\frac{3}{2}\eta\phi$。在 $w\tau_B>1$ 的交变磁场中，颗粒旋转速度快于流体，$\boldsymbol{\omega}_p>\boldsymbol{\Omega}$，此时颗粒旋转具有加快铁磁流体流动的趋势，铁磁流体表现出“负黏度”，即 $\eta_r<0$，这时交变磁场的部分能量转变为铁磁流体的运动能。铁磁流体的“负黏度”效应已由实验证实（Bacri et al.，1995；Zeuner et al.，1998）。

式（5-85）也可以从稳恒磁场和 $\Omega\tau_B\ll1$ 条件下线性化的唯象磁化方程［式（4-28）］得到。列出式（4-28）在垂直于磁场方向上的分量方程：

$$\boldsymbol{M}\times\boldsymbol{H}=-\tau_{\perp}M_0H\boldsymbol{\Omega} \tag{5-86}$$

将该方程与角动量方程［式（2-217）］对比，并应用静态磁场作用下的旋转黏度公式［式（5-4）］，即可得到式（5-85）。

5.3.2 低剪切率时有限振幅交变磁场作用下的旋转黏度

对于有限振幅交变磁场作用下的铁磁流体流动，需要通过求解微观磁化方程来得到旋转黏度。如果 $\Omega\tau_B$ 值较小，或者满足 $\Omega\tau_B\ll1$ 时，可应用正则摄动理论求解无量纲的微观磁化方程（Odenbach，2002）。

首先将微观磁化方程中的各物理量按如下形式进行无量纲化：

$$t^*=\frac{t}{\tau_B},\ \boldsymbol{\Omega}^*=\boldsymbol{\Omega}\tau_B,\ \boldsymbol{M}^*=\frac{M}{M_S}=L(\zeta)\boldsymbol{\zeta}/\zeta,\ \boldsymbol{H}^*=\frac{\boldsymbol{H}}{M_S}=\frac{k_BT}{\mu_0m_pM_S}\boldsymbol{\alpha}=\frac{k_BTN}{\mu_0M_S^2}\boldsymbol{\alpha} \tag{5-87}$$

其中，τ_B 度量时间；M_S 度量磁场强度和磁化强度；变量右上方的星号“*”表示相应的量为无量纲量。将各无量纲量代入微观磁化方程［式（4-47）］，同时应用式（4-13），并省略上标“*”，得

$$\frac{D}{Dt}\left(\frac{L(\zeta)\boldsymbol{\zeta}}{\zeta}\right)=\tau_B\boldsymbol{\Omega}\times\left(\frac{L(\zeta)\boldsymbol{\zeta}}{\zeta}\right)-\frac{L(\zeta)}{\zeta}(\boldsymbol{\zeta}-\boldsymbol{\alpha})-\frac{1}{2\zeta^2}\left(1-\frac{3L(\zeta)}{\zeta}\right)\boldsymbol{\zeta}\times(\boldsymbol{\zeta}\times\boldsymbol{\alpha}) \tag{5-88}$$

式（5-88）中含有微小参数 $\boldsymbol{\Omega}\iota_B$，其零阶近似解相当于 $\boldsymbol{\Omega}\tau_B-\boldsymbol{0}$，也即 τ_B 为无穷小，这时有效场 $\boldsymbol{\zeta}$ 与实际场 $\boldsymbol{\alpha}$ 同向，式（5-88）变为

$$\frac{D}{Dt}\left(\frac{L(\zeta)\boldsymbol{\zeta}}{\zeta}\right)=-\frac{L(\zeta)}{\zeta}(\boldsymbol{\zeta}-\boldsymbol{\alpha}) \tag{5-89}$$

其中各矢量均同向，故方程可进一步写成标量形式：

$$\frac{D}{Dt}[L(\zeta)]=-L(\zeta)(1-\frac{\alpha}{\zeta}) \tag{5-90}$$

展开式（5-90）中等号左端的项得

$$\frac{D\zeta}{Dt}=-\frac{L(\zeta)}{\zeta L'(\zeta)}(\zeta-\alpha) \tag{5-91}$$

其中

$$\frac{L(\zeta)}{\zeta L'(\zeta)}=\frac{\dfrac{1}{\zeta}}{\dfrac{L'(\zeta)}{L(\zeta)}}=\frac{\dfrac{\mathrm{d}\ln\zeta}{\mathrm{d}\zeta}}{\dfrac{\mathrm{d}\ln L(\zeta)}{\mathrm{d}\zeta}}=\frac{\mathrm{d}\ln\zeta}{\mathrm{d}\ln L(\zeta)} \tag{5-92}$$

故对于无量纲有效场的大小 ζ，其零阶近似解满足：

$$\frac{\mathrm{D}\zeta}{\mathrm{D}t}=-\left(\frac{\mathrm{d}\ln L(\zeta)}{\mathrm{d}\ln\zeta}\right)^{-1}[\zeta-\alpha_0\cos(\omega t)] \tag{5-93}$$

其中，α_0 的表达式由式（5-45）给出。

在微小参数 $\tau_\mathrm{B}\boldsymbol{\Omega}$ 的一阶线性近似条件下，将磁化强度看作与磁场同向的相对较大的分量与垂直磁场方向上的较小分量的合成，如图 5-7 所示，也即式（5-89）的解可表示为

$$\boldsymbol{M}^*=\frac{L(\zeta)\boldsymbol{\zeta}}{\zeta}=M^{(0)}\boldsymbol{e}_H+M^{(1)}\tau_\mathrm{B}\boldsymbol{\Omega}\times\boldsymbol{e}_H \tag{5-94}$$

其中，$\boldsymbol{e}_H$ 为沿磁场方向的单位矢量，$\boldsymbol{e}_H=\boldsymbol{H}/H$，且有

$$M^{(0)}=L(\zeta),\ M^{(1)}=M^{(0)}\Psi(\zeta) \tag{5-95}$$

其中，$\Psi(\zeta)$为待定函数。

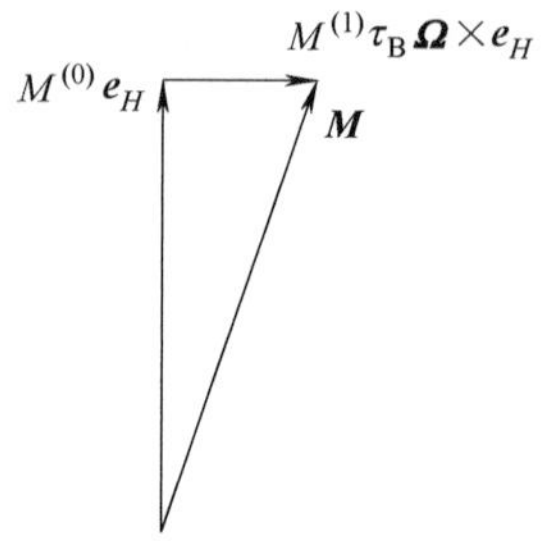

图 5-7 磁化强度矢量的分解

为了表示方便，将式（5-88）写为

$$\frac{\mathrm{D}}{\mathrm{D}t}\left(\frac{L(\zeta)\boldsymbol{\zeta}}{\zeta}\right)=\tau_\mathrm{B}\boldsymbol{\Omega}\times\left(\frac{L(\zeta)\boldsymbol{\zeta}}{\zeta}\right)-\left(\frac{L(\zeta)}{\zeta}\boldsymbol{\zeta}-\frac{L(\zeta)\boldsymbol{\zeta}\cdot\boldsymbol{h}_e}{\zeta}\frac{\boldsymbol{\alpha}}{\zeta}\right)-\frac{\alpha}{2\zeta}\left(\boldsymbol{\zeta}-\frac{3L(\zeta)\boldsymbol{\zeta}}{\zeta}\right)\times(\boldsymbol{h}_e\times\boldsymbol{e}_H) \tag{5-96}$$

其中，$\boldsymbol{h}_e$ 为与 $\boldsymbol{\zeta}$ 同方向的单位矢量。将式（5-94）和式（5-95）代入式（5-96）中，得

$$\begin{aligned}&\boldsymbol{e}_H\frac{\mathrm{D}M^{(0)}}{\mathrm{D}t}+\tau_\mathrm{B}\boldsymbol{\Omega}\times\boldsymbol{e}_H\frac{\mathrm{D}M^{(1)}}{\mathrm{D}t}\\&\quad=\tau_\mathrm{B}\boldsymbol{\Omega}\times\boldsymbol{e}_HM^{(0)}+\tau_\mathrm{B}\boldsymbol{\Omega}\times(\tau_\mathrm{B}\boldsymbol{\Omega}\times\boldsymbol{e}_H)M^{(1)}\\&\qquad-\left[\boldsymbol{e}_HM^{(0)}+(\tau_\mathrm{B}\boldsymbol{\Omega}\times\boldsymbol{e}_H)M^{(1)}-M^{(0)}\boldsymbol{e}_H\cdot\boldsymbol{h}_e\frac{\boldsymbol{\alpha}}{\zeta}-M^{(1)}(\tau_\mathrm{B}\boldsymbol{\Omega}\times\boldsymbol{e}_H)\cdot\boldsymbol{h}_e\frac{\alpha}{\zeta}\right]\\&\qquad-\frac{\alpha}{2\zeta}[\boldsymbol{\zeta}-3\boldsymbol{e}_HM^{(0)}-3(\tau_\mathrm{B}\boldsymbol{\Omega}\times\boldsymbol{e}_H)M^{(1)}]\times(\boldsymbol{h}_e\times\boldsymbol{e}_H)\end{aligned} \tag{5-97}$$

根据 $\tau_\mathrm{B}\boldsymbol{\Omega}$ 的任意性，由式（5-97）可得

$$\boldsymbol{e}_H\frac{\mathrm{D}M^{(0)}}{\mathrm{D}t}=-\boldsymbol{e}_HM^{(0)}+M^{(0)}\boldsymbol{e}_H\cdot\boldsymbol{h}_e\frac{\boldsymbol{\alpha}}{\zeta}-\frac{\alpha}{2\zeta}\boldsymbol{\zeta}\times(\boldsymbol{h}_e\times\boldsymbol{e}_H)+\frac{3\alpha}{2\zeta}M^{(0)}\boldsymbol{e}_H\times(\boldsymbol{h}_e\times\boldsymbol{e}_H) \tag{5-98}$$

$$\begin{aligned}&\tau_\mathrm{B}\boldsymbol{\Omega}\times\boldsymbol{e}_H\frac{\mathrm{D}M^{(1)}}{\mathrm{D}t}\\&\quad=\tau_\mathrm{B}\boldsymbol{\Omega}\times\boldsymbol{e}_HM^{(0)}-(\tau_\mathrm{B}\boldsymbol{\Omega}\times\boldsymbol{e}_H)M^{(1)}+(\tau_\mathrm{B}\boldsymbol{\Omega}\times\boldsymbol{e}_H)\cdot\boldsymbol{h}_eM^{(1)}\frac{\boldsymbol{\alpha}}{\zeta}\\&\qquad+\frac{3\alpha}{2\zeta}M^{(1)}(\tau_\mathrm{B}\boldsymbol{\Omega}\times\boldsymbol{e}_H)\times(\boldsymbol{h}_e\times\boldsymbol{e}_H)\end{aligned} \tag{5-99}$$

考虑到等号左右两端表达式的方向性，式（5-98）和式（5-99）可分别化简为

$$\frac{\mathrm{D}M^{(0)}}{\mathrm{D}t}=-M^{(0)}+M^{(0)}\boldsymbol{e}_H\cdot\boldsymbol{h}_e\frac{\alpha}{\zeta}-\frac{\alpha}{2}(\boldsymbol{h}_e\cdot\boldsymbol{e}_H)^2+\frac{\alpha}{2} \tag{5-100}$$

$$\frac{\mathrm{D}M^{(1)}}{\mathrm{D}t}=M^{(0)}-M^{(1)} \tag{5-101}$$

其中应用了矢量恒等式：

$$\boldsymbol{h}_e\times(\boldsymbol{h}_e\times\boldsymbol{e}_H)=\boldsymbol{h}_e(\boldsymbol{h}_e\cdot\boldsymbol{e}_H)-\boldsymbol{e}_H$$

对于式（5-100），将其等号右端含有矢量点积运算的项简化为

$$\begin{aligned}&M^{(0)}\boldsymbol{e}_H\cdot\boldsymbol{h}_e\frac{\alpha}{\zeta}-\frac{\alpha}{2}(\boldsymbol{h}_e\cdot\boldsymbol{e}_H)^2\\&=M^{(0)}\boldsymbol{e}_H\cdot\boldsymbol{h}_e\frac{\alpha}{\zeta}-\frac{\alpha}{2}[(\boldsymbol{h}_e\cdot\boldsymbol{e}_H)^2-2(\boldsymbol{h}_e\cdot\boldsymbol{e}_H)+1]-\alpha(\boldsymbol{h}_e\cdot\boldsymbol{e}_H)+\frac{\alpha}{2}\\&=\boldsymbol{e}_H\cdot\boldsymbol{h}_e\alpha\left(\frac{M^{(0)}}{\zeta}-1\right)-\frac{\alpha}{2}(\boldsymbol{h}_e\cdot\boldsymbol{e}_H-1)^2+\frac{\alpha}{2}\end{aligned} \tag{5-102}$$

由图 5-7 知，$\boldsymbol{h}_e\cdot\boldsymbol{e}_H\approx1$，且有

$$\begin{aligned}\boldsymbol{h}_e\cdot\boldsymbol{e}_H&=\frac{M^{(0)}}{|\boldsymbol{M}|}=\frac{L(\zeta)}{[(M^{(0)})^2+(M^{(1)}\tau_\mathrm{B}\Omega)^2]^{\frac{1}{2}}}\\&=\frac{L(\zeta)}{\left\{[L(\zeta)]^2+[L(\zeta)\Psi(\zeta)\tau_\mathrm{B}\Omega]^2\right\}^{\frac{1}{2}}}=\frac{1}{\left\{1+[\Psi(\zeta)\tau_\mathrm{B}\Omega]^2\right\}^{\frac{1}{2}}}\end{aligned} \tag{5-103}$$

将式（5-103）的结果代入式（5-102），并忽略项$(\boldsymbol{h}_e\cdot\boldsymbol{e}_H-1)^2$，可得

$$M^{(0)}\boldsymbol{e}_H\cdot\boldsymbol{h}_e\frac{\alpha}{\zeta}-\frac{\alpha}{2}(\boldsymbol{h}_e\cdot\boldsymbol{e}_H)^2=\left(\frac{L(\zeta)}{\zeta}-1\right)\frac{\alpha}{\left\{1+[\Psi(\zeta)\tau_\mathrm{B}\Omega]^2\right\}^{\frac{1}{2}}}+\frac{\alpha}{2} \tag{5-104}$$

将式（5-104）的结果代回式（5-100），得

$$\frac{\mathrm{D}M^{(0)}}{\mathrm{D}t}=-M^{(0)}+\left(\frac{L(\zeta)}{\zeta}-1\right)\frac{\alpha}{\left\{1+[\Psi(\zeta)\tau_\mathrm{B}\Omega]^2\right\}^{\frac{1}{2}}}+\alpha \tag{5-105}$$

应用式（5-95），并代入式（5-105）的结果，可将式（5-101）表示为

$$\begin{aligned}M^{(0)}-M^{(1)}&=\frac{\mathrm{D}M^{(1)}}{\mathrm{D}t}\\&=M^{(0)}\frac{\mathrm{d}\Psi(\zeta)}{\mathrm{d}t}+\Psi(\zeta)\frac{\mathrm{D}M^{(0)}}{\mathrm{D}t}\\&=M^{(0)}\frac{\mathrm{d}\Psi(\zeta)}{\mathrm{d}t}+\Psi(\zeta)\left[-M^{(0)}+\left(\frac{L(\zeta)}{\zeta}-1\right)\frac{\alpha}{\left\{1+[\Psi(\zeta)\tau_\mathrm{B}\Omega]^2\right\}^{\frac{1}{2}}}+\alpha\right]\end{aligned} \tag{5-106}$$

化简式（5-106）后得

$$\frac{\mathrm{d}\Psi(\zeta)}{\mathrm{d}t}=1-\alpha_0\Psi(\zeta)\left[\frac{1}{\zeta}-\frac{1}{L(\zeta)}\left(\frac{1}{\sqrt{1+[\Psi(\zeta)\tau_\mathrm{B}\Omega]^2}}-1\right)\right]\cos(\varpi t) \tag{5-107}$$

如果忽略其中含有微小参数的项，得到函数 $\Psi(\zeta)$满足的微分方程：

$$\frac{\mathrm{d}\Psi(\zeta)}{\mathrm{d}t}=1-\frac{\alpha_0}{\zeta}\Psi(\zeta)\cos(\varpi t) \tag{5-108}$$

另外，由式（5-94）和式（5-95）可得磁化强度的表达式：

$$\boldsymbol{M}=\boldsymbol{M}^{*}M_{\mathrm{S}}=M_{\mathrm{S}}L(\zeta)\boldsymbol{e}_{H}+M_{\mathrm{S}}L(\zeta)\Psi(\zeta)\tau_{\mathrm{B}}\boldsymbol{\Omega}\times\boldsymbol{e}_{H} \tag{5-109}$$

但磁化强度的最终结果需通过联立式（5-93）、式（5-107）和式（5-109）求得 ζ 和 $\Psi(\zeta)$后得到。

假设磁场变化的特征时间尺度 τ_{B} 与流动时间特征尺度 $\tau_{\mathrm{h}}\sim l^{2}/\nu$ 相比非常小，即满足 $\tau_{\mathrm{h}}\gg\tau_{\mathrm{B}}$，可应用与 5.3.1 节相同的时间平均方法，得到铁磁流体的运动方程［式（5-77）］。在此基础上，为了求得图 5-1 的流动中铁磁流体的旋转黏度，需将磁力矩 $\mu_{0}\boldsymbol{M}\times\boldsymbol{H}$ 在磁场变化周期 $2\pi/w$ 上积分，得到时间平均的磁力矩。为此，首先将式（5-109）代入磁力矩表达式中，得

$$\mu_{0}\langle\boldsymbol{M}\times\boldsymbol{H}\rangle=\mu_{0}\langle M_{\mathrm{S}}[L(\zeta)\boldsymbol{e}_{H}\times\boldsymbol{H}+L(\zeta)\Psi(\zeta)\tau_{\mathrm{B}}(\boldsymbol{\Omega}\times\boldsymbol{e}_{H})\times\boldsymbol{H}]\rangle \tag{5-110}$$

考虑到 $\boldsymbol{e}_{H}$ 与 $\boldsymbol{H}$ 同方向，故 $\boldsymbol{e}_{H}\times\boldsymbol{H}=\boldsymbol{0}$，且在图 5-1 的流动中，$\boldsymbol{\Omega}$ 沿 z 方向，$\boldsymbol{\Omega}\times\boldsymbol{e}_{H}$ 沿 $-x$ 方向，$(\boldsymbol{\Omega}\times\boldsymbol{e}_{H})\times\boldsymbol{H}$ 沿 $-z$ 方向，而且均为缓变量，有

$$\mu_{0}\langle\boldsymbol{M}\times\boldsymbol{H}\rangle=-\mu_{0}M_{\mathrm{S}}\tau_{\mathrm{B}}H_{0}\langle L(\zeta)\Psi(\zeta)\cos(wt)\rangle\boldsymbol{\Omega} \tag{5-111}$$

将式（4-13）代入式（5-111），并应用式（4-2）和式（5-45），可得

$$\mu_{0}\langle\boldsymbol{M}\times\boldsymbol{H}\rangle=-6\eta\phi\gamma\boldsymbol{\Omega} \tag{5-112}$$

其中

$$\gamma=\frac{1}{2}\alpha_{0}\langle L(\zeta)\Psi(\zeta)\cos(wt)\rangle \tag{5-113}$$

应用式（5-80）的结果，将式（5-112）表示的项与式（5-77）中含有本征黏度的项合并为

$$\begin{aligned}\eta\nabla^{2}\boldsymbol{v}_{1}+\frac{\mu_{0}}{2}\nabla\times\langle\boldsymbol{M}\times\boldsymbol{H}\rangle&=-2\eta\nabla\times\boldsymbol{\Omega}+\frac{1}{2}\nabla\times(-6\eta\phi\gamma\boldsymbol{\Omega})\\&=-2\left(\eta+\frac{3}{2}\eta\phi\gamma\right)\nabla\times\boldsymbol{\Omega}\\&=\left(\eta+\frac{3}{2}\eta\phi\gamma\right)\nabla^{2}\boldsymbol{v}_{0}\end{aligned} \tag{5-114}$$

由式（5-114）可知，在有限振幅交变磁场作用下，低剪切率时铁磁流体内的旋转黏度为

$$\eta_{\mathrm{r}}=\frac{3}{2}\eta\phi\gamma \tag{5-115}$$

也可将式（5-112）的结果代入式（2-217）得

$$\boldsymbol{\omega}_{\mathrm{p}}=(1-\gamma)\boldsymbol{\Omega} \tag{5-116}$$

从而也可将这种情况下的旋转黏度表示为式（5-85）的形式。

为了计算有限振幅交变磁场作用下低剪切率时的旋转黏度，需要求解式（5-93）和式（5-107）以计算 γ 的值。应用四阶 Runge-Kutta 方法，在给定初值 $t=0$ 时，$\zeta=\alpha_{0}$，$\Psi(\zeta)=0$ 的条件下，在一个周期区间 $t=[0,2\pi/w\tau_{\mathrm{B}}]$内数值求解式（5-93）和式（5-107），得到 ζ 和 Ψ 在一系列离散时间点上的值，然后数值计算由式（5-113）表示的时间平均值。如图 5-8 和图 5-9 分别为计算得到的 γ 随 α_{0} 的变化和$(w\tau_{\mathrm{B}},\alpha_{0})$平面内的等 γ 线图。可以看出，当 $w\tau_{\mathrm{B}}$ 值较大时，出现负的 γ 值。在图 5-9 中，等值线 $\gamma=0$ 将区域分为两部分：$w\tau_{\mathrm{B}}\leqslant 3$ 时 $\gamma>0$ 和 $w\tau_{\mathrm{B}}\geqslant 3$ 时 $\gamma<0$。

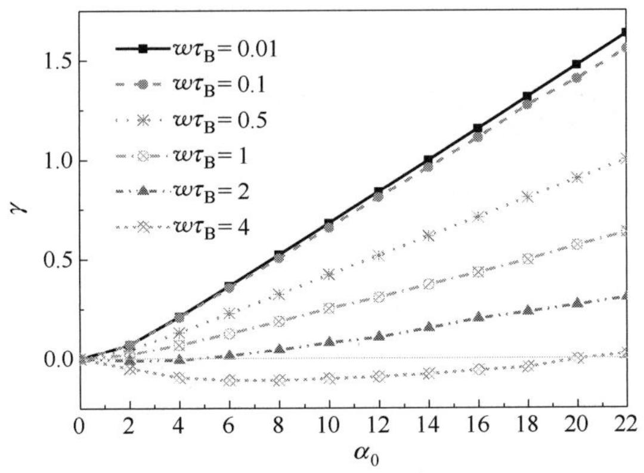

图 5-8 不同 $w\tau_B$ 值时 γ 随 α_0 的变化

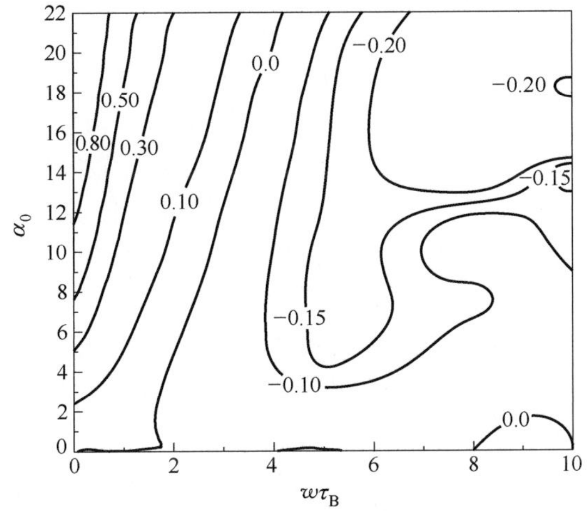

图 5-9 （$w\tau_B$，α_0）平面内的等 γ 线

研究人员已在实验上观察到 $w\tau_B \geqslant 3$ 时的“负黏度”效应，对于一种钴铁氧体水基铁磁流体，颗粒体积分数为 20%，外磁场幅值 6.37×10^4 A/m、频率 1480 Hz 时观察到最大 25%的黏度降低（Bacri et al.，1995）。

第6章 铁磁流体平面Couette-Poiseuille流

平面 Couette-Poiseuille 流属于平行流，即只有其中一个速度分量非零，流体内所有质点均沿相同的方向流动。铁磁流体的 Couette-Poiseuille 流是其许多应用中的流体流动模型（Matsuno et al.，1993；Paz et al.，2022）。典型的 Couette-Poiseuille 流为两无限长平行平板间的流动，如图 5-1 所示，假设两平板间距离为 h_0，流体在 x 方向受到压力梯度$\partial p/\partial x$，且上平板以速度 v_0 沿 x 方向平动。如果 Couette-Poiseuille 流中无压力梯度的作用，只有纯剪切流动，称为 Couette 流。如果只有压力梯度作用而上平板固定不动，称为 Poiseuille 流。

本章以平面 Couette-Poiseuille 流为对象，讨论铁磁流体的非平衡流动；研究恒定均匀磁场、恒定梯度磁场、时变磁场作用下铁磁流体的流动特性；分别给出每一种磁场作用时的控制方程及其无量纲形式，并应用数值方法求解无量纲控制方程；本章关注的 Couette-Poiseuille 流流动特性包括流速分布、颗粒旋转角速度分布、非磁场方向上的磁化强度、旋转黏度、上平板受到的切应力等，并给出出入口压力、磁场强度、平板驱动速度、磁化弛豫时间等对这些流动特性的影响规律。

6.1 普通流体的 Couette-Poiseuille 流

在磁场的作用下，铁磁流体的平面 Couette-Poiseuille 流表现出区别于普通流体的流动特征，如不同的流速和涡量分布、上平板受到不同的剪切应力、磁化弛豫效应等。作为对比，本节给出普通流体 Couette-Poiseuille 流的流动特征。

对于普通流体的 Couette-Poiseuille 流，其流速存在精确的解析解。对于图 5-1 所示的模型，无磁场作用时流体的流动速度为（Landau et al.，1987）：

$$v_x=\frac{y}{h_0}v_0-\frac{h_0^2}{2\eta}\frac{\mathrm{d}p}{\mathrm{d}x}\frac{y}{h_0}\left(1-\frac{y}{h_0}\right) \tag{6-1}$$

令无量纲压力梯度 P^* 为

$$P^*=-\frac{h_0^2}{2\eta v_0}\frac{\mathrm{d}p}{\mathrm{d}x} \tag{6-2}$$

可得

$$\frac{v_x}{v_0}=\frac{y}{h_0}+P^*\frac{y}{h_0}\left(1-\frac{y}{h_0}\right) \tag{6-3}$$

可见，普通流体的 Couette-Poiseuille 流具有抛物线型流速分布，如图 6-1 所示。当 $P^* > 0$，即压力降与上平板的移动方向同向时，流速在整个流动截面上均为正；当 $P^* < -1$ 时，在垂直于流动方向的部分截面上会发生回流（流速为负），这时上平板对流体层的拖拽不能抵消反向压力梯度的影响。

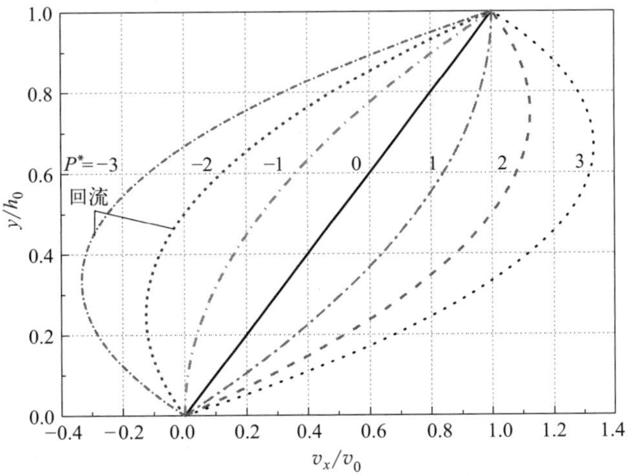

图 6-1 普通流体的 Couette-Poiseuille 流流速分布

普通流体 Couette-Poiseuille 流的最大流速为

$$v_{x,\max}=\frac{v_0(1+P^*)^2}{4P^*} \tag{6-4}$$

最大流速所在的位置为

$$y_{\max}=\frac{h_0(1+P^*)}{2P^*} \tag{6-5}$$

由式（6-3）得流动的涡量为

$$\boldsymbol{\Omega}=\frac{1}{2}\nabla\times\boldsymbol{v}=\left(\frac{P^*}{h_0^2}y-\frac{1+P^*}{2h_0}\right)v_0\boldsymbol{e}_z \tag{6-6}$$

单位时间内通过单位宽度截面的流体体积，即单宽流量为

$$Q=\int_0^{h_0}v_x\mathrm{d}y=\frac{1}{6}v_0h_0(3+P^*) \tag{6-7}$$

上平板单位长度上受到的黏滞阻力为

$$\Gamma=\frac{1}{L_0}\int_0^{L_0}\eta\frac{\mathrm{d}v_x}{\mathrm{d}y}\mathrm{d}x=\eta\frac{v_0}{h_0}(1-P^*) \tag{6-8}$$

其中，L_0 为上平板长度。

6.2 恒定均匀磁场作用下铁磁流体的流动特性

6.2.1 无量纲形式的铁磁流体动力学方程组

在假设流体恒温的条件下，描述铁磁流体运动的方程包括动量守恒方程、角动量守恒方

程、磁化方程和磁场的 Maxwell 方程（Yang et al.，2020）。其中，在动量守恒方程中忽略重力等形式的体积力；角动量守恒方程中忽略惯性项、体力偶项和自旋扩散项；磁化方程分别考虑唯象磁化方程Ⅰ和微观磁化方程。另外，假设铁磁流体不可压缩，描述铁磁流体的动力学方程组为由式（2-219）、式（2-217）、式（4-18）或式（4-47）和如下形式的静磁场方程组成：

$$\nabla^2 \varphi_{\mathrm{m}} - \nabla \cdot \boldsymbol{M} = 0 \tag{6-9}$$

虽然这些方程间存在磁场和流体流动的复杂耦合关系（Ghosh et al.，2022），但研究人员已经证明，由这些方程组成的方程组的解是存在的（Amirat et al.，2016）。

为了方便求解，并研究不同参数对流动特性的影响规律，需将动力学方程组转换为无量纲形式。为此，对各变量进行无量纲化，引入特征长度 h_0（两平板间距）、特征速度 v_0、特征时间 h_0/v_0、特征压强 $v_0\eta/h_0$、特征磁场强度 H_0、特征角速度 $\omega_0 = v_0/h_0$，构成量纲为 1 的量：

$$\nabla^* = \nabla h_0,\ x^* = \frac{x}{h_0},\ y^* = \frac{y}{h_0},\ z^* = \frac{z}{h_0},\ t^* = \frac{t}{h_0/v_0},\ \boldsymbol{v}^* = \frac{\boldsymbol{v}}{v_0},\ p^* = \frac{p}{v_0\eta/h_0}$$

$$\boldsymbol{H}^* = \frac{\boldsymbol{H}}{H_0},\ \boldsymbol{\omega}_{\mathrm{p}}^* = \frac{\boldsymbol{\omega}_{\mathrm{p}}}{v_0/h_0},\ \tau^* = \frac{\tau}{h_0/v_0},\ \boldsymbol{M}^* = \frac{\boldsymbol{M}}{H_0},\ \boldsymbol{M}_0^* = \frac{\boldsymbol{M}_0}{H_0},\ \varphi_{\mathrm{m}}^* = \frac{\varphi_{\mathrm{m}}}{H_0 h_0} \tag{6-10}$$

将各物理量表示为特征量与无量纲的乘积，然后代入各方程中，得到它们的无量纲形式：

$$\boldsymbol{\omega}_{\mathrm{p}}^* = \frac{1}{2}\nabla^* \times \boldsymbol{v}^* + \frac{\mu_0 H_0^2}{4\zeta v_0/h_0}\boldsymbol{M}^* \times \boldsymbol{H}^*$$

$$\frac{\partial \boldsymbol{v}^*}{\partial t^*} + (\boldsymbol{v}^* \cdot \nabla^*)\boldsymbol{v}^* = -\frac{\eta}{\rho v_0 h_0}\nabla^* p^* + \frac{\eta}{\rho v_0 h_0}\nabla^2 \boldsymbol{v}^* + \frac{\mu_0 H_0^2}{\rho v_0^2}\boldsymbol{M}^* \cdot \nabla^* \boldsymbol{H}^* + \frac{\mu_0 H_0^2}{2\rho v_0^2}\nabla^* \times (\boldsymbol{M}^* \times \boldsymbol{H}^*)$$

$$\frac{\partial \boldsymbol{M}^*}{\partial t^*} + (\boldsymbol{v}^* \cdot \nabla^*)\boldsymbol{M}^* = \frac{1}{2}(\nabla^* \times \boldsymbol{v}^*) \times \boldsymbol{M}^* - \frac{1}{\tau^*}(\boldsymbol{M}^* - \boldsymbol{M}_0^*) - \frac{\mu_0 h_0 H_0^2}{6 v_0 \eta\phi}\boldsymbol{M}^* \times (\boldsymbol{M}^* \times \boldsymbol{H}^*)$$

$$\frac{\partial \boldsymbol{M}^*}{\partial t^*} + (\boldsymbol{v}^* \cdot \nabla^*)\boldsymbol{M}^* = \frac{1}{2}(\nabla^* \times \boldsymbol{v}^*) \times \boldsymbol{M}^* - \frac{1}{\tau^*}\left(\boldsymbol{M}^* - \frac{M_{\mathrm{S}}}{H_0}\frac{L(\zeta)}{\zeta}\boldsymbol{\alpha}\right) - \frac{\mu_0 h_0 H_0^2}{6 v_0 \eta\phi}\frac{1}{L(\zeta)}\left(\frac{1}{L(\zeta)} - \frac{3}{\zeta}\right)\boldsymbol{M}^* \times (\boldsymbol{M}^* \times \boldsymbol{H}^*)$$

引入无量纲特征数：

$$Re = \frac{\rho v_0 h_0}{\eta},\ Mn_f = \frac{\mu_0 H_0^2}{\zeta v_0/h_0},\ Pe = \frac{\tau}{h_0/v_0} \tag{6-11}$$

其中，Reynolds 数 Re 表示单位质量流体的惯性力与黏性力之比；Mn_f 表示磁力偶矩与黏性力偶矩之比；Pe 表示磁化弛豫时间与宏观流动特征时间之比（Carvalho et al.，2020）。最终得到无量纲形式的铁磁流体动力学方程组：

$$\boldsymbol{\omega}_{\mathrm{p}}^{*}=\frac{1}{2}\boldsymbol{\nabla}^{*}\times\boldsymbol{v}^{*}+\frac{1}{4}Mn_{f}\boldsymbol{M}^{*}\times\boldsymbol{H}^{*} \tag{6-12}$$

$$\frac{\partial\boldsymbol{v}^{*}}{\partial t^{*}}+(\boldsymbol{v}^{*}\cdot\boldsymbol{\nabla}^{*})\boldsymbol{v}^{*}=$$
$$-\frac{1}{Re}\boldsymbol{\nabla}^{*}p^{*}+\frac{1}{Re}\boldsymbol{\nabla}^{*2}\boldsymbol{v}^{*}+\frac{1.5\phi Mn_{f}}{Re}\boldsymbol{M}^{*}\cdot\boldsymbol{\nabla}^{*}\boldsymbol{H}^{*}+\frac{3\phi Mn_{f}}{4Re}\boldsymbol{\nabla}^{*}\times(\boldsymbol{M}^{*}\times\boldsymbol{H}^{*}) \tag{6-13}$$

$$\frac{\partial\boldsymbol{M}^{*}}{\partial t^{*}}+(\boldsymbol{v}^{*}\cdot\boldsymbol{\nabla}^{*})\boldsymbol{M}^{*}=\frac{1}{2}(\boldsymbol{\nabla}^{*}\times\boldsymbol{v}^{*})\times\boldsymbol{M}^{*}-\frac{1}{Pe}(\boldsymbol{M}^{*}-\boldsymbol{M}_{0}^{*})-\frac{Mn_{f}}{4}\boldsymbol{M}^{*}\times(\boldsymbol{M}^{*}\times\boldsymbol{H}^{*}) \tag{6-14}$$

或

$$\frac{\partial\boldsymbol{M}^{*}}{\partial t^{*}}+(\boldsymbol{v}^{*}\cdot\boldsymbol{\nabla}^{*})\boldsymbol{M}^{*}=$$
$$\frac{1}{2}(\boldsymbol{\nabla}^{*}\times\boldsymbol{v}^{*})\times\boldsymbol{M}^{*}-\frac{1}{Pe}\left(\boldsymbol{M}^{*}-\frac{M_{\mathrm{S}}}{H_{0}}\frac{L(\zeta)}{\zeta}\boldsymbol{\alpha}\right)-\frac{Mn_{f}}{4}\frac{1}{L(\zeta)}\left(\frac{1}{L(\zeta)}-\frac{3}{\zeta}\right)\boldsymbol{M}^{*}\times(\boldsymbol{M}^{*}\times\boldsymbol{H}^{*}) \tag{6-15}$$

$$\boldsymbol{\nabla}^{*2}\varphi_{\mathrm{m}}^{*}-\boldsymbol{\nabla}\cdot\boldsymbol{M}^{*}=0 \tag{6-16}$$

可见，在研究铁磁流体的流动特性时，可将 Re、Pe 和 Mn_f 作为特征数考察流动的相似性。

6.2.2 恒定磁场作用时铁磁流体 Couette-Poiseuille 流控制方程

对于图 5-1 所示的铁磁流体 Couette-Poiseuille 流动，除$\partial p^{*}/\partial x^{*}$外，假设场变量与坐标 x 和 z 无关，则速度和自旋角速度可分别表示为 $\boldsymbol{v}^{*}=(v_{x}^{*},0,0)$和 $\boldsymbol{\omega}_{\mathrm{p}}^{*}=(0,0,\omega_{\mathrm{p},z}^{*})$。对于稳态流动，无量纲方程［式（6-12）～式（6-16）］分别简化为

$$\frac{\partial^{2}v_{x}^{*}}{\partial y^{*2}}-\frac{\partial p^{*}}{\partial x^{*}}+\frac{3\phi Mn_{f}}{4}\frac{\partial(M_{x}^{*}H_{y}^{*})}{\partial y^{*}}=0 \tag{6-17}$$

$$\omega_{\mathrm{p},z}^{*}=-\frac{1}{2}\frac{\partial v_{x}^{*}}{\partial y^{*}}+\frac{Mn_{f}}{4}M_{x}^{*}H_{y}^{*} \tag{6-18}$$

$$\frac{1}{2}M_{y}^{*}\frac{\partial v_{x}^{*}}{\partial y^{*}}-\frac{1}{Pe}M_{x}^{*}-\frac{Mn_{f}}{4}M_{x}^{*}M_{y}^{*}H_{y}^{*}=0 \tag{6-19}$$

$$-\frac{1}{2}M_{x}^{*}\frac{\partial v_{x}^{*}}{\partial y^{*}}-\frac{1}{Pe}(M_{y}^{*}-M_{0}^{*})+\frac{Mn_{f}}{4}M_{x}^{*2}H_{y}^{*}=0 \tag{6-20}$$

$$\frac{1}{2}M_{y}^{*}\frac{\partial v_{x}^{*}}{\partial y^{*}}-\frac{1}{Pe}M_{x}^{*}-\frac{Mn_{f}}{4}\frac{1}{L(\zeta)}\left(\frac{1}{L(\zeta)}-\frac{3}{\zeta}\right)M_{x}^{*}M_{y}^{*}H_{y}^{*}=0 \tag{6-21}$$

$$-\frac{1}{2}M_{x}^{*}\frac{\partial v_{x}^{*}}{\partial y^{*}}-\frac{1}{Pe}\left(M_{y}^{*}-\frac{M_{\mathrm{S}}}{H_{0}}\frac{L(\zeta)}{\zeta}\alpha\right)+\frac{Mn_{f}}{4}\frac{1}{L(\zeta)}\left(\frac{1}{L(\zeta)}-\frac{3}{\zeta}\right)M_{x}^{*2}H_{y}^{*}=0 \tag{6-22}$$

$$\frac{\partial^{2}\varphi_{\mathrm{m}}^{*}}{\partial y^{*2}}-\frac{\partial M_{y}^{*}}{\partial y^{*}}=0 \tag{6-23}$$

将两磁化方程分别写为 x 和 y 方向上的分量方程，另外，应用式（6-2）的定义，将式

(6-17) 写为

$$\frac{\partial^2 v_x^*}{\partial y^{*2}}+2P^*+\frac{3\phi Mn_f}{4}\frac{\partial(M_x^* H_y^*)}{\partial y^*}=0 \tag{6-24}$$

可见，特征数 Re 未出现在简化的动量方程中，所以它不会影响稳态速度分布的求解结果，但在参数 Mn_f 和 P^* 中均含有平板驱动速度 v_0，所以仍可使用 Re 来研究平板驱动速度的影响规律。

对于图 5-1 所示的铁磁流体 Couette-Poiseuille 流的边界条件，与普通流体类似，忽略平动滑动效应（Korlie et al.，2008），对流体的上、下边界应用无穿透和无滑移边界条件，即

$$v_x(x,h_0)=v_0,\ v_x(x,0)=0 \tag{6-25}$$

同时对上、下平板应用恒定且均匀的磁场边界条件，表示为

$$H_y(x,0)=\frac{\partial\varphi_{\mathrm{m}}(x,0)}{\partial y}=H_0,\ H_y(x,h_0)=\frac{\partial\varphi_{\mathrm{m}}(x,h_0)}{\partial y}=H_0 \tag{6-26}$$

由于角动量方程为显式方程，所以不需要建立关于 $\boldsymbol{\omega}_{\mathrm{p}}$ 的边界条件。与式（6-25）和式（6-26）对应的无量纲边界条件分别为

$$v_x^*(x^*,1)=1,\ v_x^*(x^*,0)=0 \tag{6-27}$$

$$H_y^*(x^*,0)=\frac{\partial\varphi_{\mathrm{m}}^*(x^*,0)}{\partial y^*}=1,\ H_y^*(x^*,1)=\frac{\partial\varphi_{\mathrm{m}}^*(x^*,1)}{\partial y^*}=1 \tag{6-28}$$

此外，根据铁磁流体中的应力张量表达式，作用于与铁磁流体相邻的非磁性固体壁面上的切向应力在式（2-229）中给出，对于平面 Couette-Poiseuille 流，由于沿 x 方向上的磁场强度为零，得到切应力的最终结果为

$$f_x=\eta\frac{\partial v_x}{\partial y}+\frac{\mu_0}{2}M_x H_y \tag{6-29}$$

6.2.3 弱场条件下流速分布的渐进解

当外加恒定磁场较弱且满足 $\Omega\tau_{\mathrm{B}}\ll 1$ 时，式（4-18）和式（4-47）的解相同，此时，在一定的假设条件下，可以解析求解式（4-18）。由于这时铁磁流体接近平衡状态，所以也称相应的解为渐进解（Yang，2023）。

假设磁场方向垂直于流动方向，在弱场条件下，磁化弛豫效应较弱，可近似认为计算区域内 $\boldsymbol{M}/\!/\boldsymbol{H}$，也即与流动特征时间相比，磁化弛豫时间很短，当磁场方向改变时，磁偶极子矩方向会迅速转向磁场方向，此时流体内的磁力矩 $\mu_0\boldsymbol{M}\times\boldsymbol{H}$ 消失。这一假设也相当于认为铁磁流体的应力张量是对称的（因为应力张量表达式中的 $\boldsymbol{BH}=\boldsymbol{HB}$）。所以在稳态、弱场的假设条件下，根据式（6-13）和式（6-14），铁磁流体动量方程和磁化方程分别简化为

$$(\boldsymbol{v}^*\cdot\nabla^*)\boldsymbol{v}^*=-\frac{1}{Re}\nabla^* p^*+\frac{1}{Re}\nabla^2\boldsymbol{v}^*+\frac{1.5\phi Mn_f}{Re}\boldsymbol{M}^*\cdot\nabla^*\boldsymbol{H}^* \tag{6-30}$$

$$(\boldsymbol{v}^*\cdot\nabla^*)\boldsymbol{M}^*=\frac{1}{2}(\nabla^*\times\boldsymbol{v}^*)\times\boldsymbol{M}^*-\frac{1}{Pe}(\boldsymbol{M}^*-\boldsymbol{M}_0^*) \tag{6-31}$$

另外，假设对流输运引起的磁化强度变化远小于流动涡量引起的磁化强度的变化，也即

$$(\boldsymbol{v}^*\cdot\nabla^*)\boldsymbol{M}^*\ll\frac{1}{2}(\nabla^*\times\boldsymbol{v}^*)\times\boldsymbol{M}^*$$

这样式（6-31）又进一步化简为

$$\frac{1}{2}(\boldsymbol{\nabla}^* \times \boldsymbol{v}^*) \times \boldsymbol{M}^* = \frac{1}{Pe}(\boldsymbol{M}^* - \boldsymbol{M}_0^*) \tag{6-32}$$

将式（6-32）写为分量形式

$$\frac{Pe}{2} M_y^* \frac{\mathrm{d}v_x^*}{\mathrm{d}y^*} = M_x^* - M_{0x}^* \tag{6-33}$$

$$-\frac{Pe}{2} M_x^* \frac{\partial v_x^*}{\partial y^*} = M_y^* - M_{0y}^* \tag{6-34}$$

由于在弱场条件下平衡磁化强度 $\boldsymbol{M}_0^*$ 只有沿外磁场方向上的分量，故 $M_{0x}^* = 0$，$M_{0y}^* = M_0^*$，由式（6-33）得

$$M_x^* = \frac{Pe}{2} M_y^* \frac{\mathrm{d}v_x^*}{\mathrm{d}y^*} \tag{6-35}$$

将式（6-35）代入式（6-34）中，经变换后得

$$M_y^* = \frac{M_0^*}{1 + \frac{Pe^2}{4}\left(\frac{\mathrm{d}v_x^*}{\mathrm{d}y^*}\right)^2} \tag{6-36}$$

应用二项式定理将式（6-36）中等号右端的分母展开，并取展开式的前两项作为近似，得

$$M_y^* \approx \left[1 - \frac{Pe^2}{4}\left(\frac{\mathrm{d}v_x^*}{\mathrm{d}y^*}\right)^2\right] M_0^* \tag{6-37}$$

写出动量方程［式（6-30）］在 x 方向上的分量方程：

$$\frac{\mathrm{d}^2 v_x^*}{\mathrm{d}y^{*2}} + 1.5\phi M n_f \left(M_x^* \frac{\partial H_x^*}{\partial x^*} + M_y^* \frac{\partial H_x^*}{\partial y^*}\right) = \frac{\partial p^*}{\partial x^*} \tag{6-38}$$

忽略磁场强度沿 x 方向的变化，并代入式（6-37），得

$$\frac{\mathrm{d}^2 v_x^*}{\mathrm{d}y^{*2}} - \left(\frac{3\phi M n_f M_0^* Pe^2}{8} \frac{\partial H_x^*}{\partial y^*}\right)\left(\frac{\mathrm{d}v_x^*}{\mathrm{d}y^*}\right)^2 = \frac{\partial p^*}{\partial x^*} - \frac{3\phi M n_f M_0^*}{2} \frac{\partial H_x^*}{\partial y^*} \tag{6-39}$$

式（6-39）即为描述 Couette-Poiseuille 流中两平板间沿 x 方向上的铁磁流体流动的控制方程，其中包含了流动涡量与磁化强度间的耦合关系。令

$$\varepsilon = \frac{3\phi M n_f M_0^* Pe^2}{8} \frac{\partial H_x^*}{\partial y^*} \tag{6-40}$$

$$\gamma_0 = \frac{3\phi M n_f M_0^*}{2} \frac{\partial H_x^*}{\partial y^*} - \frac{\partial p^*}{\partial x^*} \tag{6-41}$$

则式（6-39）可写为

$$\frac{\mathrm{d}^2 v_x^*}{\mathrm{d}y^{*2}} - \varepsilon\left(\frac{\mathrm{d}v_x^*}{\mathrm{d}y^*}\right)^2 = -\gamma_0 \tag{6-42}$$

由于式（6-39）中包含了非线性项 $\left(\frac{\mathrm{d}v_x^*}{\mathrm{d}y^*}\right)^2$，因此不能用直接积分的方法求解。在通常情况下，磁化弛豫时间远小于流动特征时间，也即 $Pe \ll 1$，所以可以认为 $\varepsilon \ll 1$，这时可以应用正则摄动法求解式（6-42）（Cunha et al.，2004）。将式（6-42）的具有二阶精度的解写为

$$v_x^* = v_{x0}^*(y) + \varepsilon v_{x1}^*(y) + \varepsilon^2 v_{x2}^*(y) \tag{6-43}$$

将式（6-43）代入式（6-42）中，并舍去关于 ε 的高次项，得

$$\left(\frac{\mathrm{d}^2 v_{x0}^*}{\mathrm{d}y^{*2}} + \gamma_0\right) + \varepsilon\left[\frac{\mathrm{d}^2 v_{x1}^*}{\mathrm{d}y^{*2}} - \left(\frac{\mathrm{d}v_{x0}^*}{\mathrm{d}y^*}\right)^2\right] + \varepsilon^2\left[\frac{\mathrm{d}^2 v_{x2}^*}{\mathrm{d}y^{*2}} - 2\left(\frac{\mathrm{d}v_{x0}^*}{\mathrm{d}y^*}\right)\left(\frac{\mathrm{d}v_{x1}^*}{\mathrm{d}y^*}\right)\right] = 0 \tag{6-44}$$

求解式（6-44）相当于求解三个线性微分方程：

$$\frac{\mathrm{d}^2 v_{x0}^*}{\mathrm{d}y^{*2}} + \gamma_0 = 0 \tag{6-45}$$

$$\frac{\mathrm{d}^2 v_{x1}^*}{\mathrm{d}y^{*2}} - \left(\frac{\mathrm{d}v_{x0}^*}{\mathrm{d}y^*}\right)^2 = 0 \tag{6-46}$$

$$\frac{\mathrm{d}^2 v_{x2}^*}{\mathrm{d}y^{*2}} - 2\left(\frac{\mathrm{d}v_{x0}^*}{\mathrm{d}y^*}\right)\left(\frac{\mathrm{d}v_{x1}^*}{\mathrm{d}y^*}\right) = 0 \tag{6-47}$$

分别求解式（6-45）～式（6-47），并应用边界条件：

$y^* = 0$ 时，$v_x^* = 0$；

$y^* = 1$ 时，$v_x^* = 1$

可得：

$$v_{x0}^* = -\frac{\gamma_0}{2}y^2 + \left(1 + \frac{\gamma_0}{2}\right)y \tag{6-48}$$

$$v_{x1}^* = \frac{\gamma_0^2}{12}y^4 - \frac{\gamma_0}{6}(2+\gamma_0)y^3 + \frac{1}{2}\left(1+\frac{\gamma_0}{2}\right)^2 y^2 + \left(-\frac{\gamma_0^2}{24} - \frac{\gamma_0}{6} + \frac{1}{2}\right)y \tag{6-49}$$

$$\begin{aligned} v_{x2}^* = & -\frac{\gamma_0^3}{180}y^6 + \frac{\gamma_0^2}{60}(2+\gamma_0)y^5 - \frac{\gamma_0}{48}(2+\gamma_0)^2 y^4 + \left(\frac{\gamma_0^3}{72} + \frac{11}{114}\gamma_0^2 + \frac{\gamma_0}{12} + \frac{1}{12}\right)y^3 \\ & + \left(-\frac{\gamma_0^3}{192} - \frac{\gamma_0^2}{32} + \frac{\gamma_0}{48} + \frac{1}{8}\right)y^2 - \left(\frac{7}{960}\gamma_0^3 - \frac{7}{1440}\gamma_0^2 + \frac{\gamma_0}{48} - \frac{9}{24}\right)y \end{aligned} \tag{6-50}$$

将式（6-48）～式（6-50）代入式（6-43），可得流速的渐进解：

$$\begin{aligned} v_x^* = & \left[-\frac{\gamma_0}{2}y^2 + \left(1+\frac{\gamma_0}{2}\right)y\right] \\ & + \varepsilon\left[\frac{\gamma_0^2}{12}y^4 - \frac{\gamma_0}{6}(2+\gamma_0)y^3 + \frac{1}{2}\left(1+\frac{\gamma_0}{2}\right)^2 y^2 + \left(-\frac{\gamma_0^2}{24} - \frac{\gamma_0}{6} + \frac{1}{2}\right)y\right] \\ & + \varepsilon^2\left[\begin{aligned} & -\frac{\gamma_0^3}{180}y^6 + \frac{\gamma_0^2}{60}(2+\gamma_0)y^5 - \frac{\gamma_0}{48}(2+\gamma_0)^2 y^4 \\ & + \left(\frac{\gamma_0^3}{72} + \frac{11}{114}\gamma_0^2 + \frac{\gamma_0}{12} + \frac{1}{12}\right)y^3 + \left(-\frac{\gamma_0^3}{192} - \frac{\gamma_0^2}{32} + \frac{\gamma_0}{48} + \frac{1}{8}\right)y^2 \\ & - \left(\frac{7}{960}\gamma_0^3 - \frac{7}{1440}\gamma_0^2 + \frac{\gamma_0}{48} - \frac{9}{24}\right)y \end{aligned}\right] \end{aligned} \tag{6-51}$$

式（6-51）表示无磁化弛豫效应时的流速分布。如图 6-2 给出 $Mn_f = 10$、$\frac{\partial p^*}{\partial x^*} = -4$、$Pe = 0.1$、$\phi = 0.15$ 时渐进解结果与数值计算结果的比较情况。可以看出，在弱场条件下，应用正则摄动法可获得与数值解具有较好一致性的结果。

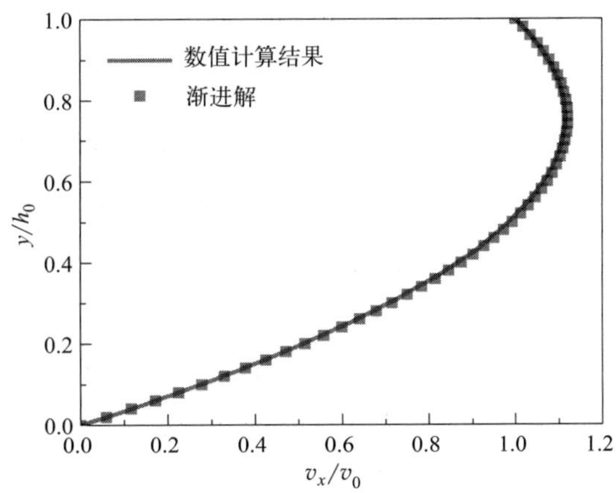

图 6-2 Couette-Poiseuille 流流速渐进解与数值计算结果比较

6.2.4 数值求解铁磁流体动力学方程组时应用的方法和参数

当外加恒定磁场为非弱磁场，或者条件 $\Omega\tau_B \ll 1$ 不满足时，应用解析方法无法求解铁磁流体动力学方程组，这时需通过数值求解该方程组获得流动特性。而数值计算时需指定某些物理参数，本小节给出这些参数，并给出某些物理量的数值求解方法。应用基于有限体积法的 OpenFOAM 库编制铁磁流体动力学方程组求解器，经验证后用来分析铁磁流体在恒定磁场作用下的 Couette-Poiseuille 流。

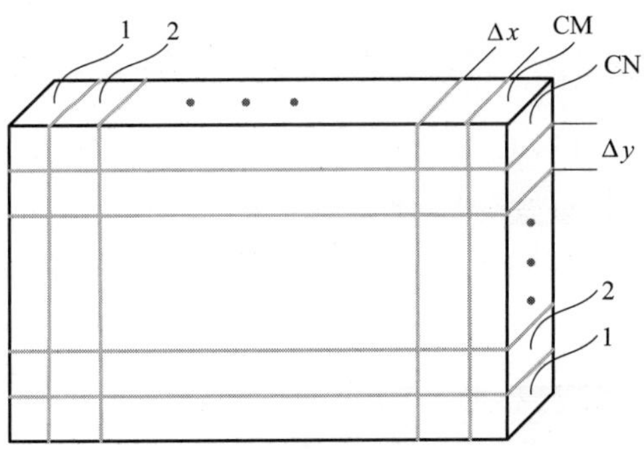

图 6-3 流体区域的网格划分示意图

对于如图 6-3 所示流体区域在数值计算时的网格划分结果，两平板间的铁磁流体流量可离散地表示为

$$Q = \int_0^{h_0} v_x \mathrm{d}y = \sum_{k=1}^{CN} v_{x,k} (\Delta y)_k \tag{6-52}$$

其中，CN 为某一纵向截面内的单元总数；$v_{x,k}$ 和$(\Delta y)_k$ 分别为第 k 个单元上对应的流速和单元的纵向长度。

当存在磁场作用时，铁磁流体对上平板的作用力包括黏滞阻力和由分界面两侧磁化强度突变引起的磁应力，表示为

$$\begin{aligned} \Gamma &= \frac{1}{L}\int_0^{L_0} (\eta \frac{\mathrm{d}v_x}{\mathrm{d}y} + \frac{\mu_0}{2} M_x H_y) \mathrm{d}x \\ &= \frac{1}{L}\sum_{k}^{CM} \left(\eta \frac{v_0 - v_{x,k}}{(\Delta y)_k / 2} + \frac{\mu_0}{2} M_{x,k} H_{y,k}\right) \Delta x \end{aligned} \tag{6-53}$$

其中，CM 为与上平板相邻的流体层的单元数量；$(\Delta y)_k/2$ 为第 k 个单元质心至平板下表面的垂向距离；$M_{x,k}$ 和 $H_{y,k}$ 分别为第 k 个单元对应的 x 方向磁化强度和 y 方向的磁场强度。

为了研究铁磁流体中涡旋强度随各参数的变化规律，计算整个流体区域内的平均涡量

（或均方根涡量）为

$$\Omega_{\mathrm{rms}}=\left[\frac{1}{\mathrm{CN}\times\mathrm{CM}}\sum_{(i,j)=(1,1)}^{(\mathrm{CN},\mathrm{CM})}\left(\frac{1}{2}\nabla\times\boldsymbol{v}\right)_{i,j}^{2}\right]^{1/2} \tag{6-54}$$

计算时使用的参数值见表 6-1，其中使用了典型铁磁流体的物理参数。

表 6-1　数值求解铁磁流体 Couette-Poiseuille 流时使用的参数值（Yang et al.，2020）

参数名称	符号	参数值	单位
两平板间距	h_0	2×10^{-4}	m
铁磁流体密度	ρ	1600	kg/m^3
铁磁流体动力黏度	η	0.01	Pa·s
铁磁流体运动黏度	ν	6.25×10^{-6}	m^2/s
铁磁流体饱和磁化强度	M_S	5.25×10^4	A/m
铁磁流体磁化弛豫时间	τ_B	4×10^{-4}	s
磁性颗粒块材饱和磁化强度	M_d	4.46×10^5	A/m
铁磁流体中磁性颗粒体积分数	ϕ	0.118	—
铁磁流体中磁性颗粒的平均直径	d_p	10×10^{-9}	m
温度	T	300	K

6.2.5　应用不同磁化方程时非磁场方向上的磁化强度

针对 Couette-Poiseuille 流动，分别求解包含唯象磁化方程Ⅰ和微观磁化方程的动力学方程组，得到在垂直于外磁场方向上的磁化强度，该磁化强度可用来表征磁化弛豫效应的强弱。如图 6-4 为 $P^*=0$，$Re=1$ 和 $P^*=2$，$Re=20$ 两种情况下的结果比较。

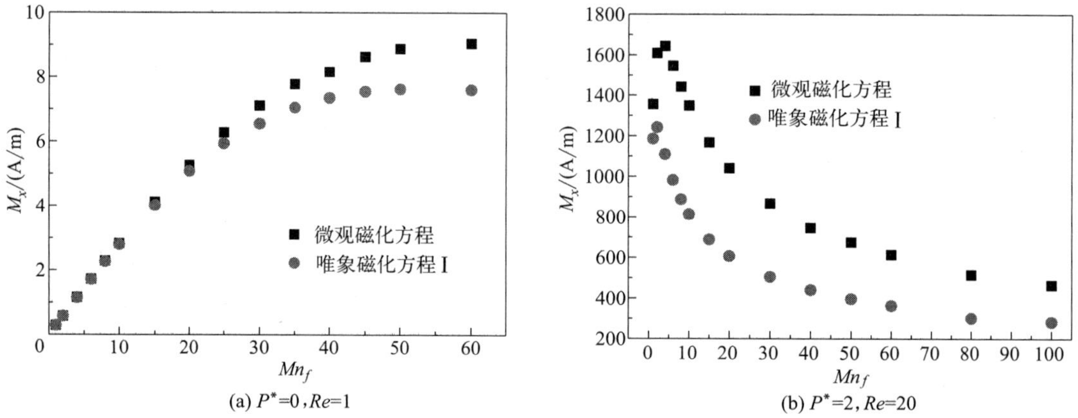

图 6-4　应用不同磁化方程时得到的 Couette-Poiseuille 流中垂直于磁场方向上的磁化强度结果比较

对于 $P^*=0$，$Re=1$ 的情况，应用唯象磁化方程Ⅰ的 M_x 计算结果在弱磁场范围与应用微观磁化方程的计算结果一致，但当磁场较强时，两者发生偏离，在所计算的范围内的最大偏离量为 19%。这种情况对应的 $\Omega\tau_B=5.12\times10^{-4}\ll1$，铁磁流体处于弱的非平衡状态，此时两方程得到的磁化强度结果相近，这与 Shliomis 的结果一致。对于 $P^*=2$，$Re=20$ 的情况，$\Omega\tau_B$ 接近 0.6，唯象磁化方程Ⅰ将不能正确描述铁磁流体的非平衡磁化过程，其结果与使用微观磁化方程的结果最大相差达 69.6%。所以，下面的计算均使用微观磁化方程。

在图 6-4（b）中，M_x 随 Mn_f 先增大后减小，这可以由式（6-18）解释。当外加磁场较强时，流体的局部涡量将不足以驱动颗粒旋转，所以式（6-18）中的自旋速度非常小，而且此时涡量的变化也较小，从而使得 Mn_f 的增大引起式（6-18）中 M_x^* 的减小。

6.2.6 恒定均匀磁场作用下 Couette-Poiseuille 流中的磁化弛豫效应

磁化弛豫效应最明显的表现形式是铁磁流体内出现了垂直于外磁场方向的磁化强度 M_x，这也是铁磁流体与普通流体的最主要的区别，这一效应导致流体中磁化强度矢量线偏离磁场强度矢量线，如图 6-5 所示。这一结果又进一步导致流体内出现非零的磁力矩 $\mu_0\boldsymbol{M}\times\boldsymbol{H}$，并最终引起流动速度和涡量偏离普通流体时的速度和涡量分布（Ghosh et al.，2019），在铁磁流体内出现非牛顿流动特性（Weng et al.，2008）。如图 6-6 和图 6-7 分别给出磁场作用前后铁磁流体内垂直于流动方向上某一截面内的流动速度和涡量分布，如图 6-8 和图 6-9 分别给出流动截面内垂直于外磁场方向的磁化强度和颗粒自旋速度分布。

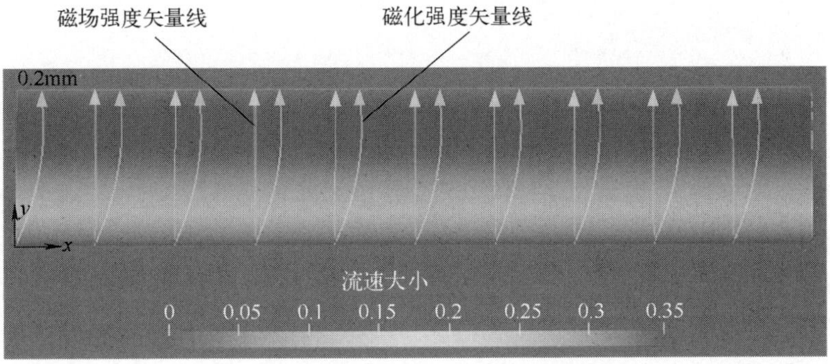

图 6-5 铁磁流体 Couette-Poiseuille 流中的磁场强度和磁化强度（$Re=10$，$P^*=2$，$Mn_f=5$）

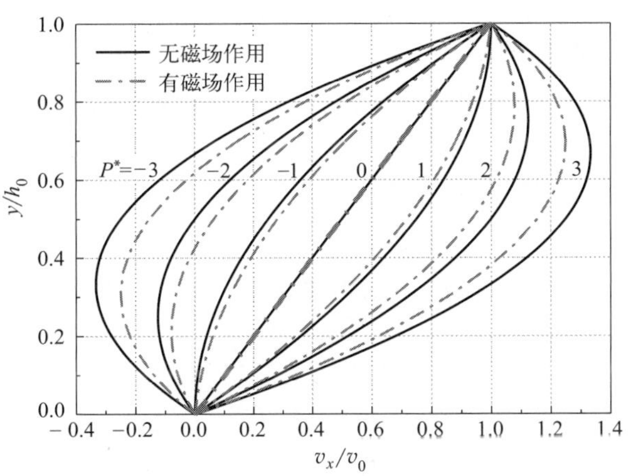

图 6-6 磁化弛豫引起的流速分布与普通流体流速分布的偏离（$Re=1$，$Mn_f=100$）

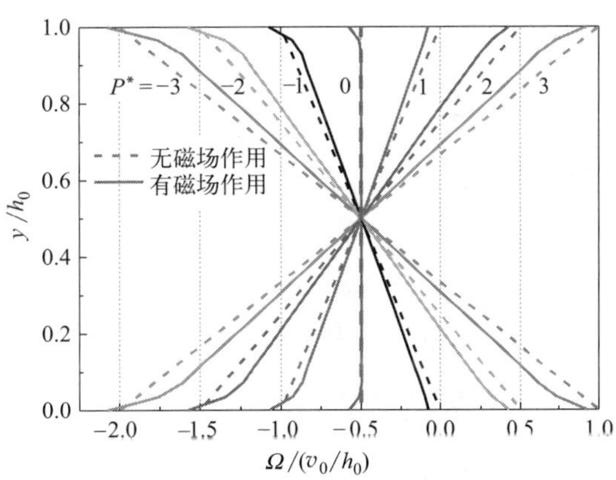

图 6-7 磁化弛豫引起的流动涡量与普通流体涡量的偏离（$Re=1$，$Mn_f=100$）

当铁磁流体为纯 Couette 流时，磁场对流速分布和涡量分布均无影响，而且此时垂直于磁场方向上的磁化强度分量和颗粒旋转（自旋）速度在整个截面上为一定值。在这种情况下，式（6-24）进一步简化为

$$\frac{\partial^2 v_x^*}{\partial y^{*2}}+\frac{3\phi Mn_f}{4}\frac{\partial(M_x^* H_y^*)}{\partial y^*}=0 \tag{6-55}$$

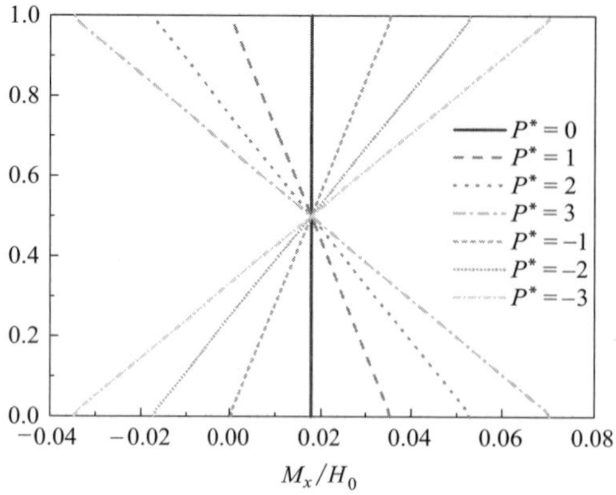

图 6-8 流动截面内垂直于外磁场方向上的磁化强度分布

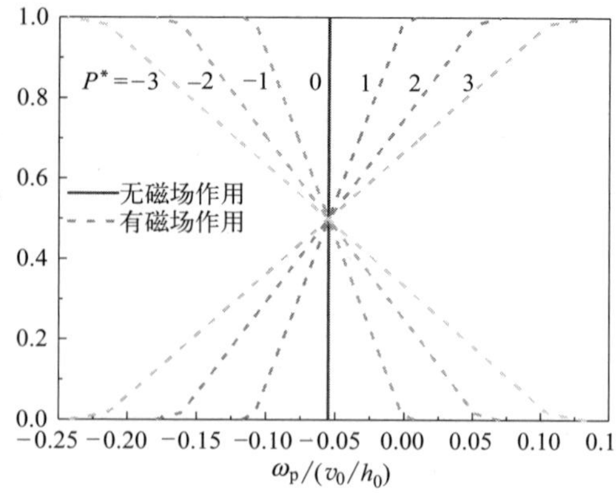

图 6-9 流动截面内颗粒自旋速度分布

由图 6-6、图 6-8 和图 6-9 可知，纯 Couette 流时速度（流速）梯度、自旋速度和 M_x 均为恒定值，根据式（6-18）可知，该方程等号右端的第二项不随空间位置变化，从而使得式（6-55）中等号左端的第二项为零，所以外磁场变化不会改变纯 Couette 流的速度分布。

对于磁场作用下的铁磁流体 Couette-Poiseuille 流，外加磁场会改变流速分布。如果 $P^*>0$（压力降与上平板运动方向相同），磁场会减小截面内每处位置上的速度；如果 $P^*<0$（压力降与上平板运动方向相反），施加磁场会增大速度。从涡量分布结果看，施加磁场则会减慢速度的变化速率，总的效果是减小了整体的流量。这是因为外加恒定磁场增大了铁磁流体的表观黏度，对流动具有阻碍作用，这种阻碍作用可以从颗粒旋转速度分布结果看出。无外磁场作用时，颗粒跟随局部涡量自由旋转；当有磁场作用时，颗粒的这种自由旋转被磁场施加的磁力矩限制，表现为 $\boldsymbol{\omega}_p$ 的大小明显减小。

磁化弛豫效应的强弱可以从图 6-8 中 $P^*\neq 0$ 时的 M_x 分布来比较。当有磁场作用时，某一流动截面处垂直于磁场方向上的磁化强度分量 M_x 会随着位置线性变化，但这种随位置变化的速率与压力梯度有关。当 $P^*>0$ 时，M_x 随位置坐标减小；当 $P^*<0$ 时，M_x 随位置坐标增大，P^* 值越大，边界附近的 M_x 值也越大。

从图 6-9 中自旋速度的分布结果可以看出，施加磁场后，压力梯度越大，$\boldsymbol{\omega}_p$ 的绝对值也越大，也即压力梯度有助于颗粒的旋转。

6.2.7 各物理量对流动特性的影响关系

(1) 压力的影响

上平板受到铁磁流体的作用力包括黏滞阻力和磁应力，其中磁场作用使黏滞阻力增大，如图 6-10 所示。磁应力是由磁化强度突变引起的，该磁应力加在黏滞阻力上，使平板受到的总切应力增大。与无磁场作用时的情况相比，在外磁场的作用下，铁磁流体的流量减小，这是因为恒定磁场增大了铁磁流体的表观黏度。另外，体积流量随压力梯度的增加而线性增大。

对于上平板附近铁磁流体内垂直于外磁场方向上的磁化强度分量 M_x，随着 P^* 的增大，M_x 减小，而且呈线性变化，如图 6-11 所示。当 P^* 增大到一定程度后（$P^*\geqslant 2$），M_x 变得方向相反。

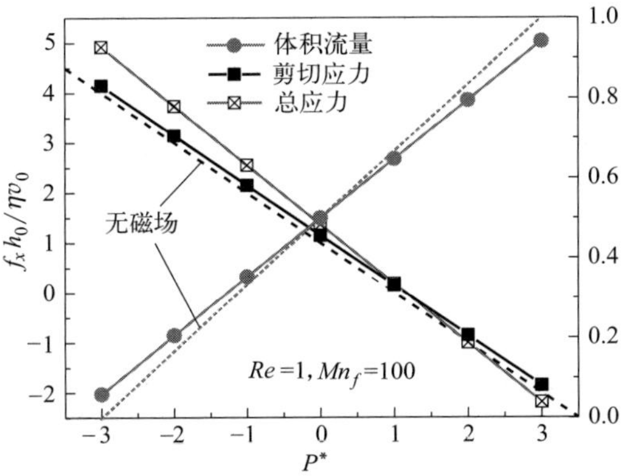

图 6-10 上平板受到的剪切应力和整体流量随无量纲压力梯度的变化（$Re=1$，$Mn_f=100$）

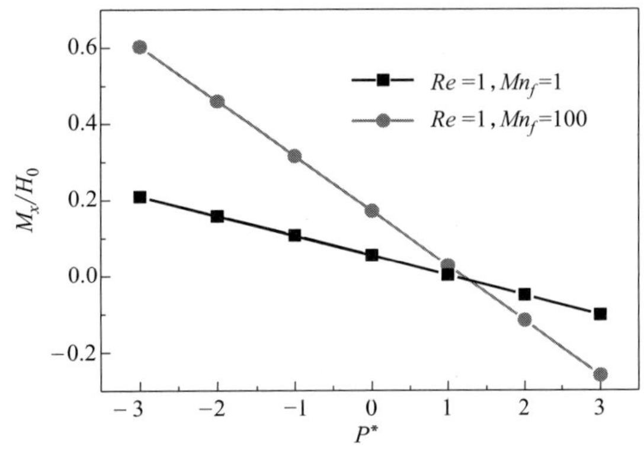

图 6-11 上平板附近铁磁流体内 M_x 随无量纲压力的变化

(2) 磁场的影响

如果 Re 值恒定，改变 Mn_f 相当于改变外磁场梯度。图 6-12 为 $Re=1$ 和 $P^*=2$ 时流动特性随 Mn_f 的变化，也相当于流动特性随外加磁场强度的变化。可见，在恒定均匀磁场的作用下，Couette-Poiseuille 流的流速随磁场的增大而减小，但随着外加磁场接近铁磁流体的饱和值，流速几乎不再变化。随着磁场强度的增大，涡量线性变化的速率逐渐增大，颗粒旋转（自旋）速度线性变化的速率也逐渐增大，但变化幅度较涡量的变化幅度更大，甚至最终变为负斜率，也即当磁场增大到一定程度后，颗粒旋转速度随横截面位置的变化而减小。只从矢量的大小看，外加磁场越强，同一位置处的涡量越小，颗粒旋转速率也越小。磁场增大到一定程度后，颗粒旋转速度方向反向，此时磁力矩引起颗粒旋转的效果超过流体涡量的影响。当外磁场相对较弱时，颗粒跟随流动的局部涡量旋转，但由于磁化弛豫效应，颗粒旋转滞后于流动涡量，且它们的方向相同。当磁场强度增大至超过某一值时（$Mn_f=100$ 的情况），式（6-18）中等号右端第二项的大小将超过第一项，又由于这两项的符号相反，所以这时颗粒自旋速度将反向。垂直于外磁场方向上的磁化强度沿通道截面纵向线性减小，如图 6-12（c）所示，而且磁场越强，同一位置处的该磁化强度分量越小。

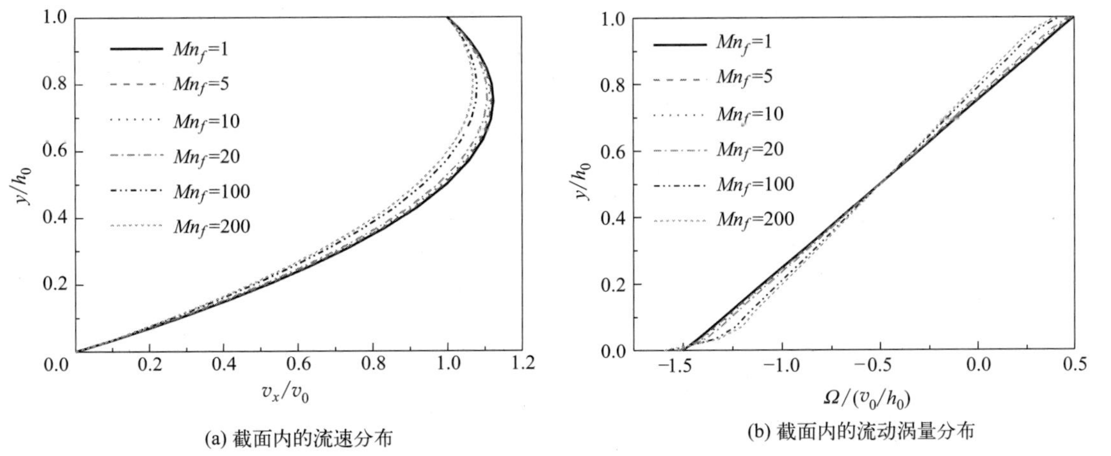

(a) 截面内的流速分布

(b) 截面内的流动涡量分布

图 6-12

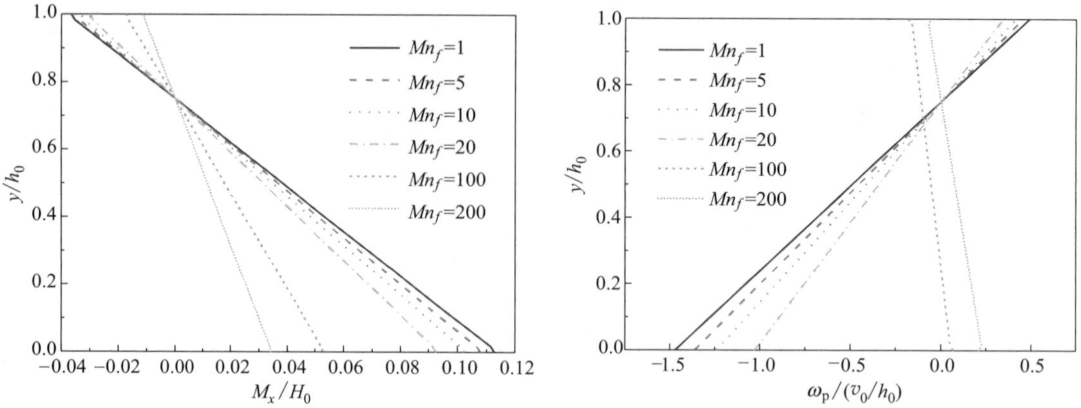

(c) 截面垂直于外磁场方向上的磁化强度　　(d) 截面内的颗粒自旋速度

图 6-12　不同 Mn_f 时的流动特性的分布（$Re=1$，$P^*=2$）

图 6-13 给出流量、平均涡量、无量纲应力和上平板附近 M_x 随磁场强度的变化关系，可以看出，剪切应力随磁场的变化很小，而且随着外加磁场的增大，两平板间的流量、流体总体的平均涡量均减小。这是由于磁场对颗粒旋转的阻碍越来越强，流体的速度相应地减小。上平板附近 M_x 的大小随磁场的增大而增大。随着外磁场接近铁磁流体的饱和磁化强度，所有这些变量的变化率均逐渐减小，最终接近某一恒定值。

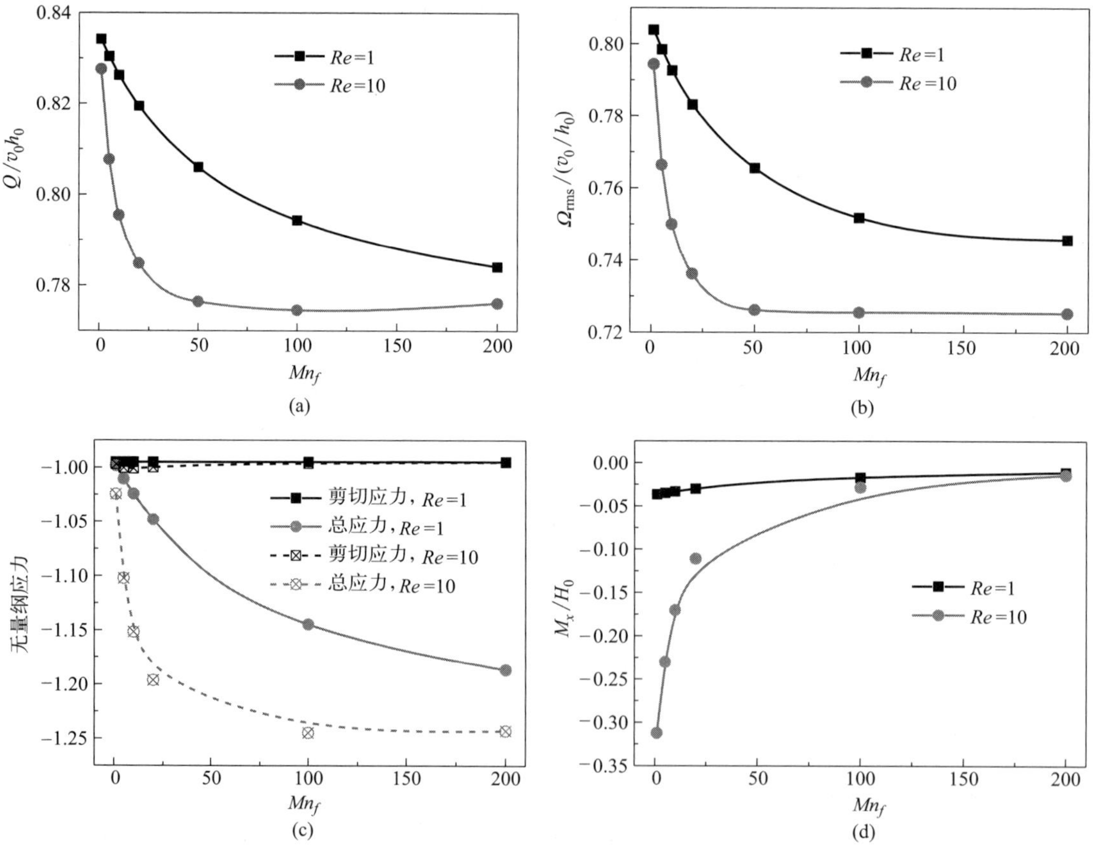

图 6-13　流量（a）、平均涡量（b）、无量纲应力（c）和上平板附近铁磁流体内 M_x（d）随 Mn_f 的变化（$P^*=2$）

(3) 平板驱动速度的影响

图 6-14、图 6-15 为 $P^*=2$，$Mn_f=1$ 条件下流动截面内颗粒旋转（自旋）速度和垂直于外磁场方向上的磁化强度的分布。在同一种压力条件下，改变 Re 值或改变上平板的驱动速度值不会改变无量纲速度和涡量的分布，所以这里只给出自旋速度和上平板附近 M_x 值的分布情况。随着驱动速度的增大，颗粒旋转速度大小沿截面的线性变化速率逐渐增大，而垂直于外磁场方向上的磁化强度沿截面的变化速率逐渐减小。

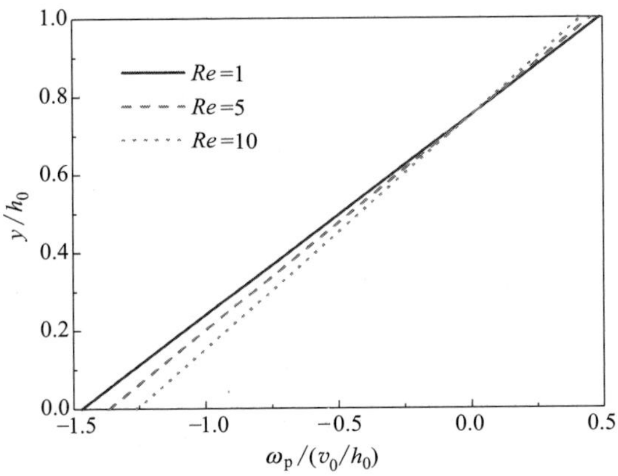

图 6-14 流动截面内的颗粒自旋速度

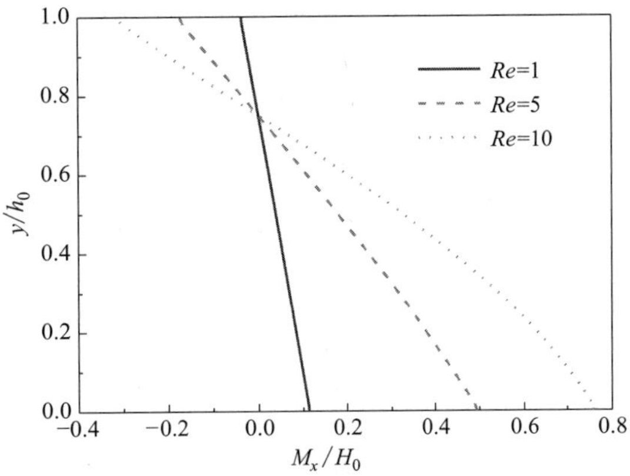

图 6-15 流动截面内垂直于外磁场方向上的磁化强度

图 6-16 为 $P^*=2$，$Mn_f=1$ 条件下上平板附近铁磁流体内的 M_x 和无量纲总应力随 Re 的变化。随着 Re 的增大，上平板受到的无量纲总应力大小和上平板附近铁磁流体内的 M_x 大小均增大。由于这种情况下无量纲流速和涡量无变化，所以上平板受到的剪切应力和平均涡量也不随 Re 变化。当 Re 较大时，颗粒随流体运动的绝对速度也较大，颗粒迅速流过磁场区域而来不及磁化，所以 M_x 相对较小。

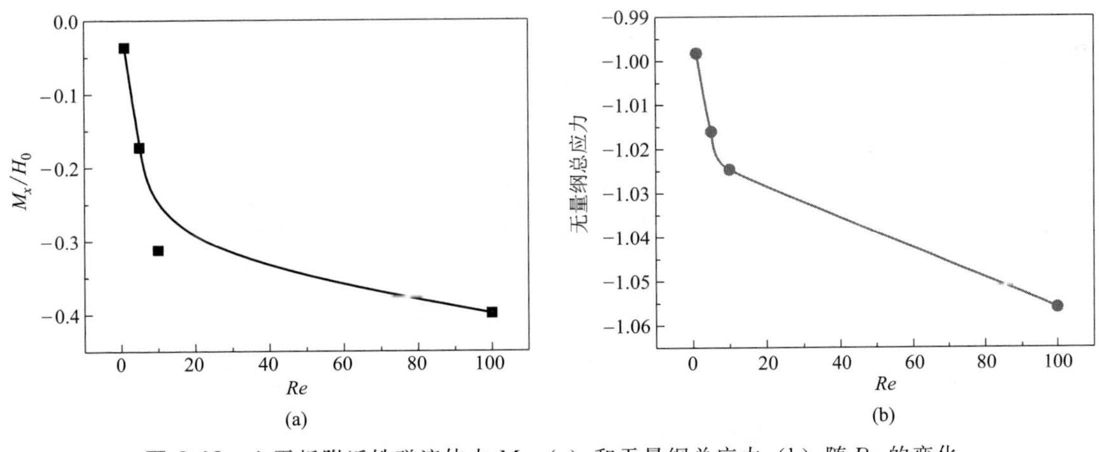

图 6-16 上平板附近铁磁流体内 M_x（a）和无量纲总应力（b）随 Re 的变化

(4) 磁化弛豫时间的影响

铁磁流体的磁化弛豫时间也会影响 Couette-Poiseuille 流的流动特性，图 6-17 和图 6-18 给出了其影响关系。当磁化弛豫时间远小于流动的特征时间（算例中的特征时间为 6.4×10^{-4}s）时，颗粒在磁场中瞬间转向磁场方向，磁化弛豫效应较弱，表现为非磁场方向上的

磁化强度 M_x 较小，如图 6-17（b）所示。当磁化弛豫时间较小时，颗粒的旋转主要取决于流体的黏滞作用，而磁化弛豫时间较大时，颗粒旋转受磁化弛豫的影响越来越显著，甚至使颗粒旋转反向，如图 6-17（a）所示。磁化弛豫时间的增大会减小作用在上平板上的无量纲磁应力和总应力［图 6-18（a）］，此外，流体中的涡量和流体流量会随着磁化弛豫时间的增大而稍有增大，如图 6-18（c）和（d）所示。

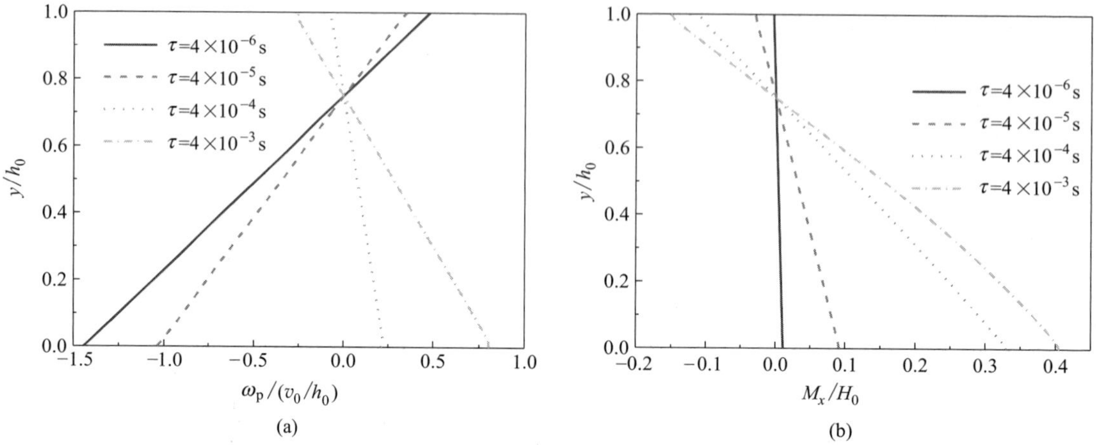

图 6-17 不同磁化弛豫时间影响下的速度、颗粒转速和 M_x 的分布（$P^*=2$，$Mn_f=20$，$Re=10$）

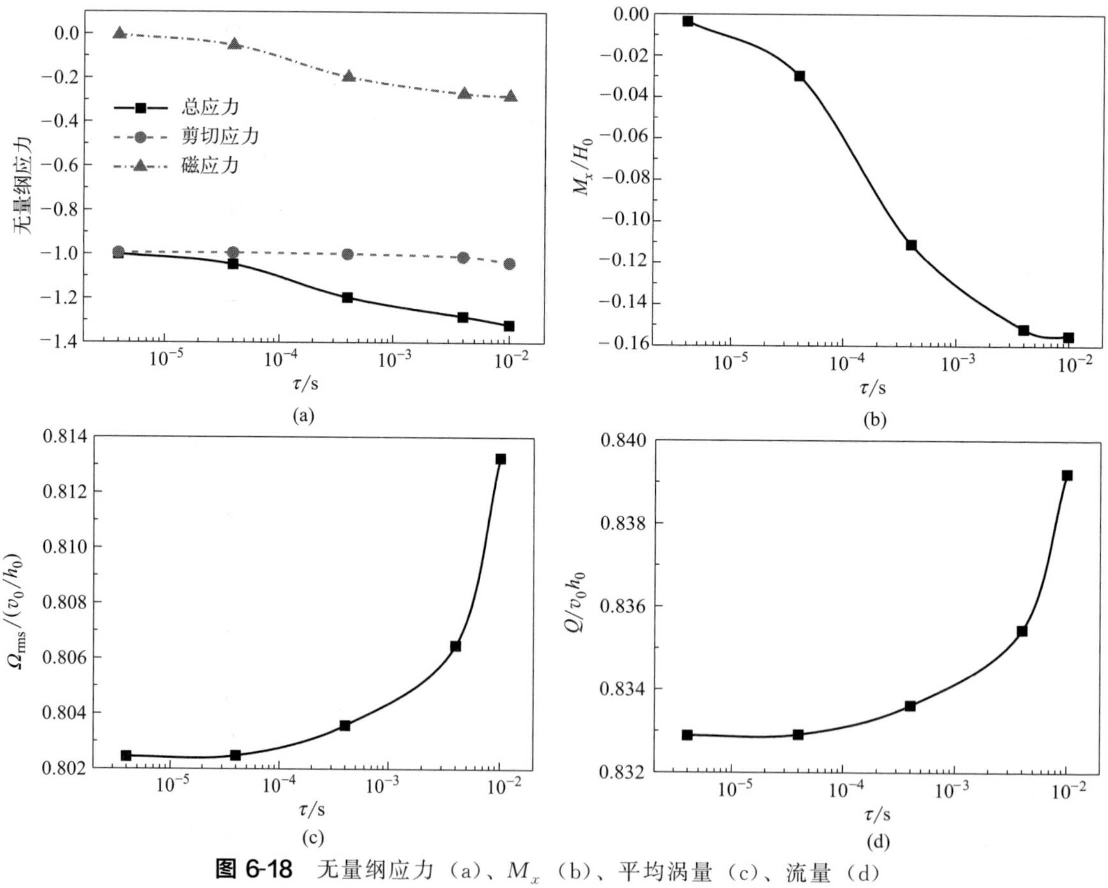

图 6-18 无量纲应力（a）、M_x（b）、平均涡量（c）、流量（d）随弛豫时间的变化（$P^*=2$，$Mn_f=20$，$Re=10$）

6.3 恒定梯度磁场作用下铁磁流体的流动特性

6.3.1 梯度磁场作用时的控制方程

对于如图 6-19 所示的梯度磁场作用下的铁磁流体平面 Couette-Poiseuille 流，分两种情况讨论梯度磁场对流动特性的影响——磁场梯度方向与壁面驱动速度方向相同和相反，其中将磁场强度梯度表示为 $\boldsymbol{G}_H$。此外，假设入口和出口间的压力差恒定，分别考虑压力梯度方向与磁场梯度方向相同和相反两种情况。

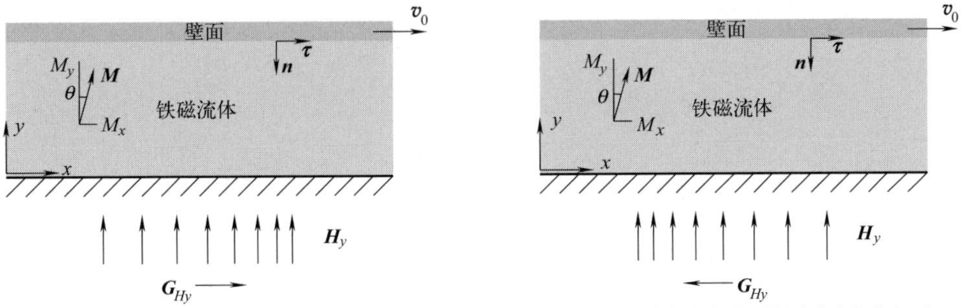

(a) 磁场梯度方向与壁面驱动速度方向相同　　(b) 磁场梯度方向与壁面驱动速度方向相反

图 6-19 梯度磁场作用下的铁磁流体平面 Couette-Poiseuille 流

在图 6-19 所示的稳态铁磁流体流动中，假设只存在 x 方向上的流体速度，也即 $v_y=0$，忽略 H_x 沿 x 方向上的变化，以及 M_y 和 H_y 沿 y 方向上的变化，即 $\dfrac{\partial H_x}{\partial x}=0$，$\dfrac{\partial M_y}{\partial y}=0$，$\dfrac{\partial H_y}{\partial y}=0$，从而可将铁磁流体的动量方程［式 (2-219)］简化为如下的分量方程：

$$\rho v_x \frac{\partial v_x}{\partial x}=-\frac{\partial p}{\partial x}+\eta\left(\frac{\partial^2 v_x}{\partial x^2}+\frac{\partial^2 v_x}{\partial y^2}\right)+\frac{\mu_0}{2}\left(M_y \frac{\partial H_x}{\partial y}+H_y \frac{\partial M_x}{\partial y}-H_x \frac{\partial M_y}{\partial y}\right) \tag{6-56}$$

$$0=-\frac{\partial p}{\partial y}+\frac{\mu_0}{2}\left(M_x \frac{\partial H_y}{\partial x}+H_x \frac{\partial M_y}{\partial x}-H_y \frac{\partial M_x}{\partial x}\right) \tag{6-57}$$

对于图 6-19 所示的流动，应用微观磁化方程［式 (4-47)］描述铁磁流体的磁化弛豫过程，在上述假设条件下，式 (4-47) 简化为如下的分量方程：

$$v_x \frac{\partial M_x}{\partial x}-\frac{1}{2}M_y \frac{\partial v_x}{\partial y}-\frac{1}{\tau_{\mathrm{B}}}M_x-\frac{\mu_0}{6\eta\phi}\frac{1}{L(\zeta)}\left(\frac{1}{L(\zeta)}-\frac{3}{\zeta}\right)(M_xM_yH_y-M_y^2H_x) \tag{6-58}$$

$$v_x \frac{\partial M_y}{\partial x}=-\frac{1}{2}M_x \frac{\partial v_x}{\partial y}-\frac{1}{\tau_{\mathrm{B}}}\left(M_y-M_{\mathrm{S}} \frac{L(\zeta)}{\zeta}\alpha\right)+\frac{\mu_0}{6\eta\phi}\frac{1}{L(\zeta)}\left(\frac{1}{L(\zeta)}-\frac{3}{\zeta}\right)(M_x^2H_y-M_xM_yH_x) \tag{6-59}$$

另外，角动量方程［式 (2-218)］和磁场方程［式 (6-9)］分别简化为

$$\omega_{\mathrm{p}}=-\frac{1}{2}\frac{\partial v_x}{\partial y}+\frac{\mu_0}{4\zeta}(M_xH_y-M_yH_x) \tag{6-60}$$

$$\frac{\partial^2 \varphi_{\mathrm{m}}}{\partial x^2}+\frac{\partial^2 \varphi_{\mathrm{m}}}{\partial y^2}-\frac{\partial M_x}{\partial x}-\frac{\partial M_y}{\partial y}=0 \tag{6-61}$$

$$H_x=-\frac{\partial \varphi_{\mathrm{m}}}{\partial x},\ H_y=-\frac{\partial \varphi_{\mathrm{m}}}{\partial y} \tag{6-62}$$

这样，梯度磁场作用下的铁磁流体平面 Couette-Poiseuille 流由式（6-56）～式（6-62）组成的方程组描述。为了便于寻找影响流动特性的控制参数，对该方程组进行无量纲化。参照式（6-10）的定义，式（6-56）～式（6-62）分别写为

$$Rev_x^*\frac{\partial v_x^*}{\partial x^*}-\frac{\partial^2 v_x^*}{\partial x^{*2}}-\frac{\partial^2 v_x^*}{\partial y^{*2}}=P^*+\frac{3\phi Mn_f}{4}\left(M_y^*\frac{\partial H_y^*}{\partial x^*}+H_y^*\frac{\partial M_x^*}{\partial y^*}-H_x^*\frac{\partial M_y^*}{\partial y^*}\right) \tag{6-63}$$

$$0=-\frac{\partial p^*}{\partial y^*}+\frac{3\phi Mn_f}{4}\left(M_x^*\frac{\partial H_y^*}{\partial x^*}+H_x^*\frac{\partial M_y^*}{\partial x^*}-H_y^*\frac{\partial M_x^*}{\partial x^*}\right) \tag{6-64}$$

$$v_x^*\frac{\partial M_x^*}{\partial x^*}=\frac{1}{2}\frac{\partial v_x^*}{\partial y^*}M_y^*-\frac{1}{\tau_{\mathrm{B}}}M_x^*-\frac{Mn_f}{4}\frac{1}{L(\zeta)}\left(\frac{1}{L(\zeta)}-\frac{3}{\zeta}\right)(M_x^*M_y^*H_y^*-M_y^{*2}H_x^*) \tag{6-65}$$

$$v_x^*\frac{\partial M_y^*}{\partial x^*}=-\frac{1}{2}\frac{\partial v_x^*}{\partial y^*}M_x^*-\frac{1}{\tau_{\mathrm{B}}^*}\left(M_y^*-\frac{L(\zeta)}{\zeta}\alpha\right)+\frac{Mn_f}{4}\frac{1}{L(\zeta)}\left(\frac{1}{L(\zeta)}-\frac{3}{\zeta}\right)(M_x^{*2}H_y^*-M_x^*M_y^*H_x^*) \tag{6-66}$$

$$\omega_{\mathrm{p},z}^*=-\frac{1}{2}\frac{\partial v_x^*}{\partial y^*}+\frac{Mn_f}{4}(M_x^*H_y^*-M_y^*H_x^*) \tag{6-67}$$

$$\frac{\partial^2 \varphi_{\mathrm{m}}}{\partial x^{*2}}+\frac{\partial^2 \varphi_{\mathrm{m}}^*}{\partial y^{*2}}-\frac{\partial M_x^*}{\partial x^*}-\frac{\partial M_y^*}{\partial y^*}=0 \tag{6-68}$$

$$H_x^*=-\frac{\partial \varphi_{\mathrm{m}}^*}{\partial x^*},\ H_y^*=-\frac{\partial \varphi_{\mathrm{m}}^*}{\partial y^*} \tag{6-69}$$

假设外加磁场沿 y 方向，且具有 x 方向上的恒定梯度，如图 6-19 所示。设梯度磁场中最小的磁场强度的大小 H_0 位于铁磁流体流动几何模型的左端或右端，则其余位置处的磁场强度可表示为

$$H_y=H_0+\frac{\partial H_y}{\partial x}x \tag{6-70}$$

根据磁标势与磁场强度间的关系 $H_y=-\partial\varphi_{\mathrm{m}}/\partial y$，由式（6-70）可得上、下边界处的磁标势间的关系为

$$\varphi_{\mathrm{m},h_0}=\varphi_{\mathrm{m},0}-\left(H_0+\frac{\partial H_y}{\partial x}x\right)h_0 \tag{6-71}$$

式（6-71）的无量纲形式为

$$\varphi_{\mathrm{m},h_0}^*=\varphi_{\mathrm{m},0}^*-\left(1+\frac{\partial H_y^*}{\partial x^*}x^*\right) \tag{6-72}$$

将无量纲磁场梯度的大小表示为

$$G_H=\frac{\partial H_y^*}{\partial x^*} \tag{6-73}$$

应用该表达式并应用式（6-11）的定义，式（6-63）和式（6-64）写为

$$Rev_x^*\frac{\partial v_x^*}{\partial x^*}-\frac{\partial^2 v_x^*}{\partial x^{*2}}-\frac{\partial^2 v_x^*}{\partial y^{*2}}=P^*+\frac{3\phi Mn_f}{4Re}\left(M_y^*G_H+H_y^*\frac{\partial M_x^*}{\partial y^*}-H_x^*\frac{\partial M_y^*}{\partial y^*}\right) \tag{6-74}$$

$$0=-\frac{1}{Re}\frac{\partial p^{*}}{\partial y^{*}}+\frac{3\phi Mn_{f}}{4Re}\left(M_{x}^{*}G_{H}+H_{x}^{*}\frac{\partial M_{y}^{*}}{\partial x^{*}}-H_{y}^{*}\frac{\partial M_{x}^{*}}{\partial x^{*}}\right) \tag{6-75}$$

通过求解由式（6-74）、式（6-75）和式（6-65）～式（6-69）组成的方程组，研究 H_0、Re 和 Mn_f 恒定，改变 P^* 和 G_H 且磁场梯度方向分别与平板驱动速度同向和反向时，铁磁流体平面 Couette-Poiseuille 流的流速、颗粒自旋速度、流动涡量、非磁场方向上的磁化强度、流量、上平板受到的切应力等流动特性的变化规律。同时为了展示梯度磁场的作用效果，将这些结果与在均匀的最小磁场（$H_{y,\min}=H_0$）、最大磁场［$H_{y,\max}=H_0+L_0\times(\partial H_y/\partial x)$］、平均磁场［$H_{y,\mathrm{av}}=(H_{y,\min}+H_{y,\max})/2$］分别作用下的情况进行比较。

对于这一问题的边界条件，其中标量磁位的边界条件为

$$\varphi_{\mathrm{m},0}=0;\ \varphi_{\mathrm{m},h_0}^{*}=\varphi_{\mathrm{m},0}^{*}-(1+G_Hx^{*}) \tag{6-76}$$

其余边界条件与 6.2.2 节的相同。

分别求解当 $H_0=1.4835\times10^3$ A/m，$L_0=1$ mm，$Re=10$，G_H 分别为 1、3、5、7、9 时的控制方程组，其他参数的取值见表 6-1。

6.3.2 铁磁流体内的磁场分布和流速分布特征

在恒定梯度磁场的作用下，铁磁流体内的磁场强度出现了垂直于外磁场方向的分量，如图 6-20 所示。另外，磁化强度在 x 方向上也不均匀。为了比较不同参数的影响规律，这里取几何模型在 x 方向中间位置处的截面和该位置处上平板附近的磁化强度作为比较指标。

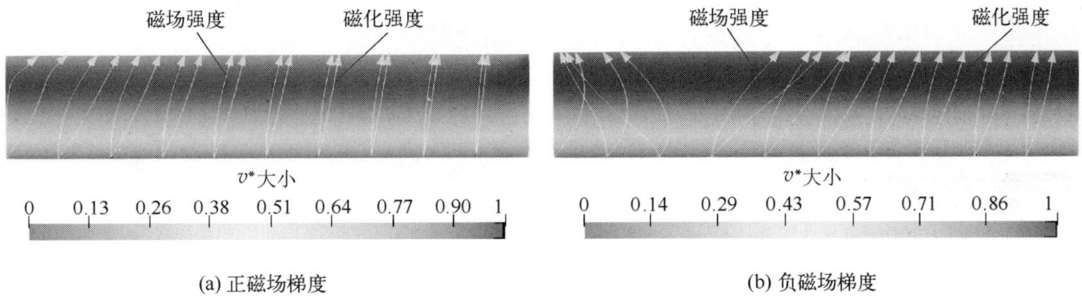

图 6-20 梯度磁场作用下铁磁流体平面 Couette-Poiseuille 流中的磁场强度和磁化强度（$G_H=9$）

与均匀磁场作用时的结果不同的是，梯度磁场作用下铁磁流体在微通道内的流速沿 x 方向并非恒定，如图 6-21 所示。流速沿横截面的分布在 x 方向稍有变化，对于正压力梯度驱动的流动，越靠近流动出口处，流速的最大值越大，但存在其余部分 y 位置上的流速减小以保证恒定的流量。

6.3.3 恒定梯度磁场作用时铁磁流体的流动特性

(1) 流速和流动涡量分布

如图 6-22 为 $P^*=0$ 时磁场梯度方向与平板驱动速度相同和相反两种情况下微通道内铁磁流体的流速分布。可见，两种梯度磁场均增大了铁磁流体的流速，对铁磁流体的流动均具有促进作用。而在 6.2.7 节的结论中，均匀磁场不会改变铁磁流体 Couette 流的流速分布，这是与梯度磁场作用时最明显的区别。

对于梯度磁场作用下的 Couette 流，式（6-74）成为

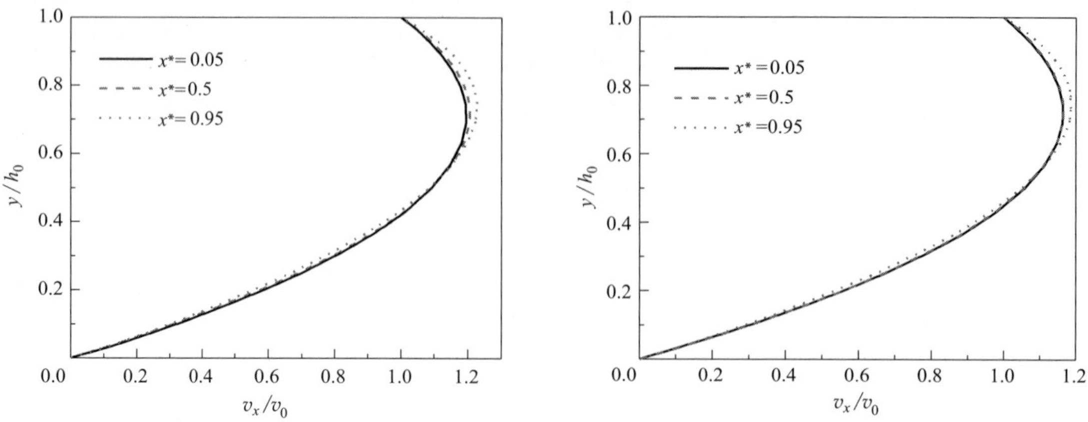

(a) G_H=9　　(b) G_H=−9

图 6-21　梯度磁场作用下铁磁流体内不同位置截面处的流速分布比较（$P^*=2$）

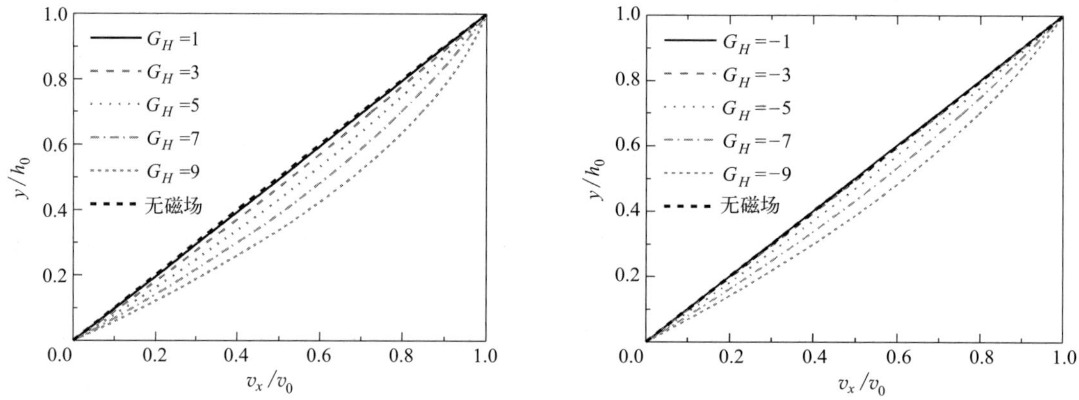

(a) 正磁场梯度　　(b) 负磁场梯度

图 6-22　$P^*=0$ 时梯度磁场作用下微通道内铁磁流体的流速分布

$$\frac{\mathrm{d}^2 v_x^*}{\mathrm{d}y^{*2}}=-\frac{3\phi M n_f}{4}\left(M_y^* G_H+H_y^*\ \frac{\partial M_x^*}{\partial y^*}-H_x^*\ \frac{\partial M_y^*}{\partial y^*}\right) \tag{6-77}$$

与均匀磁场作用时的方程相比，该方程等号右端的第三项中包含了由磁场梯度表示的磁体积力项，所以该项不再为零，从而使得磁场变化会引起流速分布的变化，而且梯度大小越大，磁体积力也越大，对流动的影响也越显著。对于正梯度的磁场，式（6-77）中等号右端除$\frac{\partial M_y^*}{\partial y^*}$外，所有项均为正，所以 $\mathrm{d}^2 v_x^*/\mathrm{d}y^{*2}<0$，表明 v_x^* 和 y^* 之间的关系曲线为凸的形状，如图 6-22(a) 所示。而对于负梯度磁场的情况，当梯度值足够大时，式（6-77）中等号右端除$\frac{\partial M_y^*}{\partial y^*}$外，所有项均为负，同样导致 v_x^* 和 y^* 之间的关系曲线为凸的形状。简单数值分析表明，式（6-77）中等号右端的最后两项的大小远超过第一项，表明铁磁流体应力张量的反对称部分 $2(\boldsymbol{\omega}_\mathrm{p}-\boldsymbol{\Omega})$起主要作用，而磁体积力密度的作用相对较弱。对于同一种梯度方向，磁场的梯度越大，流速的增大也越明显，在图 6-22(a) 中，流速的最大增加量约为

35%。比较不同方向磁场梯度的结果发现，梯度大小相同时，正梯度对流速的增大作用较负梯度的作用更加显著。

从图 6-22 中还可以看出，对于有梯度磁场作用的情况，流速沿截面位置呈二次抛物线形变化，这会引起流动涡量沿截面的线性变化。如图 6-23 所示，表明梯度磁场使得铁磁流体 Couette 流的涡量不再像均匀磁场作用时约恒定为 0.5 的分布，而且磁场梯度越大，线性关系的斜率也越大。此外，在所计算的梯度范围内，该斜率未表现出饱和。

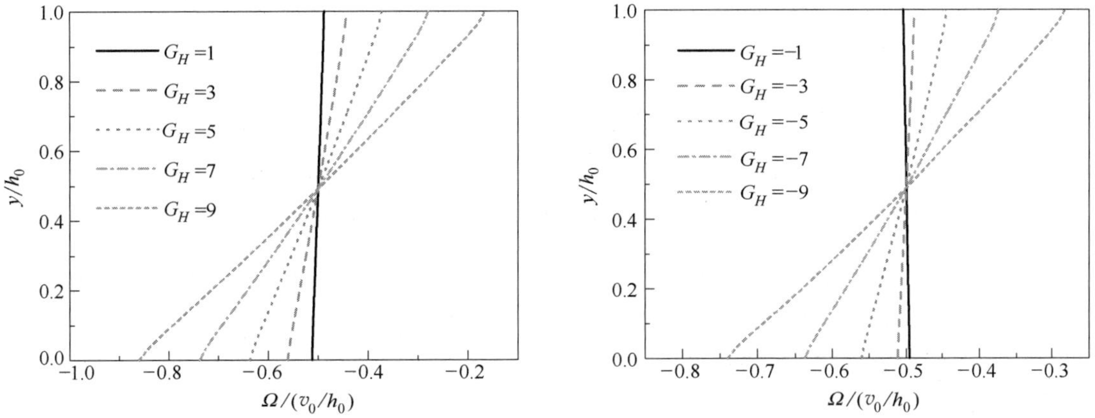

(a) 正磁场梯度　　(b) 负磁场梯度

图 6-23 $P^*=0$ 时梯度磁场作用下微通道内铁磁流体的流动涡量分布

当压力梯度为正时，均匀磁场会抑制铁磁流体的流动，但在梯度场中，当磁场梯度大小超过一定值时，磁场的作用会促进铁磁流体的 Couette-Poiseuille 流流动，如图 6-24 所示，而且梯度值越大，这种促进作用也越强。这些结果也可以从图 6-25 中梯度磁场作用与均匀磁场作用结果的比较情况来得到。与均匀的平均磁场的情况相比，梯度磁场中流速的最大增加量约为 19.4%。这一效果一方面源于磁体积力的作用；另一方面可能是磁场的不均匀性导致颗粒在随流体前进过程中不断地旋转，将一部分磁场能量转换为机械能引起的，类似于交变磁场中铁磁流体表观黏度的减小作用。

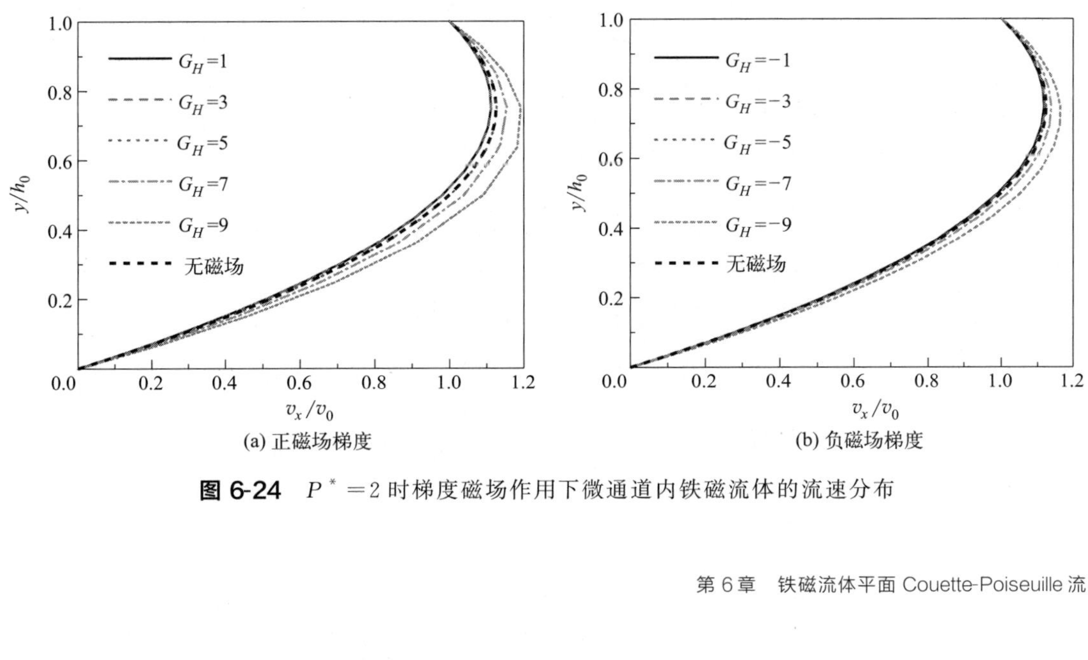

(a) 正磁场梯度　　(b) 负磁场梯度

图 6-24 $P^*=2$ 时梯度磁场作用下微通道内铁磁流体的流速分布

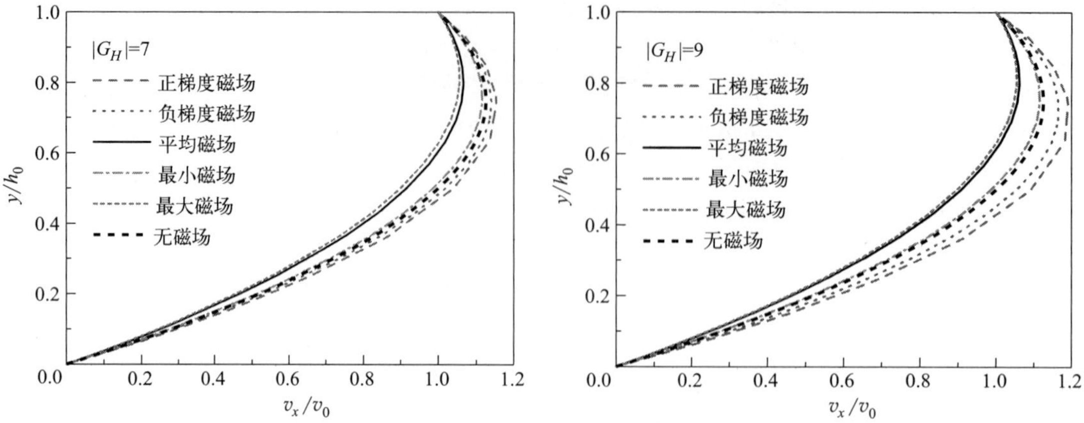

(a) 磁场梯度大小为7　　(b) 磁场梯度大小为9

图 6-25　$P^*=2$ 时梯度磁场作用下微通道内铁磁流体的流速分布与均匀磁场作用时的对比

从图 6-24 还可以看出，流速分布曲线上最大流速的位置随磁场梯度发生变化，如图 6-26 所示，对于正磁场梯度，该位置下降了约 7.7%。这一特性可能源于磁体积力的作用，磁体积力大小取决于磁化强度，而由于上平板的驱动，磁化强度随位置变化不再具有对称特性。

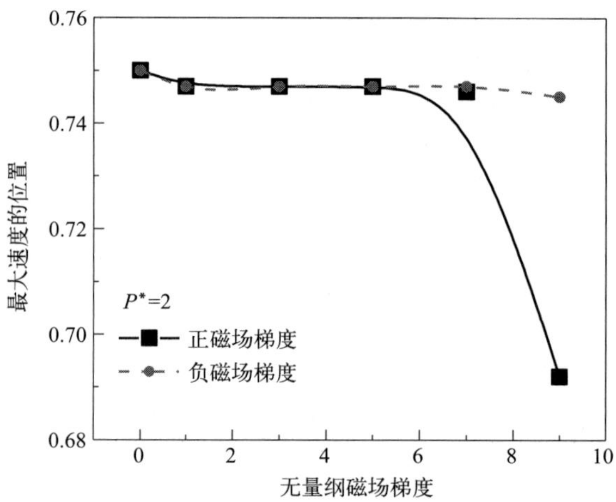

图 6-26　磁场梯度对最大流速（速度）位置的影响（$P^*=2$）

当压力梯度为负时，梯度磁场的作用效果与均匀磁场的效果相同：抑制回流，增大正向流速，如图 6-27 所示。无论是正向梯度还是负向梯度，梯度大小越大，对回流的抑制作用越强，而且相同梯度大小时，正向梯度的作用更加显著。与均匀磁场的作用相比，正、负梯度磁场的作用

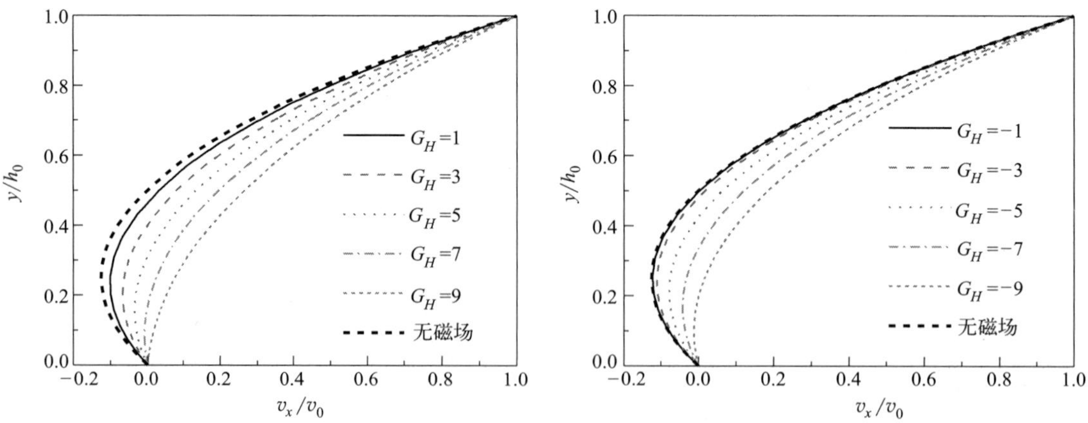

(a) 正磁场梯度　　(b) 负磁场梯度

图 6-27　$P^*=-2$ 时梯度磁场作用下微通道内铁磁流体的流速分布

效果均强于均匀的最小、最大和平均磁场的效果，如图 6-28 所示。尤其是当梯度大小超过一定值后，回流可被完全抑制（如正梯度磁场且梯度大小为 9 时），消除了负压力梯度流动中原本存在的流动分离点。

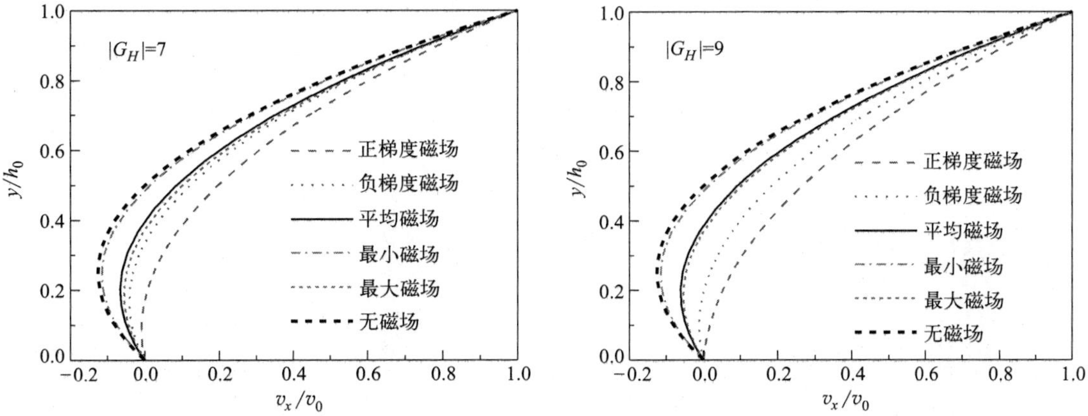

(a) 磁场梯度大小为7　　(b) 磁场梯度大小为9

图 6-28 $P^*=-2$ 时梯度磁场作用下微通道内铁磁流体的流速分布与均匀磁场作用时的对比

如图 6-29 分别为 $P^*=2$ 和 $P^*=-2$ 两种情况下梯度磁场作用时微通道内铁磁流体流动涡量的分布，以及它们与均匀的平均磁场作用时的对比。总体上，梯度磁场作用下流动涡

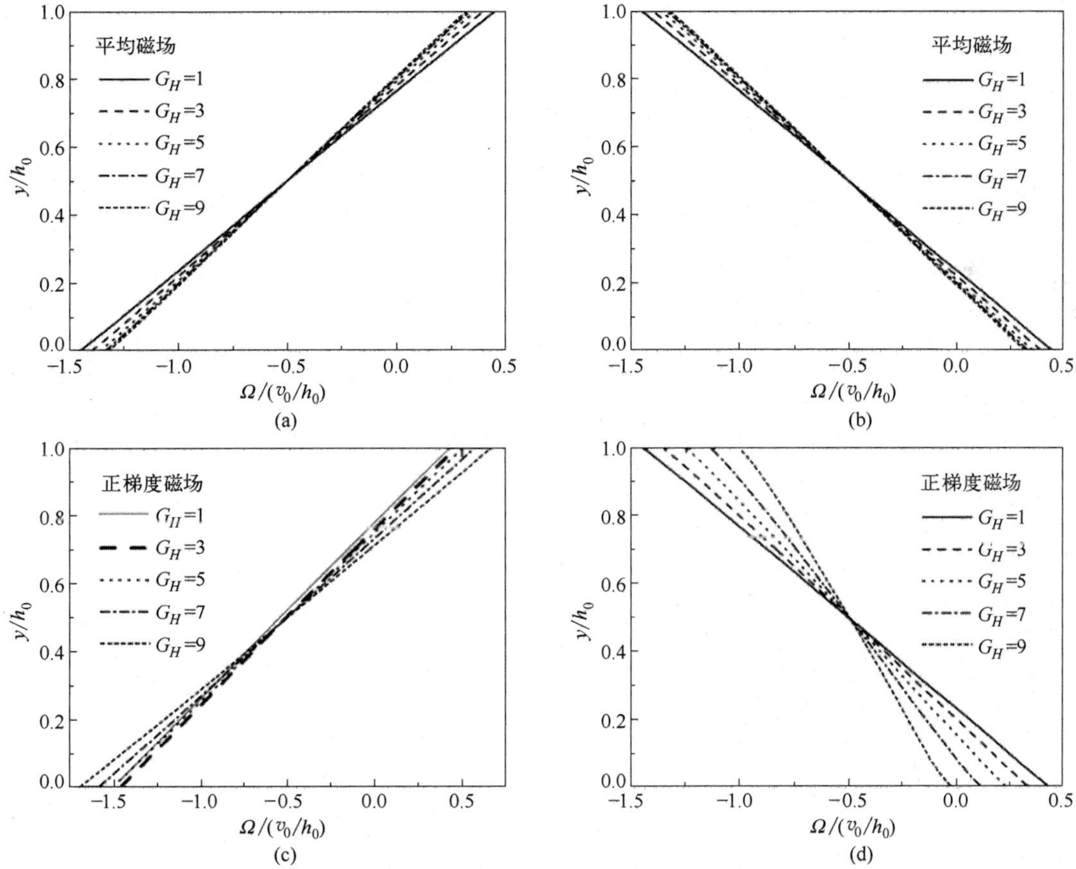

图 6-29

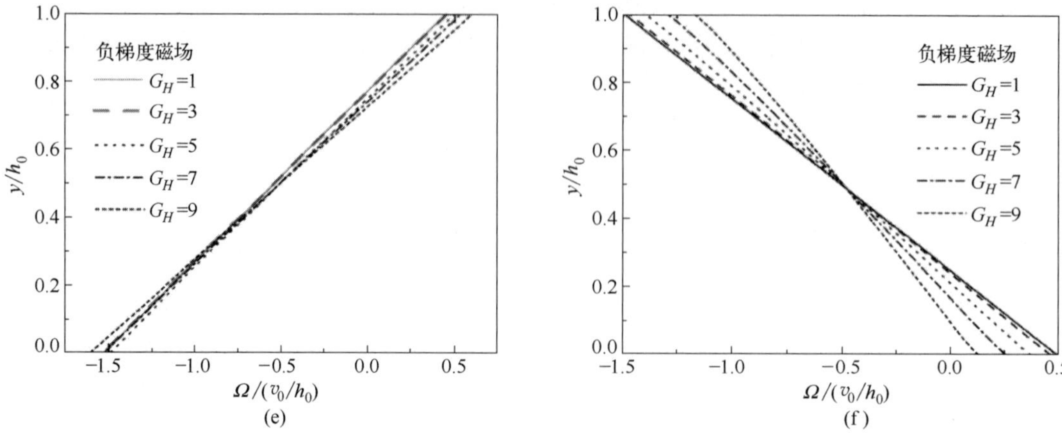

图 6-29 铁磁流体的涡量分布［对于图（a）、（c）、（e），$P^*=2$；对于图（b）、（d）、（f），$P^*=-2$］

量随位置的变化规律与均匀的平均磁场作用时的情况相同，但当 $P^*=2$ 时，梯度磁场作用时涡量变化曲线的斜率更大，而当 $P^*=-2$ 时，梯度磁场作用时涡量变化曲线的斜率则较平均磁场的小，这些都是上述流速分布导致的直接结果。

图 6-30 比较了 $P^*=0$、$P^*=2$ 和 $P^*=-2$ 三种情况下均方根涡量 Ω_{rms} 随梯度大小的变化，其中深色填充区域的边界对应最小和最大均匀磁场作用的结果。可见，对于非负压力梯度的情况，Ω_{rms} 随着磁场梯度的增大而增大；但当 $P^*=-2$ 时，Ω_{rms} 随着磁场梯度的增大而减小。这些都是速度分布的直接结果。对于 $P^*=-2$ 的情况，较大的磁场梯度会减小速度的变化率，进而导致流动涡量减小。相比而言，正磁场梯度能够引起较大的涡量变化，而且两种梯度磁场均会使均方根涡量超出均匀的最小和最大磁场作用时对应均方根涡量所限定的范围。

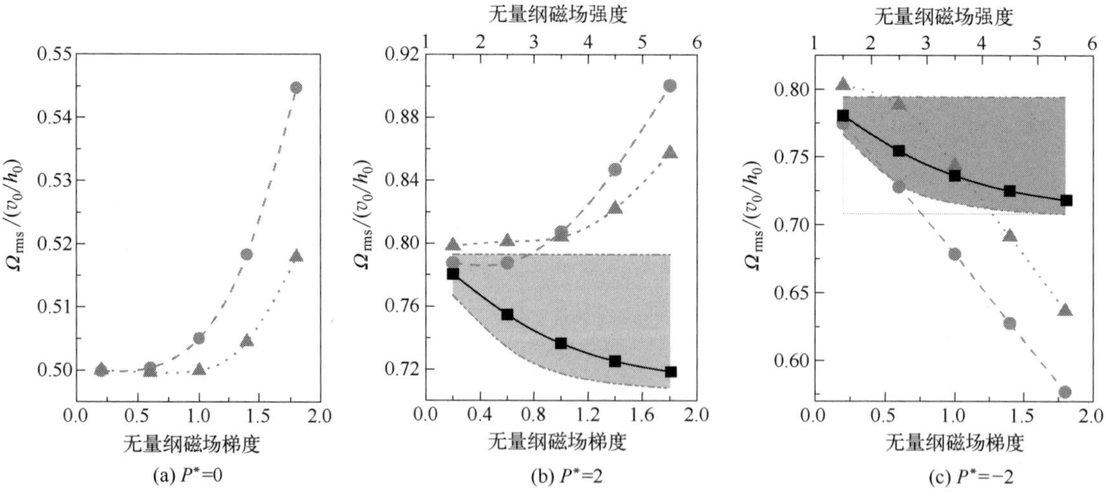

图 6-30 铁磁流体均方根涡量随磁场梯度大小的变化

—■—平均磁场；- -●- -正梯度磁场；· · ▲ · ·负梯度磁场

(2) M_x 分布

在均匀磁场作用下的纯 Couette 流（$P^*=0$）中，通道内某一截面上的 M_x 为恒定值。

对于梯度磁场作用的情况，M_x 会随位置线性变化，并且距离上平板越近，M_x 的值越大，如图 6-31 所示。较大的磁场梯度会显著改变这些线性关系的斜率，并使曲线向大 M_x 值方向移动，这是同一位置处不同磁场梯度引起磁场强度的改变导致的直接结果。在 Couette 流中增加压力梯度后（Couette-Poiseuille 流），会引起这些线性关系斜率符号的改变，如图 6-32 所示。

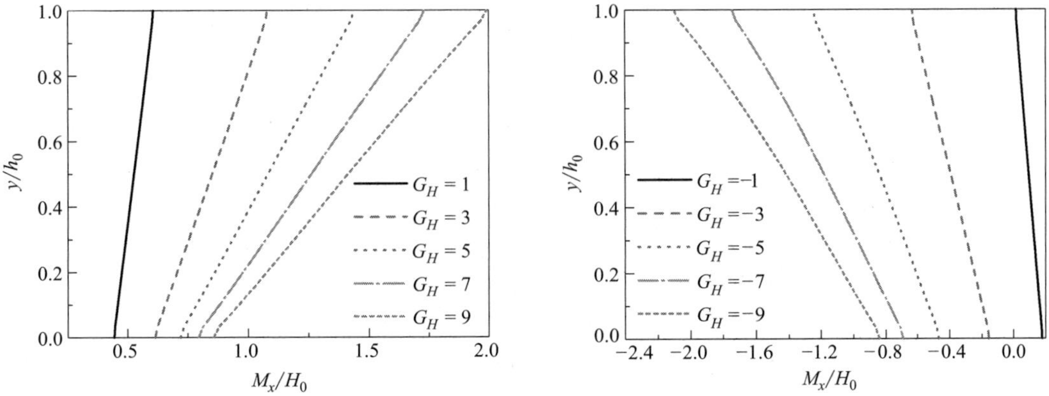

(a) 正梯度　　(b) 负梯度

图 6-31　铁磁流体 Couette 流中的 M_x 分布（$P^*=0$）

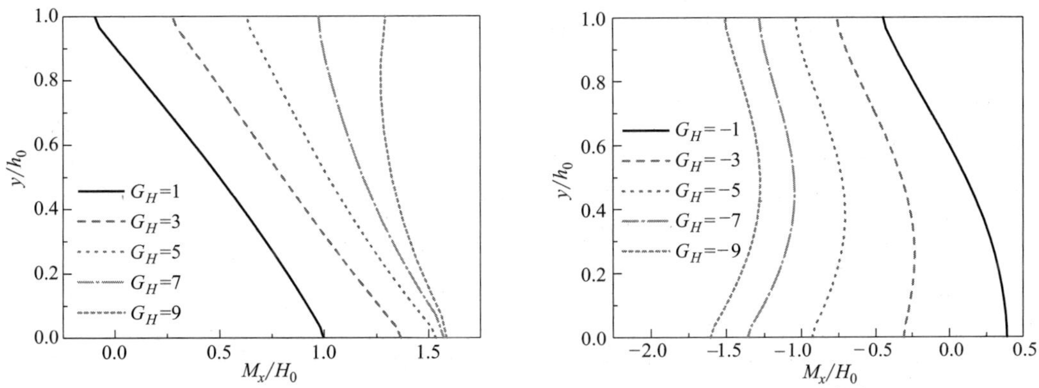

(a) 正梯度　　(b) 负梯度

图 6-32　铁磁流体 Couette-Poiseuille 流中的 M_x 分布（$P^*=2$）

比较不同压力梯度时上平板附近铁磁流体中 M_x 随磁场梯度值的变化，如图 6-33 所示，发现正梯度和负梯度磁场均会增大 M_x 的大小，且梯度磁场作用下的所有 M_x 结果均超出均匀磁场作用时最小和最大磁场所得结果限定的范围，梯度大小越大，超出的越多。将梯度磁场作用下的 M_x 分布结果与均匀磁场时的结果比较发现，梯度磁场引起的 M_x 的大小会远超出均匀磁场作用时 M_x 结果的范围，如图 6-34 所示。这些结果表明，磁场梯度能够增强磁化弛豫效应。

(3) 自旋角速度分布

在均匀磁场作用下的纯 Couette 流动（$P^*=0$）中，无量纲的颗粒自旋角速度值恒为 −0.5，但梯度磁场会减小铁磁流体 Couette 流中的局部自旋角速度，并且随着梯度的增大，自旋角速度逐渐靠近 0 值，当梯度进一步增大时，自旋方向转向，如图 6-35 所示。在式

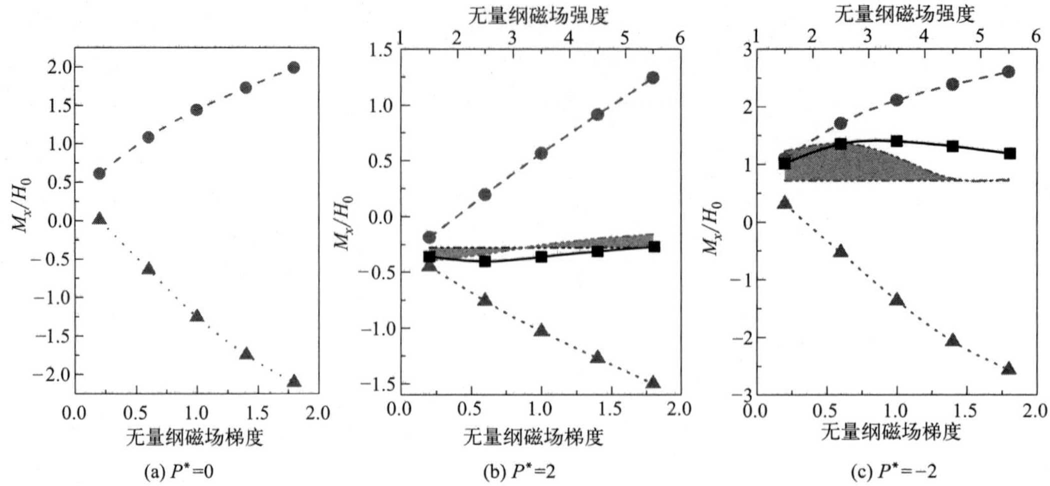

图 6-33 上平板附近 M_x 随磁场梯度大小的变化

—■—平均磁场；- -●- -正梯度磁场；· · ▲ · ·负梯度磁场

(6-67) 中，等号右端的两项符号相反，当磁场较弱时，颗粒跟随局部涡量自由旋转，旋转方向与涡量方向相同，但随着磁场梯度增大导致的局部磁场的增大，这两项相互抵消或者后者超过前者，最终导致颗粒自旋角速度向 0 逼近或者向相反方向增大。

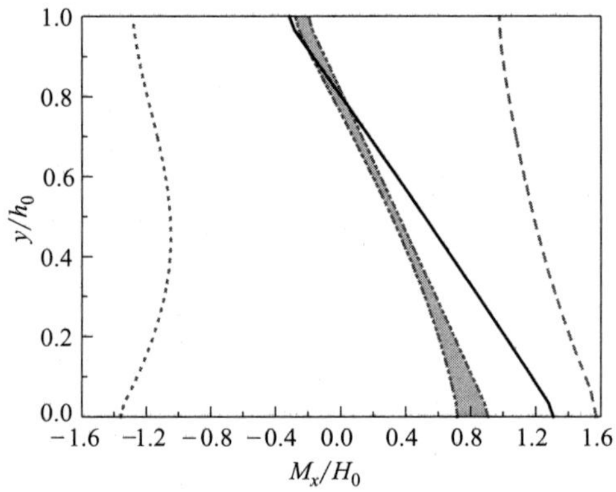

图 6-34 M_x 分布（$P^*=2$，$G_H=7$）

- - -正梯度磁场；- - - -负梯度磁场；——平均磁场

在 Couette 流中，对于给定的磁场梯度，自旋速度在截面内随位置的变化较小，只有在磁场梯度较大时，这一变化才会显著。但铁磁流体的 Couette-Poiseuille 流中无这一规律，如图 6-36 所示，这种流动中自旋扩散和涡量的耦合作用，导致壁面附近出现微弱的自旋速度边界层。Couette-Poiseuille 流中，自旋速度依然保持对位置的线性依赖关系（除边界层外），但该线性关系的斜率随磁场梯度变化较显著。

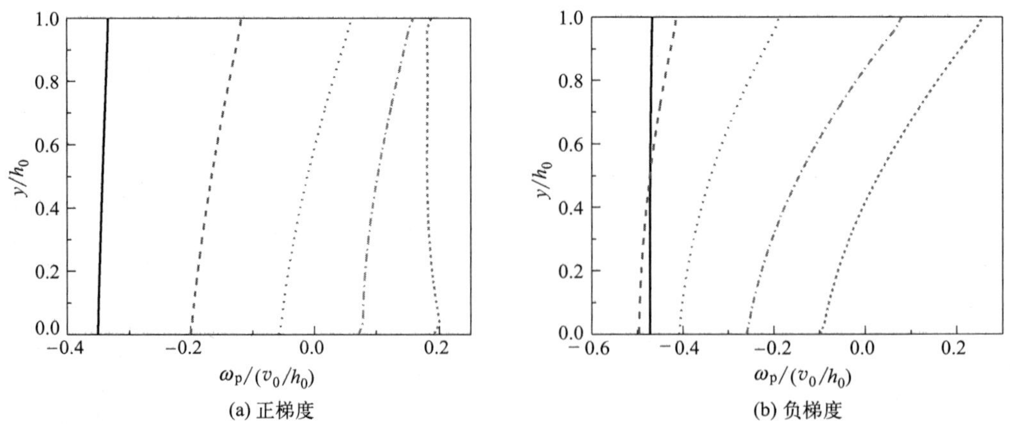

图 6-35 铁磁流体 Couette 流中的自旋角速度分布（$P^*=0$）

——$|G_H|=1$；- - - -$|G_H|=3$；·····$|G_H|=5$；-·-·-$|G_H|=7$；······$|G_H|=9$

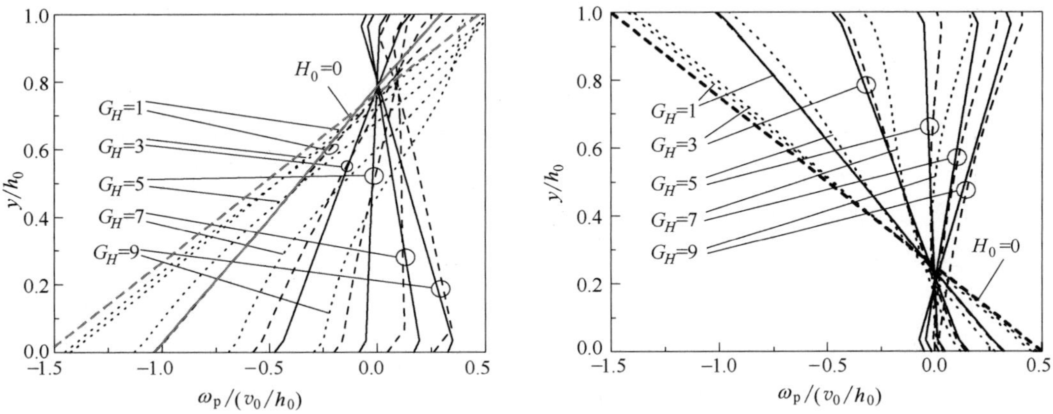

(a) $P^*=2$　　　(b) $P^*=-2$

图 6-36　铁磁流体 Couette-Poiseuille 流中的自旋角速度分布

——：平均磁场；----：正梯度磁场；……：负梯度磁场

从图 6-36 中还可以看出，负磁场梯度时的自旋速度分布偏离平均磁场时的结果较远，这一现象的一个起因是负梯度时的 M_x 偏离其平均磁场时的结果较远，如图 6-34 所示。

(4) 流量随压力梯度和磁场梯度的变化规律

由于均匀磁场不会改变铁磁流体 Couette 流的流速分布，所以均匀磁场中 Couette 流的流量恒定。但在梯度磁场中，无论是正梯度还是负梯度，当梯度大小超过一定值后，都会增大铁磁流体 Couette 流的流量，如图 6-37（a）所示，且图中的最大增大量分别为 24% 和 16%。这里流量的数值计算方法为

$$Q=\sum_{k=1}^{\mathrm{CN}} v_{x,k}(\Delta y)_k$$

而且当磁场的梯度大小相同时，处于正梯度磁场中的铁磁流体比在负梯度磁场中的具有更大的流量。

对于铁磁流体的 Couette-Poiseuille 流，如果压力梯度为正，如图 6-37（b）所示，均匀

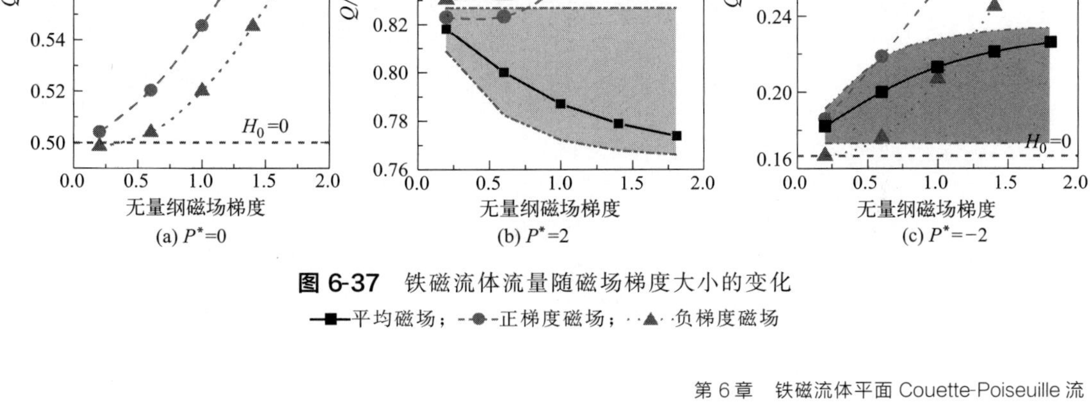

(a) $P^*=0$　　　(b) $P^*=2$　　　(c) $P^*=-2$

图 6-37　铁磁流体流量随磁场梯度大小的变化

—■—平均磁场；--●--正梯度磁场；··▲··负梯度磁场

磁场会阻碍铁磁流体流动，进而减小流量，但在梯度磁场中，当梯度大小超过一定值后，流量会增大，且梯度越大，流量也会越大；在负压力梯度驱动的流动中，如图 6-37（c）所示，均匀磁场和梯度磁场都会促进铁磁流体的正向流动，但当梯度大小超过一定值后，梯度磁场的流量会超过均匀的最小和最大磁场所引起的流量的限定范围，而且正梯度磁场的作用效果较负梯度磁场的作用效果更加显著，在所计算的范围内，流量可增大为原来的 2 倍。因此，梯度磁场会促进微通道内铁磁流体的正向流动。

（5）上平板受到的切应力随压力梯度和磁场梯度的变化规律

上平板受到的切应力分为两部分：流体对其的黏滞阻力和由磁化强度突变引起的磁应力。图 6-38 给出磁应力、黏滞阻力和总切应力（总应力）随磁场梯度的变化。对于均匀磁场作用下的 Couette 流，只有黏滞阻力作用，因为均匀磁场并不改变流速分布。当在梯度磁场中，对于所有三种压力梯度，磁应力和总应力均随着梯度大小的增大而增大，黏滞阻力随梯度大小的增大而减小。这是因为磁应力的增大速率大于黏滞阻力的减小速率，以 $P^*=0$ 时的正磁场梯度的情况为例，与普通流体相比，黏滞阻力减小了 60%，而磁应力增大了 8.6 倍，最终导致总应力增加了约 52%。所有情况中，磁应力最大增加了 22 倍，为 $P^*=0$、$G_H=7$ 的情况。

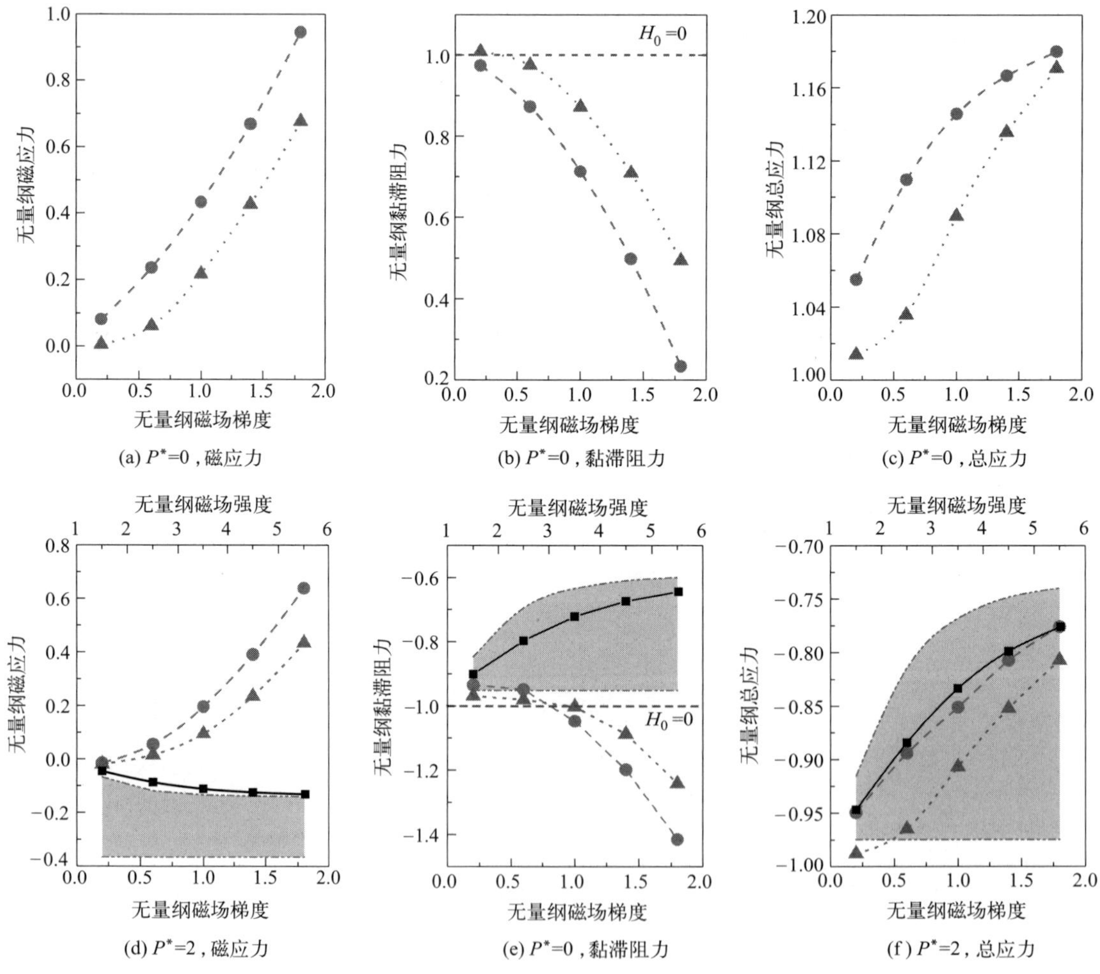

(a) $P^*=0$，磁应力　(b) $P^*=0$，黏滞阻力　(c) $P^*=0$，总应力

(d) $P^*=2$，磁应力　(e) $P^*=0$，黏滞阻力　(f) $P^*=2$，总应力

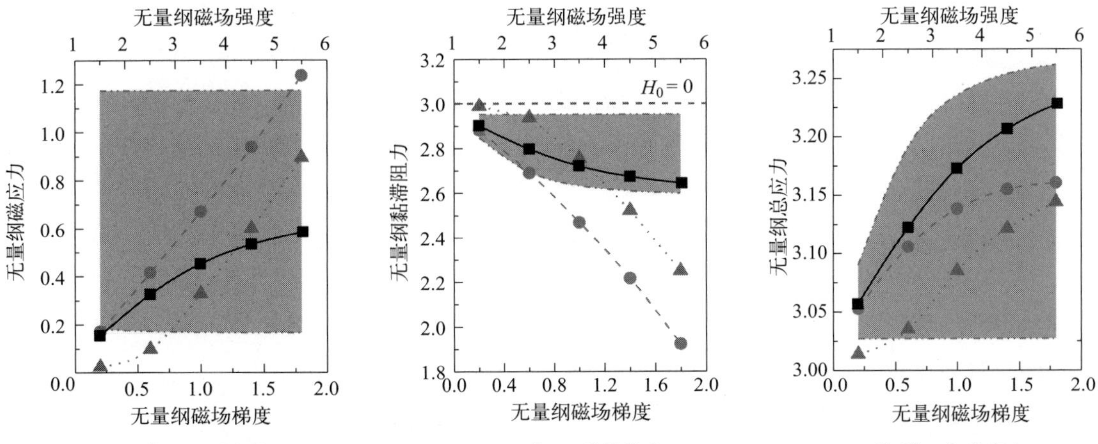

(g) $P^*=-2$，磁应力　(h) $P^*=-2$，黏滞阻力　(i) $P^*=-2$，总应力

图 6-38　铁磁流体对移动壁面的切应力随磁场梯度大小的变化

—■—平均磁场；-●-正梯度磁场；··▲··负梯度磁场

总体上，正磁场梯度往往比负磁场梯度引起更大的应力变化（除 $P^*=-2$ 时总应力的情况外），对于压力梯度驱动的 Couette-Poiseuille 流，梯度磁场作用下的黏滞阻力和磁应力会超出最小和最大均匀磁场作用下限制的范围，但总应力在除磁场非常弱的情况下均位于它们限定的范围内。

总的说来，与均匀磁场的作用效果相比，梯度磁场可显著增大磁应力，并减小黏滞阻力，这两者的折中使得作用在上平板的切应力增大。

6.4　时变磁场作用下铁磁流体的流动特性

6.4.1　弱旋转磁场中的铁磁流体 Couette 流

在如图 5-1 所示的平面 Couette 流中，当外加磁场在(x,y)平面内旋转时，铁磁流体的磁化强度也以相同的速率在该平面内旋转，但由于磁化弛豫效应，磁化强度在相位上滞后磁场强度某一角度 ϑ，这时磁场强度和磁化强度可分别表示为

$$\boldsymbol{H}=[H_0\cos(\varpi t),H_0\sin(\varpi t),0] \tag{6-78}$$

$$\boldsymbol{M}=[M\cos(\varpi t-\vartheta),M\sin(\varpi t-\vartheta),0] \tag{6-79}$$

并有

$$\boldsymbol{M}_0=[M_0\cos(\varpi t),M_0\sin(\varpi t),0] \tag{6-80}$$

其中，$M_0=M_\mathrm{S}L(\alpha)=\chi_0H_0$。

在弱场近似条件下，也即在 $\alpha\ll1$ 时，平衡磁化强度与磁场强度间具有线性关系，且磁化方程均线性化为式（4-28），可通过求解该方程来确定 M 和 ϑ。将式（6-78）和式（6-79）分别代入式（4-28）中的各项，得

$$\frac{\mathrm{D}\boldsymbol{M}}{\mathrm{D}t}=-M\varpi\sin(\varpi t-\vartheta)\boldsymbol{e}_x+M\varpi\cos(\varpi t-\vartheta)\boldsymbol{e}_y$$

$$\begin{aligned}\boldsymbol{\Omega}\times\boldsymbol{M}&=\Omega\boldsymbol{e}_z\times[M\cos(\varpi t-\vartheta)\boldsymbol{e}_x+M\sin(\varpi t-\vartheta)\boldsymbol{e}_y]\\&=-\Omega M[\boldsymbol{e}_x\sin(\varpi t-\vartheta)-\boldsymbol{e}_y\cos(\varpi t-\vartheta)]\end{aligned}$$

$$\boldsymbol{H}\cdot(\boldsymbol{M}-\boldsymbol{M}_0)=H_0[\boldsymbol{e}_x\cos(wt)+\boldsymbol{e}_y\sin(wt)]\cdot\begin{Bmatrix}[M\cos(wt-\vartheta)-M_0\cos(wt)]\boldsymbol{e}_x-\\ [M\sin(wt-\vartheta)-M_0\sin(wt)]\boldsymbol{e}_y\end{Bmatrix}$$

$$=H_0\cos(wt)[M\cos(wt-\vartheta)-M_0\cos(wt)]$$

$$+H_0\sin(wt)[M\sin(wt-\vartheta)-M_0\sin(wt)]$$

$$=H_0M[\cos(wt)\cos(wt-\vartheta)+\sin(wt)\sin(wt-\vartheta)]$$

$$-H_0M_0[\cos^2(wt)+\sin^2(wt)]$$

$$=H_0(M\cos\vartheta-M_0)$$

$$\boldsymbol{M}\times\boldsymbol{H}=[MH_0\cos(wt-\vartheta)\sin(wt)-MH_0\sin(wt-\vartheta)\cos(wt)]\boldsymbol{e}_z=MH_0\sin\vartheta\boldsymbol{e}_z$$

$$\boldsymbol{H}\times(\boldsymbol{M}\times\boldsymbol{H})=MH_0^2\sin\vartheta[\boldsymbol{e}_x\sin(wt)-\boldsymbol{e}_y\cos(wt)]$$

将以上各式代入式（4-28）中，得其 $\boldsymbol{e}_x$ 方向上的分量方程为

$$-Mw\sin(wt-\vartheta)=-\Omega M\sin(wt-\vartheta)-\frac{H_0^2(M\cos\vartheta-M_0)\cos(wt)}{\tau_{\parallel}H^2}-\frac{MH_0^2\sin\vartheta\sin(wt)}{\tau_{\perp}H^2} \tag{6-81}$$

由于 $H^2=H_0^2$，式（6-81）可化简为

$$M\left[-(w-\Omega)\sin(wt-\vartheta)+\frac{\cos\vartheta\cos(wt)}{\tau_{\parallel}}+\frac{\sin\vartheta\sin(wt)}{\tau_{\perp}}\right]=\frac{M_0\cos(wt)}{\tau_{\parallel}} \tag{6-82}$$

同理，$\boldsymbol{e}_y$ 方向上的分量方程为

$$Mw\cos(wt-\vartheta)=\Omega M\cos(wt-\vartheta)-\frac{H_0^2(M\cos\vartheta-M_0)\sin(wt)}{\tau_{\parallel}H^2}+\frac{MH_0^2\sin\vartheta\cos(wt)}{\tau_{\perp}H^2} \tag{6-83}$$

简化方程为

$$M\left[(w-\Omega)\cos(wt-\vartheta)+\frac{\cos\vartheta\sin(wt)}{\tau_{\parallel}}-\frac{\sin\vartheta\cos(wt)}{\tau_{\perp}}\right]=\frac{M_0\sin(wt)}{\tau_{\parallel}} \tag{6-84}$$

联立式（6-82）和式（6-84），得

$$\begin{aligned}&\frac{M_0\cos(wt)}{\tau_{\parallel}}\left[(w-\Omega)\cos(wt-\vartheta)+\frac{\cos\vartheta\sin(wt)}{\tau_{\parallel}}-\frac{\sin\vartheta\cos(wt)}{\tau_{\perp}}\right]\\&=\frac{M_0\sin(wt)}{\tau_{\parallel}}\left[-(w-\Omega)\sin(wt-\vartheta)+\frac{\cos\vartheta\cos(wt)}{\tau_{\parallel}}+\frac{\sin\vartheta\sin(wt)}{\tau_{\perp}}\right]\end{aligned} \tag{6-85}$$

该式可化简为

$$(w-\Omega)\cos\vartheta=\frac{\sin\vartheta}{\tau_{\perp}} \tag{6-86}$$

最终得到 ϑ 满足的方程：

$$\tan\vartheta=\tau_{\perp}(w-\Omega) \tag{6-87}$$

将式（6-87）代入式（6-84）后并化简，得

$$M=\frac{\dfrac{M_0\cos(wt)}{\tau_\parallel}}{-\dfrac{\tan\vartheta}{\tau_\perp}\sin(wt-\vartheta)+\dfrac{\cos\vartheta\cos(wt)}{\tau_\parallel}+\dfrac{\sin\vartheta\sin(wt)}{\tau_\perp}}$$

$$=\frac{\dfrac{M_0\cos(wt)\cos\vartheta}{\tau_\parallel}}{-\dfrac{\sin\vartheta}{\tau_\perp}[\sin(wt-\vartheta)-\cos\vartheta\sin(wt)]+\dfrac{\cos^2\vartheta\cos(wt)}{\tau_\parallel}}$$

$$=\frac{\dfrac{M_0\cos(wt)\cos\vartheta}{\tau_\parallel}}{-\dfrac{\sin^2\vartheta}{\tau_\perp}\cos(wt)+\dfrac{\cos^2\vartheta\cos(wt)}{\tau_\parallel}}$$

$$=\frac{\dfrac{M_0\cos\vartheta}{\tau_\parallel}}{\dfrac{\sin^2\vartheta}{\tau_\perp}+\dfrac{\cos^2\vartheta}{\tau_\parallel}}$$

最终得到

$$M=\frac{M_0\cos\vartheta}{\dfrac{\tau_\parallel}{\tau_\perp}\sin^2\vartheta+\cos^2\vartheta} \tag{6-88}$$

对于唯象磁化方程Ⅰ［式（4-28）］，当 $\alpha\ll1$ 时，有

$$\frac{\tau_\parallel}{\tau_\perp}=\frac{2}{2+\alpha L(\alpha)}\approx\frac{2}{2+\alpha^2/3}\approx1$$

对于微观磁化方程，由式（4-55）得

$$\frac{\tau_\parallel}{\tau_\perp}=\frac{\dfrac{\mathrm{d}\ln L(\alpha)}{\mathrm{d}\ln\alpha}}{\dfrac{2L(\alpha)}{\alpha-L(\alpha)}}=\frac{\dfrac{\alpha L'(\alpha)}{L(\alpha)}}{\dfrac{2L(\alpha)}{\alpha-L(\alpha)}}=\frac{\alpha L'(\alpha)[\alpha-L(\alpha)]}{2L^2(\alpha)}\approx\frac{\alpha\dfrac{1}{3}\left(\alpha-\dfrac{\alpha}{3}\right)}{\dfrac{2\alpha^2}{9}}=1$$

所以弱场条件下，式（6-88）简化为

$$M=M_0\cos\vartheta \tag{6-89}$$

式（6-89）即为弱旋转磁场中铁磁流体 Couette-Poiseuille 流的磁化强度表达式。

将式（6-78）和式（6-79）分别代入铁磁流体的应力张量表达式［式（2-224）］，得其非对角线上的分量为

$$\begin{aligned}T_{xy}&=\eta\left(\frac{\partial v_x}{\partial y}+\frac{\partial v_y}{\partial x}\right)+\frac{\mu_0}{2}MH_0[\cos(wt-\vartheta)\sin(wt)+\sin(wt-\vartheta)\cos(wt)]\\&\quad+\mu_0H_0^2\sin(wt)\cos(wt)\\&=\eta\left(\frac{\partial v_x}{\partial y}+\frac{\partial v_y}{\partial x}\right)+\frac{\mu_0}{2}M_0H_0\cos\vartheta\sin(2wt-\vartheta)+\frac{\mu_0}{2}H_0^2\sin(2wt)\end{aligned} \tag{6-90}$$

当对式（6-90）在磁场变化周期 $2\pi/w$ 内取平均时，其等号右端后两项为零，所以旋转

磁场不会在铁磁流体内引起任何流动。

对于静止的铁磁流体，将式（6-78）、式（6-79）、式（6-87）和式（6-89）代入式（2-217）中，并令 $\Omega=0$，得

$$\begin{aligned}\boldsymbol{\omega}_{\mathrm{p}} &=\frac{\mu_0}{6\eta\phi}\frac{1}{2}M_0H_0\sin(2\vartheta)\boldsymbol{e}_z\\&=\frac{\mu_0}{6\eta\phi}\frac{1}{2}M_0H_0\frac{2\tan\vartheta}{\tan^2\vartheta+1}\boldsymbol{e}_z\\&=\frac{\mu_0}{6\eta\phi}M_0H_0\frac{\tau_{\perp}(w-\Omega)}{[\tau_{\perp}(w-\Omega)]^2+1}\boldsymbol{e}_z\\&=\frac{\mu_0}{6\eta\phi}M_0H_0\frac{\tau_{\perp}w}{(\tau_{\perp}w)^2+1}\boldsymbol{e}_z\end{aligned}\tag{6-91}$$

式（6-91）表明，即使铁磁流体静止，其中的磁性颗粒在旋转磁场的作用下也会以该式表示的角速度旋转。这时，每一个旋转颗粒都会带动其周围的载液一并旋转，旋转的磁性颗粒将成为微观旋涡的中心，但旋涡的尺寸不会超过尺度（约 $\phi^{-1/3}d_{\mathrm{p}}$）。将体积为 V 的铁磁流体区域划分为以每一个颗粒球心为对称中心的正方体，则正方体的边长为$(V/N)^{1/3}$，每两个相邻颗粒之间载液区域的宽度为

$$(V/N)^{1/3}-d_{\mathrm{p}}=\left(\frac{\frac{NV_{\mathrm{p}}}{\phi}}{N}\right)^{\frac{1}{3}}-d_{\mathrm{p}}=d_{\mathrm{p}}\left[\left(\frac{\pi}{6\phi}\right)^{\frac{1}{3}}-1\right]=d_{\mathrm{p}}\phi^{-\frac{1}{3}}\left[\left(\frac{\pi}{6}\right)^{\frac{1}{3}}-\phi^{\frac{1}{3}}\right]\approx d_{\mathrm{p}}\phi^{-\frac{1}{3}}\tag{6-92}$$

所以微旋涡尺度不会超过式（6-92）表示的尺寸。但这种旋涡运动没有引起宏观的流体流动，因为相邻颗粒引起的载液旋涡运动会彼此抵消，所以这些物理尺寸上非常小的旋涡不会引起宏观涡量，这与电磁学中描述磁介质磁化的分子电流模型中在介质内部相邻的分子电流相互抵消的情况类似。

由式（6-87）和式（6-89）可知，当流场中的流动涡量一定时，自旋角动量 $I\boldsymbol{\omega}_{\mathrm{p}}$ 和磁化强度 $\boldsymbol{M}$ 在铁磁流体内部是均匀的，但这种均匀性在铁磁流体与非磁性固体壁面的边界处被打破，边界面上磁化强度的突变会引起切向的磁表面力，这一磁表面力也提供了旋转磁场与流体流动间的耦合效应。比如在图 5-1 所示的 Couette 流中，根据式（2-229），作用在上平板上的切向力密度为

$$f_x=\eta\frac{\partial v_x}{\partial y}+\frac{\mu_0}{2}(M_xH_y-M_yH_x)$$

将式（6-78）、式（6-79）、式（6-87）和式（6-89）代入其中，得

$$\begin{aligned}f_x&=2\eta\Omega+\frac{\mu_0}{2}MH_0[\cos(wt-\vartheta)\sin(wt)-\sin(wt-\vartheta)\cos(wt)]\\&=2\eta\Omega+\frac{\mu_0}{2}M_0H_0\cos\vartheta\sin\vartheta\\&=2\eta\Omega+\frac{\mu_0}{2}M_0H_0\frac{\tan\vartheta}{\tan^2\vartheta+1}\\&=2\eta\Omega+\frac{\mu_0}{2}M_0H_0\frac{\tau_{\perp}(w-\Omega)}{[\tau_{\perp}(w-\Omega)]^2+1}\end{aligned}\tag{6-93}$$

如果铁磁流体在上平板位置处为自由面，有 $f_x=0$（$x=h_0$ 时），旋转磁场将引起具有恒定涡量的流动，涡量大小为

$$\begin{aligned}\Omega &= -\frac{\mu_0}{4\eta}M_0H_0\frac{\tau_{\perp}(w-\Omega)}{[\tau_{\perp}(w-\Omega)]^2+1} \\ &\approx -\frac{\mu_0}{4\eta}M_0H_0\frac{w\tau_{\perp}}{(\tau_{\perp}w)^2+1}\end{aligned} \tag{6-94}$$

由于在 $\alpha \ll 1$ 的条件下有$\frac{\Omega}{w} \ll \frac{1}{4}\phi\alpha^2$，所以在式（6-94）的第一步推导中将等号右端的 Ω 忽略。根据 $\Omega=\frac{1}{2}\frac{\partial v_x}{\partial y}$可得平面 Couette 流中由旋转磁场引起的线性流型 $v_x=2\Omega y$。而如果上平板固定，有 $\Omega=0$（$y=h_0$ 时），上平板将受到切向力：

$$f_x=\frac{\mu_0}{2}M_0H_0\frac{w\tau_{\perp}}{(\tau_{\perp}w)^2+1} \tag{6-95}$$

也即需要对上平板施加大小相等、方向相反的切向力来保持其静止。

6.4.2 不考虑自旋黏度时交变和旋转磁场作用下的流动特征

本小节讨论均匀正弦时变磁场作用下的铁磁流体平面 Couette-Poiseuille 流。对于如图 5-1 所示的流动，假设铁磁流体的流速沿 x 方向，此时颗粒的自旋速度沿 z 方向，它们可分别表示为

$$\boldsymbol{v}=v_x(y)\boldsymbol{e}_x \tag{6-96}$$

$$\boldsymbol{\omega}_{\mathrm{p}}=\omega_{\mathrm{p},z}(y)\boldsymbol{e}_z \tag{6-97}$$

考虑 x 方向均匀时变磁场、y 方向均匀时变磁场以及旋转磁场三种情况。假设磁场的变化频率远快于铁磁流体的宏观流动，也即铁磁流体的黏性使其对二阶以上时谐磁场力和磁力矩几乎无响应，所以式（6-96）和式（6-97）分别表示时均流速和时均自旋速度。

(1) 正弦时变磁场的表示

采用复数表示法描述正弦时变磁场，例如，可将磁场强度的 x 分量 H_x 表示为

$$H_x=H_{0x}\cos(wt+\phi_x)=\mathrm{Re}(H_{0x}\mathrm{e}^{\mathrm{i}\phi_x}\mathrm{e}^{\mathrm{i}wt})$$

令

$$\hat{H}_x=H_{0x}\mathrm{e}^{\mathrm{i}\phi_x}$$

其中，i 为虚数单位。

可将 H_x 表示为复数形式：

$$H_x=\mathrm{Re}(\hat{H}_x\mathrm{e}^{\mathrm{i}wt})$$

按照相同的方法表示磁场强度的 y 分量后，可将磁场强度矢量 $\boldsymbol{H}$ 表示为

$$\boldsymbol{H}=\mathrm{Re}[(\hat{H}_x\boldsymbol{e}_x+\hat{H}_y\boldsymbol{e}_y)\mathrm{e}^{\mathrm{i}wt}] \tag{6-98}$$

假设磁场强度的 x 分量和磁感应强度的 y 分量在空间内均匀分布，所以将 $\boldsymbol{H}$ 和 $\boldsymbol{B}$ 分别表示为（Zahn et al.，1995）：

$$\boldsymbol{H}=\mathrm{Re}\{[\hat{H}_x\boldsymbol{e}_x+\hat{H}_y(y)\boldsymbol{e}_y]\mathrm{e}^{\mathrm{i}wt}\} \tag{6-99}$$

$$\boldsymbol{B}=\mathrm{Re}\{[\hat{B}_x(y)\boldsymbol{e}_x+\hat{B}_y\boldsymbol{e}_y]\mathrm{e}^{\mathrm{i}wt}\} \tag{6-100}$$

基于式（6-98）的表示，x 方向均匀时变磁场可表示为

$$\hat{H}_x = H_0,\ \hat{B}_y = 0 \tag{6-101}$$

y 方向均匀时变磁场可表示为

$$\hat{H}_x = 0,\ \hat{B}_y = \mu_0 H_0 \tag{6-102}$$

旋转磁场作用可表示为

$$\hat{H}_x = \mathrm{i}H_0,\ \hat{B}_y = \mu_0 H_0 \tag{6-103}$$

(2) 求解磁化方程

假设时变磁场中铁磁流体的磁化强度可以表示为

$$\boldsymbol{M} = \mathrm{Re}\{[\hat{M}_x(y)\boldsymbol{e}_x + \hat{M}_y(y)\boldsymbol{e}_y]\mathrm{e}^{\mathrm{i}\omega t}\} \tag{6-104}$$

对于唯象磁化方程Ⅰ［式（4-17）］，假设外磁场强度远小于铁磁流体的饱和磁场强度，认为其磁化率 χ_0 恒定，则平衡磁化强度可线性表示为

$$\boldsymbol{M}_0 = \chi_0 \boldsymbol{H}$$

将其代入式（4-17），并假设铁磁流体不可压缩，得

$$\frac{\mathrm{D}\boldsymbol{M}}{\mathrm{D}t} = \boldsymbol{\omega}_\mathrm{p} \times \boldsymbol{M} + \frac{1}{\tau}(\chi_0 \boldsymbol{H} - \boldsymbol{M}) \tag{6-105}$$

由于

$$\frac{\mathrm{D}\boldsymbol{M}}{\mathrm{D}t} = \frac{\partial \boldsymbol{M}}{\partial t} + (\boldsymbol{v} \cdot \boldsymbol{\nabla})\boldsymbol{M}$$

且

$$(\boldsymbol{v} \cdot \boldsymbol{\nabla})\boldsymbol{M} = v_x \frac{\partial \boldsymbol{M}}{\partial x} + v_y \frac{\partial \boldsymbol{M}}{\partial y}$$

假设 $\boldsymbol{M}$ 只沿 y 方向变化，考虑到式（6-96），可知$(\boldsymbol{v} \cdot \boldsymbol{\nabla})\boldsymbol{M} = \boldsymbol{0}$，从而将式（6-105）简化为

$$\frac{\partial \boldsymbol{M}}{\partial t} = \boldsymbol{\omega}_\mathrm{p} \times \boldsymbol{M} + \frac{1}{\tau}(\chi_0 \boldsymbol{H} - \boldsymbol{M}) \tag{6-106}$$

将式（6-106）写为分量形式：

$$\frac{\partial M_x}{\partial t} = -\omega_\mathrm{p} M_z + \frac{1}{\tau}(\chi_0 H_x - M_x) \tag{6-107}$$

$$\frac{\partial M_y}{\partial t} = \omega_\mathrm{p} M_x + \frac{1}{\tau}(\chi_0 H_y - M_y) \tag{6-108}$$

分别将式（6-97）、式（6-99）、式（6-100）、式（6-104）中各量的分量代入式（6-107）和式（6-108），得

$$\left(\mathrm{i}\omega + \frac{1}{\tau} + \frac{\chi_0}{\tau}\right)\hat{M}_y - \omega_{\mathrm{p},z}\hat{M}_x = \frac{\chi_0}{\tau}\frac{\hat{B}_y}{\mu_0} \tag{6-109}$$

$$\omega_{\mathrm{p},z}\hat{M}_y + \left(\mathrm{i}\omega + \frac{1}{\tau}\right)\hat{M}_x = \frac{\chi_0}{\tau}\hat{H}_x \tag{6-110}$$

其中应用了关系式：

$$\hat{H}_y = \frac{\hat{B}_y}{\mu_0} - \hat{M}_y \tag{6-111}$$

求解由式（6-109）和式（6-110）组成的方程组，可得

$$\hat{M}_x = \frac{\chi_0\left[(\mathrm{i}\omega\tau + 1 + \chi_0)\hat{H}_x - \omega_{\mathrm{p},z}\tau\dfrac{\hat{B}_y}{\mu_0}\right]}{(\mathrm{i}\omega\tau + 1 + \chi_0)(\mathrm{i}\omega\tau + 1) + (\omega_{\mathrm{p},z}\tau)^2} \tag{6-112}$$

$$\hat{M}_y=\frac{\chi_0\left[\omega_{p,z}\tau\hat{H}_x+(\mathrm{i}w\tau+1)\dfrac{\hat{B}_y}{\mu_0}\right]}{(\mathrm{i}w\tau+1+\chi_0)(\mathrm{i}w\tau+1)+(\omega_{p,z}\tau)^2} \tag{6-113}$$

从式（6-112）和式（6-113）可以看出，磁化强度是外加磁场 $\hat{H}_x$ 和 $\hat{B}_y$，以及未知量 $\omega_{p,z}$ 的函数，而且这里存在磁化强度和 $\omega_{p,z}$ 之间的相互耦合：磁化强度的变化会在铁磁流体内产生磁力矩，该磁力矩引起的铁磁流体流动会导致非零的 $\omega_{p,z}$，而 $\omega_{p,z}$ 反过来又会改变磁化强度。

(3) 时均磁场力和时均磁力矩

为了求解动量方程，需首先表示铁磁流体的时均磁场力和时均磁力矩。对于式（2-208）中等号右端第四项的磁场力，将其展开为

$$\boldsymbol{f}_m=\mu_0\boldsymbol{M}\cdot\nabla\boldsymbol{H}=\mu_0\left(M_x\frac{\partial H_x}{\partial x}+M_y\frac{\partial H_x}{\partial y}\right)\boldsymbol{e}_x+\mu_0\left(M_x\frac{\partial H_y}{\partial x}+M_y\frac{\partial H_y}{\partial y}\right)\boldsymbol{e}_y$$

由于假设磁场强度的 x 分量均匀分布，所以磁场力的 x 分量为零，即

$$f_{m,x}=0 \tag{6-114}$$

又由于 H_y 不随 x 变化，故磁场力的 y 分量可表示为

$$f_{m,y}=\mu_0M_y\frac{\mathrm{d}H_y}{\mathrm{d}y}=\mu_0M_y\frac{\mathrm{d}}{\mathrm{d}y}\left(\frac{B_y}{\mu_0}-M_y\right) \tag{6-115}$$

因磁感应强度的 y 分量均匀分布，故式（6-115）成为

$$f_{m,y}=-\mu_0M_y\frac{\mathrm{d}M_y}{\mathrm{d}y}=-\frac{\mathrm{d}}{\mathrm{d}y}\left(\frac{1}{2}\mu_0M_y^2\right) \tag{6-116}$$

分别根据式（6-114）和式（6-116）计算分量时均磁场力：

$$\langle f_{m,x}\rangle=0 \tag{6-117}$$

$$\langle f_{m,y}\rangle=\frac{1}{t_m}\int_0^{t_m}\left[-\frac{\mathrm{d}}{\mathrm{d}y}\left(\frac{1}{2}\mu_0M_y^2\right)\right]\mathrm{d}t=-\frac{1}{2}\mu_0\frac{1}{t_m}\frac{\mathrm{d}}{\mathrm{d}y}\int_0^{t_m}M_y^2\,\mathrm{d}t \tag{6-118}$$

其中，t_m 为磁场的周期，$t_m=2\pi/w$。

将式（6-104）表示的磁化强度分量 $M_y=\hat{M}_y\cos(wt)$代入式（6-118），得

$$\langle f_{m,y}\rangle=-\frac{1}{2}\mu_0\frac{1}{t_m}\frac{\mathrm{d}}{\mathrm{d}y}\int_0^{t_m}\hat{M}_y^2\cos^2(wt)\,\mathrm{d}t$$

计算其中的积分后得 $f_{m,y}$ 的时均量为

$$\langle f_{m,y}\rangle=-\frac{\mathrm{d}}{\mathrm{d}y}\left(\frac{1}{4}\mu_0\hat{M}_y^2\right) \tag{6-119}$$

对于式（2-210）等号右端最后一项的磁力矩，将其展开为

$$\boldsymbol{L}_m=\mu_0\boldsymbol{M}\times\boldsymbol{H}=\mu_0(M_xH_y-M_yH_x)\boldsymbol{e}_z \tag{6-120}$$

将 $H_y=\dfrac{B_y}{\mu_0}-M_y$ 代入式（6-120），并将其写为分量形式，有

$$L_{m,z}=M_xB_y-\mu_0M_y(H_x+M_x) \tag{6-121}$$

式（6-121）的时均形式为

$$\langle L_{m,z}\rangle=\frac{1}{t_m}\int_0^{t_m}[M_xB_y-\mu_0M_y(H_x+M_x)]\mathrm{d}t \tag{6-122}$$

以式（6-122）中的第一项积分为例说明求积分方法，将式（6-99）和式（6-104）表示

的分量代入该积分，有

$$M_x B_y = \mathrm{Re}(\hat{M}_x \mathrm{e}^{\mathrm{i}wt}) \times \mathrm{Re}(\hat{B}_y \mathrm{e}^{\mathrm{i}wt}) \tag{6-123}$$

根据复数计算恒等式：

$$\mathrm{Re}(\hat{M}_x \mathrm{e}^{\mathrm{i}wt}) = \frac{1}{2}(\hat{M}_x \mathrm{e}^{\mathrm{i}wt} + \overline{\hat{M}_x} \mathrm{e}^{-\mathrm{i}wt})$$

式（6-123）变为

$$\begin{aligned} M_x B_y &= \frac{1}{4}(\hat{M}_x \mathrm{e}^{\mathrm{i}wt} + \overline{\hat{M}_x} \mathrm{e}^{-\mathrm{i}wt})(\hat{B}_y \mathrm{e}^{\mathrm{i}wt} + \overline{\hat{B}_y} \mathrm{e}^{-\mathrm{i}wt}) \\ &= \frac{1}{4}(\hat{M}_x \overline{\hat{B}_y} + \overline{\hat{M}_x} \hat{B}_y + \hat{M}_x \hat{B}_y \mathrm{e}^{\mathrm{i}2wt} + \overline{\hat{M}_x}\ \overline{\hat{B}_y} \mathrm{e}^{-\mathrm{i}2wt}) \end{aligned}$$

其中，$\overline{\hat{M}_x}$ 表示 $\hat{M}_x$ 的共轭复数。

由于

$$\int_0^{t_\mathrm{m}} (\hat{M}_x \hat{B}_y \mathrm{e}^{\mathrm{i}2wt} + \overline{\hat{M}_x}\ \overline{\hat{B}_y} \mathrm{e}^{-\mathrm{i}2wt}) \mathrm{d}t = 0$$

$$\hat{M}_x \overline{\hat{B}_y} + \overline{\hat{M}_x} \hat{B}_y = 2\mathrm{Re}(\hat{M}_x \overline{\hat{B}_y}) = 2\mathrm{Re}(\overline{\hat{M}_x} \hat{B}_y)$$

从而可得

$$M_x B_y = \frac{1}{2}\mathrm{Re}(\hat{M}_x \overline{\hat{B}_y})$$

据此可将式（6-122）的时均磁力矩表示为

$$\langle L_{\mathrm{m},z} \rangle = \frac{1}{2}\mathrm{Re}[\hat{M}_x \overline{\hat{B}_y} - \mu_0 \overline{\hat{M}_y}(\hat{H}_x + \hat{M}_x)] \tag{6-124}$$

图 6-39 给出三种时变磁场分别作用时时均磁力矩密度随无量纲自旋速度的变化关系曲线。可见，当自旋速度为零时（$\omega_{\mathrm{p},z}\tau=0$），低频磁场时均磁力矩的变化斜率为负，高频磁场时均磁力矩的变化斜率为正。而且只有在旋转磁场中，自旋速度为零时，铁磁流体中才具有非零的时均磁力矩。

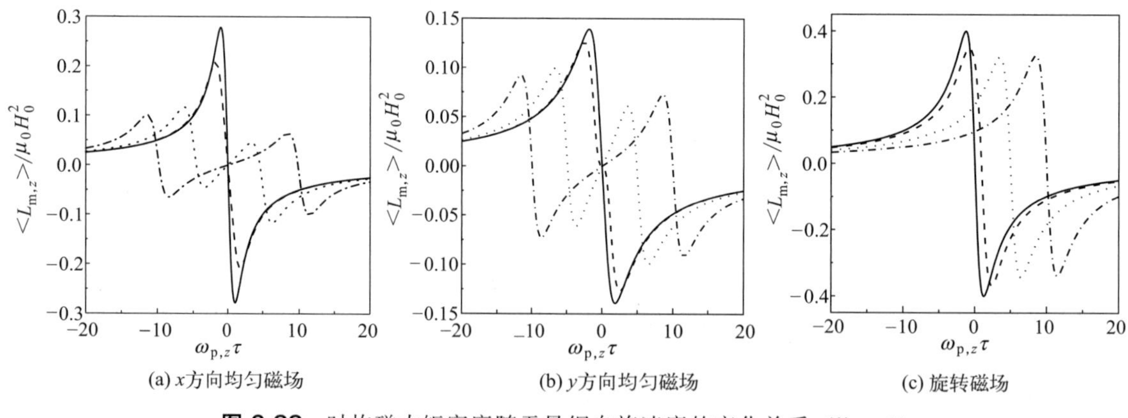

(a) x方向均匀磁场　(b) y方向均匀磁场　(c) 旋转磁场

图 6-39 时均磁力矩密度随无量纲自旋速度的变化关系（$\chi_0=1$）

—— $w\tau=0$；- - - - $w\tau=1$；⋯⋯ $w\tau=5$；-·-·- $w\tau=10$

（4）控制方程及其无量纲化

对于动量方程［式（2-208）］和角动量方程［式（2-210）］，假设铁磁流体不可压缩，且为稳态流动，且黏性力远大于惯性力，此时式（2-208）中等号左端的项近似为零。又由于假设$\omega_{p,z}$只沿y方向变化，故式（2-210）中等号左端的项也近似为零。同时，由于式（6-96）中假设流速只沿x方向，此时如果存在非零的$\omega_{p,y}$分量，会导致非零的v_y和v_z，违背了式（6-96）的假设，故必须满足$\nabla \cdot \boldsymbol{\omega}_p = \mathbf{0}$。在这些近似条件下，忽略重力的影响，应用式（6-96）和式（6-97），分别列出动量方程的x方向分量方程和角动量方程的z方向分量方程：

$$(\eta+\zeta)\frac{d^2 v_x}{dy^2}+2\zeta\frac{d\omega_{p,z}}{dy}-\frac{\partial p}{\partial x}+f_{m,x}=0 \tag{6-125}$$

$$\eta'\frac{d^2\omega_{p,z}}{dy^2}-2\zeta\left(2\omega_{p,z}+\frac{dv_x}{dy}\right)+L_{m,z}=0 \tag{6-126}$$

假设宏观稳态流动的流速和自旋速度只对时均磁场力和磁力矩有响应，可用式（6-117）和式（6-124）的结果代替式（6-125）和式（6-126）中的磁场力和磁力矩，最终形式的分量方程分别为

$$(\eta+\zeta)\frac{d^2 v_x}{dy^2}+2\zeta\frac{d\omega_{p,z}}{dy}-\frac{\partial p}{\partial x}=0 \tag{6-127}$$

$$\eta'\frac{d^2\omega_{p,z}}{dy^2}-2\zeta\left(2\omega_{p,z}+\frac{dv_x}{dy}\right)+\langle L_{m,z}\rangle=0 \tag{6-128}$$

为了方便求解，将方程中各变量转换为各自的无量纲形式。引入特征长度h_0（两平板间距）、特征时间τ（磁化弛豫时间）、特征磁场强度H_0，各变量的无量纲量为：

$$w^*=w\tau,\ \hat{H}^*=\frac{\hat{H}}{H_0},\ \hat{B}^*=\frac{\hat{B}}{\mu_0 H_0},\ \hat{M}^*=\frac{\hat{M}}{H_0},\ y^*=\frac{y}{h_0},\ v_x^*=\frac{v_x}{h_0/\tau},\ \omega_{p,z}^*=\omega_{p,z}\tau,$$
$$L_{m,z}^*=\frac{L_{m,z}}{\mu_0 H_0^2},\ \eta^*=\frac{2\eta}{\mu_0 H_0^2\tau},\ \zeta^*=\frac{2\zeta}{\mu_0 H_0^2\tau},\ \eta'^*=\frac{\eta'}{\mu_0 H_0^2\tau h_0^2},\ \frac{\partial p^*}{\partial x^*}=\frac{h_0}{\mu_0 H_0^2}\frac{\partial p}{\partial x} \tag{6-129}$$

将式（6-129）中的各变量分别代入式（6-127）和式（6-128），经化简后得到无量纲的流速和自旋速度方程：

$$\frac{1}{2}(\eta^*+\zeta^*)\frac{d^2 v_x^*}{dy^{*2}}+\zeta^*\frac{d\omega_{p,z}^*}{dy^*}-\frac{\partial p^*}{\partial x^*}=0 \tag{6-130}$$

$$\eta'^*\frac{d^2\omega_{p,z}^*}{dy^{*2}}-\zeta^*\left(2\omega_{p,z}^*+\frac{dv_x^*}{dy^*}\right)+\langle L_{m,z}^*\rangle=0 \tag{6-131}$$

将式（6-129）中的各量分别代入式（6-124）、式（6-112）和式（6-113），得

$$\langle L_{m,z}^*\rangle=\frac{1}{2}\mathrm{Re}[\hat{M}_x^*\overline{\hat{B}_y^*}-\overline{\hat{M}_y^*}(\hat{H}_x^*+\hat{M}_x^*)] \tag{6-132}$$

$$\hat{M}_x^*=\frac{\chi_0[(\mathrm{i}w^*+1+\chi_0)\hat{H}_x^*-\omega_{p,z}^*\hat{B}_y^*]}{(\mathrm{i}w^*+1+\chi_0)(\mathrm{i}w^*+1)+(\omega_{p,z}^*)^2} \tag{6-133}$$

$$\hat{M}_y^*=\frac{\chi_0[\omega_{p,z}^*\hat{H}_x^*+(\mathrm{i}w^*+1)\hat{B}_y^*]}{(\mathrm{i}w^*+1+\chi_0)(\mathrm{i}w^*+1)+(\omega_{p,z}^*)^2} \tag{6-134}$$

求解式（6-130）～式（6-134）的困难在于，在自旋速度方程中含有时均磁力矩$\langle L_{m,z}^*\rangle$，它随自旋速度$\omega_{p,z}^*$变化，而自旋速度又是y^*的函数，所以需进一步化简$\langle L_{m,z}^*\rangle$

项。首先根据复数运算法则将式（6-132）写为

$$
\begin{aligned}
\langle L_{\mathrm{m},z}^{*}\rangle &= \frac{1}{4}\left\{\left[\hat{M}_x^{*}\overline{\hat{B}_y^{*}}-\overline{\hat{M}_y^{*}}\left(\hat{H}_x^{*}+\hat{M}_x^{*}\right)\right]+\overline{\left[\hat{M}_x^{*}\overline{\hat{B}_y^{*}}-\overline{\hat{M}_y^{*}}\left(\hat{H}_x^{*}+\hat{M}_x^{*}\right)\right]}\right\} \\
&= \frac{1}{4}\left\{\left[\hat{M}_x^{*}\overline{\hat{B}_y^{*}}-\overline{\hat{M}_y^{*}}\left(\hat{H}_x^{*}+\hat{M}_x^{*}\right)\right]+\left[\overline{\hat{M}_x^{*}}\hat{B}_y^{*}-\hat{M}_y^{*}\left(\overline{\hat{H}_x^{*}}+\overline{\hat{M}_x^{*}}\right)\right]\right\} \\
&= \frac{1}{4}\left[\left(\hat{M}_x^{*}\overline{\hat{B}_y^{*}}+\overline{\hat{M}_x^{*}}\hat{B}_y^{*}\right)-\left(\overline{\hat{M}_y^{*}}\hat{H}_x^{*}+\hat{M}_y^{*}\overline{\hat{H}_x^{*}}\right)-\left(\overline{\hat{M}_y^{*}}\hat{M}_x^{*}+\hat{M}_y^{*}\overline{\hat{M}_x^{*}}\right)\right]
\end{aligned}
\tag{6-135}
$$

将式（6-133）和式（6-134）代入式（6-135），其中对于式（6-135）等号右端括号中的第一项，有

$$
\begin{aligned}
\hat{M}_x^{*}\overline{\hat{B}_y^{*}}+\overline{\hat{M}_x^{*}}\hat{B}_y^{*} &= \frac{\chi_0\left[(\mathrm{i}w^{*}+1+\chi_0)\hat{H}_x^{*}-\omega_{\mathrm{p},z}^{*}\hat{B}_y^{*}\right]\overline{\hat{B}_y^{*}}}{(\mathrm{i}w^{*}+1+\chi_0)(\mathrm{i}w^{*}+1)+(\omega_{\mathrm{p},z}^{*})^2}+ \\
&\quad \frac{\chi_0\left[(1+\chi_0-\mathrm{i}w^{*})\overline{\hat{H}_x^{*}}-\omega_{\mathrm{p},z}^{*}\overline{\hat{B}_y^{*}}\right]\hat{B}_y^{*}}{(1+\chi_0-\mathrm{i}w^{*})(1-\mathrm{i}w^{*})+(\omega_{\mathrm{p},z}^{*})^2} \\
&= \frac{\chi_0\left[(\mathrm{i}w^{*}+1+\chi_0)\hat{H}_x^{*}\overline{\hat{B}_y^{*}}-\omega_{\mathrm{p},z}^{*}\hat{B}_y^{*}\overline{\hat{B}_y^{*}}\right]}{\left[1+\chi_0-w^{*2}+(\omega_{\mathrm{p},z}^{*})^2\right]+(2+\chi_0)w^{*}\mathrm{i}} \\
&\quad +\frac{\chi_0\left[(1+\chi_0-\mathrm{i}w^{*})\overline{\hat{H}_x^{*}}\hat{B}_y^{*}-\omega_{\mathrm{p},z}^{*}\overline{\hat{B}_y^{*}}\hat{B}_y^{*}\right]}{\left[1+\chi_0-w^{*2}+(\omega_{\mathrm{p},z}^{*})^2\right]-(2+\chi_0)w^{*}\mathrm{i}}
\end{aligned}
\tag{6-136}
$$

令

$$A_1=1+\chi_0-w^{*2}+(\omega_{\mathrm{p},z}^{*})^2 \tag{6-137}$$

$$A_2=(2+\chi_0)w^{*} \tag{6-138}$$

从而式（6-136）变为

$$
\begin{aligned}
\hat{M}_x^{*}\overline{\hat{B}_y^{*}}+\overline{\hat{M}_x^{*}}\hat{B}_y^{*} &= \chi_0\frac{\left\{\begin{gathered}\left\{\left[(1+\chi_0)\hat{H}_x^{*}\overline{\hat{B}_y^{*}}-\omega_{\mathrm{p},z}^{*}\hat{B}_y^{*}\overline{\hat{B}_y^{*}}\right]+\mathrm{i}w^{*}\hat{H}_x^{*}\overline{\hat{B}_y^{*}}\right\}(A_1-A_2\mathrm{i})+ \\ \left\{\left[(1+\chi_0)\overline{\hat{H}_x^{*}}\hat{B}_y^{*}-\omega_{\mathrm{p},z}^{*}\overline{\hat{B}_y^{*}}\hat{B}_y^{*}\right]-\mathrm{i}w^{*}\overline{\hat{H}_x^{*}}\hat{B}_y^{*}\right\}(A_1+A_2\mathrm{i})\end{gathered}\right\}}{A_1^2+A_2^2} \\
&= \chi_0\frac{\left\{\begin{gathered}\left\{\left[(1+\chi_0)A_1+A_2w^{*}\right]\hat{H}_x^{*}\overline{\hat{B}_y^{*}}-A_1\omega_{\mathrm{p},z}^{*}\hat{B}_y^{*}\overline{\hat{B}_y^{*}}\right\}+ \\ \mathrm{i}\left\{\left[A_1w^{*}-(1+\chi_0)A_2\right]\hat{H}_x^{*}\overline{\hat{B}_y^{*}}+A_2\omega_{\mathrm{p},z}^{*}\hat{B}_y^{*}\overline{\hat{B}_y^{*}}\right\}+ \\ \left\{\left[(1+\chi_0)A_1+A_2w^{*}\right]\overline{\hat{H}_x^{*}}\hat{B}_y^{*}-A_1\omega_{\mathrm{p},z}^{*}\overline{\hat{B}_y^{*}}\hat{B}_y^{*}\right\}+ \\ \mathrm{i}\left\{\left[(1+\chi_0)A_2-A_1w^{*}\right]\overline{\hat{H}_x^{*}}\hat{B}_y^{*}-A_2\omega_{\mathrm{p},z}^{*}\overline{\hat{B}_y^{*}}\hat{B}_y^{*}\right\}\end{gathered}\right\}}{A_1^2+A_2^2} \\
&= \chi_0\frac{\left\{\begin{gathered}\left\{\left[(1+\chi_0)A_1+A_2w^{*}\right]\left(\hat{H}_x^{*}\overline{\hat{B}_y^{*}}+\overline{\hat{H}_x^{*}}\hat{B}_y^{*}\right)-2A_1\omega_{\mathrm{p},z}^{*}\hat{B}_y^{*}\overline{\hat{B}_y^{*}}\right\}+ \\ \mathrm{i}\left\{\left[A_1w^{*}-A_2(1+\chi_0)\right]\left(\hat{H}_x^{*}\overline{\hat{B}_y^{*}}-\overline{\hat{H}_x^{*}}\hat{B}_y^{*}\right)\right\}\end{gathered}\right\}}{A_1^2+A_2^2}
\end{aligned}
\tag{6-139}
$$

将式（6-137）和式（6-138）代入其中的系数，有

$$(1+\chi_0)A_1+A_2 w^*=(1+\chi_0)[1+\chi_0+(\omega_{\mathrm{p},z}^*)^2]+w^{*2} \tag{6-140}$$

$$A_1 w^*-A_2(1+\chi_0)=w^*[(\omega_{\mathrm{p},z}^*)^2-w^{*2}-(1+\chi_0)^2] \tag{6-141}$$

同理，对于式（6-135）等号右端括号中的第二项，有

$$\begin{aligned}
\overline{\hat{M}_y^*}\hat{H}_x^*+\hat{M}_y^*\overline{\hat{H}_x^*}=&\frac{\chi_0[\omega_{\mathrm{p},z}^*\overline{\hat{H}_x^*}+(1-\mathrm{i}w^*)\overline{\hat{B}_y^*}]\hat{H}_x^*}{(1+\chi_0-\mathrm{i}w^*)(1-\mathrm{i}w^*)+(\omega_{\mathrm{p},z}^*)^2}\\
&+\frac{\chi_0[\omega_{\mathrm{p},z}^*\hat{H}_x^*+(\mathrm{i}w^*+1)\hat{B}_y^*]\overline{\hat{H}_x^*}}{(\mathrm{i}w^*+1+\chi_0)(\mathrm{i}w^*+1)+(\omega_{\mathrm{p},z}^*)^2}\\
=&\chi_0\frac{\left\{\begin{array}{c}\{[\overline{\hat{B}_y^*}\hat{H}_x^*+\omega_{\mathrm{p},z}^*\overline{\hat{H}_x^*}\hat{H}_x^*]-\mathrm{i}w^*\overline{\hat{B}_y^*}\hat{H}_x^*\}(A_1+A_2\mathrm{i})+\\ \{[\hat{B}_y^*\overline{\hat{H}_x^*}+\omega_{\mathrm{p},z}^*\hat{H}_x^*\overline{\hat{H}_x^*}]+\mathrm{i}w^*\hat{B}_y^*\overline{\hat{H}_x^*}\}(A_1-A_2\mathrm{i})\end{array}\right\}}{A_1^2+A_2^2}\\
=&\chi_0\frac{\left\{\begin{array}{l}[(A_1+A_2w^*)\overline{\hat{B}_y^*}\hat{H}_x^*+A_1\omega_{\mathrm{p},z}^*\overline{\hat{H}_x^*}\hat{H}_x^*]+\\ \mathrm{i}[(A_2-A_1w^*)\overline{\hat{B}_y^*}\hat{H}_x^*+A_2\omega_{\mathrm{p},z}^*\overline{\hat{H}_x^*}\hat{H}_x^*]+\\ [(A_1+A_2w^*)\hat{B}_y^*\overline{\hat{H}_x^*}+A_1\omega_{\mathrm{p},z}^*\hat{H}_x^*\overline{\hat{H}_x^*}]+\\ \mathrm{i}[(A_1w^*-A_2)\hat{B}_y^*\overline{\hat{H}_x^*}-A_2\omega_{\mathrm{p},z}^*\hat{H}_x^*\overline{\hat{H}_x^*}]\end{array}\right\}}{A_1^2+A_2^2}\\
=&\chi_0\frac{\left\{\begin{array}{c}[(A_1+A_2w^*)(\overline{\hat{B}_y^*}\hat{H}_x^*+\hat{B}_y^*\overline{\hat{H}_x^*})+2A_1\omega_{\mathrm{p},z}^*\overline{\hat{H}_x^*}\hat{H}_x^*]+\\ \mathrm{i}[(A_2-A_1w^*)(\overline{\hat{B}_y^*}\hat{H}_x^*-\hat{B}_y^*\overline{\hat{H}_x^*})]\end{array}\right\}}{A_1^2+A_2^2}
\end{aligned} \tag{6-142}$$

其中

$$A_1+A_2w^*=(1+\chi_0)(1+w^*)^2+(\omega_{\mathrm{p},z}^*)^2 \tag{6-143}$$

$$A_1w^*-A_2=w^*[(\omega_{\mathrm{p},z}^*)^2-w^{*2}-1] \tag{6-144}$$

对于式（6-135）中等号右端括号中的第三项，有

$$\begin{aligned}
&\overline{\hat{M}_y^*}\hat{M}_x^*+\hat{M}_y^*\overline{\hat{M}_x^*}\\
&=\frac{\chi_0[\omega_{\mathrm{p},z}^*\overline{\hat{H}_x^*}+(1-\mathrm{i}w^*)\overline{\hat{B}_y^*}]}{(1+\chi_0-\mathrm{i}w^*)(1-\mathrm{i}w^*)+(\omega_{\mathrm{p},z}^*)^2}\times\frac{\chi_0[(\mathrm{i}w^*+1+\chi_0)\hat{H}_x^*-\omega_{\mathrm{p},z}^*\hat{B}_y^*]}{(\mathrm{i}w^*+1+\chi_0)(\mathrm{i}w^*+1)+(\omega_{\mathrm{p},z}^*)^2}\\
&+\frac{\chi_0[\omega_{\mathrm{p},z}^*\hat{H}_x^*+(\mathrm{i}w^*+1)\hat{B}_y^*]}{(\mathrm{i}w^*+1+\chi_0)(\mathrm{i}w^*+1)+(\omega_{\mathrm{p},z}^*)^2}\times\frac{\chi_0[(1+\chi_0-\mathrm{i}w^*)\overline{\hat{H}_x^*}-\omega_{\mathrm{p},z}^*\overline{\hat{B}_y^*}]}{(1+\chi_0-\mathrm{i}w^*)(1-\mathrm{i}w^*)+(\omega_{\mathrm{p},z}^*)^2}
\end{aligned}$$

$$=\chi_0^2\frac{\left\{\begin{array}{c}[(\omega_{p,z}^*\overline{\hat{H}_x^*}+\overline{\hat{B}_y^*})-\mathrm{i}w^*\overline{\hat{B}_y^*}]\{[(1+\chi_0)\hat{H}_x^*-\omega_{p,z}^*\hat{B}_y^*]+\mathrm{i}w^*\hat{H}_x^*\}+\\ [(\omega_{p,z}^*\hat{H}_x^*+\hat{B}_y^*)+\mathrm{i}w^*\hat{B}_y^*]\{[(1+\chi_0)\overline{\hat{H}_x^*}-\omega_{p,z}^*\overline{\hat{B}_y^*}]-\mathrm{i}w^*\overline{\hat{H}_x^*}\}\end{array}\right\}}{A_1^2+A_2^2}$$

$$=\chi_0\frac{\left\{\begin{array}{c}\{(\omega_{p,z}^*\overline{\hat{H}_x^*}+\overline{\hat{B}_y^*})[(1+\chi_0)\hat{H}_x^*-\omega_{p,z}^*\hat{B}_y^*]+w^{*2}\overline{\hat{B}_y^*}\hat{H}_x^*\}+\\ \mathrm{i}\{w^*\hat{H}_x^*(\omega_{p,z}^*\overline{\hat{H}_x^*}+\overline{\hat{B}_y^*})-w^*\overline{\hat{B}_y^*}[(1+\chi_0)\hat{H}_x^*-\omega_{p,z}^*\hat{B}_y^*]\}+\\ \{(\omega_{p,z}^*\hat{H}_x^*+\hat{B}_y^*)[(1+\chi_0)\overline{\hat{H}_x^*}-\omega_{p,z}^*\overline{\hat{B}_y^*}]+w^{*2}\hat{B}_y^*\overline{\hat{H}_x^*}\}+\\ \mathrm{i}\{-w^*\overline{\hat{H}_x^*}(\omega_{p,z}^*\hat{H}_x^*+\hat{B}_y^*)+w^*\hat{B}_y^*[(1+\chi_0)\overline{\hat{H}_x^*}-\omega_{p,z}^*\overline{\hat{B}_y^*}]\}\end{array}\right\}}{A_1^2+A_2^2}$$

$$=\chi_0^2\frac{\left\{\begin{array}{c}[(1+\chi_0)\omega_{p,z}^*\overline{\hat{H}_x^*}\hat{H}_x^*-(\omega_{p,z}^*)^2\overline{\hat{H}_x^*}\hat{B}_y^*+(1+\chi_0+w^{*2})\hat{H}_x^*\overline{\hat{B}_y^*}-\omega_{p,z}^*\overline{\hat{B}_y^*}\hat{B}_y^*]+\\ \mathrm{i}(w^*\omega_{p,z}^*\hat{H}_x^*\overline{\hat{H}_x^*}+w^*\omega_{p,z}^*\overline{\hat{B}_y^*}\hat{B}_y^*-\chi_0w^*\hat{H}_x^*\overline{\hat{B}_y^*})+\\ [(1+\chi_0)\omega_{p,z}^*\hat{H}_x^*\overline{\hat{H}_x^*}-(\omega_{p,z}^*)^2\hat{H}_x^*\overline{\hat{B}_y^*}+(1+\chi_0+w^{*2})\hat{B}_y^*\overline{\hat{H}_x^*}-\omega_{p,z}^*\hat{B}_y^*\overline{\hat{B}_y^*}]-\\ \mathrm{i}(w^*\omega_{p,z}^*\overline{\hat{H}_x^*}\hat{H}_x^*+w^*\omega_{p,z}^*\hat{B}_y^*\overline{\hat{B}_y^*}-\chi_0w^*\hat{B}_y^*\overline{\hat{H}_x^*})\end{array}\right\}}{A_1^2+A_2^2}$$

$$=\chi_0^2\frac{\left\{\begin{array}{c}\{2(1+\chi_0)\omega_{p,z}^*\overline{\hat{H}_x^*}\hat{H}_x^*+[1+\chi_0+w^{*2}-(\omega_{p,z}^*)^2](\hat{H}_x^*\overline{\hat{B}_y^*}+\hat{B}_y^*\overline{\hat{H}_x^*})-2\omega_{p,z}^*\overline{\hat{B}_y^*}\hat{B}_y^*\}\\ +\mathrm{i}[\chi_0w^*(\hat{B}_y^*\overline{\hat{H}_x^*}-\hat{H}_x^*\overline{\hat{B}_y^*})]\end{array}\right\}}{A_1^2+A_2^2}$$

(6-145)

将式（6-139）～式（6-145）代入式（6-135），并用式（6-137）和式（6-138）代替其中的 A_1 和 A_2，得

$$\langle L_{m,z}^*\rangle=\frac{1}{2}\frac{\left\{\begin{array}{c}-\chi_0\omega_{p,z}^*[(\omega_{p,z}^*)^2-w^{*2}+1]\hat{B}_y^*\overline{\hat{B}_y^*}-\chi_0\omega_{p,z}^*\\ [(\omega_{p,z}^*)^2-w^{*2}+(1+\chi_0)^2]\hat{H}_x^*\overline{\hat{H}_x^*}+\\ \chi_0^2[(\omega_{p,z}^*)^2-w^{*2}](\hat{H}_x^*\overline{\hat{B}_y^*}+\overline{\hat{H}_x^*}\hat{B}_y^*)+\mathrm{i}\chi_0w^*\\ [(\omega_{p,z}^*)^2-w^{*2}-1-\chi_0](\hat{H}_x^*\overline{\hat{B}_y^*}-\overline{\hat{H}_x^*}\hat{B}_y^*)\end{array}\right\}}{[1+\chi_0-w^{*2}+(\omega_{p,z}^*)^2]^2+(2+\chi_0)^2w^{*2}} \tag{6-146}$$

根据复数恒等式：

$$\hat{B}_y^*\overline{\hat{B}_y^*}=|\hat{B}_y^*|^2,\quad \hat{H}_x^*\overline{\hat{H}_x^*}=|\hat{H}_x^*|^2$$

$$\hat{H}_x^*\overline{\hat{B}_y^*}+\overline{\hat{H}_x^*}\hat{B}_y^*=2\mathrm{Re}(\hat{H}_x^*\overline{\hat{B}_y^*}),\quad \hat{H}_x^*\overline{\hat{B}_y^*}-\overline{\hat{H}_x^*}\hat{B}_y^*=2\mathrm{iIm}(\hat{H}_x^*\overline{\hat{B}_y^*})$$

式（6-146）变为

$$\langle L_{m,z}^{*}\rangle=\frac{\chi_0}{2}\frac{\left\{\begin{aligned}&-\omega_{p,z}^{*}[(\omega_{p,z}^{*})^2-w^{*2}+1]|\hat{B}_y^{*}|^2-\omega_{p,z}^{*}[(\omega_{p,z}^{*})^2-w^{*2}+(1+\chi_0)^2]|\hat{H}_x^{*}|^2+\\&2\chi_0[(\omega_{p,z}^{*})^2-w^{*2}]\mathrm{Re}(\hat{H}_x^{*}\overline{\hat{B}_y^{*}})-2w^{*}[(\omega_{p,z}^{*})^2-w^{*2}-1-\chi_0]\mathrm{Im}(\hat{H}_x^{*}\overline{\hat{B}_y^{*}})\end{aligned}\right\}}{[1+\chi_0-w^{*2}+(\omega_{p,z}^{*})^2]^2+(2+\chi_0)^2w^{*2}}\tag{6-147}$$

从式（6-147）可以看出，$\hat{H}_x^{*}$ 和 $\hat{B}_y^{*}$ 之间的相位关系决定了其中分子的第三和第四项的值。

(5) 求解运动方程

当 $\eta'=0$ 时，对式（6-131）两端关于 y^{*} 求导，得

$$\frac{\mathrm{d}\omega_{p,z}^{*}}{\mathrm{d}y^{*}}=-\frac{1}{2}\frac{\mathrm{d}^2v_x^{*}}{\mathrm{d}y^{*2}}+\frac{1}{2\zeta^{*}}\frac{\mathrm{d}\langle L_{m,z}^{*}\rangle}{\mathrm{d}y^{*}}\tag{6-148}$$

将式（6-148）代入式（6-130）可得

$$\frac{\mathrm{d}^2v_x^{*}}{\mathrm{d}y^{*2}}=\frac{2}{\eta^{*}}\frac{\partial p^{*}}{\partial x^{*}}-\frac{1}{\eta^{*}}\frac{\langle \mathrm{d}L_{m,z}^{*}\rangle}{\mathrm{d}y^{*}}\tag{6-149}$$

对式（6-149）关于 y^{*} 积分两次后，可得 v_x^{*} 的通解为

$$v_x^{*}=\frac{1}{\eta^{*}}\frac{\partial p^{*}}{\partial x^{*}}y^{*2}-\frac{1}{\eta^{*}}\int_0^{y^{*}}\langle L_{m,z}^{*}\rangle\mathrm{d}y^{*}+K_1y^{*}+K_2\tag{6-150}$$

其中，K_1 和 K_2 分别为待定系数。

根据铁磁流体 Couette-Poiseuille 流的边界条件：

$$v_x^{*}=\begin{cases}0 & y^{*}=0\\ \dfrac{v_0}{h_0/\tau}, & y^{*}=1\end{cases}$$

得系数 K_1 和 K_2 为

$$K_1=-\frac{1}{\eta^{*}}\frac{\partial p^{*}}{\partial x^{*}}+\frac{1}{\eta^{*}}\int_0^1\langle L_{m,z}^{*}\rangle\mathrm{d}y^{*}+\frac{v_0}{h_0/\tau}$$

$$K_2=0$$

将它们代入式（6-150）后得 v_x^{*} 的通解：

$$v_x^{*}=\frac{1}{\eta^{*}}\frac{\partial p^{*}}{\partial x^{*}}(y^{*2}-y^{*})+\frac{1}{\eta^{*}}\left(y^{*}\int_0^1\langle L_{m,z}^{*}\rangle\mathrm{d}y^{*}-\int_0^{y^{*}}\langle L_{m,z}^{*}\rangle\mathrm{d}y^{*}\right)+v_0^{*}y^{*}\tag{6-151}$$

其中，$v_0^{*}=\dfrac{v_0}{h_0/\tau}$。

为了求解 $\omega_{p,z}^{*}$，将式（6-148）关于 y^{*} 积分一次，得

$$\omega_{p,z}^{*}=-\frac{1}{2}\frac{\mathrm{d}v_x^{*}}{\mathrm{d}y^{*}}+\frac{1}{2\zeta^{*}}\langle L_{m,z}^{*}\rangle\tag{6-152}$$

将式（6-151）代入式（6-152）后得自旋速度的通解：

$$\omega_{p,z}^{*}=-\frac{1}{2\eta^{*}}\left[\frac{\partial p^{*}}{\partial x^{*}}(2y^{*}-1)-\frac{\eta^{*}+\zeta^{*}}{\zeta^{*}}\langle L_{m,z}^{*}\rangle+\int_0^1\langle L_{m,z}^{*}\rangle\mathrm{d}y^{*}+\eta^{*}v_0^{*}\right]\tag{6-153}$$

在式（6-151）和式（6-153）中，由于 $\langle L_{m,z}^{*}\rangle$ 本身是 $\omega_{p,z}^{*}$ 的函数，所以它们并不是解

析结果。如果压力梯度$\frac{\partial p^*}{\partial x^*}$远大于磁力矩$\langle L_{m,z}^* \rangle$，式（6-151）的带量纲形式可近似简化为式（6-1），也即此时铁磁流体的流速分布与普通流体的Couette-Poiseuille流速分布一致，具有抛物线流型，而且此时自旋速度$\omega_{p,z}^*$随位置y^*线性变化。

如果时均磁力矩$\langle L_{m,z}^* \rangle$恒定，不随位置变化，此时式（6-151）中等号右端的第二项为零，磁力矩对铁磁流体的流速无影响，但有一恒定磁力矩$\frac{1}{2\zeta^*}\langle L_{m,z}^* \rangle$影响自旋速度。如果在时均磁力矩$\langle L_{m,z}^* \rangle$恒定的条件下，铁磁流体内无压力梯度，也即在时均磁力矩$\langle L_{m,z}^* \rangle$恒定的铁磁流体Couette流中，铁磁流体的流速随位置线性变化（$v_x^* = v_0^* y^*$），自旋速度也将为定值$\frac{1}{2\zeta^*}\langle L_{m,z}^* \rangle - \frac{1}{2}v_0^*$，不随位置变化。而如果在时均磁力矩$\langle L_{m,z}^* \rangle$恒定的条件下，铁磁流体内既无压力梯度也无上平板的驱动，此时$v_x^*=0$，自旋速度为定值$\frac{1}{2\zeta^*}\langle L_{m,z}^* \rangle$，也即在静止的铁磁流体中，时变磁场会引起颗粒的自旋，这与6.4.1节的结果一致。

(6) 运动方程的数值解

由于直接求解控制方程得到的式（6-151）和式（6-153）中含有关于磁力矩的积分项，无法继续化简获得解析表达式，所以这里应用数值方法求解控制方程。为此，首先将$\eta'=0$时的式（6-131）转换为

$$\frac{\mathrm{d}v_x^*}{\mathrm{d}y^*} = -2\omega_{p,z}^* + \frac{\langle L_{m,z}^* \rangle}{\zeta^*} \tag{6-154}$$

将式（6-154）代入式（6-130），得

$$\frac{\mathrm{d}\omega_{p,z}^*}{\mathrm{d}y^*} = \frac{\eta^*+\zeta^*}{2\zeta^*\eta^*}\frac{\mathrm{d}\langle L_{m,z}^* \rangle}{\mathrm{d}y^*} - \frac{1}{\eta^*}\frac{\partial p^*}{\partial x^*} \tag{6-155}$$

由于

$$\frac{\mathrm{d}\langle L_{m,z}^* \rangle}{\mathrm{d}y^*} = \frac{\mathrm{d}\langle L_{m,z}^* \rangle}{\mathrm{d}\omega_{p,z}^*}\frac{\mathrm{d}\omega_{p,z}^*}{\mathrm{d}y^*}$$

式（6-155）可进一步写为

$$\frac{\mathrm{d}\omega_{p,z}^*}{\mathrm{d}y^*} = \frac{-\dfrac{1}{\eta^*}\dfrac{\partial p^*}{\partial x^*}}{1-\dfrac{\eta^*+\zeta^*}{2\zeta^*\eta^*}\dfrac{\mathrm{d}\langle L_{m,z}^* \rangle}{\mathrm{d}\omega_{p,z}^*}} \tag{6-156}$$

同时，根据

$$\frac{\mathrm{d}v_x^*}{\mathrm{d}\omega_{p,z}^*} = \frac{\mathrm{d}v_x^*}{\mathrm{d}y^*}\frac{\mathrm{d}y^*}{\mathrm{d}\omega_{p,z}^*}$$

将式（6-154）转换为

$$\frac{\mathrm{d}v_x^*}{\mathrm{d}\omega_{p,z}^*} = \frac{-2\omega_{p,z}^* + \dfrac{\langle L_{m,z}^* \rangle}{\zeta^*}}{\dfrac{\mathrm{d}\omega_{p,z}^*}{\mathrm{d}y^*}} \tag{6-157}$$

将式（6-156）代入其中可得

$$\frac{\mathrm{d}v_x^*}{\mathrm{d}\omega_{\mathrm{p},z}^*}=\frac{\left(-2\omega_{\mathrm{p},z}^*+\frac{\langle L_{\mathrm{m},z}^*\rangle}{\zeta^*}\right)\left(1-\frac{\eta^*+\zeta^*}{2\zeta^*\eta^*}\frac{\mathrm{d}\langle L_{\mathrm{m},z}^*\rangle}{\mathrm{d}\omega_{\mathrm{p},z}^*}\right)}{-\frac{1}{\eta^*}\frac{\partial p^*}{\partial x^*}} \tag{6-158}$$

为了数值求解由式（6-156）和式（6-158）组成的方程组，需分别针对三种时变磁场展开方程中的导数项$\frac{\mathrm{d}\langle L_{\mathrm{m},z}^*\rangle}{\mathrm{d}\omega_{\mathrm{p},z}^*}$。对于 x 方向均匀时变磁场，根据式（6-101）和无量纲变量表示式［式（6-129）］，有

$$\hat{H}_x^*=1,\ \hat{B}_y^*=0 \tag{6-159}$$

将式（6-159）代入式（6-147）后得

$$\langle L_{\mathrm{m},z}^*\rangle_x=\frac{\chi_0}{2}\frac{-\omega_{\mathrm{p},z}^*[(\omega_{\mathrm{p},z}^*)^2-w^{*2}+(1+\chi_0)^2]}{[1+\chi_0-w^{*2}+(\omega_{\mathrm{p},z}^*)^2]^2+(2+\chi_0)^2w^{*2}} \tag{6-160}$$

对于 y 方向均匀时变磁场，根据式（6-102）和式（6-129），有

$$\hat{H}_x^*=0,\ \hat{B}_y^*=1$$

将上式代入式（6-147）后得

$$\langle L_{\mathrm{m},z}^*\rangle_y=\frac{\chi_0}{2}\frac{-\omega_{\mathrm{p},z}^*[(\omega_{\mathrm{p},z}^*)^2-w^{*2}+1]}{[1+\chi_0-w^{*2}+(\omega_{\mathrm{p},z}^*)^2]^2+(2+\chi_0)^2w^{*2}} \tag{6-161}$$

当旋转磁场作用时，根据式（6-103）和式（6-129），有

$$\hat{H}_x^*=\mathrm{i},\ \hat{B}_y^*=1 \tag{6-162}$$

将式（6-162）代入式（6-147）后得

$$\langle L_{\mathrm{m},z}^*\rangle_{\mathrm{rot}}=\frac{\chi_0}{2}\frac{\left\{\begin{array}{c}-\omega_{\mathrm{p},z}^*[(\omega_{\mathrm{p},z}^*)^2-w^{*2}+1]+\omega_{\mathrm{p},z}^*[(\omega_{\mathrm{p},z}^*)^2-w^{*2}+\\(1+\chi_0)^2]-2w^*[(\omega_{\mathrm{p},z}^*)^2-w^{*2}-1-\chi_0]\end{array}\right\}}{[1+\chi_0-w^{*2}+(\omega_{\mathrm{p},z}^*)^2]^2+(2+\chi_0)^2w^{*2}} \tag{6-163}$$

分别将式（6-160）～式（6-163）代入式（6-156），得到三种磁场作用下的自旋速度方程，应用 4 阶 Runge-Kutta 方法求解边界条件为 $\omega_{\mathrm{p},z}^*=0$、$y^*=0$ 时的这些方程，得到 $\omega_{\mathrm{p},z}^*$ 分布。其次，在已知 $\omega_{\mathrm{p},z}^*$ 分布的条件下，求解式（6-158）获得 v_x^* 分布。

如图 6-40 为三种时变磁场分别作用时的铁磁流体 Couette-Poiseuille 流流速分布，与 6.2.6 节中相同磁场强度大小的均匀恒定磁场作用时的流速分布对比，可以看出，高频时变磁场可显著促进铁磁流体的 Couette-Poiseuille 流流动，这是因为时变磁场引起颗粒旋转，进而在铁磁流体内引起负的旋转黏度，减小了其表观黏度，这一点已由实验证实。

如图 6-41 为不同频率的三种时变磁场作用下铁磁流体 Couette-Poiseuille 流在流动截面内的流速和自旋速度分布。对于 x 方向的均匀时变磁场和 y 方向的均匀时变磁场，磁场变化频率越快，截面上同一 y 位置处的自旋速度和铁磁流体流速越大，而且从促进流动的效果看，在低频范围内，y 方向的均匀时变磁场比 x 方向的均匀时变磁场更容易促进 Couette-Poiseuille 流流动。对于旋转磁场，流速和自旋速度随磁场变化频率呈现出非单调性，在低频范围内，磁场会阻碍流动，且出现负的自旋速度；当频率较大时，磁场也会显著促进流动，且此时截面内也会分布有与前两种磁场作用时相当大小的自旋速度。

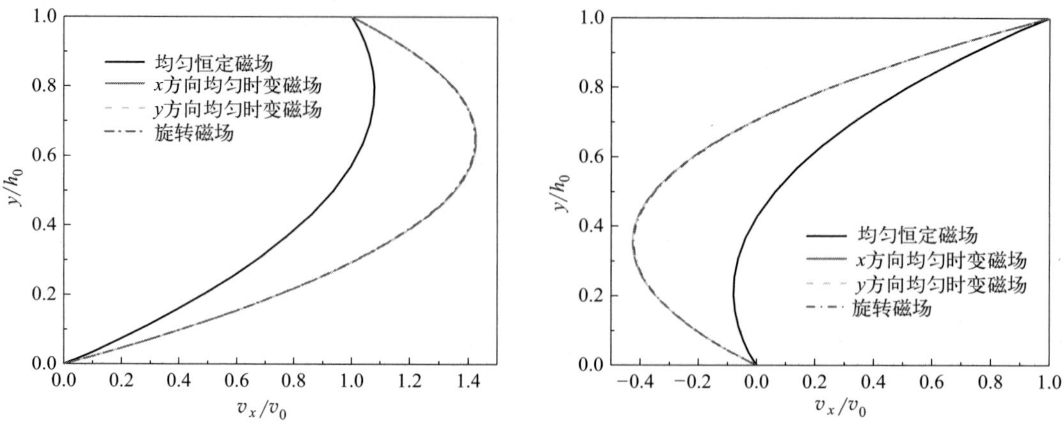

(a) $P^*=2$　　(b) $P^*=-2$

图 6-40　时变磁场作用下的铁磁流体 Couette-Poiseuille 流流动截面内的流速分布与均匀恒定磁场（磁场强度大小与时均磁场强度幅值相同，方向沿 y 方向）时的流速比较（$\chi_0=1.01$，$w\tau=10$，$\eta^*/\zeta^*=5.65$）

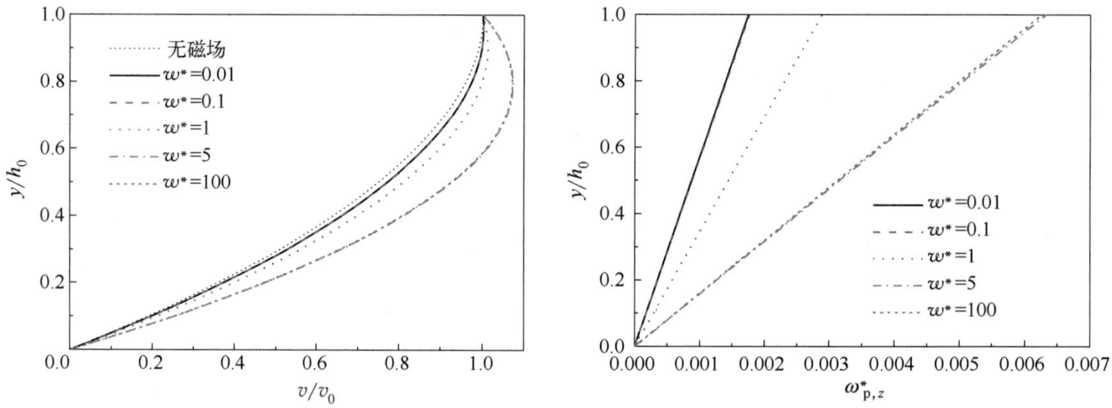

(a) x方向均匀时变磁场

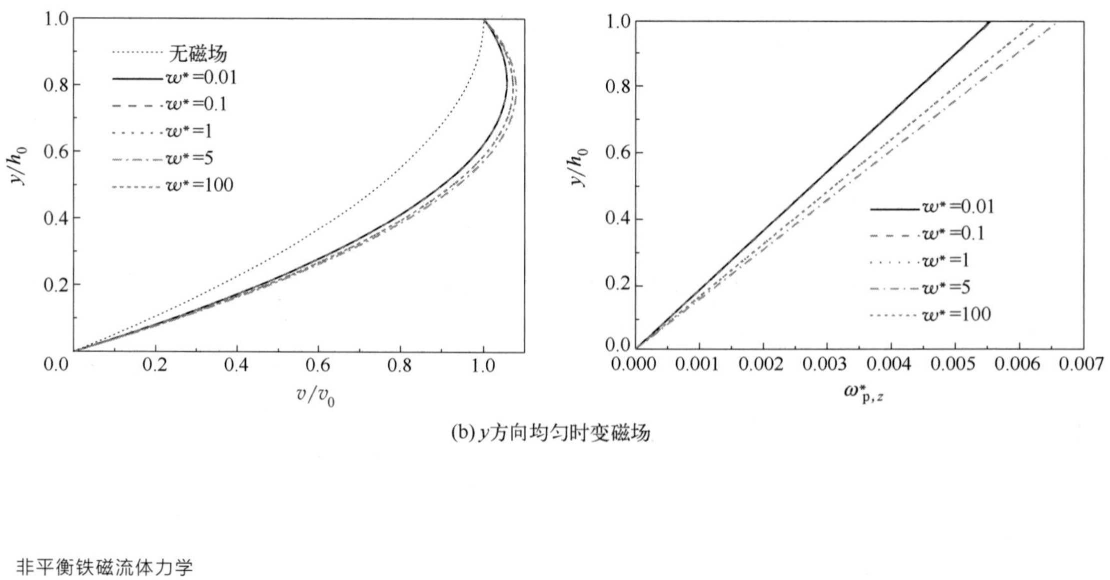

(b) y方向均匀时变磁场

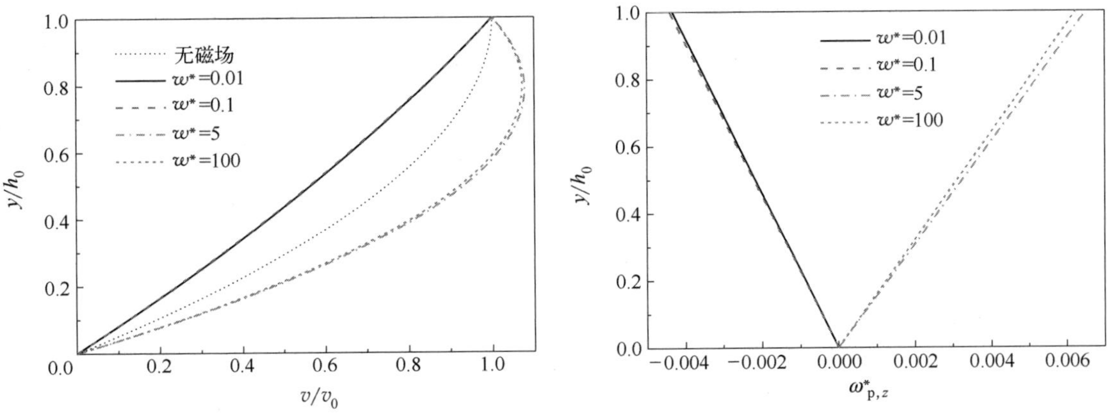

(c) 旋转磁场

图 6-41 不同频率时变磁场作用下的铁磁流体 Couette-Poiseuille 流流动截面内的流速分布和自旋速度分布（$\chi_0=3.5$，$\eta^*/\zeta^*=5.65$，$P^*=1$，$Re=0.1$，$Mn_f=800$，$Pe=0.00625$）

6.4.3 考虑自旋黏度时交变和旋转磁场作用下的流动特征

本小节讨论在与 6.4.2 节相同的磁场作用下，考虑铁磁流体的自旋黏度时其 Couette-Poiseuille 流的流动特性（特征）。其中，时变磁场和磁化强度的复数表示形式仍然应用式（6-99）～式（6-104），但考虑自旋黏度后需应用正则摄动法求解磁化方程。

（1）控制方程及其无量纲化

在与推导式（6-125）和式（6-126）时相同的假设条件下，应用如下无量纲量对公式进行无量纲化：

$$w^*=w\tau,\ x^*=\frac{x}{h_0},\ y^*=\frac{y}{h_0},\ \boldsymbol{v}^*=\frac{v}{v_0},\ \boldsymbol{\omega}_p^*=\frac{\omega_p}{\Omega_0}$$

$$\boldsymbol{H}^*=\frac{\boldsymbol{H}}{H_0},\ \boldsymbol{B}^*=\frac{\boldsymbol{B}}{\mu_0 H_0},\ \boldsymbol{M}^*=\frac{\boldsymbol{M}}{H_0},\ t^*=\frac{t}{\tau},\ p^*=\frac{p}{\eta v_0/h_0},\ \boldsymbol{\nabla}^*=h_0\boldsymbol{\nabla} \tag{6-164}$$

其中，τ 为磁化弛豫时间；H_0 为特征磁场强度；v_0 为上平板移动速度；Ω_0 为特征涡量，可令 $\Omega_0=\dfrac{v_0}{h_0}$。将式（6-164）表示的各物理量分别代入式（2-208）、式（2-210）和式（4-17），并忽略前两方程中的惯性项，可得

$$\frac{\eta+\zeta}{\eta}\boldsymbol{\nabla}^{*2}\boldsymbol{v}^*+2\frac{\zeta}{\eta}\boldsymbol{\nabla}^*\times\boldsymbol{\omega}_p^*-\boldsymbol{\nabla}^*p^*+\frac{\mu_0 h_0 H_0^2}{\eta v_0}\boldsymbol{M}^*\cdot\boldsymbol{\nabla}^*\boldsymbol{H}^*=\boldsymbol{0} \tag{6-165}$$

$$\frac{\eta'}{\zeta h_0^2}\boldsymbol{\nabla}^{*2}\boldsymbol{\omega}_p^*+2\boldsymbol{\nabla}^*\times\boldsymbol{v}^*-4\boldsymbol{\omega}_p^*+\frac{\mu_0 H_0^2}{\zeta\Omega_0}\boldsymbol{M}^*\times\boldsymbol{H}^*=\boldsymbol{0} \tag{6-166}$$

$$\frac{\partial\boldsymbol{M}^*}{\partial t^*}+\frac{v_0\tau}{h_0}(\boldsymbol{v}^*\cdot\boldsymbol{\nabla}^*)\boldsymbol{M}^*=\Omega_0\tau\boldsymbol{\omega}_p^*\times\boldsymbol{M}^*+(\boldsymbol{M}_0^*-\boldsymbol{M}^*) \tag{6-167}$$

由于式（6-165）中等号左端最后一项在 x 方向上的分量为零，所以在式（6-96）和式（6-97）的假设条件下，式（6-165）和式（6-166）的分量形式分别为

$$\frac{\eta+\zeta}{\eta}\frac{d^2 v_x^*}{dy^{*2}}+2\frac{\zeta}{\eta}\frac{d\omega_{p,z}^*}{dy^*}-\frac{\partial p^*}{\partial x^*}=0 \tag{6-168}$$

$$\frac{\eta'}{\zeta h_0^2}\frac{\mathrm{d}^2\omega_{\mathrm{p},z}^*}{\mathrm{d}y^{*2}}-2\frac{\mathrm{d}v_x^*}{\mathrm{d}y^*}-4\omega_{\mathrm{p},z}^*+\frac{\mu_0 H_0^2}{\zeta\Omega_0}\langle L_{\mathrm{m},z}^*\rangle=0 \tag{6-169}$$

其中，$\langle L_{\mathrm{m},z}^*\rangle$表示$\boldsymbol{M}^*\times\boldsymbol{H}^*$的时均值。

假设平衡磁化强度与磁场强度间具有线性关系：

$$\boldsymbol{M}_0^*=\chi_0\boldsymbol{H}^*$$

同时，由于假设$\boldsymbol{M}$只沿y方向变化，且流速只有x方向分量，可知式（6-167）中的对流项$(\boldsymbol{v}^*\cdot\nabla^*)\boldsymbol{M}^*=\boldsymbol{0}$，从而将式（6-167）简化为

$$\frac{\partial\boldsymbol{M}^*}{\partial t^*}=\varepsilon\boldsymbol{\omega}_{\mathrm{p}}^*\times\boldsymbol{M}^*+(\chi_0\boldsymbol{H}^*-\boldsymbol{M}^*) \tag{6-170}$$

其中，参数$\varepsilon=\Omega_0\tau$。

（2）正则摄动法求解磁化方程

采用正则摄动法求解磁化方程［式（6-170）］。假设磁化强度可表示为小参数ε的幂级数：

$$\boldsymbol{M}^*=\sum_{n=0}^{\infty}{}^n\varepsilon^n\boldsymbol{M}_n^* \tag{6-171}$$

并假设该正则摄动展开式的n阶项具有与磁场强度相同的时间依赖关系，表示为

$$\boldsymbol{M}_n^*=\mathrm{Re}\{[\hat{M}_{x,n}(y)\boldsymbol{e}_x+\hat{M}_{y,n}(y)\boldsymbol{e}_y]\mathrm{e}^{\mathrm{i}w^*t^*}\} \tag{6-172}$$

将式（6-171）代入式（6-170），有

$$\frac{\partial\boldsymbol{M}_0^*}{\partial t^*}+\varepsilon\frac{\partial\boldsymbol{M}_1^*}{\partial t^*}+\varepsilon^2\frac{\partial\boldsymbol{M}_2^*}{\partial t^*}+\cdots+\varepsilon^n\frac{\partial\boldsymbol{M}_n^*}{\partial t^*}=\varepsilon\boldsymbol{\omega}_{\mathrm{p}}^*\times(\boldsymbol{M}_0^*+\varepsilon\boldsymbol{M}_1^*+\varepsilon^2\boldsymbol{M}_2^*+\cdots+\varepsilon^n\boldsymbol{M}_n^*)$$
$$-(\boldsymbol{M}_0^*+\varepsilon\boldsymbol{M}_1^*+\varepsilon^2\boldsymbol{M}_2^*+\cdots+\varepsilon^n\boldsymbol{M}_n^*)+\chi_0\boldsymbol{H}^* \tag{6-173}$$

由于式（6-173）对于任意的ε值均成立，所以其等号两端同阶项对应相等，这样可得到不同阶次的方程，如零阶方程和n阶方程分别为

$$\frac{\partial\boldsymbol{M}_0^*}{\partial t^*}=-\boldsymbol{M}_0^*+\chi_0\boldsymbol{H}^* \tag{6-174}$$

$$\frac{\partial\boldsymbol{M}_n^*}{\partial t^*}=\boldsymbol{\omega}_{\mathrm{p}}^*\times\boldsymbol{M}_{n-1}^*-\boldsymbol{M}_n^*+\chi_0\boldsymbol{H}^*,\ n\geqslant1 \tag{6-175}$$

又因为$\boldsymbol{B}^*=\boldsymbol{H}^*+\boldsymbol{M}^*$，其中$\boldsymbol{M}^*$由式（6-171）给出，零阶方程和$n$阶方程又可分别写为

$$\frac{\partial\boldsymbol{M}_0^*}{\partial t^*}=-(1+\chi_0)\boldsymbol{M}_0^*+\chi_0\boldsymbol{B}^* \tag{6-176}$$

$$\frac{\partial\boldsymbol{M}_n^*}{\partial t^*}=\boldsymbol{\omega}_{\mathrm{p}}^*\times\boldsymbol{M}_{n-1}^*-(1+\chi_0)\boldsymbol{M}_n^*+\chi_0\boldsymbol{B}^*,\ n\geqslant1 \tag{6-177}$$

对于由式（6-176）描述的零阶问题，其解与自旋速度无关。考虑到式（6-99）和式（6-100）中$\hat{H}_x$和$\hat{B}_y$恒定，分别应用式（6-174）和式（6-176）写出磁化强度的零阶项在x和y方向上的分量方程：

$$\frac{\partial M_{x,0}^*}{\partial t^*}=-M_{x,0}^*+\chi_0 H_x^* \tag{6-178}$$

$$\frac{\partial M_{y,0}^*}{\partial t^*}=-(1+\chi_0)M_{y,0}^*+\chi_0 B_y^* \tag{6-179}$$

将式（6-172）表示的零阶磁化强度、式（6-99）和式（6-100）分别代入式（6-178）和式（6-179），有

$$\mathrm{Re}(\mathrm{i}w^*\hat{M}_{x,0}^*\mathrm{e}^{\mathrm{i}w^*t^*})=\mathrm{Re}(-\hat{M}_{x,0}^*\mathrm{e}^{\mathrm{i}w^*t^*}+\chi_0\hat{H}_x^*\mathrm{e}^{\mathrm{i}w^*t^*}) \tag{6-180}$$

$$\mathrm{Re}(\mathrm{i}w^*\hat{M}_{y,0}^*\mathrm{e}^{\mathrm{i}w^*t^*})=\mathrm{Re}[-(1+\chi_0)\hat{M}_{y,0}^*\mathrm{e}^{\mathrm{i}w^*t^*}+\chi_0\hat{B}_y^*\mathrm{e}^{\mathrm{i}w^*t^*}] \tag{6-181}$$

由于式（6-180）和式（6-181）对任意的 w^* 均成立，根据复数计算方法，两式中等号两端括号中的表达式相等，从而可得磁化强度的零阶解为

$$\hat{M}_{x,0}^*=\frac{\chi_0}{1+\mathrm{i}w^*}\hat{H}_x^* \tag{6-182}$$

$$\hat{M}_{y,0}^*=\frac{\chi_0}{1+\chi_0+\mathrm{i}w^*}\hat{B}_y^* \tag{6-183}$$

对于由式（6-175）描述的 n 阶问题，分别应用式（6-99）和式（6-100）写出磁化强度的 n 阶项在 x 和 y 方向上的分量方程：

$$\frac{\partial M_{x,n}^*}{\partial t^*}=-\omega_{\mathrm{p},z}^*M_{y,(n-1)}^*-M_{x,n}^* \tag{6-184}$$

$$\frac{\partial M_{y,n}^*}{\partial t^*}=\omega_{\mathrm{p},z}^*M_{x,(n-1)}^*-(1+\chi_0)M_{y,n}^* \tag{6-185}$$

其中，H_x^* 和 B_y^* 的 n 阶项均为零。采用与式（6-180）和式（6-181）类似的方法，得到 n 阶方程的递归解：

$$\hat{M}_{x,n}^*=-\frac{\omega_{\mathrm{p},z}^*}{1+\mathrm{i}w^*}\hat{M}_{y,(n-1)}^* \tag{6-186}$$

$$\hat{M}_{y,n}^*=\frac{\omega_{\mathrm{p},z}^*}{1+\chi_0+\mathrm{i}w^*}\hat{M}_{x,(n-1)}^* \tag{6-187}$$

根据式（6-186）和式（6-187）的递归关系式，可推得磁化强度的第 n 阶近似解为

$$\hat{M}_{x,n}^*=\begin{cases}(-1)^{\frac{n+1}{2}}\chi_0(\omega_{\mathrm{p},z}^*)^n\left(\dfrac{1}{1+\mathrm{i}w^*}\right)^{\frac{n+1}{2}}\left(\dfrac{1}{1+\chi_0+\mathrm{i}w^*}\right)^{\frac{n+1}{2}}\hat{B}_y^*, & n\text{ 为奇数}\\[2ex](-1)^{\frac{n}{2}}\chi_0(\omega_{\mathrm{p},z}^*)^n\left(\dfrac{1}{1+\mathrm{i}w^*}\right)^{\frac{n}{2}+1}\left(\dfrac{1}{1+\chi_0+\mathrm{i}w^*}\right)^{\frac{n}{2}}\hat{H}_x^*, & n\text{ 为偶数}\end{cases} \tag{6-188}$$

$$\hat{M}_{y,n}^*=\begin{cases}(-1)^{\frac{n-1}{2}}\chi_0(\omega_{\mathrm{p},z}^*)^n\left(\dfrac{1}{1+\mathrm{i}w^*}\right)^{\frac{n+1}{2}}\left(\dfrac{1}{1+\chi_0+\mathrm{i}w^*}\right)^{\frac{n+1}{2}}\hat{H}_x^*, & n\text{ 为奇数}\\[2ex](-1)^{\frac{n}{2}}\chi_0(\omega_{\mathrm{p},z}^*)^n\left(\dfrac{1}{1+\mathrm{i}w^*}\right)^{\frac{n}{2}}\left(\dfrac{1}{1+\chi_0+\mathrm{i}w^*}\right)^{\frac{n}{2}+1}\hat{B}_y^*, & n\text{ 为偶数}\end{cases} \tag{6-189}$$

当 $n=1$ 时，由式（6-188）和式（6-189）可得正则摄动法的一阶项为

$$\hat{M}_{x,1}^*=-\frac{\chi_0\omega_{\mathrm{p},z}^*\hat{B}_y^*}{(1+\mathrm{i}w^*)(1+\chi_0+\mathrm{i}w^*)} \tag{6-190}$$

$$\hat{M}_{y,1}^*=\frac{\chi_0\omega_{\mathrm{p},z}^*\hat{H}_x^*}{(1+\mathrm{i}w^*)(1+\chi_0+\mathrm{i}w^*)} \tag{6-191}$$

由式（6-182）、式（6-186）和式（6-190）、式（6-191）可得到小参数 $\varepsilon=\Omega_0\tau$ 时磁化强度的一阶近似解：

$$\boldsymbol{M}^*=\mathrm{Re}[(\hat{M}_x^*\boldsymbol{e}_x+\hat{M}_y^*\boldsymbol{e}_y)\mathrm{e}^{\mathrm{i}w^*t^*}] \tag{6-192}$$

其中

$$\hat{M}_x^*=\hat{M}_{x,0}^*+\varepsilon\hat{M}_{x,1}^*+O(\varepsilon^2)=\chi_0\frac{(1+\chi_0+\mathrm{i}w^*)\hat{H}_x^*-\varepsilon\omega_{\mathrm{p},z}^*\hat{B}_y^*}{(1+\mathrm{i}w^*)(1+\chi_0+\mathrm{i}w^*)}+O(\varepsilon^2) \tag{6-193}$$

$$\hat{M}_y^*=\hat{M}_{y,0}^*+\varepsilon\hat{M}_{y,1}^*+O(\varepsilon^2)=\chi_0\frac{(1+\mathrm{i}w^*)\hat{B}_y^*+\varepsilon\omega_{\mathrm{p},z}^*\hat{H}_x^*}{(1+\mathrm{i}w^*)(1+\chi_0+\mathrm{i}w^*)}+O(\varepsilon^2) \tag{6-194}$$

(3) 时均磁力矩

铁磁流体的时均磁力矩密度仍可由式（6-124）表示，因为磁场相关量的特征时间 $1/w^*$ 一般远小于流体宏观运动特征时间 h_0/v_0，所以这里可假设式（6-188）和式（6-189）中的自旋速度 $\omega_{\mathrm{p},z}^*$ 与时间无关，在式（6-164）表示的前提下，式（6-169）中的磁力矩密度项为

$$\langle L_{\mathrm{m},z}^*\rangle=\frac{1}{2}\mathrm{Re}[\hat{M}_x^*\overline{\hat{B}_y^*}-\overline{\hat{M}_y^*}(\hat{H}_x^*+\hat{M}_x^*)] \tag{6-195}$$

由于磁力矩与磁化强度的平方直接相关，所以它也可由小参数 ε 表示为

$$\langle L_{\mathrm{m},z}^*\rangle=\sum_{n=0}^{\infty}\varepsilon^n\langle L_{\mathrm{m},z}^*\rangle_n \tag{6-196}$$

其中，n 阶项为

$$\langle L_{\mathrm{m},z}^*\rangle_n=\frac{1}{2}\mathrm{Re}(\hat{M}_{x,n}^*\overline{\hat{B}_y^*}-\overline{\hat{M}_{y,n}^*}\hat{H}_x^*-\sum_{k=0}^{n}\overline{\hat{M}_{y,n-k}^*}\hat{M}_{x,k}^*) \tag{6-197}$$

将式（6-182）和式（6-183）代入式（6-197）中，可得磁力矩的零阶项为

$$\begin{aligned}\langle L_{\mathrm{m},z}^*\rangle_0&=\frac{1}{2}\mathrm{Re}(\hat{M}_{x,0}^*\overline{\hat{B}_y^*}-\overline{\hat{M}_{y,0}^*}\hat{H}_x^*-\overline{\hat{M}_{y,0}^*}\hat{M}_{x,0}^*)\\&=-\chi_0\mathrm{Re}\left[\frac{\mathrm{i}w^*}{(1+\chi_0+w^{*2})+\mathrm{i}\chi_0w^*}\overline{\hat{B}_y^*}\hat{H}_x^*\right]\\&=-\chi_0\frac{\mathrm{Re}\{[\chi_0w^{*2}+\mathrm{i}w^*(1+\chi_0+w^{*2})]\overline{\hat{B}_y^*}\hat{H}_x^*\}}{(1+\chi_0+w^{*2})^2+\chi_0^2w^{*2}}\end{aligned} \tag{6-198}$$

如图 6-42 给出两种时变磁场作用下零阶磁力矩项大小随 w^* 的变化关系曲线，发现曲线上存在极值点。为了寻找极值点位置，令

$$\frac{\partial\langle L_{\mathrm{m},z}^*\rangle_0}{\partial w^*}=0 \tag{6-199}$$

将式（6-198）代入式（6-199），得

$$\begin{aligned}&[(1+\chi_0+w^{*2})^2+\chi_0^2w^{*2}]\mathrm{Re}\{[2\chi_0w^*+\mathrm{i}(1+\chi_0+3w^{*2})]\overline{\hat{B}_y^*}\hat{H}_x^*\}\\&-2[2w^*(1+\chi_0+w^{*2})+\chi_0^2w^*]\mathrm{Re}\{[\chi_0w^{*2}+\mathrm{i}w^*(1+\chi_0+w^{*2})]\overline{\hat{B}_y^*}\hat{H}_x^*\}=0\end{aligned} \tag{6-200}$$

根据复数运算法则：

$$\mathrm{Re}(C_1C_2)=\mathrm{Re}(C_1)\mathrm{Re}(C_2)-\mathrm{Im}(C_1)\mathrm{Im}(C_2) \tag{6-201}$$

将式（6-200）进一步写为

$$\left\{\begin{matrix}[(1+\chi_0+w^{*2})^2+\chi_0^2w^{*2}]2\chi_0w^*-2 \\ [2w^*(1+\chi_0+w^{*2})+\chi_0^2w^*]\chi_0w^{*2}\end{matrix}\right\}\mathrm{Re}(\overline{\hat{B}_y^*}\hat{H}_x^*)-$$

$$\left\{\begin{matrix}[(1+\chi_0+w^{*2})^2+\chi_0^2w^{*2}](1+\chi_0+3w^{*2})-2 \\ [2w^*(1+\chi_0+w^{*2})+\chi_0^2w^*](1+\chi_0+w^{*2})w^*\end{matrix}\right\}\mathrm{Im}(\overline{\hat{B}_y^*}\hat{H}_x^*)=0 \tag{6-202}$$

化简式（6-202）后得

$$(1+\chi_0-w^{*2})[2\chi_0w^*(1+\chi_0+w^{*2})\mathrm{Re}(\overline{\hat{B}_y^*}\hat{H}_x^*)-(1+\chi_0+w^{*2}+\chi_0w^*)$$
$$(1+\chi_0+w^{*2}-\chi_0w^*)\mathrm{Im}(\overline{\hat{B}_y^*}\hat{H}_x^*)]=0 \tag{6-203}$$

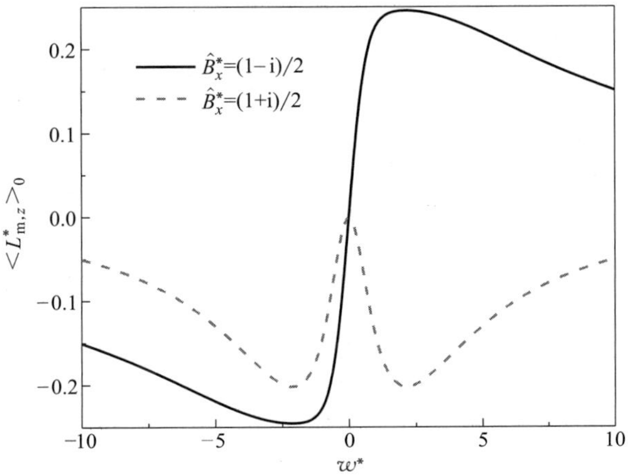

图 6-42 零阶磁力矩项$\langle L_{m,z}^*\rangle_0$随$w^*$的变化关系 $[\chi_0=3.5,\hat{H}_x^*=(1+i)/2]$

求解式（6-203）可得，当$\hat{B}_y^*$与$\hat{H}_x^*$同相时，由于此时$\overline{\hat{B}_y^*}\hat{H}_x^*$为纯实数，$\mathrm{Re}(\overline{\hat{B}_y^*}\hat{H}_x^*)=|\overline{\hat{B}_y^*}\hat{H}_x^*|$，$\mathrm{Im}(\overline{\hat{B}_y^*}\hat{H}_x^*)=0$，可知$\langle L_{m,z}^*\rangle_0$的极值点分别位于$w^*=\pm\sqrt{1+\chi_0}$和$w^*=0$处，图 6-42 中的虚线是这种情况的一个例子。而当$\hat{B}_y^*$与$\hat{H}_x^*$反相时，$\overline{\hat{B}_y^*}\hat{H}_x^*$为纯虚数，$\mathrm{Re}(\overline{\hat{B}_y^*}\hat{H}_x^*)=0$且$\mathrm{Im}(\overline{\hat{B}_y^*}\hat{H}_x^*)=-|\overline{\hat{B}_y^*}\hat{H}_x^*|$，此时如果$0<\chi_0<2+2\sqrt{2}$，$\langle L_{m,z}^*\rangle_0$的极值点分别位于$w^*=\pm\sqrt{1+\chi_0}$处，图 6-42 中的实线是这种情况的一个例子；而如果$\chi_0>2+2\sqrt{2}$，$\langle L_{m,z}^*\rangle_0$的极值点分别位于：

$$w^*=\frac{\pm\chi_0\pm\sqrt{(\chi_0-2-2\sqrt{2})(\chi_0-2+2\sqrt{2})}}{2}$$

对于磁力矩的一阶项，将式（6-182）、式（6-183）、式（6-190）、式（6-191）代入式（6-197），可得

$$\begin{aligned}\langle L_{m,z}^*\rangle_1&=\frac{1}{2}\mathrm{Re}(\hat{M}_{x,1}^*\overline{\hat{B}_y^*}-\overline{\hat{M}_{y,1}^*}\hat{H}_x^*-\overline{\hat{M}_{y,1}^*}\hat{M}_{x,0}^*-\overline{\hat{M}_{y,0}^*}\hat{M}_{x,1}^*)\\&=-\frac{1}{2}\chi_0\omega_{p,z}^*\mathrm{Re}\left[\frac{(1-iw^*)^2\overline{\hat{B}_y^*}\hat{B}_y^*+(1+\chi_0+iw^*)^2\overline{\hat{H}_x^*}\hat{H}_x^*}{(1-iw^*)(1+iw^*)(1+\chi_0+iw^*)(1+\chi_0-iw^*)}\right]\\&=\frac{1}{2}\chi_0\omega_{p,z}^*\frac{(w^{*2}-1)|\hat{B}_y^*|^2+[w^{*2}-(1+\chi_0)^2]|\hat{H}_x^*|^2}{(1+\chi_0+w^{*2})^2+\chi_0^2w^{*2}}\end{aligned} \tag{6-204}$$

令

$$\xi=\frac{1}{2}\chi_0\frac{(w^{*2}-1)|\hat{B}_y^*|^2+[w^{*2}-(1+\chi_0)^2]|\hat{H}_x^*|^2}{(1+\chi_0+w^{*2})^2+\chi_0^2w^{*2}} \tag{6-205}$$

则$\langle L_{m,z}^*\rangle_1=\xi\omega_{p,z}^*$。如图 6-43 给出两种时变磁场作用下一阶磁力矩项大小$\langle L_{m,z}^*\rangle_1$随$w^*$的变化关系曲线，曲线上同样存在极值点。

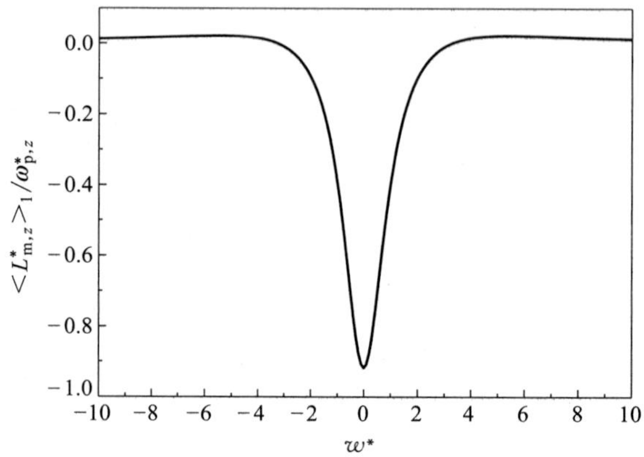

图 6-43 一阶磁力矩项$\langle L_{m,z}^*\rangle_1$随$w^*$的变化关系$[\chi_0=3.5,\hat{H}_x^*=(1+i)/2,\hat{B}_y^*=(1\pm i)/2]$

为了寻找一阶磁力矩项$\langle L_{m,z}^*\rangle_1$变化曲线上的极值点位置，假设$\omega_{p,z}^*$恒定，对式（6-204）关于$w^*$求导数，并令导函数为零，得

$$\begin{aligned}&w^*(|\hat{B}_y^*|^2+|\hat{H}_x^*|^2)[(1+\chi_0+w^{*2})^2+\chi_0^2w^{*2}]\\&-[2w^*(1+\chi_0+w^{*2})+\chi_0^2w^*]\{(w^{*2}-1)|\hat{B}_y^*|^2+[w^{*2}-(1+\chi_0)^2]|\hat{H}_x^*|^2\}=0\end{aligned} \tag{6-206}$$

整理式（6-206）后得

$$\begin{aligned}&w^*(\{[(1+\chi_0+w^{*2})^2+\chi_0^2w^{*2}]-(w^{*2}-1)[2w^*(1+\chi_0+w^{*2})+\chi_0^2w^*]\}\\&|\hat{B}_y^*|^2+\{[(1+\chi_0+w^{*2})^2+\chi_0^2w^{*2}]-[w^{*2}-(1+\chi_0)^2]\\&[2w^*(1+\chi_0+w^{*2})+\chi_0^2w^*]\}|\hat{H}_x^*|^2)=0\end{aligned}$$

该式进一步化简为

$$\begin{aligned}&w^*\{[-w^{*4}+2w^{*2}+2(1+\chi_0)^2+1]|\hat{B}_y^*|^2+[-w^{*4}+2(1+\chi_0)^2w^{*2}+\\&(1+\chi_0)^4+2(1+\chi_0)^2]|\hat{H}_x^*|^2\}=0\end{aligned}$$

最终得w^*满足的多项式方程为

$$\begin{aligned}&w^*(|\hat{B}_y^*|^2+|\hat{H}_x^*|^2)w^{*4}-2[|\hat{B}_y^*|^2+(1+\chi_0)^2|\hat{H}_x^*|^2]w^{*2}-\{[2(1+\chi_0)^2+1]\\&|\hat{B}_y^*|^2+(1+\chi_0)^2[(1+\chi_0)^2+2]|\hat{H}_x^*|^2\})=0\end{aligned} \tag{6-207}$$

式（6-207）的一个解为$w^*=0$，根据求根公式计算式（6-207）的另外两个解分别为：

$$w^*=\pm\left(\frac{|\hat{B}_y^*|^2+(1+\chi_0)^2|\hat{H}_x^*|^2}{|\hat{B}_y^*|^2+|\hat{H}_x^*|^2}+\frac{\begin{aligned}&([|\hat{B}_y^*|^2+(1+\chi_0)^2|\hat{H}_x^*|^2]^2+(|\hat{B}_y^*|^2+|\hat{H}_x^*|^2)\times\\&\{[2(1+\chi_0)^2+1]|\hat{B}_y^*|^2+(1+\chi_0)^2[(1+\chi_0)^2+2]|\hat{H}_x^*|^2\})^{\frac{1}{2}}\end{aligned}}{|\hat{B}_y^*|^2+|\hat{H}_x^*|^2}\right)^{\frac{1}{2}}$$

$$=\pm\left(\frac{|\hat{B}_y^*|^2+(1+\chi_0)^2|\hat{H}_x^*|^2}{|\hat{B}_y^*|^2+|\hat{H}_x^*|^2}+\frac{\begin{array}{c}(2[(1+\chi_0)^2+1]|\hat{B}_y^*|^4+2(1+\chi_0)^2[(1+\chi_0)^2+1]\times\\|\hat{H}_x^*|^4+\{4(1+\chi_0)^2+[(1+\chi_0)^2+1]^2\}|\hat{B}_y^*|^2|\hat{H}_x^*|^2)^{\frac{1}{2}}\end{array}}{|\hat{B}_y^*|^2+|\hat{H}_x^*|^2}\right)^{\frac{1}{2}}$$

$$=\pm\left(\frac{|\hat{B}_y^*|^2+(1+\chi_0)^2|\hat{H}_x^*|^2+\left(\begin{array}{c}\{2|\hat{B}_y^*|^2+[(1+\chi_0)^2+1]|\hat{H}_x^*|^2\}^{\frac{1}{2}}\times\\\{[(1+\chi_0)^2+1]|\hat{B}_y^*|^2+2(1+\chi_0)^2|\hat{H}_x^*|^2\}^{\frac{1}{2}}\end{array}\right)}{|\hat{B}_y^*|^2+|\hat{H}_x^*|^2}\right)^{\frac{1}{2}} \tag{6-208}$$

这些解分别对应一阶磁力矩项$\langle L_{m,z}^*\rangle_1$变化曲线上的三个极值点位置，如图 6-43 所示为一个例子。

在式（6-196）中保留零阶项和一阶项，可得时均磁力矩的近似值为

$$\langle L_{m,z}^*\rangle=\langle L_{m,z}^*\rangle_0+\varepsilon\langle L_{m,z}^*\rangle_1=\langle L_{m,z}^*\rangle_0+\varepsilon\xi\omega_{p,z}^* \tag{6-209}$$

其中，$\langle L_{m,z}^*\rangle_0$ 和 ξ 分别由式（6-198）和式（6-205）给出。

(4) 无滑移自旋速度边界条件时的流速和自旋速度

将式（6-209）表示的时均磁力矩的近似值代入角动量方程［式（6-169）］中，得

$$\frac{\eta'}{\zeta h_0^2}\frac{d^2\omega_{p,z}^*}{dy^{*2}}-2\frac{dv_x^*}{dy^*}+\left(\frac{\mu_0H_0^2}{\zeta\Omega_0}\varepsilon\xi-4\right)\omega_{p,z}^*+\frac{\mu_0H_0^2}{\zeta\Omega_0}\langle L_{m,z}^*\rangle_0=0 \tag{6-210}$$

在由式（6-168）和式（6-210）组成的控制方程组中，有三个无量纲参数影响流速和自旋速度的解。第一个无量纲参数是涡旋黏度和剪切黏度的比值 ζ/η，它正比于铁磁流体中磁性颗粒的体积分数，根据式（2-213），它可近似计算为

$$\frac{\zeta}{\eta}=\frac{3}{2}\phi \tag{6-211}$$

第二个无量纲参数是自旋黏度除以涡旋黏度后与特征长度平方的比值 $\eta'/(\zeta h_0^2)$，该值正比于铁磁流体的固有特征长度与流动特征长度的比值的平方，即

$$\frac{\eta'}{\zeta h_0^2}\propto\frac{L_p^2}{h_0^2} \tag{6-212}$$

其中，固有特征长度 L_p 与铁磁流体中颗粒的直径具有相同量级，这也是很多研究中忽略式（6-210）中等号左端第一项的原因。但有的研究表明，虽然这一参数较小，但是自旋扩散与自旋-涡量耦合作用会导致壁面和界面上形成边界层，这一边界层会影响壁面和界面上的剪切应力，进而在通过流动实验测试铁磁流体的特性时影响测量结果（Rinaldi et al.，2002）。

第三个无量纲参数是 $\mu_0H_0^2/(\zeta\Omega_0)$，它表示经由磁力矩“泵送”的内禀角动量与外赋和内禀角动量通过涡量-自旋耦合效应的输运通量的比值。为了使磁化强度-自旋速度间的相互作用相对较强，令

$$\frac{\mu_0H_0^2}{\zeta\Omega_0}\varepsilon=\frac{\mu_0H_0^2\tau}{\zeta}\approx 1 \tag{6-213}$$

但这一假设需要较大的磁场强度，有可能会违背平衡磁化强度与磁场强度间的线性假设关系，因为强磁场范围内它们之间呈非线性关系。

如图 6-44 和图 6-45 分别为磁场变化频率分别为 $w^*=0.1$ 和 $w^*=5$ 且不同磁场强度幅值大小时铁磁流体 Couette-Poiseuille 流流动截面内的流速分布和自旋速度分布。从流速分布看，低频时变磁场具有轻微的阻碍流动的作用，且磁场强度大小越大，阻碍作用越强。其

中，在旋转磁场中，流量比无磁场时的情况减小了约 2.9%。当频率为 $w^*=5$ 时，不同磁场强度大小的流速分布无明显差别。图 6-44 中磁场强度影响不显著的原因是，对于典型铁磁流体（磁化弛豫时间 $10^{-6}\sim10^{-4}$s，动力黏度 0.01Pa·s）的 Couette-Poiseuille 流，当 $Mn_f\leqslant100$ 时，$Mn_f\varepsilon\ll1$，在这种情况下，磁化强度和自旋速度的相互作用很小。但这里不能应用非常强的磁场，否则可能会违反平衡磁化强度与磁场强度之间的线性关系假设。

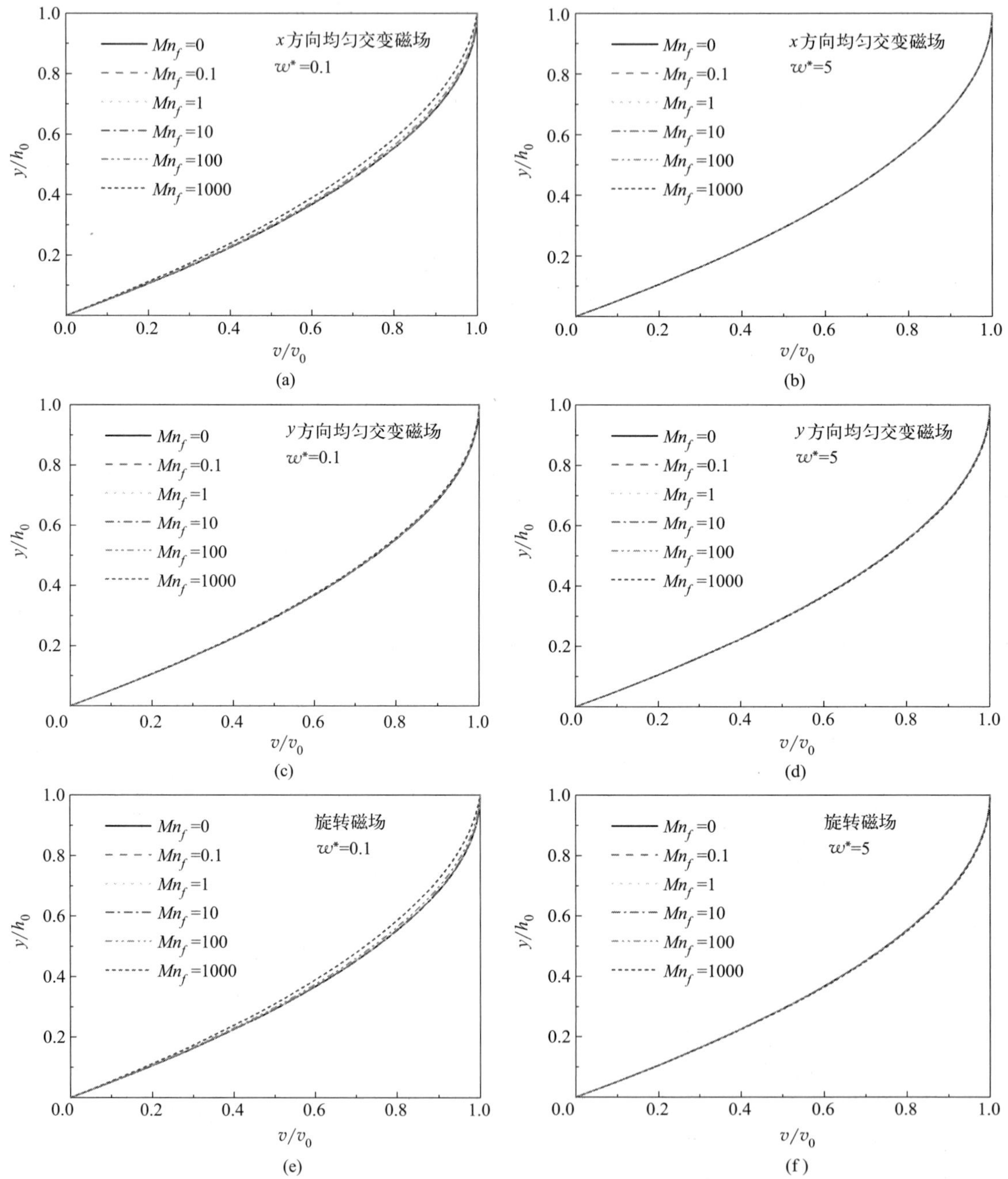

图 6-44 两种频率且不同幅值大小的时变磁场作用下铁磁流体 Couette-Poiseuille 流流动截面内的流速分布（$\chi_0=3.5, \eta^*/\zeta^*=5.65, P^*=1, Re=0.1, Pe=0.00625, \eta'=10^{-20}$N·s）

从图 6-45 中的自旋速度分布看，几乎在整个流动截面上，自旋速度随位置的变化曲线都保持着斜率相同的线性关系，但由于静止壁面上的自旋速度边界条件为零，因此静止壁面上的边界层非常薄。在 x 方向和 y 方向的均匀交变磁场中，低频时磁场强度幅值越大，自旋速度在截面内的变化斜率越小。但高频时的斜率变化趋势与之相反，尽管变化很小。在旋转磁场中，对于旋转磁场，当磁场强度增大到一定程度后，自旋速度会反向。在三种时变磁

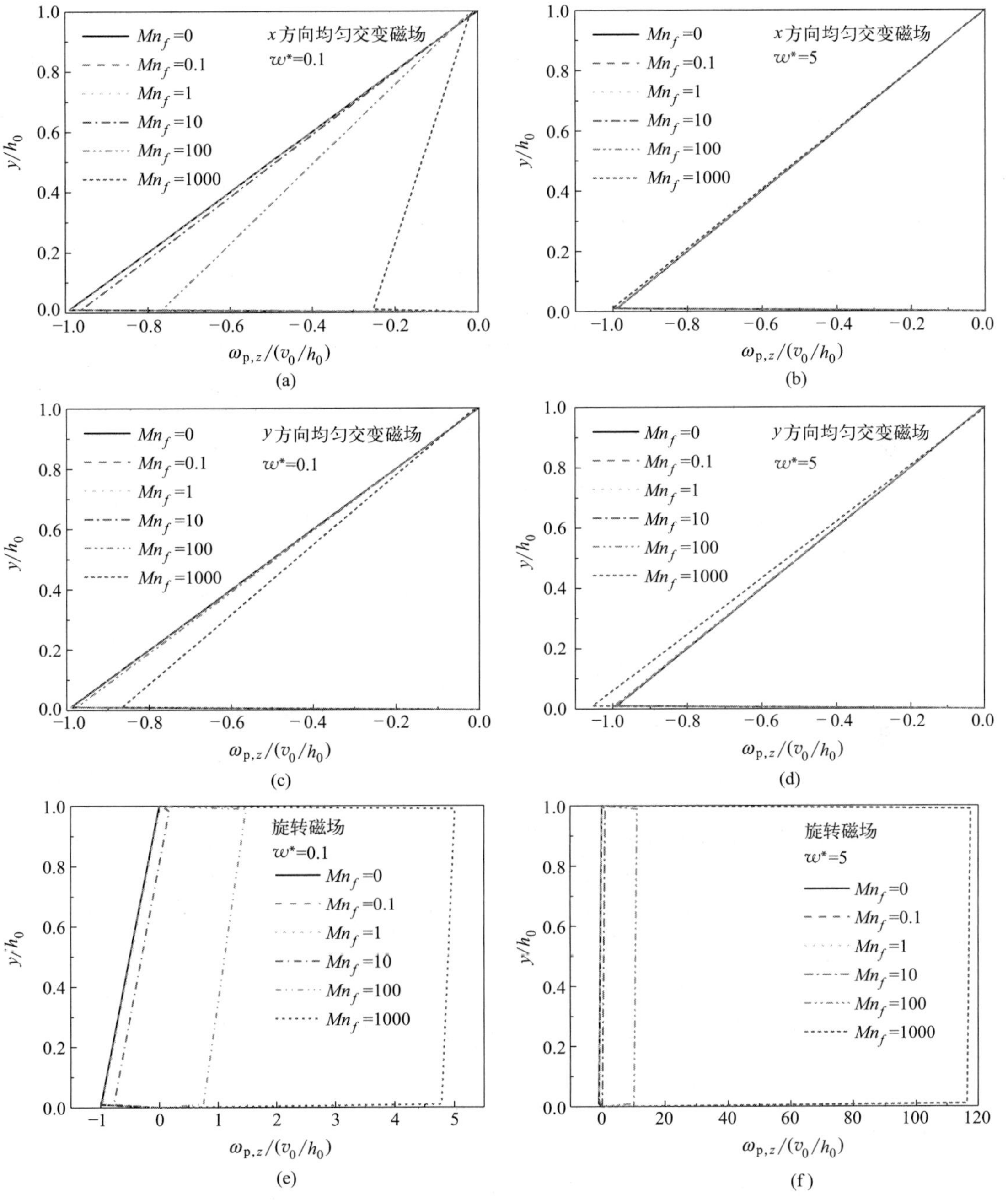

图 6-45 两种频率且不同幅值大小的时变磁场作用下铁磁流体 Couette-Poiseuille 流流动截面内的自旋速度分布（$\chi_0=3.5$，$\eta^*/\zeta^*=5.65$，$P^*=1$，$Re=0.1$，$Pe=0.00625$，$\eta'=10^{-20}\,\mathrm{N\cdot s}$）

场中，边界层的宽度并不随磁场强度的变化而变化。在图 6-45(e) 和 (f) 中，当改变旋转磁场的磁场强度时，可以观察到自旋速度分布曲线的水平平移，尤其是在频率为 $w^*=5$ 的情况下，较大的磁场强度会显著改变 $\omega_{p,z}^*$ 的值。

如图 6-46 为不同频率时变磁场作用下铁磁流体 Couette-Poiseuille 流流动截面内的流速和自旋速度分布。可以看出，频率对流速分布的影响很小，只是在低频时有微小的阻碍流动

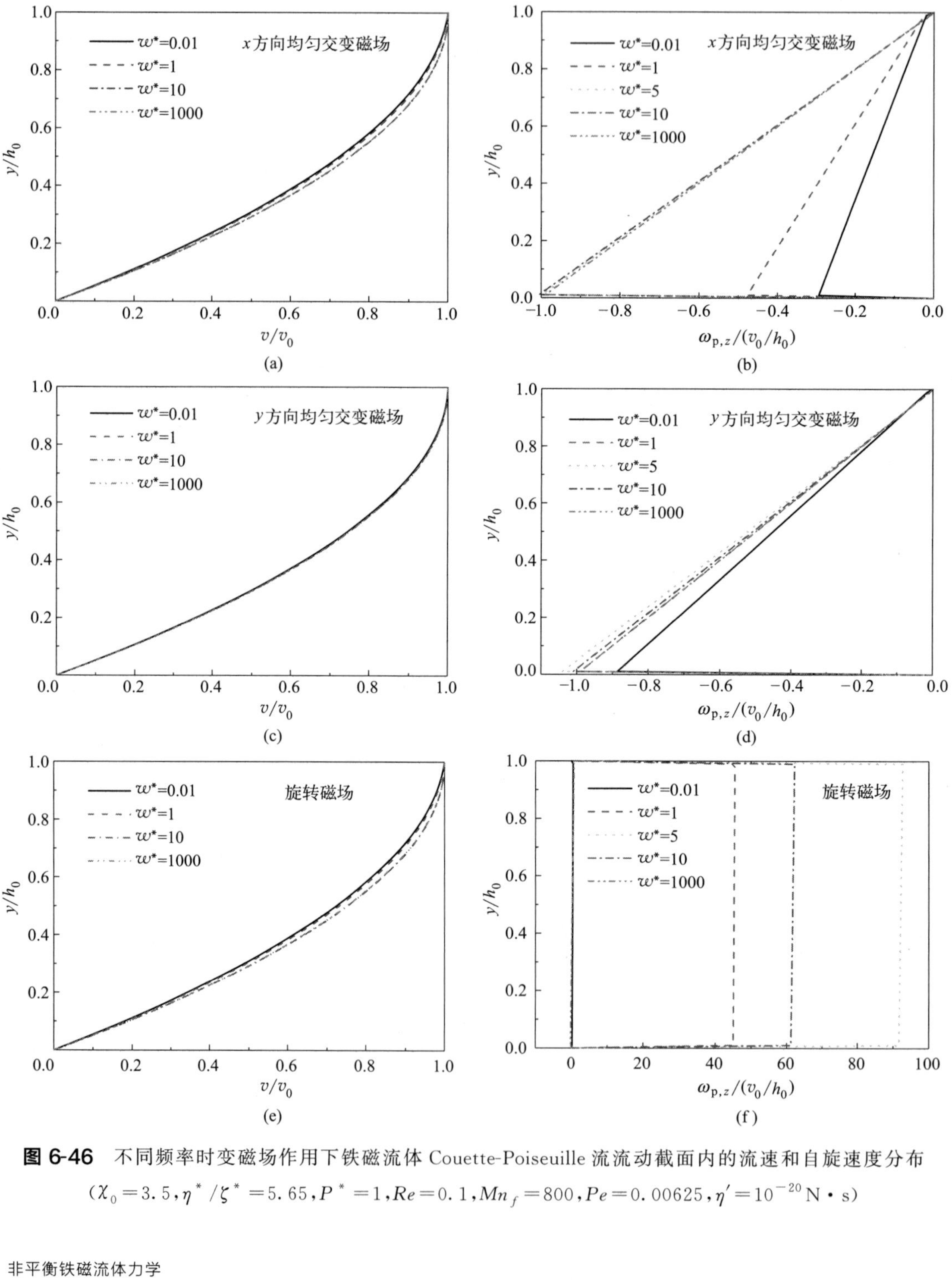

图 6-46 不同频率时变磁场作用下铁磁流体 Couette-Poiseuille 流流动截面内的流速和自旋速度分布

($\chi_0=3.5, \eta^*/\zeta^*=5.65, P^*=1, Re=0.1, Mn_f=800, Pe=0.00625, \eta'=10^{-20}\,N\cdot s$)

作用。这说明自旋黏度为零的假设夸大了时变磁场对铁磁流体 Couette-Poiseuille 流的促进作用。在自旋黏度不为零的情况下，自旋速度在流动截面内线性分布，其斜率在 x 方向或 y 方向的均匀时变磁场中当 $w^*=5$ 时达到最大值。然而，$\omega_{p,z}^*$ 的值要比自旋黏度为零的情况大得多，而且在静止壁面附近存在薄的边界层。特别是在旋转磁场中，零自旋黏度假设使得自旋速度分布明显偏离非零自旋黏度情况下流动截面内的近似恒定值。需要注意的是，虽然自旋黏度值非常小，但其无黏极限会对流速和自旋速度分布产生很大影响，因为 $\omega_{p,z}^*$ 的控制方程减少了两个阶次，所以必须使用不同的边界条件。

有的研究中在给定自旋速度的边界条件时使用自旋速度-涡量匹配条件，即

$$\omega_{p,z}^*(0)=\Omega^*(0),\ y^*=0\ 时$$

$$\omega_{p,z}^*(1)=\Omega^*(1),\ y^*=1\ 时$$

其中，$\Omega^*=\Omega/\Omega_0$。这种边界条件根据应力 $2\boldsymbol{\omega}_p-\nabla\times\boldsymbol{v}$ 中具有恒定的反对称部分假设推导而来，对于图 5-1 所示的流动，该边界条件为

$$\omega_{p,z}=-\frac{1}{2}v_x,\ y^*=0\ 和\ y^*=1\ 时$$

但对于流速分布和自旋速度分布而言，应用这种边界条件时的结果与应用上述无滑移自旋速度边界条件时的结果类似，只是自旋速度在移动平板边界上非零，如图 6-47 所示。

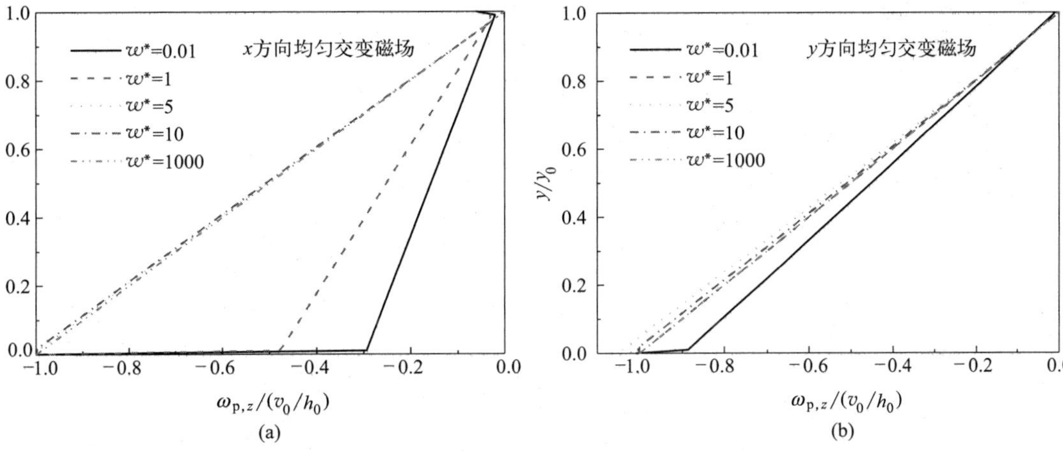

图 6-47 当采用自旋速度-涡量匹配条件时不同频率时变（交变）磁场作用下铁磁流体 Couette-Poiseuille 流流动截面内的流速和自旋速度分布

($\chi_0=3.5, \eta^*/\zeta^*=5.65, P^*=1, Re=0.1, Mn_f=800, Pe=0.00625, \eta'=10^{-20}\,\mathrm{N\cdot s}$)

(5) 旋转黏度

为了求得时变磁场作用下铁磁流体 Couette-Poiseuille 流中的旋转黏度，假设流速分布仍为抛物线型，并根据式（6-1）的形式，将此时的流速分布表示为

$$\frac{v_x}{v_0}=\frac{y}{h_0}-\frac{h_0^2}{2(\eta+\eta_r)v_0}\frac{\mathrm{d}p}{\mathrm{d}x}\frac{y}{h_0}\left(1-\frac{y}{h_0}\right) \tag{6-214}$$

并令

$$P^{*\prime}=-\frac{h_0^2}{2(\eta+\eta_r)v_0}\frac{\mathrm{d}p}{\mathrm{d}x} \tag{6-215}$$

比较式（6-1）和式（6-214）可得旋转黏度与本征黏度的比值为

$$\frac{\eta_r}{\eta}=\frac{P^*}{P^{*\prime}}-1 \tag{6-216}$$

根据式（6-216），由二次多项式拟合流速分布曲线后得到 $P^{*\prime}$ 的值，即可计算得到 $\frac{\eta_r}{\eta}$。

如图 6-48 为磁场变化频率分别为 $w^*=0.1$ 和 $w^*=5$ 的时变磁场中铁磁流体 Couette-Poiseuille 流内 $\frac{\eta_r}{\eta}$ 随磁场强度大小的变化关系。可以看出，当 $Mn_f<10$ 时，旋转黏度几乎为零，但在 $Mn_f>10$ 的范围内，低频磁场中旋转黏度随磁场强度的增大而增大，高频磁场中则会略有下降，这也是前述低频磁场阻碍 Couette-Poiseuille 流而高频磁场促进这种流动的原因。当 Mn_f 的值达到 1000 时，在频率 $w^*=0.1$ 的旋转磁场中旋转黏度上升了 13%，而在频率 $w^*=5$ 的旋转磁场中，旋转黏度下降了 1.4%。

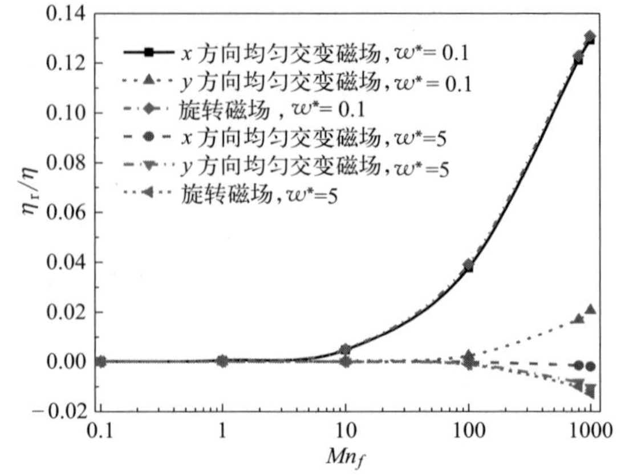

图 6-48 两种频率的时变磁场作用下铁磁流体 Couette-Poiseuille 流中的旋转黏度随磁场强度大小的变化（$\chi_0=3.5$，$\eta^*/\zeta^*=5.65$，$P^*=1$，$Re=0.1$，$Pe=0.00625$，$\eta'=10^{-20}$ N·s）

为了明确旋转黏度随磁场频率的变化关系，图 6-49 和图 6-50 分别给出磁化弛豫时间分别为 $\tau=4\times10^{-4}$s 和 $\tau=4\times10^{-3}$s 时旋转黏度在三种时变磁场作用下的变化曲线。它们均表现出在低频时为正，在 $w^*=1\sim10$ 的范围内变为负并出现极小值，超过此范围后又逐渐趋于零的变化规律，这就意味着存在一个使 Couette-Poiseuille 流流量达到最大的最优磁场频率值。从图 6-49 和图 6-50 对比看出，该最优值似乎与磁化弛豫时间和时变磁场类型无关。

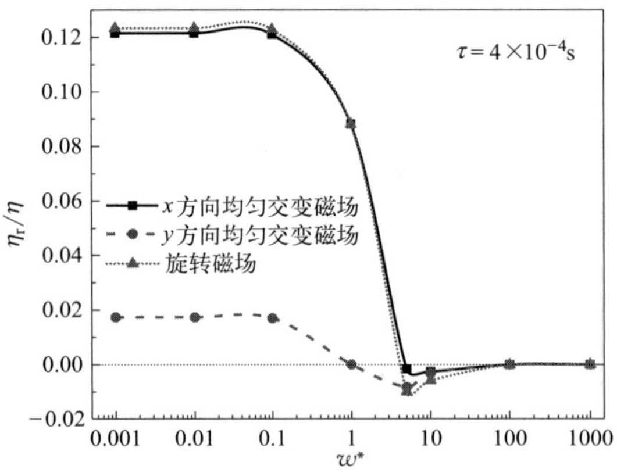

图 6-49 $\tau=4\times10^{-4}$s 时铁磁流体 Couette-Poiseuille 流中的旋转黏度随磁场频率的变化（$\chi_0=3.5$，$\eta^*/\zeta^*=5.65$，$P^*=1$，$Re=0.1$，$Pe=0.00625$，$Mn_f=800$，$\eta'=10^{-20}$ N·s）

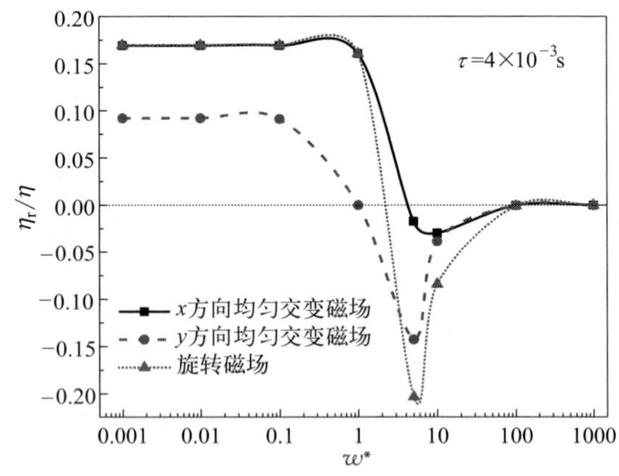

图 6-50 $\tau=4\times10^{-3}$s 时铁磁流体 Couette-Poiseuille 流中的旋转黏度随磁场频率的变化（$\chi_0=3.5$，$\eta^*/\zeta^*=5.65$，$P^*=1$，$Re=0.1$，$Pe=0.00625$，$Mn_f=800$，$\eta'=10^{-20}$ N·s）

与其他两种磁场相比，旋转磁场能达到的"负黏度"最小，磁化弛豫时间分别为 $\tau=4\times10^{-4}$s 和 $\tau=4\times10^{-3}$s 时，最小"负黏度"的大小分别达到 1.0%和 20%。当磁场频率相同时，磁化弛豫时间越长，负旋转黏度（负黏度）的绝对值也越大，也即磁场对流动的促进效应也越显著。

(6) 上平板受到的切应力

根据式（2-229），时变磁场作用下平面 Couette-Poiseuille 流对移动壁面的切应力可表示为

$$f_x=\eta\frac{\partial v_x}{\partial y}+\frac{\mu_0}{2}(M_xH_y-M_yH_x) \tag{6-217}$$

比较式（6-120）和式（6-217）后发现，式（6-217）中等号右端的第二项可由磁力矩的表达式表示，得

$$f_x=\eta\frac{\partial v_x}{\partial y}+\frac{1}{2}L_{\mathrm{m},z} \tag{6-218}$$

从而可应用时均磁力矩的结果计算作用在上平板上的时均切应力。按照式（6-164）的无量纲化表示，切应力可表示为

$$f_x^*=\frac{\mathrm{d}v_x^*}{\mathrm{d}y^*}+\frac{1}{2}Mn_f\frac{\zeta}{\eta}\langle L_{\mathrm{m},z}^*\rangle \tag{6-219}$$

其中，无量纲切应力 f_x^* 为

$$f_x^*=\frac{f_x}{\eta v_0/h_0}$$

将式（6-209）的近似表示代入式（6-219），得

$$f_x^*=\frac{\mathrm{d}v_x^*}{\mathrm{d}y^*}+\frac{1}{2}Mn_f\frac{\zeta}{\eta}(\langle L_{\mathrm{m},z}^*\rangle_0+\varepsilon\xi\omega_{\mathrm{p},z}^*) \tag{6-220}$$

其中，速度梯度$\dfrac{\mathrm{d}v_x^*}{\mathrm{d}y^*}$和自旋速度 $\omega_{\mathrm{p},z}^*$ 均在 $y^*=1$ 时取值。

如图 6-51 为磁场变化频率分别为 $w^*=0.1$ 和 $w^*=5$ 的时变磁场中，铁磁流体 Couette-Poiseuille 流上平板所受切应力随时变磁场强度幅值的变化关系。可以看出，对于均匀交变磁场，随着磁场幅值的增加，切应力在低频时单调上升，在高频时缓慢下降。但在旋转磁场中，切应力在两种频率下都随着磁场强度幅值的增加而增加。从图 6-44(b)、(d) 和 (f) 中可以看出，上平板附近的速度梯度几乎与 Mn_f 无关，所以图 6-51 中 f_x^* 的变化主要源于式（6-219）中等号右端的第二项，即磁应力的变化。

在均匀交变磁场中，根据式（6-101）、式（6-102）和式（6-198）的表示，项$\langle L_{\mathrm{m},z}^*\rangle_0$ 为零，这时，系数 ξ 为

$$\xi=\frac{1}{2}\chi_0\frac{w^{*2}-(1+\chi_0)^2}{(1+\chi_0+w^{*2})^2+\chi_0^2w^{*2}}\begin{cases}<0, w^*=0.1\\>0, w^*=5\end{cases}，\text{对于 } x \text{ 方向磁场} \tag{6-221}$$

$$\xi=\frac{1}{2}\chi_0\frac{w^{*2}-1}{(1+\chi_0+w^{*2})^2+\chi_0^2w^{*2}}\begin{cases}<0, w^*=0.1\\>0, w^*=5\end{cases}，\text{对于 } y \text{ 方向磁场} \tag{6-222}$$

而且从图 6-47 中可以看出，这两种磁场中上平板附近的自旋速度为负，因此，式（6-220）中等号右端第二项中 Mn_f 的系数在 $w^*=0.1$ 时为正、在 $w^*=5$ 时为负，这将最终导致

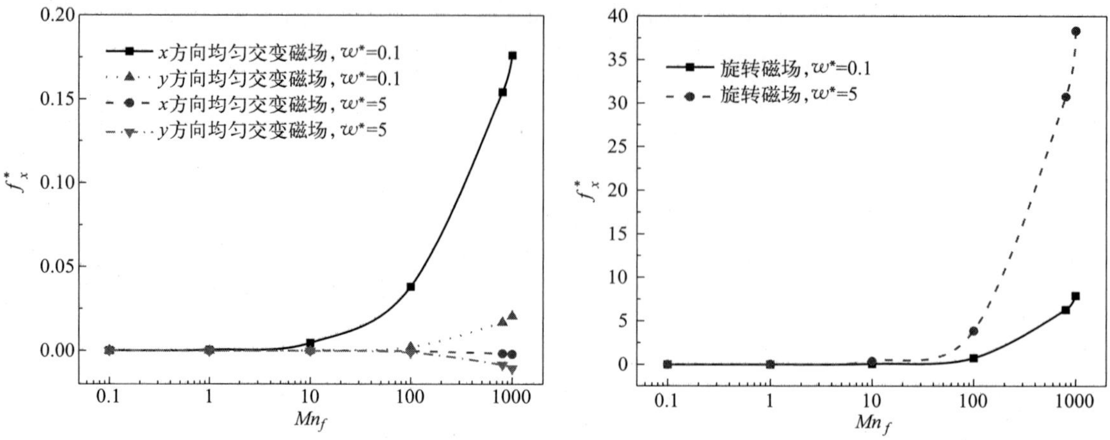

图 6-51 铁磁流体 Couette-Poiseuille 流中上平板受到的切应力随时变磁场强度幅值的变化关系（$\chi_0=3.5, \eta^*/\zeta^*=5.65, P^*=1, Re=0.1, Pe=0.00625, \eta'=10^{-20}\text{N}\cdot\text{s}$）

f_x^* 和 Mn_f 间在低频时的正相关、在高频时的负相关关系。

在旋转磁场中，根据式（6-102）和式（6-198），相应的 $\langle L_{\text{m},z}^*\rangle_0$ 非零，并可表示为

$$\langle L_{\text{m},z}^*\rangle_0=\frac{\chi_0 w^*(1+\chi_0+w^{*2})}{(1+\chi_0+w^{*2})^2+\chi_0^2 w^{*2}}>0\text{，对于旋转磁场} \tag{6-223}$$

这时，根据式（6-103）和式（6-205），系数 ξ 为

$$\xi=\frac{1}{2}\chi_0\frac{(w^{*2}-1)+[w^{*2}-(1+\chi_0)^2]}{(1+\chi_0+w^{*2})^2+\chi_0^2 w^{*2}}\begin{cases}<0, w^*=0.1\\>0, w^*=5\end{cases}\text{，对于旋转磁场} \tag{6-224}$$

但 $\langle L_{\text{m},z}^*\rangle_0$ 远大于 $\varepsilon\xi\omega_{\text{p},z}^*$，所以式（6-220）中 $\langle L_{\text{m},z}^*\rangle_0$ 对 Mn_f 的影响远甚于 $\varepsilon\xi\omega_{\text{p},z}^*$，最终导致 f_x^* 和 Mn_f 之间的正相关关系，而且它们之间的关系与磁场频率无关。

当 $w^*=0.1$ 时，式（6-221）中的分子的绝对值远大于式（6-222）中分子的绝对值，即 $|w^{*2}-(1+\chi_0)^2|>|w^{*2}-1|$，所以 x 方向均匀交变磁场中的 f_x^* 应当远大于 y 方向均匀交变磁场中的 f_x^*，这一点也可以从图 6-51 中看出。另一方面，当 $w^*=5$ 时，满足 $|w^{*2}-(1+\chi_0)^2|<|w^{*2}-1|$，这将导致高频时 y 方向均匀交变磁场中的 f_x^* 更大。在旋转磁场中，$w^*=5$ 时式（6-224）中分子的绝对值远大于 $w^*=0.1$ 时分子的绝对值，这也导致了图 6-51 中 $w^*=5$ 对应的曲线位于 $w^*=0.1$ 对应曲线的上方。

另一个定性的结论是，在高频的强均匀交变磁场中，切向应力可以改变方向。总体而言，在磁场强度幅值相同的情况下，旋转磁场比交变磁场能够产生更大的切向应力。

图 6-52 为三种时变磁场作用下上平板受到的切应力随磁场频率的变化曲线。在 x 方向和 y 方向的均匀交变磁场中，切应力的变化规律相近，即其大小在低频时为正，并随着频率的增加而迅速下降，直到在 $w^*=1\sim10$ 的范围内变为负并出现极小值，超过此范围后又逐渐上升并最终趋于零。但在旋转磁场中，切应力随着磁场频率先大幅增大，然后又急剧下降至初始值，并在 $w^*=1$ 附近出现极大值。

图 6-52 中极值点的位置可以根据式（6-220）精确得到。式（6-220）表明极值点的位置取决于项 $\langle L_{\text{m},z}^*\rangle_0+\varepsilon\xi\omega_{\text{p},z}^*$，在均匀交变磁场中，它等价于 ξ，因为 $\langle L_{\text{m},z}^*\rangle_0$ 为零，且 $\varepsilon\omega_{\text{p},z}^*$ 为常数。在这种情况下，令

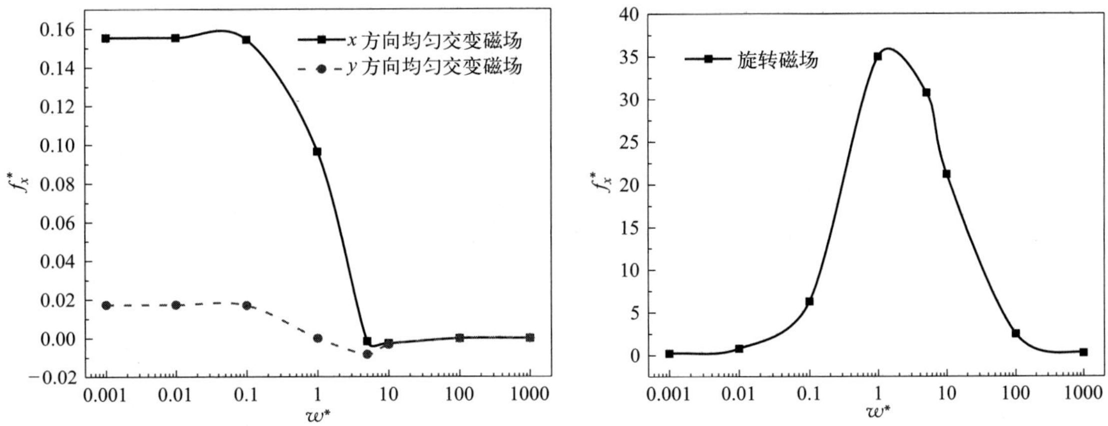

图 6-52 铁磁流体 Couette-Poiseuille 流中上平板受到的切应力随时变磁场频率的变化关系

($\chi_0=3.5$，$\eta^*/\zeta^*=5.65$，$P^*=1$，$Re=0.1$，$Pe=0.00625$，$Mn_f=800$，$\eta'=10^{-20}\,\mathrm{N\cdot s}$)

$$\frac{\partial \xi}{\partial w^*}=0 \tag{6-225}$$

将式（6-221）和式（6-222）分别代入式（6-225），得

$$2w^*\{w^{*4}-2(1+\chi_0)^2w^{*2}-(1+\chi_0)^2[(1+\chi_0)^2+2]\}=0\text{，对于 }x\text{ 方向磁场} \tag{6-226}$$

$$2w^*\{w^{*4}-2w^{*2}-[2(1+\chi_0)^2+1]\}=0\text{，对于 }y\text{ 方向磁场} \tag{6-227}$$

这样得到这两种磁场分别作用时对应的极值点位置：

$$w^*=\sqrt{(1+\chi_0)^2+\sqrt{2}(1+\chi_0)\sqrt{(1+\chi_0)^2+1}}\text{，对于 }x\text{ 方向磁场}$$

$$w^*=\sqrt{1+\sqrt{2}\sqrt{(1+\chi_0)^2+1}}\text{，对于 }y\text{ 方向磁场}$$

对于一种典型铁磁流体，$\chi_0=3.5$，相应的极值点位置分别位于 $w^*=7.0$ 和 $w^*=2.7$，这与图 6-52 的结果一致。

在旋转磁场中，曲线上的极值点位置由 $\langle L_{m,z}^*\rangle_0$ 决定，令

$$\frac{\partial\langle L_{m,z}^*\rangle_0}{\partial w^*}=0 \tag{6-228}$$

将式（6-198）代入式（6-228），化简后得

$$(1+\chi_0-w^{*2})(1+\chi_0+w^{*2}+\chi_0w^*)(1+\chi_0+w^{*2}-\chi_0w^*)=0 \tag{6-229}$$

由于 $0<\chi_0<2+2\sqrt{2}$，$\langle L_{m,z}^*\rangle_0$ 的极值点位置位于 $w^*=\sqrt{1+\chi_0}$。对于 $\chi_0=3.5$ 的铁磁流体，该位置对应于 $w^*=2.1$，这与图 6-52 的结果一致。

第 7 章 铁磁流体管流

磁场作用下的铁磁流体管流是铁磁流体的基本流动之一，它也是铁磁流体许多工程应用的理论模型，如能量转换系统、黏性阻尼器和驱动器等（Kamiyama，2001；Bianco et al.，2021；Dalvi et al.，2022；Wang et al.，2021）。本章在如图 7-1 所示的柱坐标系(r,θ,z)中讨论铁磁流体的管流特性，其中 z 轴与管轴线重合。分别给出恒定均匀磁场、恒定非均匀磁场、振荡磁场作用时柱坐标系中的控制方程及其无量纲形式，并应用数值方法求解无量纲控制方程。关注的管流流动特性包括流速分布、压力分布、旋转黏度。作为补充，总结了管流中因磁黏效应引起的自发旋转特性。

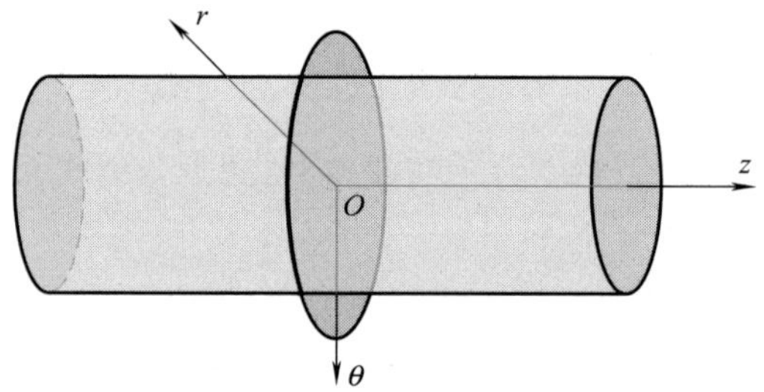

图 7-1 铁磁流体管流模型

7.1 恒定均匀磁场作用下的稳态流动

7.1.1 轴向磁场作用下的流动特征

在如图 7-1 所示的管流中，当沿轴向施加恒定均匀磁场时，磁场强度可表示为

$$\boldsymbol{H}=(0,0,H_z) \tag{7-1}$$

假设铁磁流体的流动为层流，此时可由运动方程［式（2-219）］、连续性方程［式（2-205）］和磁化方程［式（4-17）］描述这一流动，但这里假设铁磁流体不可压缩，所以式（4-17）中等号右端的第二项为零，这样该式变为

$$\frac{\mathrm{D}\boldsymbol{M}}{\mathrm{D}t}=\boldsymbol{\omega}_{\mathrm{p}}\times\boldsymbol{M}+\frac{1}{\tau}(\boldsymbol{M}_0-\boldsymbol{M}) \tag{7-2}$$

其中，平衡磁化强度 $\boldsymbol{M}_0$ 与外磁场方向相同，大小由式（4-1）计算得到。

柱坐标系中，式（2-219）在 z 方向上的分量方程为

$$\rho\left(\frac{\partial v_z}{\partial t}+v_r\frac{\partial v_z}{\partial r}+\frac{v_\theta}{r}\frac{\partial v_z}{\partial \theta}+v_z\frac{\partial v_z}{\partial z}\right)$$

$$
\begin{aligned}
&= -\frac{\partial p}{\partial z}+\eta\left(\frac{1}{r}\frac{\partial v_z}{\partial r}+\frac{\partial^2 v_z}{\partial r^2}+\frac{1}{r^2}\frac{\partial^2 v_z}{\partial \theta^2}+\frac{\partial^2 v_z}{\partial z^2}\right)+ \\
&\mu_0\left(M_r\frac{\partial H_z}{\partial r}+\frac{M_\theta}{r}\frac{\partial H_z}{\partial \theta}+M_z\frac{\partial H_z}{\partial z}\right)- \\
&\frac{\mu_0}{2r}\frac{\partial}{\partial r}[r(M_rH_z-M_zH_r)]-\frac{\mu_0}{2r}\frac{\partial}{\partial \theta}(M_\theta H_z-M_zH_\theta)
\end{aligned}
\tag{7-3}
$$

假设铁磁流体的流速沿 z 方向，可将速度矢量表示为

$$\boldsymbol{v}=[0,0,v_z(r)] \tag{7-4}$$

此时流动涡量 $\boldsymbol{\Omega}$ 沿 θ 方向，其大小为

$$\Omega=-\frac{1}{2}\frac{\mathrm{d}v_z}{\mathrm{d}r} \tag{7-5}$$

由柱坐标系中定常不可压缩流体的连续性方程［式（2-205）］：

$$\frac{1}{r}\frac{\partial(rv_r)}{\partial r}+\frac{1}{r}\frac{\partial v_\theta}{\partial \theta}+\frac{\partial v_z}{\partial z}=0$$

可得

$$\frac{\partial v_z}{\partial z}=0$$

此时，由于管流的轴对称性，速度 v_z 不沿 θ 方向变化。同理，磁场强度大小 H_z 和磁化强度分量 M_r 不随 r 和 θ 变化，因此，可将式（7-3）简化为

$$\frac{\partial p}{\partial z}=\eta\frac{1}{r}\frac{\mathrm{d}v_z}{\mathrm{d}r}+\eta\frac{\mathrm{d}^2 v_z}{\mathrm{d}r^2}+\mu_0M_z\frac{\mathrm{d}H_z}{\mathrm{d}z}-\frac{\mu_0}{2}\frac{1}{r}M_rH_z \tag{7-6}$$

同理，式（2-219）在 r 方向上的分量方程简化为

$$\frac{\partial p}{\partial r}=0$$

由此可知，压力 p 不随位置 r 变化，所以式（7-6）中的$\frac{\partial p}{\partial z}$可替换为$\frac{\mathrm{d}p}{\mathrm{d}z}$。

式（7-2）在 r 和 z 方向上的分量方程分别为

$$\frac{\partial M_r}{\partial t}+v_r\frac{\partial M_r}{\partial r}+\frac{v_\theta}{r}\frac{\partial M_r}{\partial \theta}+v_z\frac{\partial M_r}{\partial z}=\omega_{\mathrm{p},\theta}M_z-\omega_{\mathrm{p},z}M_\theta+\frac{1}{\tau}(M_{0,r}-M_r) \tag{7-7}$$

$$\frac{\partial M_z}{\partial t}+v_r\frac{\partial M_z}{\partial r}+\frac{v_\theta}{r}\frac{\partial M_z}{\partial \theta}+v_z\frac{\partial M_z}{\partial z}=\omega_{\mathrm{p},r}M_\theta-\omega_{\mathrm{p},\theta}M_r+\frac{1}{\tau}(M_{0,z}-M_z) \tag{7-8}$$

为了化简式（7-7）和式（7-8），研究管流问题时忽略自旋黏度的影响（Schumacher et al.，2003），写出角动量方程［式（2-217）］在 θ 方向上的分量方程：

$$\omega_{\mathrm{p},\theta}=\Omega-\frac{\mu_0}{4\zeta}(M_rH_z-M_zH_r) \tag{7-9}$$

在稳态、磁场沿 z 方向、磁化强度分量 M_r 不沿 z 方向变化、颗粒旋转速度沿 θ 方向的假设条件下，根据式（7-4），式（7-7）～式（7-9）分别简化为

$$0=\omega_{\mathrm{p},\theta}M_z-\frac{1}{\tau}M_r \tag{7-10}$$

$$v_z\frac{\partial M_z}{\partial z}=-\omega_{\mathrm{p},\theta}M_r-\frac{1}{\tau}(M_z-M_0) \tag{7-11}$$

$$\omega_{p,\theta}=\Omega-\frac{\mu_0}{4\zeta}M_r H_z \tag{7-12}$$

将式（7-12）代入式（7-10），可得

$$M_r=\frac{\tau\Omega M_z}{1+\frac{\mu_0\tau}{4\zeta}M_z H_z} \tag{7-13}$$

将式（7-12）和式（7-13）代入式（7-11），可得

$$v_z\frac{\partial M_z}{\partial z}=\frac{1}{\tau}\left[M_0-M_z-\frac{(\tau\Omega)^2 M_z}{\left(1+\frac{\mu_0\tau}{4\zeta}M_z H_z\right)^2}\right] \tag{7-14}$$

将式（7-13）代入式（7-6）中，并应用式（7-5），可将运动方程进一步写为

$$\frac{\mathrm{d}p}{\mathrm{d}z}=\eta\frac{1}{r}\frac{\mathrm{d}v_z}{\mathrm{d}r}+\eta\frac{\mathrm{d}^2 v_z}{\mathrm{d}r^2}+\mu_0 M_z\frac{\mathrm{d}H_z}{\mathrm{d}z}+\frac{\mu_0}{4r}\frac{\tau M_z H_z}{1+\frac{\mu_0\tau}{4\zeta}M_z H_z}\frac{\mathrm{d}v_z}{\mathrm{d}r} \tag{7-15}$$

为了求解式（7-15）方便，引入如下无量纲量：

$$r^*=\frac{r}{R_0},\ z^*=\frac{z}{R_0},\ v_z^*=\frac{v_z}{v_m},\ H_z^*=\frac{H_z}{H_{max}},\ M_z^*=\frac{M_z}{M_{0max}},\ p^*=\frac{p}{\eta v_m/R_0} \tag{7-16}$$

其中，R_0 为圆管的半径；v_m 为圆管内铁磁流体的平均流速；H_{max} 和 M_{0max} 分别为最大磁场强度和最大平衡磁化强度，且根据式（4-1）和式（4-2）的定义，有

$$M_{0max}=Nm_pL(\alpha_{max}),\ \alpha_{max}=\frac{\mu_0 m_p H_{max}}{k_B T} \tag{7-17}$$

另外，为了表示方便，定义：

$$L^*=\frac{L(\alpha)}{L(\alpha_{max})} \tag{7-18}$$

$$\hbar=\frac{\mu_0\tau}{4\zeta}M_{0max}H_{max} \tag{7-19}$$

(1) $\tau\Omega\ll1$ 时均匀轴向磁场作用下铁磁流体管流中的流速和压力

在 $\tau\Omega\ll1$ 的假设条件下，式（7-14）中等号右端括号内的最后一项可忽略，而且如果磁场均匀，式（7-14）中等号左端的项也可忽略，由此可得

$$M_z=M_0 \tag{7-20}$$

根据式（7-20）化简式（7-15）中等号右端的最后两项。由式（4-1）和式（4-2）可知

$$\frac{\mathrm{d}}{\mathrm{d}z}\left(\ln\frac{\mathrm{sh}\alpha}{\alpha}\right)=\frac{\mathrm{d}}{\mathrm{d}\alpha}\left(\ln\frac{\mathrm{sh}\alpha}{\alpha}\right)\times\frac{\mathrm{d}\alpha}{\mathrm{d}H_z}\times\frac{\mathrm{d}H_z}{\mathrm{d}z}=L(\alpha)\frac{\mu_0 m_p}{k_B T}\frac{\mathrm{d}H_z}{\mathrm{d}z}$$

应用该式和式（7-20），式（7-15）中等号右端的第三项可写为

$$\mu_0 M_z\frac{\mathrm{d}H_z}{\mathrm{d}z}=\mu_0 Nm_pL(\alpha)\frac{\mathrm{d}H_z}{\mathrm{d}z}=k_BTN\frac{\mathrm{d}}{\mathrm{d}z}\left(\ln\frac{\mathrm{sh}\alpha}{\alpha}\right) \tag{7-21}$$

对于式（7-15）中等号右端最后一项的系数，应用式（7-20）、式（4-1）和式（4-2），有

$$\frac{\mu_0}{4r}\frac{\tau M_z H_z}{1+\frac{\mu_0\tau}{4\zeta}M_z H_z}=\frac{1}{4r}\frac{\mu_0\tau Nm_pL(\alpha)H_z}{1+\frac{\mu_0\tau}{4\zeta}M_z H_z}$$

将式（7-16）和式（7-18）代入其中，并应用式（7-17）和式（7-19），有

$$\frac{\mu_0}{4r}\frac{\tau M_z H_z}{1+\frac{\mu_0\tau}{4\zeta}M_z H_z}=\frac{1}{4r}\frac{\mu_0\tau N m_{\mathrm{p}} L(\alpha_{\max})H_{\max}L^* H_z^*}{1+\frac{\mu_0\tau}{4\zeta}M_{0\max}H_{\max}M_z^* H_z^*}=\frac{1}{r}\frac{\zeta\hbar L^* H_z^*}{1+\hbar M_z^* H_z^*} \tag{7-22}$$

将式（7-21）和式（7-22）的结果代入式（7-15），得

$$\frac{\mathrm{d}p}{\mathrm{d}z}=\eta\frac{1}{r}\frac{\mathrm{d}v_z}{\mathrm{d}r}+\eta\frac{\mathrm{d}^2 v_z}{\mathrm{d}r^2}+k_{\mathrm{B}}TN\frac{\mathrm{d}}{\mathrm{d}z}\left(\ln\frac{\mathrm{sh}\alpha}{\alpha}\right)+\frac{1}{r}\frac{\zeta\hbar L^* H_z^*}{1+\hbar M_z^* H_z^*}\frac{\mathrm{d}v_z}{\mathrm{d}r} \tag{7-23}$$

将式（7-16）中的各定义式代入式（7-23），经化简得无量纲的运动方程：

$$\frac{\mathrm{d}p^*}{\mathrm{d}z^*}=\frac{1}{r^*}\frac{\mathrm{d}v_z^*}{\mathrm{d}r^*}+\frac{\mathrm{d}^2 v_z^*}{\mathrm{d}r^{*2}}+\frac{R_0 k_{\mathrm{B}}TN}{\eta v_{\mathrm{m}}}\frac{\mathrm{d}}{\mathrm{d}z^*}\left(\ln\frac{\mathrm{sh}\alpha}{\alpha}\right)+\frac{1}{r^*\eta}\frac{\zeta\hbar L^* H_z^*}{1+\hbar M_z^* H_z^*}\frac{\mathrm{d}v_z^*}{\mathrm{d}r^*}$$

令

$$p^{*\prime}=p^*-\frac{R_0 k_{\mathrm{B}}TN}{\eta v_{\mathrm{m}}}\ln\frac{\mathrm{sh}\alpha}{\alpha} \tag{7-24}$$

$$\Delta\eta=\frac{\zeta\hbar L^* H_z^*}{1+\hbar M_z^* H_z^*} \tag{7-25}$$

式（7-23）成为普通的偏微分方程（Cunha et al.，2005）：

$$\frac{\mathrm{d}^2 v_z^*}{\mathrm{d}r^{*2}}+\left(1+\frac{\Delta\eta}{\eta}\right)\frac{1}{r^*}\frac{\mathrm{d}v_z^*}{\mathrm{d}r^*}=\frac{\mathrm{d}p^{*\prime}}{\mathrm{d}z^*} \tag{7-26}$$

为了求解式（7-26），令

$$f(r^*)=\frac{\mathrm{d}v_z^*}{\mathrm{d}r^*} \tag{7-27}$$

则式（7-26）变为

$$f'(r^*)+\left(1+\frac{\Delta\eta}{\eta}\right)\frac{1}{r^*}f(r^*)=\frac{\mathrm{d}p^{*\prime}}{\mathrm{d}z^*} \tag{7-28}$$

该式对应的齐次方程的通解为

$$f_{\mathrm{h}}(r^*)=C_1\mathrm{e}^{-\int\left(1+\frac{\Delta\eta}{\eta}\right)\frac{1}{r^*}\mathrm{d}r^*}=C_1\mathrm{e}^{-\left(1+\frac{\Delta\eta}{\eta}\right)\ln r^*}=C_1 r^{*-\left(1+\frac{\Delta\eta}{\eta}\right)} \tag{7-29}$$

式（7-28）的特解为

$$\begin{aligned}f_p(r^*)&=\mathrm{e}^{-\int\left(1+\frac{\Delta\eta}{\eta}\right)\frac{1}{r^*}\mathrm{d}r^*}\int\frac{\mathrm{d}p^{*\prime}}{\mathrm{d}z^*}\mathrm{e}^{\int\left(1+\frac{\Delta\eta}{\eta}\right)\frac{1}{r^*}\mathrm{d}r^*}\mathrm{d}r^*\\&=r^{*-\left(1+\frac{\Delta\eta}{\eta}\right)}\frac{\mathrm{d}p^{*\prime}}{\mathrm{d}z^*}\int r^{*\left(1+\frac{\Delta\eta}{\eta}\right)}\mathrm{d}r^*\\&=\frac{1}{2+\frac{\Delta\eta}{\eta}}\frac{\mathrm{d}p^{*\prime}}{\mathrm{d}z^*}r^*\end{aligned} \tag{7-30}$$

由式（7-29）和式（7-30）可得式（7-28）的解为

$$f(r^*)=f_{\mathrm{h}}(r^*)+f_p(r^*)=C_1 r^{*-\left(1+\frac{\Delta\eta}{\eta}\right)}+\frac{1}{2+\frac{\Delta\eta}{\eta}}\frac{\mathrm{d}p^{*\prime}}{\mathrm{d}z^*}r^* \tag{7-31}$$

由几何模型和磁场的轴对称性，可得边界条件：

$$\frac{\mathrm{d}v_z^*}{\mathrm{d}r^*}=0,\ r^*=0\text{ 时} \tag{7-32}$$

将其代入式（7-31），可得 $C_1=0$，从而有

$$f(r^*)=\frac{1}{2+\frac{\Delta\eta}{\eta}}\frac{\mathrm{d}p^{*\prime}}{\mathrm{d}z^*}r^* \tag{7-33}$$

将式（7-33）代入式（7-27），得

$$\frac{\mathrm{d}v_z^*}{\mathrm{d}r^*}=\frac{1}{2+\frac{\Delta\eta}{\eta}}\frac{\mathrm{d}p^{*\prime}}{\mathrm{d}z^*}r^* \tag{7-34}$$

该方程的通解为

$$v_z^*=\frac{1}{2}\frac{1}{2+\frac{\Delta\eta}{\eta}}\frac{\mathrm{d}p^{*\prime}}{\mathrm{d}z^*}r^{*2}+C_2$$

应用边界条件：

$$v_z^*=0,\ r^*=1\text{ 时} \tag{7-35}$$

求得 C_2 后，得到 $\tau\Omega\ll1$ 时均匀轴向磁场作用下铁磁流体管流中的流速分布：

$$v_z^*=-\frac{1}{4\left(1+\frac{\Delta\eta}{2\eta}\right)}\frac{\mathrm{d}p^{*\prime}}{\mathrm{d}z^*}(1-r^{*2}) \tag{7-36}$$

与相同几何模型中普通流体的管流流型相比，式（7-36）在形式上增加了$\left(1+\frac{\Delta\eta}{2\eta}\right)$，表明在轴向均匀磁场的作用下，铁磁流体的表观黏度增加了$\frac{\Delta\eta}{2}$，铁磁流体表现出非牛顿特性，也即存在旋转黏度 $\eta_\mathrm{r}=\frac{\Delta\eta}{2}$。

将式（7-36）写为

$$\frac{\mathrm{d}p^{*\prime}}{\mathrm{d}z^*}=\frac{4}{r^{*2}-1}\left(1+\frac{\Delta\eta}{2\eta}\right)v_z^* \tag{7-37}$$

对该式关于 z^* 积分，并应用式（7-24），得

$$p_2^*-p_1^*=\frac{R_0k_\mathrm{B}TN}{\eta v_\mathrm{m}}\left(\ln\frac{\mathrm{sh}\alpha}{\alpha}\right)_{z_1^*}^{z_2^*}+\frac{4v_z^*}{r^{*2}-1}(z_2^*-z_1^*)+\frac{2v_z^*}{r^{*2}-1}\int_{z_1^*}^{z_2^*}\frac{\Delta\eta}{\eta}\mathrm{d}z^* \tag{7-38}$$

其中，下标 1 和 2 分别表示铁磁流体内的任意两点；等号右端的第一项为磁体积力引起的压力，第二项为无磁场作用时因流体内部摩擦引起的压力，第三项为磁场引起的流体表观黏度变化导致的压力损失。

（2）$\tau\Omega\geqslant1$ 时均匀轴向磁场作用下铁磁流体管流中的流速和压力

当 $\tau\Omega\geqslant1$ 时，式（7-14）等号右端的最后一项不可忽略。在均匀磁场条件下，将式（7-16）中的各量和式（7-5）代入式（7-14），得相应的无量纲方程：

$$\frac{Pe^2M_z^*}{4(1+\hbar M_z^*H_z^*)^2}\left(\frac{\mathrm{d}v_z^*}{\mathrm{d}r^*}\right)^2+M_z^*-M_0^*=0 \tag{7-39}$$

其中，Pe 为 Péclet 数，表示为

$$Pe=\frac{\tau v_{\mathrm{m}}}{R_0} \tag{7-40}$$

在相同的假设条件下，式（7-15）对应的无量纲方程为

$$\frac{\mathrm{d}^2 v_z^*}{\mathrm{d}r^{*2}}+\left(1+\frac{\Delta\eta'}{\eta}\right)\frac{1}{r^*}\frac{\mathrm{d}v_z^*}{\mathrm{d}r^*}-\frac{\mathrm{d}p^*}{\mathrm{d}z^*}=0 \tag{7-41}$$

其中

$$\Delta\eta'=\frac{\zeta\hbar H_z^* M_z^*}{1+\hbar M_z^* H_z^*}$$

求解式（7-39）和式（7-41）组成的方程组即可得到均匀轴向磁场作用下铁磁流体管流中的流动特征。可以看出，它们之间相互耦合。如果假设 M_z^* 不随 r^* 变化，且 M_z^* 和 r^* 均具有轴对称性时，式（7-41）具有与式（7-36）相似的解：

$$v_z^*=-\frac{1}{4\left(1+\frac{\Delta\eta'}{2\eta}\right)}\frac{\mathrm{d}p^*}{\mathrm{d}z^*}(1-r^{*2}) \tag{7-42}$$

该式中的 $\Delta\eta'$ 中包含了未知变量 M_z^*。由式（7-42）可得

$$\frac{\mathrm{d}v_z^*}{\mathrm{d}r^*}=\frac{r^*}{2\left(1+\frac{\Delta\eta'}{2\eta}\right)}\frac{\mathrm{d}p^*}{\mathrm{d}z^*} \tag{7-43}$$

将其代入式（7-39）中，可得

$$\frac{(\eta Per^*)^2}{4}\left(\frac{\mathrm{d}p^*}{\mathrm{d}z^*}\right)^2\frac{M_z^*}{[2\eta+(2\eta+\zeta)\hbar H_z^* M_z^*]^2}+M_z^*-M_0^*=0 \tag{7-44}$$

数值求解非线性方程［式（7-44）］可得到 M_z^*，然后将其结果代入式（7-42）即可得到速度 v_z^* 的分布。

如图 7-2 和图 7-3 分别为不同磁化弛豫时间和不同轴向磁场强度时铁磁流体管流中的流速分布，其中应用的铁磁流体的参数值与表 6-1 中的相同（除磁化弛豫时间外）。可以看出，磁化弛豫时间越大，或磁场越强时，管流中的最大流速均越小。与无磁场作用时的普通流体管流相比，施加轴向磁场对铁磁流体的管流具有阻滞作用，而且磁化弛豫时间越大，或磁场

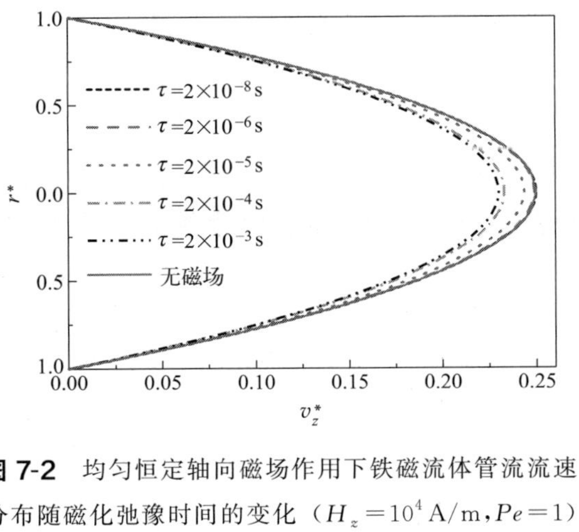

图 7-2 均匀恒定轴向磁场作用下铁磁流体管流流速分布随磁化弛豫时间的变化（$H_z=10^4\,\mathrm{A/m}, Pe=1$）

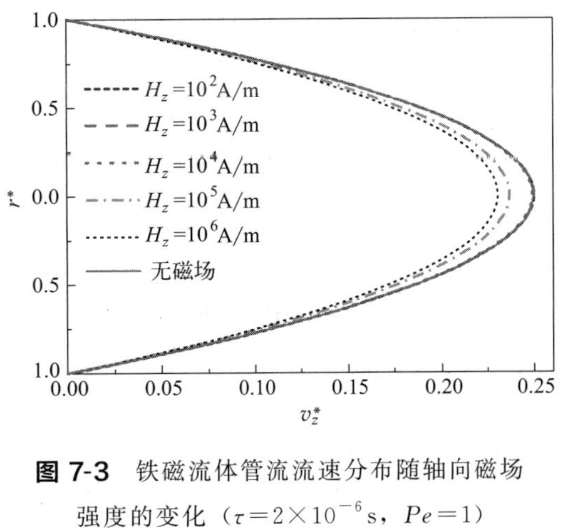

图 7-3 铁磁流体管流流速分布随轴向磁场强度的变化（$\tau=2\times10^{-6}\,\mathrm{s}$，$Pe=1$）

越强，这种阻滞作用越强。例如，当磁场强度分别为 10^5 A/m 和 10^6 A/m 时，铁磁流体管流中的最大流速与无磁场作用时的最大流速相比，分别减小了 5.2%和 7.7%。引起铁磁流体管流阻滞效应的根本原因是，流体流动促使铁磁流体中的颗粒沿流动涡量方向旋转，但均匀磁场会阻碍颗粒的这种旋转，这一过程是一个耗能过程，使流体动能减小，流速降低。

磁场阻碍颗粒旋转的耗能可由旋转黏度 η_r 表征，它可通过类比普通流体的管流流速分布关系式，由下式得到：

$$v_z^* = -\frac{1}{4\left(1+\dfrac{\eta_r}{\eta}\right)}\frac{dp^*}{dz^*}(1-r^{*2}) \tag{7-45}$$

式（7-45）中的系数可由拟合铁磁流体管流流速分布曲线得到，由系数值计算得到 η_r/η 值。如图 7-4 和图 7-5 分别为旋转黏度随轴向磁场强度和磁化弛豫时间的变化关系，可见，旋转黏度均随着磁场强度和磁化弛豫时间的增大而增大，这一点可以从由式（7-42）得到的如下关系式明显看出来：

$$\eta_r = \frac{\Delta\eta'}{2} = \frac{\zeta}{2[1/(\hbar H_z^* M_z^*)+1]}$$

在图 7-4 和图 7-5 表示的范围内，旋转黏度 η_r 最大可达到铁磁流体动力黏度 η 的 8.8%。

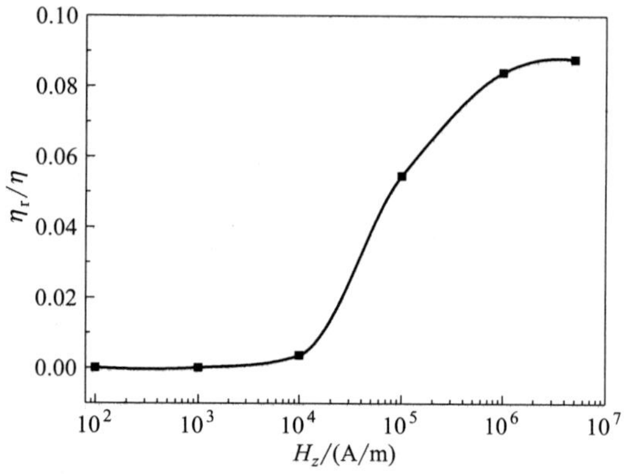

图 7-4 铁磁流体管流中旋转黏度随轴向磁场强度的变化（$\tau=2\times10^{-6}$ s, $Pe=1$）

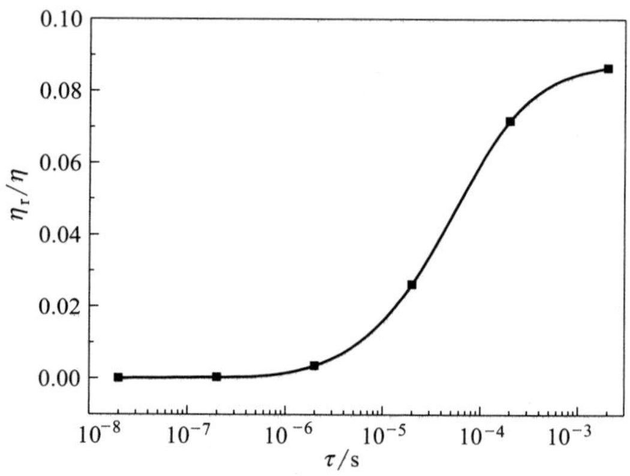

图 7-5 均匀恒定轴向磁场作用下铁磁流体管流中旋转黏度随磁化弛豫时间的变化（$H_z=10^4$ A/m, $Pe=1$）

7.1.2 径向磁场作用下的流动特征

在如图 7-1 所示的管流中，当外加均匀磁场沿径向时，磁场强度矢量可表示为

$$\boldsymbol{H}=(H_r, 0, 0) \tag{7-46}$$

此时，在与 7.1.1 节相同的假设条件下，运动方程［式（7-3）］简化为

$$\frac{dp}{dz}=\eta\frac{1}{r}\frac{dv_z}{dr}+\eta\frac{d^2v_z}{dr^2}+\frac{\mu_0}{2}\frac{1}{r}\frac{\partial}{\partial r}(rM_zH_r) \tag{7-47}$$

式（7-7）～式（7-9）分别简化为

$$0=\omega_{p,\theta}M_z-\frac{1}{\tau}M_r+\frac{1}{\tau}M_0 \tag{7-48}$$

$$0=-\omega_{\mathrm{p},\theta}M_r-\frac{1}{\tau}M_z \tag{7-49}$$

$$\omega_{\mathrm{p},\theta}=\Omega+\frac{\mu_0}{4\zeta}M_zH_r \tag{7-50}$$

将式（7-50）代入式（7-49），并化简，得

$$M_z=-\frac{\tau\Omega M_r}{1+\dfrac{\mu_0\tau}{4\zeta}M_rH_r}=\frac{\tau M_r}{2\left(1+\dfrac{\mu_0\tau}{4\zeta}M_rH_r\right)}\frac{\mathrm{d}v_z}{\mathrm{d}r} \tag{7-51}$$

将式（7-50）和式（7-51）代入式（7-48），得

$$\left(1-\frac{\mu_0\tau}{4\zeta}\frac{M_rH_r}{1+\dfrac{\mu_0\tau}{4\zeta}M_rH_r}\right)\frac{(\tau\Omega)^2M_r}{1+\dfrac{\mu_0\tau}{4\zeta}M_rH_r}+M_r-M_0=0 \tag{7-52}$$

将式（7-51）代入式（7-47）中，得

$$\frac{\mathrm{d}^2v_z}{\mathrm{d}r^2}+\frac{1}{r}\frac{\mathrm{d}v_z}{\mathrm{d}r}-\frac{1}{\eta+\dfrac{\mu_0\tau M_rH_r}{4\left(1+\dfrac{\mu_0\tau}{4\zeta}M_rH_r\right)}}\frac{\mathrm{d}p}{\mathrm{d}z}=0 \tag{7-53}$$

将式（7-16）的各物理量分别代入式（7-52）和式（7-53），得无量纲方程：

$$\frac{Pe^2M_r^*}{4(1+\hbar M_r^*H_r^*)^2}\left(\frac{\mathrm{d}v_z^*}{\mathrm{d}r^*}\right)^2+M_r^*-M_0^*=0 \tag{7-54}$$

$$\frac{\mathrm{d}^2v_z^*}{\mathrm{d}r^{*2}}+\frac{1}{r^*}\frac{\mathrm{d}v_z^*}{\mathrm{d}r^*}-\frac{1}{1+\dfrac{\Delta\eta''}{\eta}}\frac{\mathrm{d}p^*}{\mathrm{d}z^*}=0 \tag{7-55}$$

其中

$$\Delta\eta''=\frac{\zeta\hbar M_r^*H_r^*}{1+\hbar M_r^*H_r^*} \tag{7-56}$$

在假设 M_r^* 不随 r^* 变化的条件下，应用式（7-32）和式（7-35）表示的边界条件，可得式（7-55）的解：

$$v_z^*=-\frac{1}{4\left(1+\dfrac{\Delta\eta''}{\eta}\right)}\frac{\mathrm{d}p^*}{\mathrm{d}z^*}(1-r^{*2}) \tag{7-57}$$

当 $\tau\Omega\ll1$ 时，由式（7-52）知 $M_r\approx M_{0,r}$，此时 $\Delta\eta''$ 只与外加磁场有关，且 $\Delta\eta''-\Delta\eta$，将式（7-57）与式（7-36）相比较发现，径向磁场作用时的旋转黏度是轴向磁场作用时旋转黏度的 2 倍。

当 $\tau\Omega\geqslant1$ 时，需联立求解式（7-54）和式（7-57）得到流速分布。对式（7-57）关于 r^* 求导后，将所得结果和 $\Delta\eta''$ 的表达式［式（7-56）］代入式（7-54）中，得

$$\frac{(\eta Per^*)^2}{16}\left(\frac{\mathrm{d}p^*}{\mathrm{d}z^*}\right)^2\frac{M_r^*}{[\eta+(\eta+\zeta)\hbar M_r^*H_r^*]^2}+M_r^*-M_0^*=0 \tag{7-58}$$

数值求解式（7-58）可得到 M_r^*，然后将其结果代入式（7-57）即可得到速度 v_z^* 的分布。同样，这种情况下的旋转黏度也是相同条件时轴向磁场作用下的旋转黏度的 2 倍。与此

同时，与轴向磁场作用时的情况相比，铁磁流体管流中的流速也有不同程度的减小。如图7-6所示为三种磁场强度时径向和轴向均匀磁场作用下的流速分布对比，当磁场强度分别为10^5 A/m和10^6 A/m时，最大流速分别减小了4.9%和7.2%。与无磁场时的流速相比，两种强度的径向磁场引起最大流速分别减小了9.8%和14.4%。

7.1.3 流量和阻力系数

在两种方向的均匀磁场作用下，铁磁流体管流的流量也较普通流体小。如图7-7为流量随磁场强度和磁化弛豫时间的变化关系，其中q_0^*和q_V^*分别为普通流体和铁磁流体的无量纲流量，q_V^*定义为

$$q_V^*=\frac{Q}{\pi R_0^2 v_m}=\frac{2}{\pi R_0^2 v_m}\int_0^1 v_z^* r^* \mathrm{d}r^* \tag{7-59}$$

图7-7中，流量随磁场强度和磁化弛豫时间均减小，而且径向磁场引起流量的减小量更大，当$\tau=10^{-3}$s时，流量减小了14.7%。

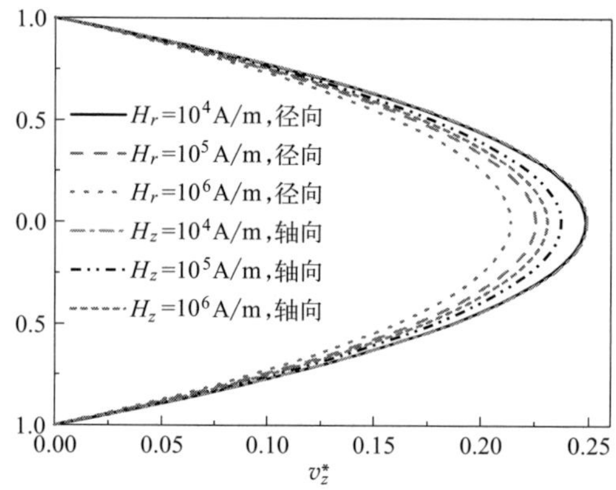

图7-6 径向和轴向磁场作用下铁磁流体管流流速分布的对比（$\tau=2\times10^{-6}$s, $Pe=1$）

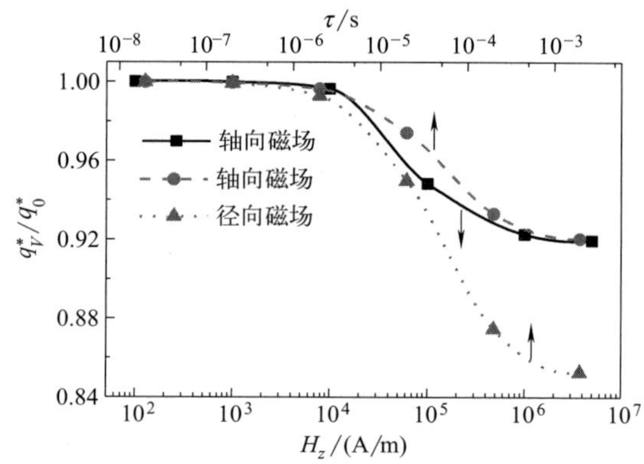

图7-7 径向和轴向恒定均匀磁场作用下铁磁流体管流的流量（$\tau=2\times10^{-6}$s, $Pe=1$）

阻力系数λ_r表征流体管流的沿程损失，普通牛顿流体层流管流中的阻力系数为

$$\lambda_r=\frac{64}{Re}$$

对于管流，Reynolds数为

$$Re=\frac{2\rho v_m R_0}{\eta}$$

在均匀磁场作用下，已经由实验证实，可以利用修正的Reynolds数Re^*计算阻力系数，即

$$\lambda_r=\frac{64}{Re^*},\quad Re^*=\frac{2\rho v_m R_0}{\eta+\eta_r} \tag{7-60}$$

由7.1.2节的结论可知，在均匀恒定磁场中，η_r分别随外加磁场的磁场强度和铁磁流体的磁化弛豫时间的增大而增大，所以根据式（7-60）可得，当铁磁流体管流为层流时，其中的阻力系数也分别随磁场强度和磁化弛豫时间的增大而增大。

此外，铁磁流体中颗粒质量分数的分布也会影响管流的流动特性，相关结果参见 Shimada 和 Kamiyama（2000）、Shuchia 等（2002）的研究。

7.2 恒定非均匀磁场作用下的稳态流动

7.2.1 弱非平衡态时的流动特征

本小节讨论恒定非均匀轴向磁场作用下，铁磁流体内只存在弱的非平衡特性时，铁磁流体管流的流动特征。在圆管的入口或出口放置永磁体，且永磁体的磁化方向沿圆管轴向时，可实现这种磁场作用（Papadopoulos et al.，2012）。在弱非平衡态的假设条件下，铁磁流体的磁应力张量为对称张量，此时近似认为 $\boldsymbol{M}\times\boldsymbol{H}=\mathbf{0}$，有的文献中也将具有这种应力张量的流体称为对称流体。这样，运动方程［式（2-219）］和磁化方程［式（4-18）］中等号右端的最后一项均可忽略，在柱坐标系中这两方程的分量方程分别为

$$\eta\frac{\mathrm{d}^2 v_z}{\mathrm{d}r^2}+\eta\frac{1}{r}\frac{\mathrm{d}v_z}{\mathrm{d}r}+\mu_0 M_z\frac{\mathrm{d}H_z}{\mathrm{d}z}=\frac{\partial p}{\partial z} \tag{7-61}$$

$$\frac{1}{2}M_z\frac{\mathrm{d}v_z}{\mathrm{d}r}+\frac{1}{\tau}(M_r-M_{0,r})=0 \tag{7-62}$$

$$\frac{1}{2}M_r\frac{\mathrm{d}v_z}{\mathrm{d}r}-\frac{1}{\tau}(M_z-M_{0,z})=0 \tag{7-63}$$

其中，假设 $M_r\ll M_z$ 和 $H_r\ll H_z$。

为了方便式（7-61）～式（7-63）的求解，本小节应用与式（7-16）不同的无量纲量：

$$r^*=\frac{r}{R_0},\ z^*=\frac{z}{R_0},\ v_z^*=\frac{v_z}{v_m},\ H_z^*=\frac{H_z}{H_0},\ M_z^*=\frac{M_z}{H_0},\ M_r^*=\frac{M_r}{H_0},\ p^*=\frac{p}{\rho v_m^2} \tag{7-64}$$

同时定义无量纲常数：

$$Re=\frac{\rho v_m R_0}{\eta},\ Re_m=\frac{\mu_0 H_0^2}{\rho v_m^2},\ Pe=\frac{\tau}{R_0/v_m} \tag{7-65}$$

其中，Re_m 也称为磁 Reynolds 数，表示惯性力和磁场力的相对大小（Rosa et al.，2016）。

将式（7-64）中的各物理量分别代入式（7-61）～式（7-63），并应用式（7-65）的定义，得无量纲方程组：

$$\frac{\mathrm{d}^2 v_z^*}{\mathrm{d}r^{*2}}+\frac{1}{r^*}\frac{\mathrm{d}v_z^*}{\mathrm{d}r^*}+ReRe_m M_z^*\frac{\mathrm{d}H_z^*}{\mathrm{d}z^*}=Re\frac{\partial p^*}{\partial z^*} \tag{7-66}$$

$$\frac{1}{2}M_z^*\frac{\mathrm{d}v_z^*}{\mathrm{d}r^*}+\frac{1}{Pe}M_r^*=0 \tag{7-67}$$

$$\frac{1}{2}M_r^*\frac{\mathrm{d}v_z^*}{\mathrm{d}r^*}-\frac{1}{Pe}(M_z^*-M_{0,z}^*)=0 \tag{7-68}$$

其中，$\mathrm{d}H_z^*/\mathrm{d}z^*$ 为无量纲磁场梯度。

（1）$Pe\ll1$ 时的流速和旋转黏度

当 $Pe\ll1$ 时，由式（7-68）得 $M_z^*=M_{0,z}^*$，此时磁化强度为常值，不随位置变化，这样可通过直接积分求解式（7-66）。应用边界条件［式（7-32）和式（7-35）］，求解式（7-66）

可得

$$v_z^* = -\frac{Re}{4}\left(\frac{\partial p^*}{\partial z^*} - Re_{\mathrm{m}} M_{0,z}^* \frac{\mathrm{d}H_z^*}{\mathrm{d}z^*}\right)(1-r^{*2}) \tag{7-69}$$

将式（7-69）与无磁场时的普通管流中的流速分布相比较，可得到相对旋转黏度的表达式：

$$\frac{\eta_{\mathrm{r}}}{\eta} = \frac{1}{1-\left(Re_{\mathrm{m}} M_{0,z}^* \frac{\mathrm{d}H_z^*}{\mathrm{d}z^*}\right) \Big/ \frac{\partial p^*}{\partial z^*}} - 1 \tag{7-70}$$

（2）$Pe \geqslant 1$ 时的流速和旋转黏度

当 $Pe \geqslant 1$ 时，式（7-67）和式（7-68）中的涡量项 $\left(\frac{1}{2}\frac{\mathrm{d}v_z^*}{\mathrm{d}r^*}\right)$ 不可忽略，此时铁磁流体流动会影响磁化强度。由式（7-67）可得

$$M_r^* = -\frac{1}{2} Pe M_z^* \frac{\mathrm{d}v_z^*}{\mathrm{d}r^*} \tag{7-71}$$

将其代入式（7-68），经化简得到

$$M_z^* = M_{0,z}^* \left[\frac{1}{4} Pe^2 \left(\frac{\mathrm{d}v_z^*}{\mathrm{d}r^*}\right)^2 + 1\right]^{-1} \tag{7-72}$$

利用二项式定理展开式（7-72），并取展开式的前两项近似代替 M_z^*，得

$$M_z^* \approx M_{0,z}^* \left[1 - \frac{1}{4} Pe^2 \left(\frac{\mathrm{d}v_z^*}{\mathrm{d}r^*}\right)^2\right] \tag{7-73}$$

将式（7-73）代入式（7-66）后得

$$\frac{\mathrm{d}^2 v_z^*}{\mathrm{d}r^{*2}} + \frac{1}{r^*}\frac{\mathrm{d}v_z^*}{\mathrm{d}r^*} - \frac{Pe^2}{4} Re Re_{\mathrm{m}} M_{0,z}^* \frac{\mathrm{d}H_z^*}{\mathrm{d}z^*}\left(\frac{\mathrm{d}v_z^*}{\mathrm{d}r^*}\right)^2 = Re\left(\frac{\partial p^*}{\partial z^*} - Re_{\mathrm{m}} M_{0,z}^* \frac{\mathrm{d}H_z^*}{\mathrm{d}z^*}\right) \tag{7-74}$$

该方程描述了流动涡量与磁化强度间的耦合关系，由于该方程中含有速度导数的平方项，所以它是一个非线性常微分方程。

为了求解式（7-74），令

$$\varepsilon = \frac{1}{4} Pe^2 Re Re_{\mathrm{m}} M_{0,z}^* \frac{\mathrm{d}H_z^*}{\mathrm{d}z^*} \tag{7-75}$$

如果 ε 是小参数，即 $\varepsilon \ll 1$，可应用正则摄动法求解式（7-74）。设 v_z^* 的二阶近似式为

$$v_z^* = v_{z,0}^* + \varepsilon v_{z,1}^* + \varepsilon^2 v_{z,2}^* \tag{7-76}$$

将其代入式（7-74），忽略关于 ε 的二次以上的项，并设

$$\gamma = Re\left(\frac{\partial p^*}{\partial z^*} - Re_{\mathrm{m}} M_{0,z}^* \frac{\mathrm{d}H_z^*}{\mathrm{d}z^*}\right) \tag{7-77}$$

可得

$$\left(\frac{\mathrm{d}^2 v_{z,0}^*}{\mathrm{d}r^{*2}} + \frac{1}{r^*}\frac{\mathrm{d}v_{z,0}^*}{\mathrm{d}r^*} - \gamma\right) + \varepsilon\left[\frac{\mathrm{d}^2 v_{z,1}^*}{\mathrm{d}r^{*2}} + \frac{1}{r^*}\frac{\mathrm{d}v_{z,1}^*}{\mathrm{d}r^*} - \left(\frac{\mathrm{d}v_{z,0}^*}{\mathrm{d}r^*}\right)^2\right] +$$
$$\varepsilon^2\left(\frac{\mathrm{d}^2 v_{z,2}^*}{\mathrm{d}r^{*2}} + \frac{1}{r^*}\frac{\mathrm{d}v_{z,2}^*}{\mathrm{d}r^*} - 2\frac{\mathrm{d}v_{z,0}^*}{\mathrm{d}r^*}\frac{\mathrm{d}v_{z,1}^*}{\mathrm{d}r^*}\right) = 0$$

从而将式（7-74）的求解转换为求解如下线性偏微分方程组：

$$\begin{cases}\dfrac{d^2 v_{z,0}^*}{dr^{*2}}+\dfrac{1}{r^*}\dfrac{dv_{z,0}^*}{dr^*}-\gamma=0\\[2ex]\dfrac{d^2 v_{z,1}^*}{dr^{*2}}+\dfrac{1}{r^*}\dfrac{dv_{z,1}^*}{dr^*}-\left(\dfrac{dv_{z,0}^*}{dr^*}\right)^2=0\\[2ex]\dfrac{d^2 v_{z,2}^*}{dr^{*2}}+\dfrac{1}{r^*}\dfrac{dv_{z,2}^*}{dr^*}-2\dfrac{dv_{z,0}^*}{dr^*}\dfrac{dv_{z,1}^*}{dr^*}=0\end{cases}$$

对其中每一个方程均应用直接积分法，并应用边界条件［式（7-32）和式（7-35）］，得到解：

$$\begin{cases}v_{z,0}^*=\dfrac{1}{4}\gamma r^{*2}-\dfrac{1}{4}\gamma\\[2ex]v_{z,1}^*=\dfrac{1}{64}\gamma^2 r^{*4}-\dfrac{1}{64}\gamma^2\\[2ex]v_{z,2}^*=\dfrac{1}{576}\gamma^3 r^{*6}-\dfrac{1}{576}\gamma^3\end{cases}$$

将这些结果代入式（7-76），可得流速分布：

$$v_z^*=\frac{1}{4}\gamma(r^{*2}-1)+\frac{1}{64}\gamma^2\varepsilon(r^{*4}-1)+\frac{1}{576}\gamma^3\varepsilon^2(r^{*6}-1) \tag{7-78}$$

其中，γ 由式（7-77）给出。由式（7-78）可知，当无外加磁场时（$\varepsilon=0$），式（7-78）表示的流速分布简化为普通流体的抛物线分布。

为了得到旋转黏度，将式（7-78）进一步写为

$$\begin{aligned}v_z^*&=-\frac{1}{4}\gamma(1-r^{*2})\left[1+\frac{1}{16}\gamma\varepsilon(1+r^{*2})+\frac{1}{144}\gamma^2\varepsilon^2(1+r^{*2}+r^{*4})\right]\\&=-\frac{1}{4}Re\left(\frac{\partial p^*}{\partial z^*}-Re_{\mathrm{m}}M_{0,z}^*\frac{dH_z^*}{dz^*}\right)(1-r^{*2})\left[1+\frac{1}{16}\gamma\varepsilon(1+r^{*2})+\frac{1}{144}\gamma^2\varepsilon^2(1+r^{*2}+r^{*4})\right]\end{aligned} \tag{7-79}$$

将 Re 的表达式［式（7-65）］代入其中，并将所得结果与无磁场时的普通流体管流中的流速分布相比较，得到旋转黏度的表达式：

$$\frac{\eta_{\mathrm{r}}}{\eta}=\frac{1}{\left[1-\left(Re_{\mathrm{m}}M_{0,z}^*\dfrac{dH_z^*}{dz^*}\right)\Big/\dfrac{\partial p^*}{\partial z^*}\right]\Theta}-1 \tag{7-80}$$

其中

$$\Theta=1+\frac{1}{16}\gamma\varepsilon(1+r^{*2})+\frac{1}{144}\gamma^2\varepsilon^2(1+r^{*2}+r^{*4}) \tag{7-81}$$

当无外磁场作用时，由式（7-80）知 $\eta_{\mathrm{r}}=0$，但施加外磁场后会产生旋转黏度，改变了铁磁流体的表观黏度。

如果由式（7-75）表示的参数 ε 较大，正则摄动法不再适用于求解式（7-74），此时需利用数值方法求解。这里应用四阶 Runge-Kutta 法求解非线性常微分方程［式（7-74）］。

为了验证解析解［式（7-69）和式（7-78）］的有效范围，分别应用三种方法求解不同 Pe 值时的旋转黏度，如图 7-8 为相应的结果。可以看出，当 $Pe\leqslant 2$ 时，直接积分法得到的旋转黏度误差小于 0.26%，正则摄动法得到的旋转黏度误差小于 0.11%。但当 Pe 值超过 2 后，直接积分法计算得到的旋转黏度误差将显著增大，而且当 Pe 值超过 6 后，ε 值也将超

过 1，此时正则摄动法得到的旋转黏度误差也将明显增大。由于铁磁流体的实际应用中 Pe 值多小于 1，所以应用上述三种方法计算所得流速和旋转黏度的结果误差均较小，因此，本小节后续计算中不再区分这三种方法。

如图 7-9 和图 7-10 为恒定非均匀磁场作用下铁磁流体管流中流速分布随 Re_m 和磁场梯度的变化情况。由于 Re_m 表示磁场强度参考值的相对大小，Re_m 越大，磁场强度越强，相同梯度时对流动的促进作用也越强。在图 7-9 的算例中，Re_m 增大至 100 时，最大速度增大为无磁场作用时的 2.2 倍。当参考磁场强度相同，但磁场梯度增大时，流速也将变大。在如图 7-10 所示的算例中，无量纲磁场梯度增大至 0.1 时，最大速度增大为无磁场作用时的 2.3 倍。总的说来，磁场梯度与流动速度方向相同时，梯度磁场对铁磁流体管流具有促进作用，这种作用的强弱与参考磁场强度大小和磁场梯度大小有关。

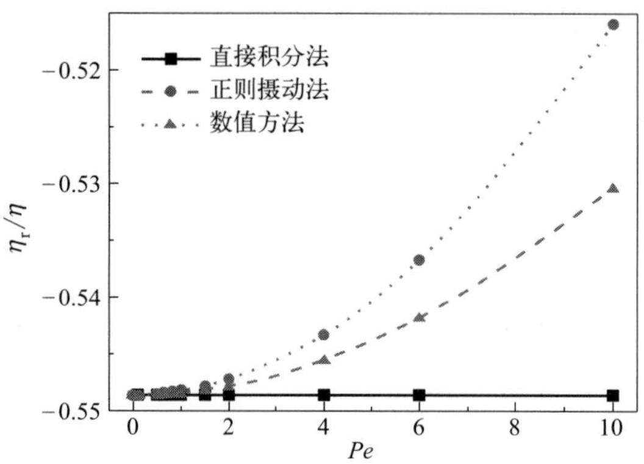

图 7-8 不同方法计算得到的相对旋转黏度随 Pe 的变化（$Re_m=100, Re=0.1, \partial p^*/\partial z^*=-1, dH_z^*/dz^*=0.01$）

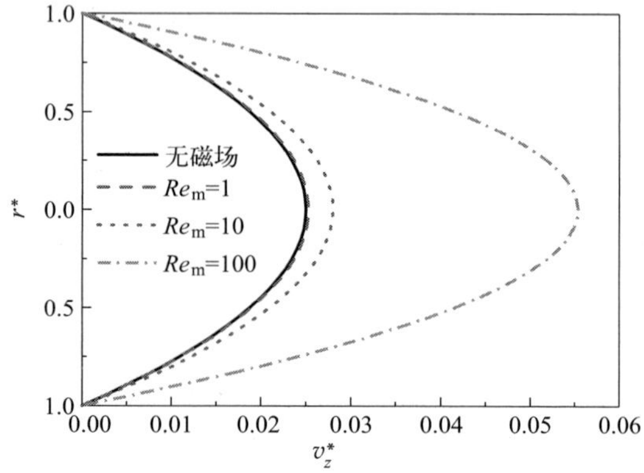

图 7-9 不同 Re_m 时的流速分布（$Pe=0.1, Re=0.1, \partial p^*/\partial z^*=-1, dH_z^*/dz^*=0.01$）

梯度磁场对铁磁流体管流的促进效应的直接原因是这种磁场显著改变了铁磁流体的表观黏度，当磁场梯度方向与流动速度方向相同时，表观黏度较本征黏度小，也即此时梯度磁场在铁磁流体中引起负的旋转黏度。如图 7-11 给出旋转黏度随 Re_m 和磁场梯度的变化关系，

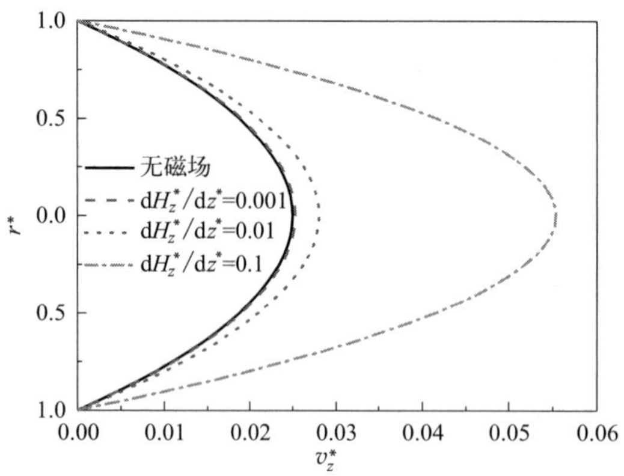

图 7-10 不同磁场梯度时的流速分布（$Pe=0.1, Re=0.1, \partial p^*/\partial z^*=-1, Re_m=10$）

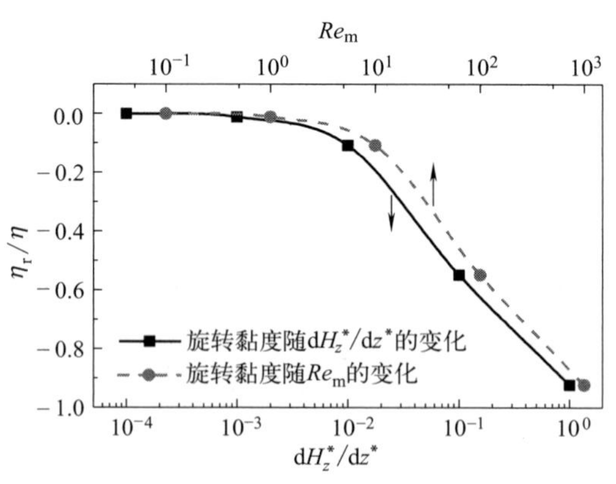

图 7-11 旋转黏度随 Re_m（$dH_z^*/dz^*=0.01$）和磁场梯度（$Re_m=10$）的变化（$Pe=0.1, Re=0.1, \partial p^*/\partial z^*=-1$）

增大磁场梯度值和 Re_{m} 均会引起旋转黏度绝对值的增大。在图示的算例中，当 Re_{m} 增大至 1000，或者磁场梯度增加至 1 时，旋转黏度可达到铁磁流体本征黏度的 92%。

7.2.2 非平衡态时的流动特征

在一般的非平衡态条件下，流动的铁磁流体中磁力矩项 $\mu_0 \boldsymbol{M} \times \boldsymbol{H}$ 不为零，此时如果忽略因磁化弛豫引起的沿径向的磁场强度和磁化强度，运动方程［式（2-219)］和磁化方程［式（4-18)］的分量方程分别为

$$-\frac{\partial p}{\partial z}+\eta\left(\frac{1}{r}\frac{\partial v_z}{\partial r}+\frac{\partial^2 v_z}{\partial r^2}\right)+\mu_0 M_z\frac{\partial H_z}{\partial z}-\frac{\mu_0}{2r}\frac{\partial}{\partial r}[r(M_r H_z-M_z H_r)]=0 \tag{7-82}$$

$$-\frac{1}{2}M_z\frac{\mathrm{d}v_z}{\mathrm{d}r}+\frac{1}{\tau}(M_{0,r}-M_r)+\frac{\mu_0}{4\zeta}M_z(M_z H_r-M_r H_z)=0 \tag{7-83}$$

$$\frac{1}{2}M_r\frac{\mathrm{d}v_z}{\mathrm{d}r}+\frac{1}{\tau}(M_{0,z}-M_z)-\frac{\mu_0}{4\zeta}M_r(M_z H_r-M_r H_z)=0 \tag{7-84}$$

应用式（7-64）定义的各变量，得到式（7-82）～式（7-84）对应的无量纲方程分别为

$$\frac{\mathrm{d}^2 v_z^*}{\mathrm{d}r^{*2}}+\frac{1}{r^*}\frac{\mathrm{d}v_z^*}{\mathrm{d}r^*}+\frac{Re}{Re_{\mathrm{m}}}M_z^*\frac{\mathrm{d}H_z^*}{\mathrm{d}z^*}-\frac{1}{2}ReRe_{\mathrm{m}}\frac{1}{r^*}\frac{\partial}{\partial r^*}[r^*(M_r^* H_z^*-M_z^* H_r^*)]=Re\frac{\partial p^*}{\partial z^*} \tag{7-85}$$

$$-\frac{1}{2}M_z^*\frac{\mathrm{d}v_z^*}{\mathrm{d}r^*}+\frac{1}{Pe}(M_{0,r}^*-M_r^*)+\frac{1}{6\phi}ReRe_{\mathrm{m}}M_z^*(M_z^* H_r^*-M_r^* H_z^*)=0 \tag{7-86}$$

$$\frac{1}{2}M_r^*\frac{\mathrm{d}v_z^*}{\mathrm{d}r^*}+\frac{1}{Pe}(M_{0,z}^*-M_z^*)-\frac{1}{6\phi}ReRe_{\mathrm{m}}M_r^*(M_z^* H_r^*-M_r^* H_z^*)=0 \tag{7-87}$$

对于由式（7-85)～式（7-87）组成的方程组，需应用数值方法求解。以如图 7-12 所示的算例为例，研究轴向梯度磁场对流动特征的影响。其中，圆管半径 R_0 为 1mm，长 15mm，磁场 $\boldsymbol{H}$ 沿 z 方向，且具有 z 方向上的恒定梯度 $\frac{\mathrm{d}H_z^*}{\mathrm{d}z^*}$，磁场的作用范围为 z_0～z_0+L。

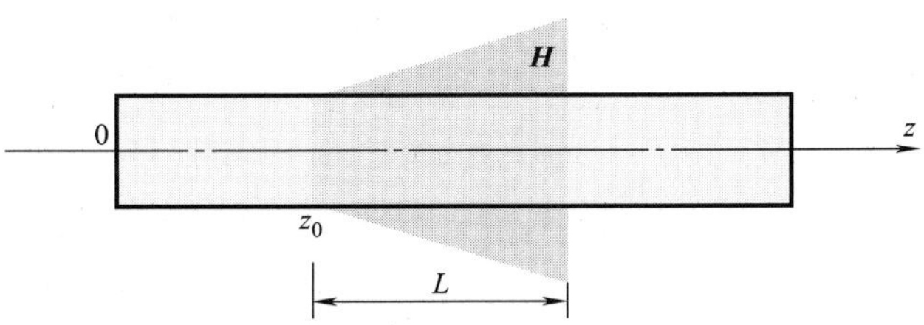

图 7-12 轴向梯度磁场中的铁磁流体管流

应用有限体积法求解上述算例，其中为了避免因磁场突变引起计算过程的振荡，应用 Heaviside 函数平滑磁场的变化，将磁场强度表示为

$$
H_z(z)=\begin{cases}0, & z>z_0+L+2\hat{d} \text{ 或 } z<z_0-2\hat{d} \\ H_0\left(\dfrac{z-z_0+2\hat{d}}{2\hat{d}}+\dfrac{1}{2\pi}\sin\dfrac{\pi(z-z_0+\hat{d})}{\hat{d}}\right), & z_0-2\hat{d}\leqslant z<z_0 \\ H_0+\dfrac{\partial H_z}{\partial z}(z-z_0), & z_0\leqslant z<z_0+L \\ \left(H_0+\dfrac{\partial H_z}{\partial z}L\right)\left(1-\dfrac{z-z_0-L}{2\hat{d}}-\dfrac{1}{2\pi}\sin\dfrac{\pi(z-z_0-L-\hat{d})}{\hat{d}}\right), & z_0+L\leqslant z<z_0+L+2\hat{d}\end{cases} \tag{7-88}
$$

其中，$\hat{d}$ 为磁场过渡区的宽度，这里令 $\hat{d}=R_0$。

如图 7-13 为 $Re=1$，$\dfrac{\partial p^*}{\partial z^*}=-1$，不同磁场梯度 G_H 和 Re_m 值时铁磁流体管流内沿轴向的压力分布，其中 $G_H=\dfrac{\mathrm{d}H_z^*}{\mathrm{d}z^*}$。图 7-13(a) 为均匀磁场（磁场强度为 H_m）作用时的情况。当磁场强度大小超过一定值时，铁磁流体管流内在磁场作用区域出现明显的压力增加。在均匀轴向磁场中，增加后的压力仍均匀，如图 7-13(a) 所示。在梯度磁场中，压力单调增大，且在最大磁场强度位置处达到最大值，如图 7-13(c)、(d)、(f) 所示。比较图 7-13(b)～(d) 可知，相同磁场梯度时，Re_m 值越大，相同位置处的磁场越强，压力增大越明显，可达到的最大压力也越大。比较图 7-13(c) 与 (e)、(d) 与 (f) 可知，相同 Re_m 值时，磁场梯度

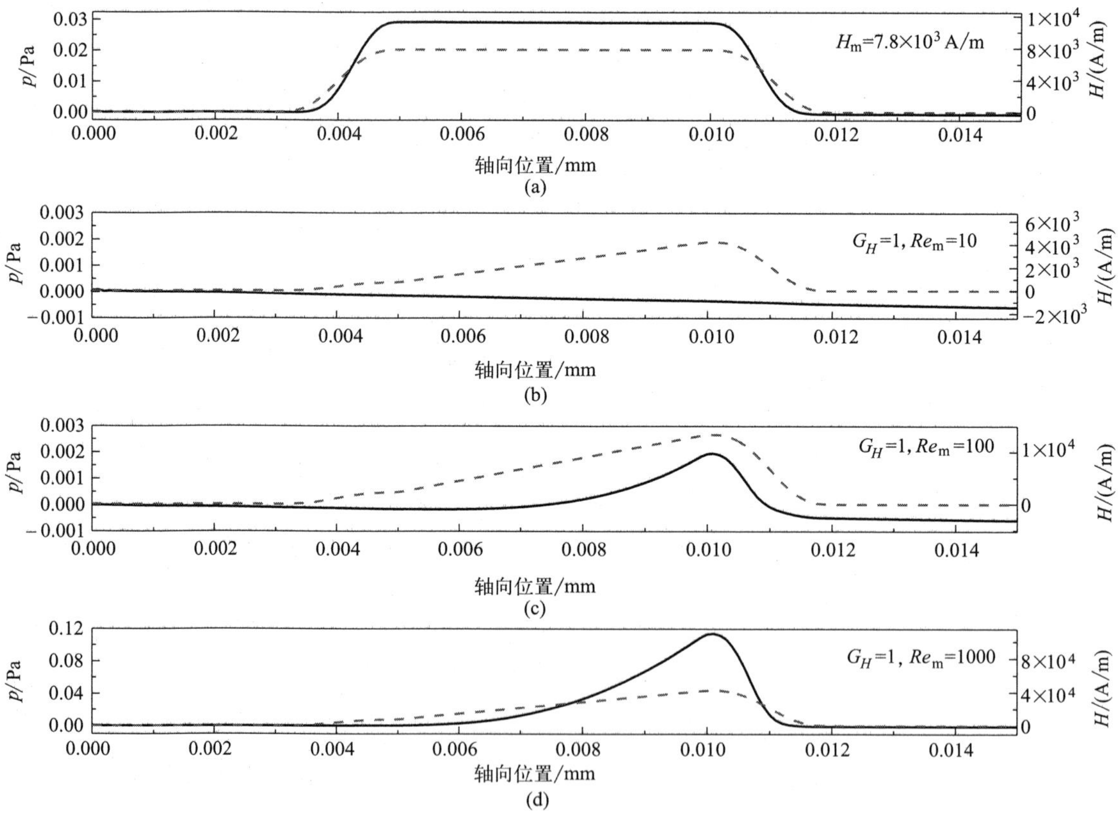

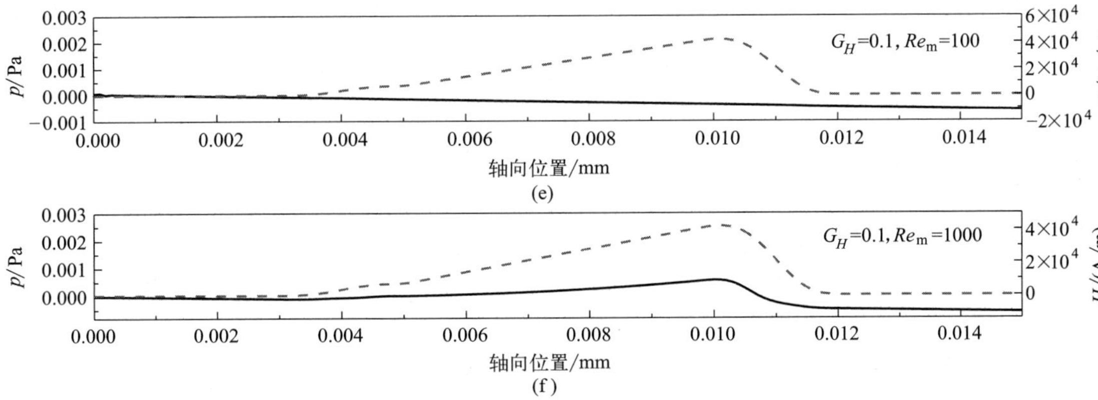

图 7-13 在轴向梯度磁场作用下铁磁流体管流中沿轴向的压力分布

——压力分布；----磁场强度分布

越大，压力变化也越明显。

轴向梯度磁场作用下铁磁流体管流内的流速分布随 G_H 和 Re_m 值的变化规律与 7.2.1 节的结果相同。

7.3 振荡磁场中的流动

在如图 7-1 所示的铁磁流体流动中施加轴向均匀振荡磁场，此时磁场强度沿轴向的分量表示为 $H_z=H_0\cos(\omega t)$（Felderhof，2001）。本节应用微观磁化方程［式（4-47）和式（4-45)］描述磁化强度的变化，而且描述铁磁流体运动的方程仍为式（2-219)。轴向磁化强度分量 M_z 与流动涡量的相互作用，会在铁磁流体内产生因磁化弛豫引起的垂直于外磁场方向上的径向磁化强度分量 M_r。由本构关系 $\boldsymbol{B}=\mu_0(\boldsymbol{H}+\boldsymbol{M})$知，由于 $B_r=0$，因此存在径向磁场强度分量 H_r，且有 $H_r=-M_r$。因此，轴向均匀振荡磁场作用下铁磁流体管流中的磁场强度和磁化强度可分别表示为

$$\boldsymbol{H}=[-M_r,0,H_0\cos(\omega t)] \tag{7-89}$$

$$\boldsymbol{M}=(M_r,0,M_z) \tag{7-90}$$

其中，M_r 和 M_z 均为 r 和 t 的函数。

在上述假设条件下，式（2-219）在 z 和 r 方向上的分量方程分别简化为

$$\rho\frac{\partial v_z}{\partial t}=-\frac{\partial p}{\partial z}+\eta\left(\frac{1}{r}\frac{\partial v_z}{\partial r}+\frac{\partial^2 v_z}{\partial r^2}\right)-\frac{\mu_0}{2r}\frac{\partial}{\partial r}[r(M_rH_z-M_zH_r)] \tag{7-91}$$

$$\frac{\partial p}{\partial r}=\mu_0 M_r\frac{\partial H_r}{\partial r} \tag{7-92}$$

由式（7-92）可得压力梯度：

$$\nabla p=\left(\mu_0 M_r\frac{\partial H_r}{\partial r},0,-\frac{\Delta p}{l_0}\right) \tag{7-93}$$

其中，令

$$\frac{\partial p}{\partial z}=-\frac{\Delta p}{l_0}$$

Δp 为在长度为 l_0 的圆管两端的压力降。根据式（4-45）和式（7-89）、式（7-90），将式（7-91）等号右端的最后一项写为

$$\frac{\partial}{\partial r}[r(M_r H_z - M_z H_r)] = \frac{\partial}{\partial r}\left\{r\left[\frac{M_S L(\zeta)\zeta_r}{\zeta}H_0\cos(\omega t) + \frac{M_S^2 L^2 \zeta_z \zeta_r}{\zeta^2}\right]\right\}$$

这样式（7-91）变为

$$\rho\frac{\partial v_z}{\partial t} = -\frac{\partial p}{\partial z} + \eta\left(\frac{1}{r}\frac{\partial v_z}{\partial r} + \frac{\partial^2 v_z}{\partial r^2}\right) - \frac{\mu_0}{2r}\frac{\partial}{\partial r}\left\{r\left[\frac{M_S L(\zeta)\zeta_r}{\zeta}H_0\cos(\omega t) + \frac{M_S^2 L^2\zeta_z\zeta_r}{\zeta^2}\right]\right\} \tag{7-94}$$

同理，磁化方程在 z 和 r 方向上的分量方程分别为

$$\frac{\partial M_z}{\partial t} = \frac{1}{2}M_r\frac{\partial v_z}{\partial r} - \frac{1}{\tau_B}\left(M_z - M_S\frac{L(\zeta)}{\zeta}\alpha_z\right) - \frac{\mu_0}{L(\zeta)}\left(\frac{1}{L(\zeta)} - \frac{3}{\zeta}\right)\frac{M_r(M_z H_r - M_r H_z)}{6\eta\phi} \tag{7-95}$$

$$\frac{\partial M_r}{\partial t} = -\frac{1}{2}M_z\frac{\partial v_z}{\partial r} - \frac{1}{\tau_B}\left(M_r - M_S\frac{L(\zeta)}{\zeta}\alpha_r\right) + \frac{\mu_0}{L(\zeta)}\left(\frac{1}{L(\zeta)} - \frac{3}{\zeta}\right)\frac{M_z(M_z H_r - M_r H_z)}{6\eta\phi} \tag{7-96}$$

由式（4-45）表示其中的磁化强度分量后，该两式分别变为

$$\frac{\partial}{\partial t}\left(\frac{L\zeta_z}{\zeta}\right) = \frac{1}{2}\frac{L\zeta_r}{\zeta}\frac{\partial v_z}{\partial r} - \frac{1}{\tau_B}\frac{L}{\zeta}(\zeta_z - \alpha_z) + \mu_0 M_S\left(\frac{1}{L} - \frac{3}{\zeta}\right)\frac{L\zeta_r^2}{\zeta^3}\frac{M_S L\zeta_z + \zeta H_0\cos(\omega t)}{6\eta\phi} \tag{7-97}$$

$$\frac{\partial}{\partial t}\left(\frac{L\zeta_r}{\zeta}\right) = -\frac{1}{2}\frac{L\zeta_z}{\zeta}\frac{\partial v_z}{\partial r} - \frac{1}{\tau_B}\frac{L}{\zeta}(\zeta_r - \alpha_r) - \mu_0 M_S\left(\frac{1}{L} - \frac{3}{\zeta}\right)\frac{L\zeta_z\zeta_r}{\zeta^3}\frac{M_S L\zeta_z + \zeta H_0\cos(\omega t)}{6\eta\phi} \tag{7-98}$$

应用如下各变量对式（7-94）、式（7-97）和式（7-98）进行无量纲化：

$$r^* = \frac{r}{R_0},\ z^* = \frac{z}{R_0},\ t^* = \frac{t}{\tau_B},\ v_z^* = \frac{v_z}{\dfrac{\Delta p R_0^2}{l_0 4\eta}},\ L^* = \frac{L}{\zeta} \tag{7-99}$$

分别得到相应的无量纲方程：

$$\frac{\rho R_0^2}{\eta\tau_B}\frac{\partial v_z^*}{\partial t^*} = 4 + \frac{1}{r^*}\frac{\partial}{\partial r^*}\left(r^*\frac{\partial v_z^*}{\partial r^*}\right) - \frac{2l_0\mu_0 M_S^2}{R_0\Delta p}\frac{1}{r^{*2}}\frac{\partial}{\partial r^*}\left\{r^* L^*\zeta_r\left[\frac{H_0}{M_S}\cos(\omega\tau_B t^*) + L^*\zeta_z\right]\right\} \tag{7-100}$$

$$\begin{aligned}\frac{\partial}{\partial t^*}(L^*\zeta_z) = {}& \frac{1}{2}\frac{\Delta p}{l_0}\frac{R_0\tau_B}{4\eta}L^*\zeta_r\frac{\partial v_z^*}{\partial r^*} - L^*[\zeta_z - \alpha_0\cos(\omega\tau_B t^*)] \\ & + \frac{\mu_0 M_S^2\tau_B}{6\eta\phi}(1-3L^*)\frac{\zeta_r^2}{\zeta^2}\left[L^*\zeta_z + \frac{H_0}{M_S}\cos(\omega\tau_B t^*)\right]\end{aligned} \tag{7-101}$$

$$\begin{aligned}\frac{\partial}{\partial t^*}(L^*\zeta_r) = {}& -\frac{1}{2}\frac{\Delta p}{l_0}\frac{R_0\tau_B}{4\eta}L^*\zeta_z\frac{\partial v_z^*}{\partial r^*} - L^*\zeta_r\left(1 + \alpha_0\frac{M_S}{H_0}L^*\right) \\ & - \frac{\mu_0 M_S^2\tau_B}{6\eta\phi}(1-3L^*)\frac{\zeta_z\zeta_r}{\zeta^2}\left[L^*\zeta_z + \frac{H_0}{M_S}\cos(\omega\tau_B t^*)\right]\end{aligned} \tag{7-102}$$

根据式（4-1）和式（4-8），将 α_0 表示为

$$\alpha_0=\frac{\mu_0 m_p^2 N}{3k_B T}\frac{3H_0}{m_p N}=\chi_0\frac{3H_0}{M_S} \tag{7-103}$$

同时，利用式（4-2）、式（4-8）和式（4-13），化简表达式：

$$\frac{\mu_0 M_S^2\tau_B}{18\eta\phi\chi_0}=\frac{M_S^2\tau_B}{6\eta\phi}\frac{k_B T}{m_p^2 N}=\frac{\tau_B N k_B T}{6\eta\phi}=\frac{1}{2} \tag{7-104}$$

将式（7-103）和式（7-104）的结果代入式（7-100）～式（7-102），分别得相应的方程：

$$\frac{1}{\hat{\alpha}}\frac{\partial v_z^*}{\partial t^*}=4+\frac{1}{r^*}\frac{\partial}{\partial r^*}\left(r^*\frac{\partial v_z^*}{\partial r^*}\right)-\hat{\beta}\frac{1}{r^{*2}}\frac{\partial}{\partial r^*}\{r^* L^*\zeta_r[\alpha_0\cos(\hat{\gamma}t^*)+3\chi_0 L^*\zeta_z]\} \tag{7-105}$$

$$\begin{aligned}\frac{\partial}{\partial t^*}(L^*\zeta_z)=&\frac{1}{2}\Omega_0\tau_B L^*\zeta_r\frac{\partial v_z^*}{\partial r^*}-L^*[\zeta_z-\alpha_0\cos(\hat{\gamma}t^*)]\\&+\frac{1}{2}(1-3L^*)\frac{\zeta_r^2}{\zeta^2}[3\chi_0 L^*\zeta_z+\alpha_0\cos(\hat{\gamma}t^*)]\end{aligned} \tag{7-106}$$

$$\begin{aligned}\frac{\partial}{\partial t^*}(L^*\zeta_r)=&-\frac{1}{2}\Omega_0\tau_B L^*\zeta_z\frac{\partial v_z^*}{\partial r^*}-L^*\zeta_r(1+3\chi_0 L^*)\\&-\frac{1}{2}(1-3L^*)\frac{\zeta_z\zeta_r}{\zeta^2}[3\chi_0 L^*\zeta_z+\alpha_0\cos(\hat{\gamma}t^*)]\end{aligned} \tag{7-107}$$

其中

$$\hat{\alpha}=\frac{\eta\tau_B}{\rho R_0^2},\ \hat{\beta}=\frac{2\mu_0 l_0 M_S^2}{3\chi_0 R_0\Delta p},\ \hat{\gamma}=w\tau_B,\ \Omega_0=\frac{\Delta p}{l_0}\frac{R_0}{4\eta} \tag{7-108}$$

在圆管半径 $R_0=0.5\text{mm}$、铁磁流体密度 $\rho=2200\text{kg/m}^3$、黏度 $\eta=0.077\text{Pa}\cdot\text{s}$、磁性颗粒体积分数 $\phi=0.2$、磁化弛豫时间 $\tau_B=1.6\text{ms}$、初始磁化率 $\chi_0=0.22$ 时，数值求解式（7-105）～式（7-107）组成的方程组。

如图 7-14 为$(w\tau_B,\alpha_0)$平面内流量的相对变化量 $\Delta Q/Q_0$，其中 Q_0 为无磁场作用时铁磁流体管流的流量：

$$Q_0=\frac{\pi R_0^4}{8\eta}\frac{\Delta p}{l_0} \tag{7-109}$$

图 7-14 中，正的 $\Delta Q/Q_0$，也即流量的增大，源于铁磁流体表观黏度的减小；而负的 $\Delta Q/Q_0$，则对应表观黏度的增大。图 7-15 给出流量的相对变化量 $\Delta Q/Q_0$ 随 $\Omega_0\tau_B$ 的非线性变化关系。当流动涡量 $\Omega_0\tau_B$ 较小时，高频磁场引起负的旋转黏度，导致流量增大，如图 7-15 中 $w\tau_B=6$ 和 $w\tau_B=10$ 的情况，而低频磁场则引起正的旋转黏度，导致流量减小。

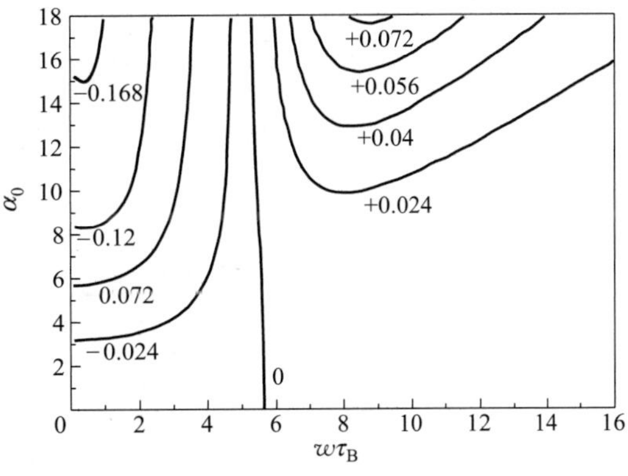

图 7-14 流量相对变化量等值线
（曲线下方的数字表示流量相对变化量 $\Delta Q/Q_0$ 的值，$\Omega_0\tau_B=5$）

相对旋转黏度沿圆管径向的分布如图 7-16 所示。当 $\Omega_0\tau_B$ 足够小时，旋转黏度 η_r 在圆管的整个截面上均为负，如图中 $\Omega_0\tau_B=1$ 的情况。而如果流动涡量较大，则只有在圆管轴线附近出现负的旋转黏度。这种表观黏度随位置的变化关系使得流速分布偏离普通管流的流速分布，如果用 v_1 表示铁磁流体管流流速与普通管流流速的偏离量，则该偏离量也会随着磁场频率变化，如图 7-17 所示。图中还给出了时均值 $\langle v_1\rangle$ 随位置的变化关系，时均值 $\langle v_1\rangle$ 的正负情况与 $\Omega_0\tau_B$ 的大小密切相关，$\Omega_0\tau_B$ 较小时，$\langle v_1\rangle$ 为正，如图 7-17(a) 所示，磁场导致的流量相对变化量为正；而 $\Omega_0\tau_B$ 较大时，$\langle v_1\rangle$ 为负，磁场导致的流量相对变化量为负。

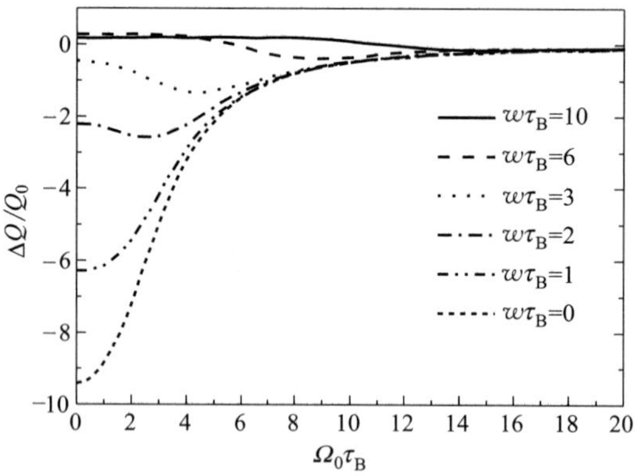

图 7-15 不同 $w\tau_B$ 值时流量相对变化量随 $\Omega_0\tau_B$ 的变化关系（$\alpha_0=3$）

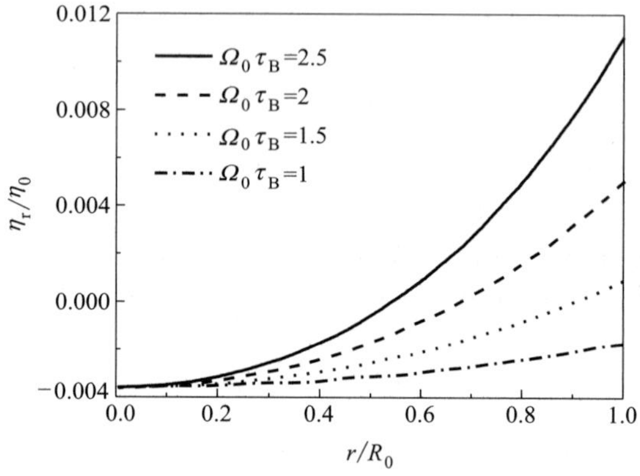

图 7-16 相对旋转黏度沿圆管径向的变化（$w\tau_B=4$）

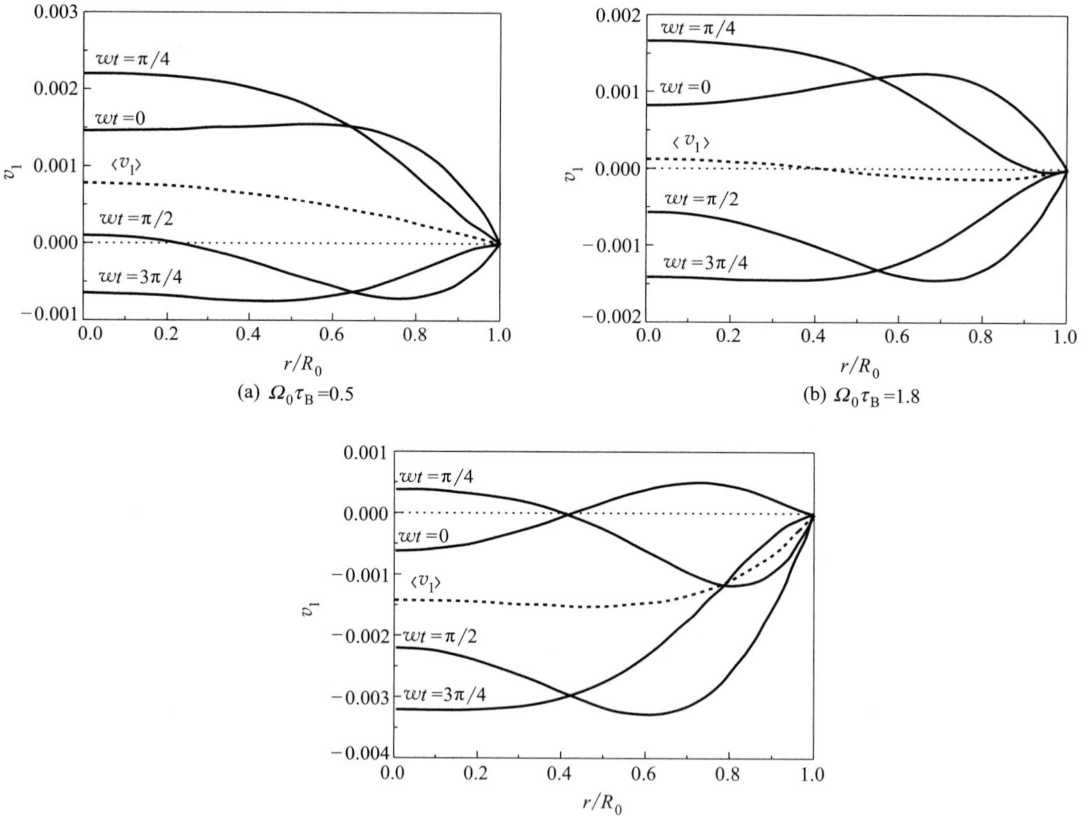

(a) $\Omega_0\tau_B=0.5$　(b) $\Omega_0\tau_B=1.8$　(c) $\Omega_0\tau_B=3$

图 7-17 不同时刻流速偏离量 v_1 的分布（$\alpha_0=3$，$w\tau_B=4$）

7.4 铁磁流体管流中的自发旋转

本章前面的各节中，均假设铁磁流体的流速只有轴向分量，Krekhov 和 Shliomis（2017）去掉这一限制，发现在恒定轴向磁场的作用下，铁磁流体管流中还存在沿周向的流速分量，从而使铁磁流体管流还表现出螺旋运动或不稳定旋转。本节将阐述铁磁流体管流的这一特性。铁磁流体管流中出现旋转现象的原因是铁磁流体的磁黏效应，并且这一效应与流体的剪切率有关，磁黏效应与剪切率之间的关系源于作用在磁性颗粒上的磁力矩和黏滞力矩间的竞争关系。在没有磁场作用时，铁磁流体管流中的每个颗粒在与圆管同轴的圆柱形面上以角速度 Ω_θ 沿管道滚动，施加轴向磁场后，颗粒的磁矩具有转向外磁场方向的趋势，从而阻碍颗粒的自由旋转。在磁力矩和黏滞力矩的共同作用下，磁化强度将偏离外磁场方向，进而在磁化强度径向分量的相反方向上产生磁场强度分量，这一磁场强度分量与外加磁场强度垂直，而且正是该磁场强度分量为铁磁流体管流的不稳定性提供了正反馈。

7.4.1 控制方程及求解

本节针对弱的和中等强度的外加磁场，由式（4-52）描述磁化强度的变化，此时的控制方程组由式（2-219）、式（4-52）、式（2-207）和式（2-82）组成。采用如下变量对这些方程进行无量纲化：

$$r^*=\frac{r}{R_0},\ z^*=\frac{z}{R_0},\ t^*=\frac{t}{\tau_B},\ \boldsymbol{v}^*=\frac{\boldsymbol{v}}{R_0/\tau_B},\ p^*=\frac{p}{\eta/\tau_B},\ \boldsymbol{\Omega}^*=\boldsymbol{\Omega}\tau_B$$

$$\mathcal{L}=\frac{3L}{\zeta},\ \boldsymbol{M}^*=\frac{\boldsymbol{M}}{M_S/3},\ \boldsymbol{H}^*=\frac{\boldsymbol{H}}{M_S/3\chi_0} \tag{7-110}$$

根据这些定义，同时分别应用式（4-50）和式（4-45），可得

$$\boldsymbol{M}^*=\mathcal{L}\boldsymbol{\zeta},\ \boldsymbol{H}^*=\boldsymbol{\alpha} \tag{7-111}$$

将式（7-110）和式（7-111）分别代入式（2-219）、式（4-52）、式（2-207）和式（2-82），得控制方程组的无量纲形式：

$$\frac{1}{\hat{\alpha}}\left[\frac{\partial \boldsymbol{v}^*}{\partial t^*}+(\boldsymbol{v}^*\cdot\boldsymbol{\nabla})\boldsymbol{v}^*\right]=-\boldsymbol{\nabla}p^*+\boldsymbol{\nabla}^2\boldsymbol{v}^*+\hat{E}[2\mathcal{L}(\boldsymbol{\zeta}\cdot\boldsymbol{\nabla})\boldsymbol{\alpha}+\boldsymbol{\nabla}\times(\mathcal{L}\boldsymbol{\zeta}\times\boldsymbol{\alpha})] \tag{7-112}$$

$$\frac{\mathrm{D}(\mathcal{L}\boldsymbol{\zeta})}{\mathrm{D}t}=\mathcal{L}\boldsymbol{\Omega}^*\times\boldsymbol{\zeta}-\mathcal{L}(\boldsymbol{\zeta}-\boldsymbol{\alpha})-\frac{3}{2\zeta^2}(1-\mathcal{L})\boldsymbol{\zeta}\times(\boldsymbol{\zeta}\times\boldsymbol{\alpha}) \tag{7-113}$$

$$\boldsymbol{\nabla}\times\boldsymbol{\alpha}=\boldsymbol{0},\ \boldsymbol{\nabla}\cdot(\boldsymbol{\alpha}+\mathcal{L}\chi_0\boldsymbol{\zeta})=0 \tag{7-114}$$

其中

$$\hat{\alpha}=\frac{\eta\tau_B}{\rho R_0^2},\ \hat{E}=\frac{\mu_0\tau_B M_S^2}{18\eta\chi_0}$$

这里假设存在轴向流速分量 v_θ，在柱坐标系(r,θ,z)中，各变量分别为

$$\boldsymbol{v}^*=(0,v_\theta,v_z),\ \boldsymbol{\Omega}^*=(0,\Omega_\theta,\Omega_z),\ \boldsymbol{\zeta}=(\zeta_r,\zeta_\theta,\zeta_z),\ \boldsymbol{\alpha}=(\alpha_r,0,\alpha_0)$$

其中，各变量的分量均为无量纲量，在它们的表示中忽略了上标 *，在稳态流动中，各分量只是 r 的函数。α_0 表示无量纲外加磁场强度，由式（7-103）表示。流动涡量的各分量与速度分量间的关系为

$$\Omega_\theta=-\frac{1}{2}\frac{\mathrm{d}v_z}{\mathrm{d}r},\ \Omega_z=\frac{1}{2r}\frac{\mathrm{d}(rv_\theta)}{\mathrm{d}r} \tag{7-115}$$

静磁场方程［式（7-114）］可简化为

$$\frac{\partial}{\partial r}[r(\alpha_r+\mathcal{L}\chi_0\zeta_r)]=0$$

求解该方程得

$$\alpha_r=-\chi_0\mathcal{L}\zeta_r=-(\mu_\mathrm{r}-1)\mathcal{L}\zeta_r \tag{7-116}$$

其中，μ_r 为铁磁流体的初始相对磁导率。

函数 $\mathcal{L}(\zeta)$可以展开为

$$\mathcal{L}(\zeta)=1-\frac{\zeta^2}{15}+O(\zeta^4)$$

对于弱的和中等强度的外加磁场，$\mathcal{L}(\zeta)\approx 1$，在这一条件下化简磁化方程［式（7-113)］。对于稳态流动，该方程中等号左端的项为

$$\begin{aligned}\frac{\mathrm{D}\boldsymbol{\zeta}}{\mathrm{D}t}&=(\boldsymbol{v}^*\cdot\boldsymbol{\nabla})\boldsymbol{\zeta}=(v_\theta\boldsymbol{e}_\theta+v_z\boldsymbol{e}_z)\cdot\left(\boldsymbol{e}_r\frac{\partial}{\partial r}+\boldsymbol{e}_\theta\frac{1}{r}\frac{\partial}{\partial\theta}+\boldsymbol{e}_z\frac{\partial}{\partial z}\right)(\zeta_r\boldsymbol{e}_r+\zeta_\theta\boldsymbol{e}_\theta+\zeta_z\boldsymbol{e}_z)\\&=\left(\frac{v_\theta}{r}\frac{\partial}{\partial\theta}+v_z\frac{\partial}{\partial z}\right)(\zeta_r\boldsymbol{e}_r+\zeta_\theta\boldsymbol{e}_\theta+\zeta_z\boldsymbol{e}_z)\\&=\frac{1}{r}v_\theta\zeta_r\boldsymbol{e}_\theta-\frac{1}{r}v_\theta\zeta_\theta\boldsymbol{e}_r\end{aligned} \tag{7-117}$$

其中，$\boldsymbol{e}_r$、$\boldsymbol{e}_\theta$ 和 $\boldsymbol{e}_z$ 分别为柱坐标系中在 r、θ 和 z 方向上的单位矢量，这一推导过程中应用了柱坐标系中的恒等式：

$$\frac{\partial\boldsymbol{e}_r}{\partial\theta}=\boldsymbol{e}_\theta,\ \frac{\partial\boldsymbol{e}_\theta}{\partial\theta}=-\boldsymbol{e}_r \tag{7-118}$$

将式（7-117）的结果代入式（7-113），得该方程的分量方程：

$$\begin{cases}-\dfrac{1}{r}v_\theta\zeta_\theta=\Omega_\theta\zeta_z-\Omega_z\zeta_\theta-\zeta_r+\alpha_r\\ \dfrac{1}{r}v_\theta\zeta_r=\Omega_z\zeta_r-\zeta_\theta\\ -\Omega_\theta\zeta_r-\zeta_z+\alpha_0=0\end{cases}$$

将式（7-116）代入该方程组后，经求解得到

$$\zeta_r=\frac{\Omega_\theta\alpha_0}{\Lambda^2+\Omega_\theta^2+\mu_\mathrm{r}},\ \zeta_\theta=\Lambda\zeta_r,\ \zeta_z=\frac{\Lambda^2+\mu_\mathrm{r}}{\Omega_\theta}\zeta_r \tag{7-119}$$

其中

$$\Lambda=\Omega_z-\frac{1}{r}v_\theta=\frac{r}{2}\frac{\mathrm{d}}{\mathrm{d}r}\left(\frac{v_\theta}{r}\right) \tag{7-120}$$

由式（7-120）知，当铁磁流体无旋转运动（$v_\theta=0$）或圆管内铁磁流体整体以恒定角速度旋转（$\frac{v_\theta}{r}$为常数）时，$\Lambda=0$；只有当圆管内环形铁磁流体层以不同的角速度旋转时，Λ才会非零。

为了得到式（7-112）的分量方程，化简该方程中的各项：

$$\begin{aligned}(\boldsymbol{v}^*\cdot\nabla)\boldsymbol{v}^* &=(v_\theta\boldsymbol{e}_\theta+v_z\boldsymbol{e}_z)\cdot\left(\boldsymbol{e}_r\frac{\partial}{\partial r}+\boldsymbol{e}_\theta\frac{1}{r}\frac{\partial}{\partial\theta}+\boldsymbol{e}_z\frac{\partial}{\partial z}\right)(v_\theta\boldsymbol{e}_\theta+v_z\boldsymbol{e}_z)\\ &=\left(\frac{v_\theta}{r}\frac{\partial}{\partial\theta}+v_z\frac{\partial}{\partial z}\right)(v_\theta\boldsymbol{e}_\theta+v_z\boldsymbol{e}_z)\\ &=-\frac{1}{r}v_\theta^2\boldsymbol{e}_r\end{aligned}\tag{7-121}$$

$$\begin{aligned}\nabla^2\boldsymbol{v}^* &=\left(\frac{\partial^2}{\partial r^2}+\frac{1}{r}\frac{\partial}{\partial r}+\frac{1}{r^2}\frac{\partial^2}{\partial\theta^2}+\frac{\partial^2}{\partial z^2}\right)(v_\theta\boldsymbol{e}_\theta+v_z\boldsymbol{e}_z)\\ &=\left(\frac{\partial^2 v_\theta}{\partial r^2}+\frac{1}{r}\frac{\partial v_\theta}{\partial r}-\frac{v_\theta}{r^2}\right)\boldsymbol{e}_\theta+\left(\frac{\partial^2 v_z}{\partial r^2}+\frac{1}{r}\frac{\partial v_z}{\partial r}\right)\boldsymbol{e}_z\end{aligned}\tag{7-122}$$

$$\begin{aligned}(\boldsymbol{\zeta}\cdot\nabla)\boldsymbol{\alpha} &=(\zeta_r\boldsymbol{e}_r+\zeta_\theta\boldsymbol{e}_\theta+\zeta_z\boldsymbol{e}_z)\cdot\left(\boldsymbol{e}_r\frac{\partial}{\partial r}+\boldsymbol{e}_\theta\frac{1}{r}\frac{\partial}{\partial\theta}+\boldsymbol{e}_z\frac{\partial}{\partial z}\right)(\alpha_r\boldsymbol{e}_r+\alpha_0\boldsymbol{e}_z)\\ &=\left(\zeta_r\frac{\partial}{\partial r}+\frac{1}{r}\zeta_\theta\frac{\partial}{\partial\theta}+\zeta_z\frac{\partial}{\partial z}\right)(\alpha_r\boldsymbol{e}_r+\alpha_0\boldsymbol{e}_z)\\ &=\zeta_r\frac{\partial\alpha_r}{\partial r}\boldsymbol{e}_r+\frac{1}{r}\zeta_\theta\alpha_r\boldsymbol{e}_\theta\end{aligned}\tag{7-123}$$

$$\begin{aligned}\nabla\times(\boldsymbol{\zeta}\times\boldsymbol{\alpha}) &=\frac{1}{r}\begin{vmatrix}\boldsymbol{e}_r & r\boldsymbol{e}_\theta & \boldsymbol{e}_z\\ \frac{\partial}{\partial r} & \frac{\partial}{\partial\theta} & \frac{\partial}{\partial z}\\ \alpha_0\zeta_\theta & r(\zeta_z\alpha_r-\alpha_0\zeta_r) & -\zeta_\theta\alpha_r\end{vmatrix}\\ &=\boldsymbol{e}_\theta\frac{\partial}{\partial r}(\zeta_\theta\alpha_r)+\boldsymbol{e}_z\frac{\partial}{\partial r}[r(\zeta_z\alpha_r-\alpha_0\zeta_r)]\end{aligned}\tag{7-124}$$

将式（7-121）~式（7-124）代入式（7-112），得 z 和 θ 方向上相应的稳态分量方程分别为

$$-\frac{\partial p^*}{\partial z^*}+\frac{1}{r}\frac{\mathrm{d}}{\mathrm{d}r}\left(r\frac{\mathrm{d}v_z}{\mathrm{d}r}\right)+\frac{\hat{E}}{r}\frac{\mathrm{d}}{\mathrm{d}r}[r(\zeta_z\alpha_r-\alpha_0\zeta_r)]=0\tag{7-125}$$

$$\frac{1}{r}\frac{\mathrm{d}}{\mathrm{d}r}\left(r\frac{\mathrm{d}v_\theta}{\mathrm{d}r}\right)-\frac{v_\theta}{r^2}+\hat{E}\left[\frac{2}{r}\zeta_\theta\alpha_r+\frac{\mathrm{d}}{\mathrm{d}r}(\zeta_\theta\alpha_r)\right]\tag{7-126}$$

令

$$\frac{\partial p}{\partial z}=-\frac{\Delta p}{l_0}$$

则

$$\frac{\partial p^*}{\partial z^*}=\frac{\tau_{\mathrm{B}}R_0}{\eta}\frac{\partial p}{\partial z}=-\frac{\tau_{\mathrm{B}}R_0}{\eta}\frac{\Delta p}{l_0}=-4P'$$

其中

$$P'=\frac{\tau_B R_0}{4\eta}\ \frac{\Delta p}{l_0} \tag{7-127}$$

同时利用式（7-115），将式（7-125）写为

$$\frac{\mathrm{d}}{\mathrm{d}r}\{r[2\Omega_\theta-\hat{E}(\zeta_z\alpha_r-\alpha_0\zeta_r)]\}=4rP' \tag{7-128}$$

对于式（7-126）中的项，有

$$\frac{1}{r}\ \frac{\mathrm{d}}{\mathrm{d}r}\left(r\ \frac{\mathrm{d}v_\theta}{\mathrm{d}r}\right)-\frac{v_\theta}{r^2}=\frac{2}{r^2}\ \frac{\mathrm{d}}{\mathrm{d}r}(r^2\Lambda)$$

$$\frac{2}{r}\zeta_\theta\alpha_r+\frac{\mathrm{d}}{\mathrm{d}r}(\zeta_\theta\alpha_r)=\frac{1}{r^2}\ \frac{\mathrm{d}}{\mathrm{d}r}(r^2\zeta_\theta\alpha_r)$$

利用这两式，将式（7-126）写为

$$\frac{\mathrm{d}}{\mathrm{d}r}[r^2(2\Lambda+\hat{E}\zeta_\theta\alpha_r)]=0 \tag{7-129}$$

分别对式（7-128）和式（7-129）关于 r 直接积分，并利用边界条件 $v_\theta=v_z=0$（$r=1$ 时）和式（7-116），得

$$\Lambda\left[1-\frac{\Omega_\theta^2\hat{h}^2}{(\Lambda^2+\Omega_\theta^2+\mu_r)^2}\right]=0 \tag{7-130}$$

$$\Omega_\theta\left[1+\frac{\hat{h}^2(\mu_r\Lambda^2+\Omega_\theta^2+\mu_r^2)}{(\mu_r-1)(\Lambda^2+\Omega_\theta^2+\mu_r)^2}\right]=rP' \tag{7-131}$$

其中

$$\hat{h}=\frac{\alpha_0 M_S}{6}\sqrt{\frac{\mu_0\tau_B}{\eta}}=\frac{\chi_0 H_0}{2}\sqrt{\frac{\mu_0\tau_B}{\eta}}$$

7.4.2 产生旋转运动的条件

由式（7-130）可知，当铁磁流体存在旋转运动时（$\Lambda\neq 0$），满足：

$$\Lambda^2+\Omega_\theta^2+\mu_r=\Omega_\theta\hat{h} \tag{7-132}$$

该式确定了关于 Ω_θ 的函数 Λ，表示为

$$\Lambda^2=(\Omega_\theta-\Omega_{\theta,1})(\Omega_{\theta,2}-\Omega_\theta) \tag{7-133}$$

其中

$$\Omega_{\theta,1}=\frac{1}{2}(\hat{h}-\sqrt{\hat{h}^2-4\mu_r}),\ \Omega_{\theta,2}=\frac{1}{2}(\hat{h}+\sqrt{\hat{h}^2-4\mu_r})$$

将式（7-132）代入式（7-131）并化简，得

$$\frac{\mu_r\hat{h}}{\mu_r-1}=rP' \tag{7-134}$$

由于式（7-132）成立的条件为 $\Lambda\neq 0$，所以由（7-134）可得，只有在半径为 $\tilde{r}=\frac{\mu_r\hat{h}}{(\mu_r-1)P'}$的柱形铁磁流体表面上，才存在旋转运动。而且在该表面上，Λ 的取值范围为

$\left[0,\sqrt{\frac{\hat{h}^2}{4}-\mu_r}\right]$，其中最小值和最大值分别在 $\Omega_\theta=\Omega_{\theta,1}$、$\Omega_\theta=\Omega_{\theta,2}$ 和 $\frac{1}{2}(\Omega_{\theta,1}+\Omega_{\theta,2})$ 时得到。

普通流体管流的涡量表达式为

$$\Omega=\frac{1}{4\eta}\frac{\Delta p}{l_0}r$$

其中，变量 Ω 和 r 为带量纲的量。根据式（7-110）的定义将其转换为无量纲形式：

$$\Omega^*=\frac{\tau_B R_0}{4\eta}\frac{\Delta p}{l_0}r^*=P'r^*$$

比较该式与式（7-131）后可知，铁磁流体管流中的表观黏度 η_{eff} 为

$$\eta_{eff}=\eta\left[1+\frac{\hat{h}^2(\mu_r\Lambda^2+\Omega_\theta^2+\mu_r^2)}{(\mu_r-1)(\Lambda^2+\Omega_\theta^2+\mu_r)^2}\right] \tag{7-135}$$

将式（7-131）代入其中，并利用式（7-134），得

$$\eta_{eff}=\eta\frac{rP'}{\Omega_\theta}=\eta\frac{\mu_r\hat{h}}{\Omega_\theta(\mu_r-1)} \tag{7-136}$$

由于圆管内的铁磁流体单元稍偏离半径为 $\tilde{r}$ 的表面时，$\Lambda=0$，对应的 Ω_θ 值为 $\Omega_{\theta,1}$ 和 $\Omega_{\theta,2}$，所以在半径为 $\tilde{r}$ 的表面两侧，铁磁流体具有不同的表观黏度，分别为 $\eta\frac{\mu_r\hat{h}}{\Omega_{\theta,1}(\mu_r-1)}$ 和 $\eta\frac{\mu_r\hat{h}}{\Omega_{\theta,2}(\mu_r-1)}$，也即在该表面上存在黏度跳变：

$$[\eta_{eff}]_{\tilde{r}+0}^{\tilde{r}-0}=\eta\frac{\mu_r\hat{h}}{\mu_r-1}\left(\frac{1}{\Omega_{\theta,1}}-\frac{1}{\Omega_{\theta,2}}\right)=\eta\frac{2\hat{h}}{\mu_r-1}\sqrt{\frac{\hat{h}^2}{4}-\mu_r} \tag{7-137}$$

若使式（7-133）存在实数解，需满足 $\hat{h}^2>4\mu_r$，同时需使 $\tilde{r}<1$，由此得到产生旋转运动的条件：

$$2\sqrt{\mu_r}<\hat{h}<\frac{(\mu_r-1)P'}{\mu_r}$$

这样，整个铁磁流体管流被划分为半径为 $\tilde{r}$ 的圆柱形液体部分和厚度为$(1-\tilde{r})$的环形液体层，而且它们均与圆管同轴。圆柱形液体部分除轴向运动 v_z 外，还以恒定角速度 v_θ/r 旋转，该部分内液体单元的运动轨迹为螺旋线，而环形液体层内的流体单元的运动轨迹为直线，如图 7-18 所示。

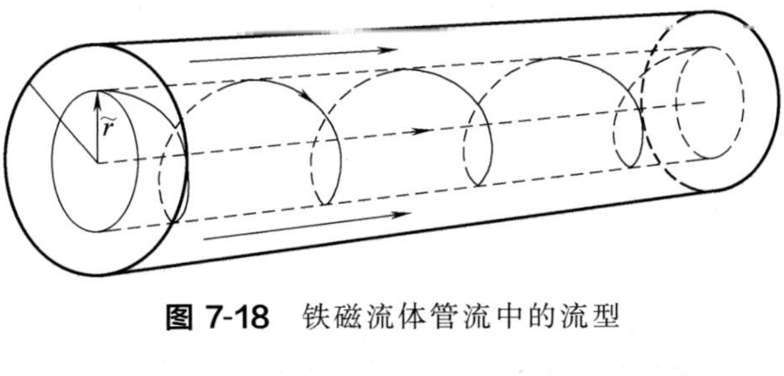

图 7-18 铁磁流体管流中的流型

铁磁流体管流中旋转运动的出现可以从流量变化曲线上观察到，如图 7-19 给出铁磁流体管流中的体积流量 Q 随压力梯度 P' 的变化关系，其中 $Q=2\pi\int_0^1 v_z r\,dr$ 。从该图中可以明

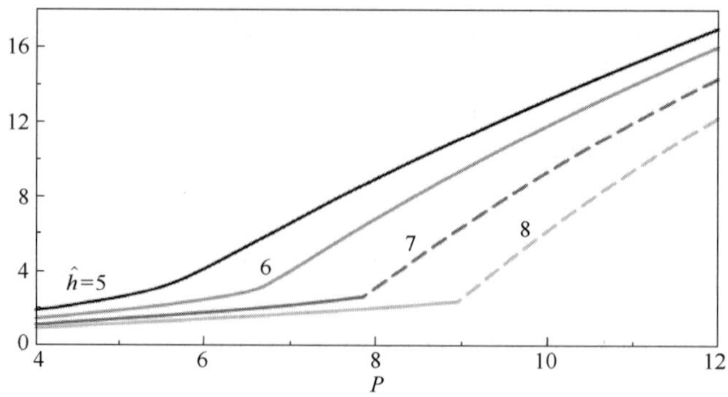

图 7-19 铁磁流体管流中体积流量随压力梯度 P 的变化

（$\mu_r=9$，实线表示纯轴向流动，虚线表示旋转运动）

显看到旋转运动的发生。当 $\hat{h}\leqslant\hat{h}_c=2\sqrt{\mu_r}$ 时，铁磁流体只有纯轴向流动，如图中 $\hat{h}=5$ 和 $\hat{h}=6$ 时的情况。而当 $\hat{h}>\hat{h}_c$ 时，压力梯度 P 超过一定值后，管流中出现旋转运动，如图中 $\hat{h}=7$ 和 $\hat{h}=8$ 时的情况，这时流量曲线上明显出现由纯轴向流动过渡至旋转运动的拐点。

铁磁流体管流中旋转运动的出现还会引起轴向速度较无旋转速度时轴向速度的显著增大，如图 7-20 所示。该图中插图为 $\hat{h}=8.8$ 时在 $\tilde{r}=0.8931$ 附近的 $v_\theta(r)$ 和 $\Lambda(r)$ 函数分布，图中 $\Lambda(r)$ 在横轴上的宽度为 0.0138，最大值为 2.940。从图 7-20 可以看出，当 $r<\tilde{r}$ 时，管流中出现周向速度分量，同时在 $v_z(r)$ 曲线上的 $r=\tilde{r}$ 处出现拐点。当不考虑周向速度分量时，计算得到的 $v_z(r)$ 为光滑曲线。

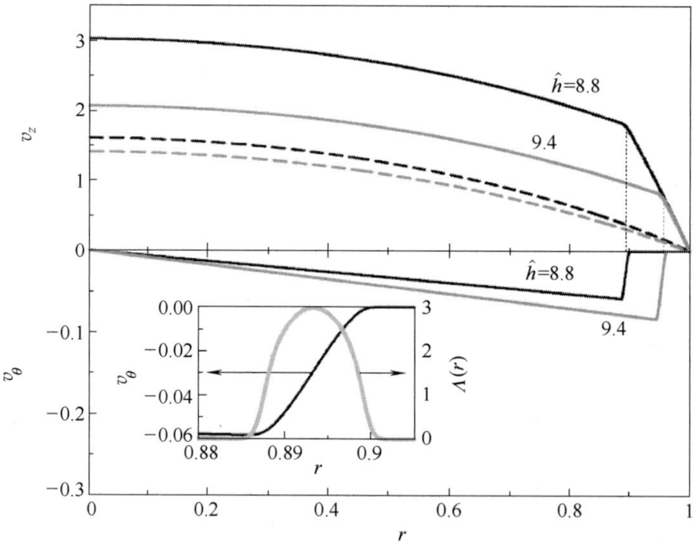

图 7-20 铁磁流体管流中的轴向和周向速度分量

（$\mu_r=9$，$P'=11$，虚线为令周向速度为零时的计算结果）

铁磁流体管流中的旋转运动还会改变铁磁流体磁化强度的分布，如图 7-21 所示，图中 $\widetilde{\boldsymbol{M}}=\mathcal{L}(\zeta)\boldsymbol{\zeta}$。如果忽略速度的周向分量，$\widetilde{M}_z$ 和 $\widetilde{M}_\theta$ 均为光滑曲线，如图中的虚线部分所示，但如果存在旋转运动，在 $r=\tilde{r}$ 处 $\widetilde{M}_z$ 和 $\widetilde{M}_\theta$ 将发生突变。

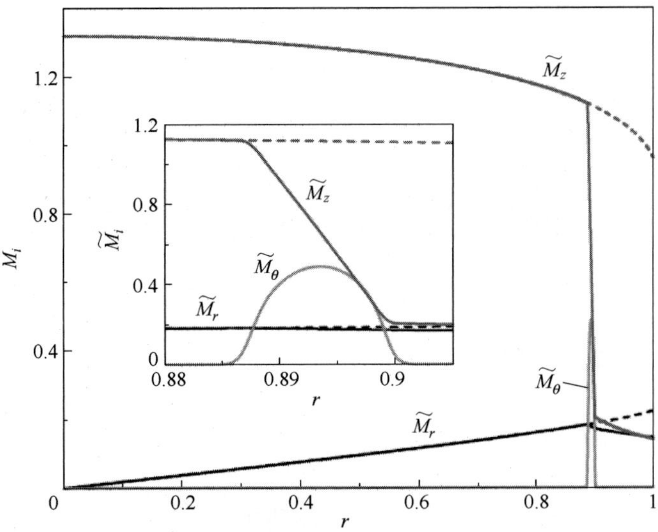

图 7-21 铁磁流体的磁化强度分量（$\mu_r=9, P'=11, \hat{h}=8.8$，虚线为周向速度为零时对应的结果）

第8章　铁磁流体同心圆流动

铁磁流体的同心圆流动指的是，位于两共轴圆筒间的微间隙内的铁磁流体，当圆筒转动时带动铁磁流体的流动，其中流体单元的运动轨迹为中心位于圆筒轴线上的一系列圆周（Yang et al.，2022）。沿垂直于圆筒轴线的方向施加均匀静磁场 H_0，如图8-1所示。内、外同轴圆筒的外径和内径分别为 R_1 和 R_2，转动角速度分别为 Ω_1 和 Ω_2，逆时针方向为正方向。

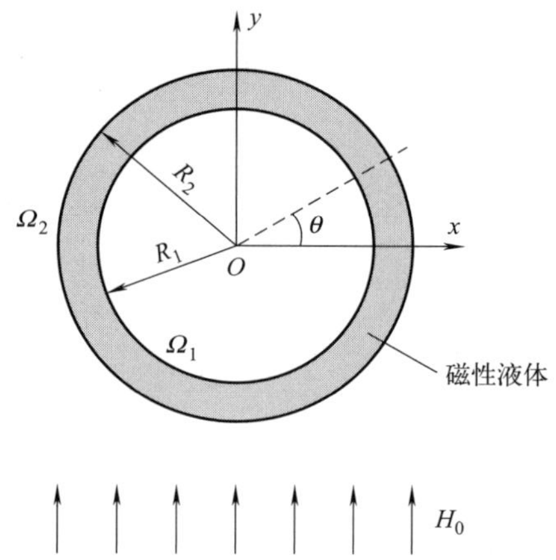

图 8-1　磁性液体同心圆流动

本章以同心圆流动为对象，讨论当两圆筒转速差较小时铁磁流体的环状 Couette 流，以及流动铁磁流体中的非平衡磁化特性。在磁化强度偏离平衡磁化强度较小的假设条件下，通过求解运动方程和唯象磁化方程Ⅰ，得到两圆筒转动时铁磁流体的磁化强度，以及由磁化强度感应得到的位于圆筒内部垂直于外磁场方向上的磁场强度。

8.1　铁磁流体的流速和涡量

设两圆筒间的间隙较小，忽略均匀磁场和重力对铁磁流体流动的影响，间隙内铁磁流体的轴向速度分量为零，运动保持为纯圆周运动。在圆柱坐标系 (r,θ,z) 内，因质点轨迹为同心圆，有

$$v_r=0,\ v_z=0$$

在铁磁流体不可压缩的假设条件下，由连续性方程得

$$\partial v_\theta/\partial\theta=0$$

使内、外圆筒保持恒定转动角速度，流场最终趋于恒定运动。考虑流动稳定后的情况，式（2-219）的各分量方程简化为

$$\begin{cases}\dfrac{v_\theta^2}{r}=\dfrac{1}{\rho}\ \dfrac{\partial p}{\partial r}\\ 0=-\dfrac{1}{r\rho}\ \dfrac{\partial p}{\partial \theta}+\mu\left(\dfrac{\partial^2 v_\theta}{\partial r^2}+\dfrac{1}{r}\ \dfrac{\partial v_\theta}{\partial r}+\dfrac{\partial^2 v_\theta}{\partial z^2}-\dfrac{v_\theta}{r^2}\right)\\ 0=\dfrac{\partial p}{\partial z}\end{cases} \tag{8-1}$$

其中，第一式表明流体质点保持圆周运动的向心力由压强的径向变化提供。将第一式对 z 求导，并考虑第三式，得

$$\partial v_\theta/\partial z=0$$

表明不可压缩铁磁流体的同心圆流动为平面平行运动，且 v_θ 仅与 r 有关，可用常微分代替偏微分。将第一式对 θ 求导，并应用连续性方程，可得

$$\frac{\partial}{\partial \theta}\left(\frac{\partial p}{\partial r}\right)=\frac{\partial}{\partial r}\left(\frac{\partial p}{\partial \theta}\right)=0$$

即$\partial p/\partial \theta$ 不随 r 变化，由 $r=0$ 处 p 的单值性得$\partial p/\partial \theta=0$，如若 p 随 θ 变化，也即不同 θ 角对应不同的 p 值，那么在 $r=0$ 处将有多于一个的压强值，这与实际不符。这样，可将方程组中的第二式简化为

$$\frac{\mathrm{d}^2 v_\theta}{\mathrm{d}r^2}+\frac{1}{r}\ \frac{\mathrm{d}v_\theta}{\mathrm{d}r}-\frac{v_\theta}{r^2}=\frac{\mathrm{d}}{\mathrm{d}r}\left(\frac{1}{r}\ \frac{\mathrm{d}(rv_\theta)}{\mathrm{d}r}\right)=0 \tag{8-2}$$

相应的边界条件为

$$r=R_1 \text{ 处，} v_\theta=\Omega_1 R_1$$
$$r=R_2 \text{ 处，} v_\theta=\Omega_2 R_2$$

式（8-2）的通解为

$$v_\theta=C_1 r+\frac{C_2}{r}$$

代入上述边界条件确定积分常数后，可得速度分布：

$$v_\theta=\Omega\left(r+\widetilde{S}\ \frac{R_2^2}{r}\right) \tag{8-3}$$

其中，涡量为

$$\boldsymbol{\Omega}=\Omega \boldsymbol{e}_z=\frac{1}{2}\nabla\times \boldsymbol{v}=\left(\frac{1}{r}\ \frac{\partial(rv_\theta)}{\partial r}-\frac{1}{r}\ \frac{\partial v_r}{\partial r}\right)\boldsymbol{e}_z=\boldsymbol{e}_z\ \frac{1}{r}\ \frac{\partial(rv_\theta)}{\partial r}$$

且

$$\Omega=\frac{\Omega_2 R_2^2-\Omega_1 R_1^2}{R_2^2-R_1^2} \tag{8-4}$$

$$\widetilde{S}=\frac{R_1^2}{R_2^2-R_1^2}\left(\frac{\Omega_1-\Omega_2}{\Omega}\right) \tag{8-5}$$

单位长度圆柱面上的摩擦力矩为（Landau et al.，2013）：

$$L=-4\pi\mu\ \frac{(\Omega_1-\Omega_2)R_1^2R_2^2}{R_2^2-R_1^2} \tag{8-6}$$

可见，虽然整个流场是通过黏性传递运动及涡量扩散而建立的，但达到恒定状态后的速度分布（式 8-3）却与黏性无关。这是因为达到恒定状态后，涡量及摩擦力矩均为常量，与

位置无关，于是流体运动方程中的黏性项 $\mu\nabla^2 \boldsymbol{v}$ 为零，流体仿佛是理想流体，而且间隙内铁磁流体的涡量均匀分布。无量纲参数 $\widetilde{S}$ 表示剪切应力或伸长流（elongational flow）的相对大小（Odenbach，2009）。

柱坐标系中，铁磁流体的变形速度张量表示为

$$\boldsymbol{S}=\begin{bmatrix} \dfrac{\partial v_r}{\partial r} & \dfrac{1}{2}\left(\dfrac{1}{r}\dfrac{\partial v_r}{\partial \theta}+\dfrac{\partial v_\theta}{\partial r}-\dfrac{v_\theta}{r}\right) & \dfrac{1}{2}\left(\dfrac{\partial v_z}{\partial r}+\dfrac{\partial v_r}{\partial z}\right) \\ \dfrac{1}{2}\left(\dfrac{1}{r}\dfrac{\partial v_r}{\partial \theta}+\dfrac{\partial v_\theta}{\partial r}-\dfrac{v_\theta}{r}\right) & \dfrac{1}{r}\dfrac{\partial v_\theta}{\partial \theta}+\dfrac{v_r}{r} & \dfrac{1}{2}\left(\dfrac{\partial v_\theta}{\partial z}+\dfrac{1}{r}\dfrac{\partial v_z}{\partial \theta}\right) \\ \dfrac{1}{2}\left(\dfrac{\partial v_z}{\partial r}+\dfrac{\partial v_r}{\partial z}\right) & \dfrac{1}{2}\left(\dfrac{\partial v_\theta}{\partial z}+\dfrac{1}{r}\dfrac{\partial v_z}{\partial \theta}\right) & \dfrac{\partial v_z}{\partial z} \end{bmatrix} \tag{8-7}$$

将速度分量［式（8-3）］代入式（8-7）后得

$$\boldsymbol{S}=\frac{1}{2}\left(\frac{\partial v_\theta}{\partial r}-\frac{v_\theta}{r}\right)\begin{pmatrix}0&1&0\\1&0&0\\0&0&0\end{pmatrix}=-\Omega\widetilde{S}\frac{R_2^2}{r^2}\begin{pmatrix}0&1&0\\1&0&0\\0&0&0\end{pmatrix} \tag{8-8}$$

对称张量 $\boldsymbol{S}$ 决定铁磁流体中的伸长流，对铁磁流体中磁化强度的影响显著。由式（8-8）知，同一 r 位置处的 $\widetilde{S}$ 值越大，变形速度张量各分量的值也越大。

8.2 圆筒静止时铁磁流体内的磁场分布和平衡磁化强度

假设两圆筒沿轴线方向的长度远大于它们的直径，忽略退磁场的影响，当两圆筒均静止时，间隙内的铁磁流体被平衡磁化。假设磁场较弱，平衡磁化强度与铁磁流体内的局部磁场强度间近似为线性关系（磁化率 χ 为常数），它们之间的关系表示为 $\boldsymbol{M}_0=\chi\boldsymbol{H}$，此时在内圆筒内、铁磁流体层和外圆筒外部区域的标量磁位均满足 Laplace 方程：

$$\nabla^2\varphi_{\mathrm{m}}=0 \tag{8-9}$$

为了表示方便，将三个区域分别表示为 1、2 和 3，如图 8-2 所示。

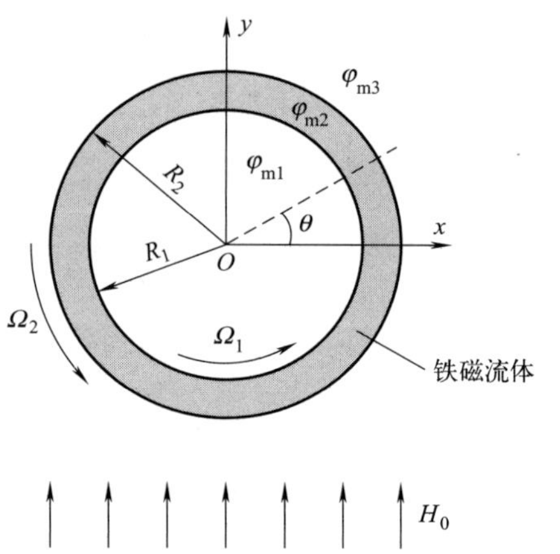

图 8-2 两圆筒静止时各区域的标量磁位表示

在柱坐标系中，式（8-9）的通解为

$$\varphi_{\mathrm{m}}=\sum_{n=1}^{\infty}\{r^n[A_n\sin(n\theta)+B_n\cos(n\theta)]+r^{-n}[C_n\sin(n\theta)+D_n\cos(n\theta)]\} \tag{8-10}$$

对于 φ_{m3}，当 $r\to\infty$时，磁场强度等于外加磁场的强度，相应的标量磁位可表示为

$$\varphi_{\mathrm{m3}}(r\to\infty)=-H_0 r\sin\theta \tag{8-11}$$

另外，当 $r\to\infty$时，φ_{m3} 满足：

$$\sum_{n=1}^{\infty}\{r^n[A_n\sin(n\theta)+B_n\cos(n\theta)]+r^{-n}[C_n\sin(n\theta)+D_n\cos(n\theta)]\}=-H_0 r\sin\theta$$

可以看出，为了使该式等号两端相等，需满足 $n=1$，且所有余弦项的系数均为零，这样可得

$$\varphi_{m3}=A_{1,3}r\sin\theta+\frac{C_{1,3}}{r}\sin\theta$$

根据该式，并结合式（8-11）得 $A_{1,3}=-H_0$，故外圆筒外部的区域的标量磁位为

$$\varphi_{m3}=-H_0 r\sin\theta+\frac{C_3}{r}\sin\theta \tag{8-12}$$

这里为了表示方便，用 C_3 代替 $C_{1,3}$。

对于内圆筒内部的标量磁位 φ_{m1}，由于在 $r=0$ 处，φ_{m1} 必须为有限值，故式（8-10）中所有的负幂次项都不存在，这一条件为自然边界条件，可得

$$\varphi_{m1}=\sum_{n=1}^{\infty}\{r^n[A_n\sin(n\theta)+B_n\cos(n\theta)]\} \tag{8-13}$$

下面利用边界条件进一步求解各区域的标量磁位。在铁磁流体与外圆筒内壁间的交界面上，有边界条件：

$$r=R_2\text{ 处，}\varphi_{m2}=\varphi_{m3} \tag{8-14}$$

由此可得

$$\sum_{n=1}^{\infty}\{r^n[A_n\sin(n\theta)+B_n\cos(n\theta)]+r^{-n}[C_n\sin(n\theta)+D_n\cos(n\theta)]\}_{r=R_2}=-H_0R_2\sin\theta+\frac{C_3}{R_2}\sin\theta$$

为了保证该式成立，须使得铁磁流体区域内同样满足 $n=1$，且所有余弦项为零，即

$$\varphi_{m2}=A_2 r\sin\theta+\frac{C_2}{r}\sin\theta \tag{8-15}$$

应用边界条件［式（8-14）］可得

$$A_2R_2+\frac{C_2}{R_2}=-H_0R_2+\frac{C_3}{R_2} \tag{8-16}$$

进一步利用边界条件［式（8-17）］和式（8-12）、式（8-15），得式（8-18）：

$$r=R_2\text{ 处，}(1+\chi)\frac{\partial\varphi_{m2}}{\partial r}=\frac{\partial\varphi_{m3}}{\partial r} \tag{8-17}$$

$$(1+\chi)\left(A_2-\frac{C_2}{R_2^2}\right)=-H_0-\frac{C_3}{R_2^2} \tag{8-18}$$

由式（8-16）和式（8-18）即可得到 A_2 和 C_2 满足的方程：

$$(2+\chi)A_2-\chi\frac{C_2}{R_2^2}=-2H_0 \tag{8-19}$$

在铁磁流体与内圆筒内壁的交界面上，有边界条件：

$$r=R_1\text{ 处，}\varphi_{m1}=\varphi_{m2} \tag{8-20}$$

由此可得

$$\sum_{n=1}^{\infty}\{r^n[A_n\sin(n\theta)+B_n\cos(n\theta)]\}=A_2 r\sin\theta+\frac{C_2}{r}\sin\theta$$

该式中同样只有 $n=1$ 时的正弦项系数不等于零，即有

$$\varphi_{m1}=rA_1\sin\theta \tag{8-21}$$

$$A_1=A_2+\frac{C_2}{R_1^2} \tag{8-22}$$

再利用边界条件［式（8-23）］和式（8-15）、式（8-21），得式（8-24）：

$$r=R_1\text{ 处，}(1+\chi)\frac{\partial\varphi_{m2}}{\partial r}=\frac{\partial\varphi_{m1}}{\partial r} \tag{8-23}$$

$$(1+\chi)\left(A_2-\frac{C_2}{R_1^2}\right)=A_1 \tag{8-24}$$

联立式（8-22）和式（8-24）可得

$$\chi A_2-(2+\chi)\frac{C_2}{R_1^2}=0 \tag{8-25}$$

再联立式（8-19）和式（8-25）得

$$A_2=\frac{-2(2+\chi)H_0}{4(1+\chi)+(1-R_1^2/R_2^2)\chi^2} \tag{8-26}$$

$$C_2=\frac{-2\chi R_1^2 H_0}{4(1+\chi)+(1-R_1^2/R_2^2)\chi^2} \tag{8-27}$$

令

$$\widetilde{a}=\frac{-2(2+\chi)}{4(1+\chi)+(1-R_1^2/R_2^2)\chi^2} \tag{8-28}$$

$$\widetilde{b}=a\ \frac{\chi R_1^2}{2+\chi} \tag{8-29}$$

则得到

$$A_2=\widetilde{a}H_0\text{，}C_2=\widetilde{b}H_0 \tag{8-30}$$

$$\varphi_{m2}=H_0\left(\widetilde{a}r+\frac{\widetilde{b}}{r}\right)\sin\theta \tag{8-31}$$

铁磁流体内的磁场分布为

$$\begin{aligned}\boldsymbol{H}_2&=-\nabla\varphi_{m2}\\&=-\frac{\partial\varphi_{m2}}{\partial r}\boldsymbol{e}_r-\frac{1}{r}\ \frac{\partial\varphi_{m2}}{\partial\theta}\boldsymbol{e}_\theta\\&=-H_0\left(\widetilde{a}-\frac{\widetilde{b}}{r^2}\right)\sin\theta\boldsymbol{e}_r-H_0(\widetilde{a}+\frac{\widetilde{b}}{r^2})\cos\theta\boldsymbol{e}_\theta\end{aligned} \tag{8-32}$$

根据式（8-32），可得铁磁流体静止时的平衡磁化强度为

$$\boldsymbol{M}_0=\chi\boldsymbol{H}_2=-\chi H_0\left[\left(\widetilde{a}-\frac{\widetilde{b}}{r^2}\right)\sin\theta\left(\widetilde{a}+\frac{\widetilde{b}}{r^2}\right)\cos\theta\right]\begin{pmatrix}\boldsymbol{e}_r\\ \boldsymbol{e}_\theta\end{pmatrix} \tag{8-33}$$

另外，由式（8-22）得到

$$A_1=\left(\widetilde{a}+\frac{\widetilde{b}}{R_1^2}\right)H_0 \tag{8-34}$$

进而由式（8-21）得圆筒内部区域的标量磁位［式（8-35）］和圆筒内部区域的磁场分布［式（8-36）］：

$$\varphi_{m1}=r\left(\widetilde{a}+\frac{\widetilde{b}}{R_1^2}\right)H_0\sin\theta \tag{8-35}$$

$$\begin{aligned}\boldsymbol{H}_1&=-\nabla\varphi_{m1}\\&=-\left(\widetilde{a}+\frac{\widetilde{b}}{R_1^2}\right)H_0\sin\theta\boldsymbol{e}_r-\left(\widetilde{a}+\frac{\widetilde{b}}{R_1^2}\right)H_0\cos\theta\boldsymbol{e}_\theta\\&=-\left(\widetilde{a}+\frac{\widetilde{b}}{R_1^2}\right)H_0\boldsymbol{e}_y\\&=-\widetilde{a}H_0\frac{2(1+\chi)}{2+\chi}\boldsymbol{e}_y\end{aligned} \tag{8-36}$$

可见，当圆筒静止时，内筒内部区域的磁场强度仍沿外磁场方向，这是因为此时铁磁流体的磁化强度为与外磁场方向相同的平衡磁化强度。

8.3 圆筒转动时铁磁流体的磁化强度

当两圆筒转动时，铁磁流体的流动引起其内部的磁化弛豫现象。假设外磁场相对较弱，磁化弛豫影响下的磁化强度变化用唯象磁化方程Ⅰ［式（4-18）］描述，而且忽略关于 H_0 的高阶项并保留稳态项，磁化方程为

$$(\boldsymbol{v}\cdot\nabla)\boldsymbol{M}-\boldsymbol{\Omega}\times\boldsymbol{M}=-\frac{1}{\tau}(\boldsymbol{M}-\boldsymbol{M}_0) \tag{8-37}$$

假设铁磁流体流动沿径向的梯度远小于磁化弛豫时间的倒数，即 $\tau|\nabla v_\theta|\ll 1$，这时磁化强度偏离平衡磁化强度较小，同时假设磁场对流动的影响可以忽略，为了求解式（8-37），用平衡磁化强度 $\boldsymbol{M}_0$ 代替方程中等号左端项中的 $\boldsymbol{M}$，而且这些项中的速度仍用式（8-3）表示。

在柱坐标系中，将磁化强度 $\boldsymbol{M}$ 表示为

$$\boldsymbol{M}=M_r\boldsymbol{e}_r+M_\theta\boldsymbol{e}_\theta \tag{8-38}$$

对于式（8-37）中的各项，有

$$(\boldsymbol{v}\cdot\nabla)\boldsymbol{M}_0=\frac{v_\theta}{r}\frac{\partial M_{0r}}{\partial\theta}\boldsymbol{e}_r+\frac{v_\theta}{r}\frac{\partial M_{0\theta}}{\partial\theta}\boldsymbol{e}_\theta$$

$$\boldsymbol{\Omega}\times\boldsymbol{M}_0=\frac{1}{r}\begin{vmatrix}\boldsymbol{e}_r & r\boldsymbol{e}_\theta & \boldsymbol{e}_z\\ 0 & 0 & \Omega\\ M_{0r} & rM_{0\theta} & 0\end{vmatrix}=-\Omega M_{0\theta}\boldsymbol{e}_r+\Omega M_{0r}\boldsymbol{e}_\theta$$

将该两式代入式（8-37）中，得到分量形式的方程组：

$$\begin{cases}\dfrac{v_\theta}{r}\dfrac{\partial M_{0r}}{\partial\theta}+\Omega M_{0\theta}=-\dfrac{1}{\tau}(M_r-M_{0r})\\[2ex]\dfrac{v_\theta}{r}\dfrac{\partial M_{0\theta}}{\partial\theta}-\Omega M_{0r}=-\dfrac{1}{\tau}(M_\theta-M_{0\theta})\end{cases} \tag{8-39}$$

求解该方程组得磁化强度的各分量：

$$\begin{cases} M_r = M_{0r} - \tau\left(\dfrac{v_\theta}{r}\dfrac{\partial M_{0r}}{\partial\theta} + \Omega M_{0\theta}\right) \\ M_\theta = M_{0\theta} - \tau\left(\dfrac{v_\theta}{r}\dfrac{\partial M_{0\theta}}{\partial\theta} - \Omega M_{0r}\right) \end{cases} \tag{8-40}$$

将式（8-3）和式（8-33）代入式（8-40），得圆筒转动时铁磁流体的磁化强度：

$$\begin{cases} M_r = -\chi H_0(\widetilde{a} - \dfrac{\widetilde{b}}{r^2})\sin\theta + \tau\Omega\chi H_0\left[\left(1+\widetilde{S}\dfrac{R_2^2}{r^2}\right)\left(\widetilde{a} - \dfrac{\widetilde{b}}{r^2}\right) + \left(\widetilde{a} + \dfrac{\widetilde{b}}{r^2}\right)\right]\cos\theta \\ M_\theta = -\chi H_0\left(\widetilde{a} + \dfrac{\widetilde{b}}{r^2}\right)\cos\theta - \tau\Omega\chi H_0\left[\left(1+\widetilde{S}\dfrac{R_2^2}{r^2}\right)\left(\widetilde{a} + \dfrac{\widetilde{b}}{r^2}\right) + \left(\widetilde{a} - \dfrac{\widetilde{b}}{r^2}\right)\right]\sin\theta \end{cases} \tag{8-41}$$

8.4 圆筒转动时圆筒内垂直于外磁场方向上的磁场

当圆筒转动时，内筒内部区域中的标量磁位仍满足 Laplace 方程［式（8-9)］，但铁磁流体内的标量磁位则须用 Poisson 方程［式（6-9)］而不是 Laplace 方程描述（Yang et al.，2022）。考虑到求解 Poisson 方程较为困难，本节利用圆筒转动时铁磁流体内的磁化强度结果［式（8-41)］和圆筒静止时铁磁流体内的磁场分布结果［式（8-32)］求解内筒内部区域的磁场分布，这里同样忽略铁磁流体流动对磁场畸变的影响。

设内筒内部区域标量磁位的通解仍具有式（8-13）的形式，相应的磁场分布为

$$\begin{aligned} \boldsymbol{H}_1 = &-\boldsymbol{e}_r\sum_{n=1}^{\infty}\{nr^{n-1}[A'_n\sin(n\theta) + B'_n\cos(n\theta)]\} \\ &-\boldsymbol{e}_\theta\sum_{n=1}^{\infty}\{nr^{n-1}[A'_n\cos(n\theta) - B'_n\sin(n\theta)]\} \end{aligned} \tag{8-42}$$

在铁磁流体与内筒外壁间的边界上，有边界条件：

$$B_{r1} = B_{r2}，\ r = R_1 \text{ 时} \tag{8-43}$$

根据磁场本构方程 $\boldsymbol{B} = \mu_0(\boldsymbol{H} + \boldsymbol{M})$，得

$$H_{r1} = H_{r2} + M_r \tag{8-44}$$

将式（8-41）、式（8-32）和式（8-42）分别代入式（8-44），有

$$\begin{aligned} &-\sum_{n=1}^{\infty}\{nr^{n-1}[A'_n\sin(n\theta) + B'_n\cos(n\theta)]\}_{r=R_1} \\ &= -H_0(\widetilde{a} - \frac{\widetilde{b}}{r^2})\sin\theta - \chi H_0(\widetilde{a} - \frac{\widetilde{b}}{r^2})\sin\theta \\ &\quad + \tau\Omega\chi H_0\left[\left(1 + \widetilde{S}\frac{R_2^2}{r^2}\right)\left(\widetilde{a} - \frac{\widetilde{b}}{r^2}\right) + \left(\widetilde{a} + \frac{\widetilde{b}}{r^2}\right)\right]\cos\theta \end{aligned} \tag{8-45}$$

该式成立的条件为 $n=1$，且此时的系数为

$$A'_1 = H_0\left(\widetilde{a} - \frac{\widetilde{b}}{R_1^2}\right)(1+\chi) \tag{8-46}$$

$$B'_1 = -\tau\Omega\chi H_0\left[\left(1+\widetilde{S}\frac{R_2^2}{R_1^2}\right)\left(\widetilde{a} - \frac{\widetilde{b}}{R_1^2}\right) + \left(\widetilde{a} + \frac{\widetilde{b}}{R_1^2}\right)\right] \tag{8-47}$$

在图 8-2 所示的坐标系中，圆筒内部区域的标量磁位可表示为

$$\varphi_{m1}=rA_1'\sin\theta+rB_1'\cos\theta=A_1'y+B_1'x \tag{8-48}$$

相应地，圆筒内部区域在沿外磁场方向上的磁场强度为

$$H_{y1}=-\frac{\partial\varphi_{m1}}{\partial y}=-A_1=-H_0\left(\widetilde{a}-\frac{\widetilde{b}}{R_1^2}\right)(1+\chi)$$

将式（6-29）代入其中，有

$$H_{y1}=-H_0\widetilde{a}\,\frac{2(1+\chi)}{2+\chi} \tag{8-49}$$

式（8-49）与式（8-36）的结果相同，这一结论表明，在相对较弱的磁场中，当圆筒旋转时，如果忽略铁磁流体流动对磁场畸变的影响，内筒内部区域沿外磁场方向上的磁场强度与圆筒静止时的磁场强度相同。

因磁化强度感应的在圆筒内垂直于外磁场方向上的磁场强度为

$$H_{x1}=-\frac{\partial\varphi_{m1}}{\partial x}=-B_1 \tag{8-50}$$

将式（8-47）、式（8-28）和式（8-29）代入式（8-50）并化简可得

$$\begin{aligned}H_{x1}&=\tau\Omega\chi H_0\left[\left(1+\widetilde{S}\,\frac{R_2^2}{R_1^2}\right)\left(\widetilde{a}-\frac{\widetilde{b}}{R_1^2}\right)+\left(\widetilde{a}+\frac{\widetilde{b}}{R_1^2}\right)\right]\\&=-\tau\Omega H_0\,\frac{2\chi(2+\chi)R_2^2}{4(1+\chi)R_2^2+(R_2^2-R_1^2)\chi^2}\left[\left(1+\widetilde{S}\,\frac{R_2^2}{R_1^2}\right)\left(1-\frac{\chi}{2+\chi}\right)+\left(1+\frac{\chi}{2+\chi}\right)\right]\\&=-\tau\Omega H_0\,\frac{4\chi(2+\chi)R_2^2}{4(1+\chi)R_2^2+(R_2^2-R_1^2)\chi^2}\left(1+\frac{\widetilde{S}}{2+\chi}\,\frac{R_2^2}{R_1^2}\right)\end{aligned} \tag{8-51}$$

式（8-51）表明，圆筒逆时针旋转时，铁磁流体的磁化弛豫在内圆筒内部区域引起的垂直于外磁场方向上的磁场强度沿 x 轴负方向。当铁磁流体的磁化率和圆筒尺寸确定后，在外磁场不变的情况下，x 方向的磁场强度为参数 Ω 和 $\widetilde{S}$ 的函数。

可利用圆筒内部区域垂直于外磁场方向上的磁化强度表达式［式（8-51）］，通过实验测量圆筒旋转时垂直于外磁场方向上的磁化强度，确定磁化弛豫时间 τ（Yang et al.，2022）。例如，为了测量方便，使铁磁流体刚性旋转，即内、外圆筒具有相同的转速，此时式（8-51）中的 $\widetilde{S}=0$，x 方向的磁场强度表达式为

$$H_{x1}=-\tau\Omega H_0\,\frac{4\chi(2+\chi)R_2^2}{4(1+\chi)R_2^2+(R_2^2-R_1^2)\chi^2} \tag{8-52}$$

当已知铁磁流体的磁导率 χ 时，即可通过测量磁场强度分量 H_{x1}，由式（8-52）计算得到铁磁流体的磁化弛豫时间 τ。

本章只讨论了当两圆筒转速差较小时的环状 Couette 流，尚未涉及较大转速差时出现的涡流（Taylor-Couette 流），有关 Taylor-Couette 流的研究参见 Altmeyer 等（2019，2017，2010）的研究。

第9章 铁磁流体旋转上升流

旋转上升流是铁磁流体特有的流动现象。将盛有铁磁流体的圆柱形容器竖直静止放置，容器的上方端口敞开，当沿圆柱径向水平施加均匀磁场，且磁场绕圆柱轴线旋转时，容器内的铁磁流体也将发生旋转运动（Moskowitz et al.，1967；Zaitsev et al.，1969；Felderhof，2011），旋转速度可达到数毫米每秒（Chaves et al.，2006），旋转方向与磁场旋转方向同向或反向，流体表面的转速正比于从中心到容器壁的径向距离。同时铁磁流体的自由表面呈现出内凹或外凸的弯月面形状，当铁磁流体的弯月面呈内凹形状时，其旋转方向与磁场旋转方向相同；呈外凸形状时，旋转方向与磁场旋转方向相反（Rosensweig，2023）。将铁磁流体的这种流动现象称为旋转上升流（Finlayson，2013）。

铁磁流体旋转上升流的物理机理至今尚未形成定论，数十年来一直沿用的基于相对偏大的自旋黏度值假设的自旋扩散理论（Finlayson，2013），也因铁磁流体只具有非常小的自旋黏度值（10^{-20} kg・m/s）（Shliomis，2021）而不能应用。本章只介绍其中被实验证实的旋转上升流理论。

本章以旋转上升流为对象，讨论铁磁流体的非平衡流动。在忽略铁磁流体自旋黏度的条件下，研究水平方向施加的均匀旋转磁场引起的铁磁流体的旋转运动特性，包括作用在铁磁流体上的磁力矩和铁磁流体表层的旋转速度。另外，在考虑铁磁流体自旋黏度的条件下，依据基于自旋扩散理论求得的铁磁流体旋转速度和颗粒角速度，获得作用在容器壁面上的力矩。

9.1 铁磁流体表层的旋转速度

在铁磁流体旋转上升流中，引起圆柱形容器中铁磁流体上方表层部分和其余主体部分旋转运动的机制不同，表层部分流动源于表面应力，而主体部分流动则源于体积应力（Shliomis，2021）。所以在讨论流动机理时将这两部分分开讨论，本节讨论铁磁流体表层部分的流动特征。

以如图 9-1 所示的具有下凹表面形状的旋转上升流为例，在水平径向旋转磁场的作用下，发生旋转运动的表面在容器壁面处向上爬升，爬升距离 h_s 一般小于 2～3 mm，表面层的厚度也约为这一量级。在自由表面下方，旋转速度沿 $-z$ 方向迅速减小。

9.1.1 作用在铁磁流体上的磁力矩

假设磁场的旋转速度大小为 w_0，方向沿 z 方向，如图 9-2 所示，则外加磁场强度可以表示为

$$\boldsymbol{H}=[H_0\cos(w_0t),H_0\sin(w_0t),0] \tag{9-1}$$

其中，H_0 为磁场强度大小。在这一磁场作用下，铁磁流体的磁化强度以相同的角频率（旋转速度）w_0 旋转，但滞后角度 ϑ。

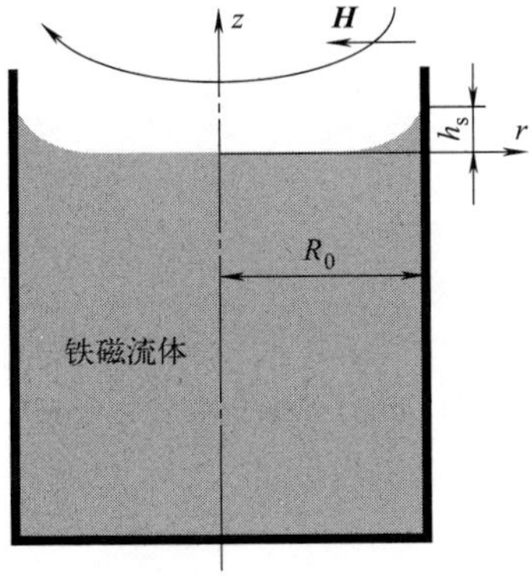

图 9-1 铁磁流体旋转上升流（表面为下凹形状时）

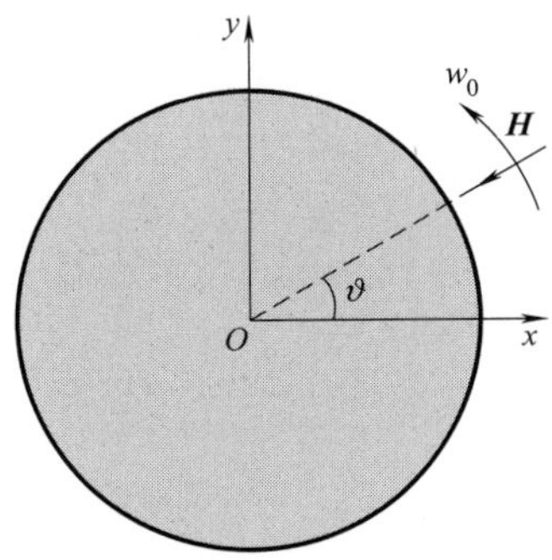

图 9-2 铁磁流体旋转上升流顶部俯视图

忽略铁磁流体的自旋黏度，应用唯象磁化方程Ⅱ［式（4-60）］描述铁磁流体磁化强度的变化。由式（4-45）知，有效场 $\boldsymbol{H}_e$ 与磁化强度 $\boldsymbol{M}$ 同方向旋转，所以可以将有效场 $\boldsymbol{H}_e$ 表示为

$$\boldsymbol{H}_e=[H_e\cos(w_0t-\vartheta),H_e\sin(w_0t-\vartheta),0] \tag{9-2}$$

从而可将式（4-60）等号左端的项表示为

$$\frac{\mathrm{D}\boldsymbol{H}_e}{\mathrm{D}t}=\boldsymbol{w}_0\times\boldsymbol{H}_e \tag{9-3}$$

将式（9-3）代入式（4-60），得

$$\boldsymbol{H}-\boldsymbol{H}_e=\tau_B(\boldsymbol{w}_0-\boldsymbol{\omega}_p)\times\boldsymbol{H}_e \tag{9-4}$$

式（9-4）中的各变量满足如图 9-3 所示的几何关系，因 $(\boldsymbol{H}-\boldsymbol{H}_e)$ 与 $(\boldsymbol{w}_0-\boldsymbol{\omega}_p)\times\boldsymbol{H}_e$ 平行，所以 $(\boldsymbol{H}-\boldsymbol{H}_e)$ 与 $\boldsymbol{H}_e$ 垂直，从而可得

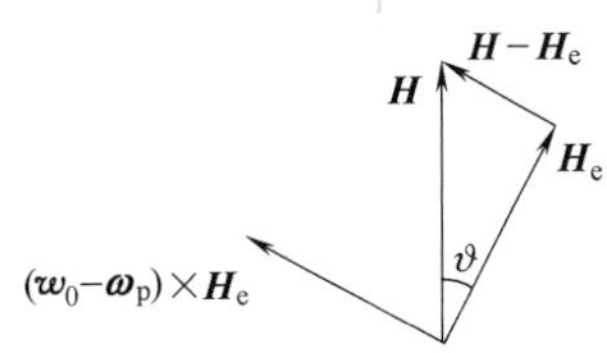

图 9-3 变量间的几何关系

$$H_e=H\cos\vartheta \tag{9-5}$$

又由于 $(\boldsymbol{w}_0-\boldsymbol{\omega}_p)$ 与 $\boldsymbol{H}_e$ 垂直，且 $\boldsymbol{w}_0$ 和 $\boldsymbol{\omega}_p$ 同向，所以有

$$\tan\vartheta=\frac{|\boldsymbol{H}-\boldsymbol{H}_e|}{H_e}=\frac{|\tau_B(\boldsymbol{w}_0-\boldsymbol{\omega}_p)\times\boldsymbol{H}_e|}{H_e}=\tau_B(w_0-\omega_p) \tag{9-6}$$

根据式（9-5）和式（9-6），可得作用在铁磁流体上的磁力矩密度为

$$\mu_0\boldsymbol{M}\times\boldsymbol{H}=\mu_0MH\sin\vartheta\boldsymbol{e}_z=\mu_0MH_e\tan\vartheta\boldsymbol{e}_z=\mu_0\tau_BMH_e(\boldsymbol{w}_0-\boldsymbol{\omega}_p) \tag{9-7}$$

将式（4-13）和式（4-45）代入式（9-7），得

$$\mu_0\boldsymbol{M}\times\boldsymbol{H}=\frac{3V_h\eta_0}{k_BT}\frac{\zeta k_BT}{m_p}M_SL(\zeta)(\boldsymbol{w}_0-\boldsymbol{\omega}_p) \tag{9-8}$$

再分别将式（4-2）和式（4-4）代入式（9-8），并应用式（2-213），得

$$\mu_0 \boldsymbol{M} \times \boldsymbol{H} = 2\zeta\zeta L(\zeta)(\boldsymbol{\omega}_0 - \boldsymbol{\omega}_p) \tag{9-9}$$

另一方面，当忽略铁磁流体的自旋黏度，且铁磁流体静止时（$\boldsymbol{v}=\boldsymbol{\Omega}=\boldsymbol{0}$），根据式（2-217），得铁磁流体受到的磁力矩密度：

$$\mu_0 \boldsymbol{M} \times \boldsymbol{H} = 4\zeta \boldsymbol{\omega}_p \tag{9-10}$$

将式（9-10）与式（9-9）相比较，可得

$$\boldsymbol{\omega}_p = \frac{\zeta L(\zeta)}{2+\zeta L(\zeta)} \boldsymbol{\omega}_0 \tag{9-11}$$

令

$$\Gamma(\zeta) = \frac{\zeta L(\zeta)}{2+\zeta L(\zeta)} \tag{9-12}$$

并将式（9-11）代回至式（9-10），得磁力矩密度为

$$\mu_0 \boldsymbol{M} \times \boldsymbol{H} = 4\zeta \Gamma(\zeta) \boldsymbol{\omega}_0 = 6\eta\phi \boldsymbol{\omega}_p \tag{9-13}$$

且有

$$\tan\vartheta = \tau_B w_0 [1-\Gamma(\zeta)] \tag{9-14}$$

9.1.2 铁磁流体表层的旋转速度

假设图 9-1 所示的铁磁流体内凹弯月面形状可以表示为（Shliomis，2021）：

$$z(r) = h_s \frac{\operatorname{ch}(r/h)}{\operatorname{ch}(R/h)} \tag{9-15}$$

这一表示可以保证铁磁流体的高度从容器壁面处的 h_s 指数式下降至轴线处约为零值。同理，对于外凸形状的弯月面，可以表示为（Shliomis，2021）：

$$z(r) = h_s \left[1 - \frac{\operatorname{ch}(r/h)}{\operatorname{ch}(R/h)}\right]$$

根据式（9-15）和式（9-13），得到作用在厚度为 h_s 的铁磁流体层上的平均磁力矩密度为

$$\mu_0 \overline{\boldsymbol{M} \times \boldsymbol{H}} = 6\eta\phi \Gamma(\zeta) \boldsymbol{\omega}_0 \frac{\operatorname{ch}(r/h_s)}{\operatorname{ch}(R_0/h_s)} \tag{9-16}$$

为了计算铁磁流体的周向旋转速度，在稳态、忽略惯性力的条件下写出式（2-219）在如图 9-1 和图 9-2 所示的柱坐标系中沿 θ 方向上的分量方程：

$$\frac{\mathrm{d}^2 v_\theta}{\mathrm{d}r^2} + \frac{1}{r}\frac{\mathrm{d}v_\theta}{\mathrm{d}r} - \frac{v_\theta}{r^2} = 3\phi w_0 \Gamma(\zeta) \frac{\mathrm{d}}{\mathrm{d}r}\left[\frac{\operatorname{ch}(r/h_s)}{\operatorname{ch}(R_0/h_s)}\right] \tag{9-17}$$

由于磁场强度不随 θ 位置变化，所以磁体积力为零，而且由式（9-16）表示的平均磁力矩密度代替磁力矩密度，并且忽略压力 p 的影响。

假设 $R_0 \gg h_s$，忽略容器壁面弯曲的影响，同时为了求解方便，在式（9-17）中只保留关于 v_θ 的最高阶导数项，从而将式（9-17）化简为

$$\frac{d^2 v_\theta}{dr^2}=3\phi w_0 \Gamma(\zeta)\frac{d}{dr}\left[\frac{\mathrm{ch}(r/h_s)}{\mathrm{ch}(R_0/h_s)}\right] \tag{9-18}$$

求解该方程，并应用边界条件：

$$v_\theta=0,\ r=0\ 或\ r=R_0\ 时 \tag{9-19}$$

得铁磁流体表层的旋转速度：

$$v_\theta(r)=-3\phi h_s w_0 \Gamma(\zeta)\mathrm{th}\frac{R_0}{h_s}\left[\frac{r}{R_0}-\frac{\mathrm{sh}(r/h_s)}{\mathrm{sh}(R_0/h_s)}\right] \tag{9-20}$$

由于 $R_0 \gg h_s$ 时，$\mathrm{th}(R_0/h_s)\approx 1$，故式（9-20）可近似表示为

$$v_\theta(r)=-3\phi h_s w_0 \Gamma(\zeta)\left[\frac{r}{R_0}-\frac{\mathrm{sh}(r/h_s)}{\mathrm{sh}(R_0/h_s)}\right] \tag{9-21}$$

式（9-20）表明，铁磁流体表层的旋转速度大小与铁磁流体的黏度无关。令

$$v_c=-3\phi h_s w_0 \Gamma(\zeta)$$

则有

$$\frac{v_\theta(r)}{v_c}=\frac{r}{R_0}-\frac{\mathrm{sh}(r/h_s)}{\mathrm{sh}(R_0/h_s)} \tag{9-22}$$

图 9-4 给出由式（9-22）计算得到的铁磁流体旋转上升流中铁磁流体表层的旋转速度与实验结果的比较情况，两者较为一致。

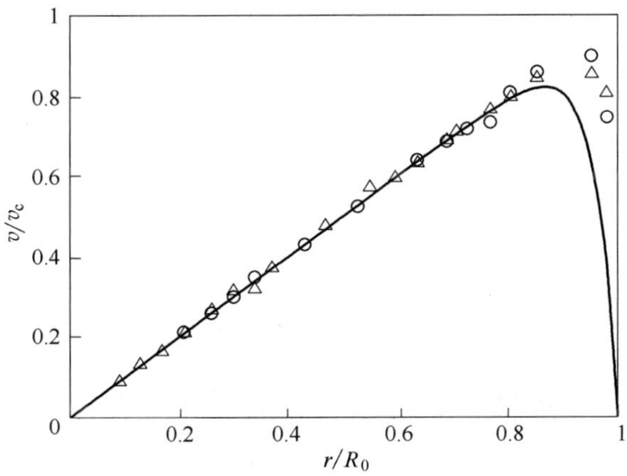

图 9-4 铁磁流体旋转上升流中铁磁流体表层的旋转速度［$R_0=23.3\mathrm{mm}$，$w_0/2\pi=60\mathrm{Hz}$，实线为由式（9-22）计算得到的结果，符号○和△分别表示 $H_0=-7.96\times10^3\mathrm{A/m}$ 和 $H_0=-1.59\times10^4\mathrm{A/m}$ 时的实验结果］

9.2 作用在铁磁流体上的力矩

尽管自旋扩散理论在解释铁磁流体的旋转上升现象时存在所假设的自旋黏度偏大的疑问，但基于这一理论得到的作用在圆柱形容器壁面上的力矩与实验测量结果较为一致（Pshenichnikov et al.，2000；Torres-Diaz er al.，2014；Chaves et al.，2008），所以本节介绍基于自旋扩散理论的力矩计算方法。

9.2.1 基于自旋扩散理论的铁磁流体旋转速度和颗粒角速度

应用与6.4.3节类似的方法求解旋转上升流中铁磁流体的旋转速度和颗粒角速度。描述这一问题的控制方程包括质量守恒方程［式（2-205）］、运动方程［式（2-218）］、角动量方程［式（2-210）］、磁化方程［式（4-17）］，以及静磁场方程［式（2-82）、式（2-108）和式（2-207）］，其中在角动量方程中保留包含自旋黏度的项。

（1）无量纲控制方程组

为了求解控制方程组，应用如下无量纲量对各方程进行无量纲化：

$$w^*=w\tau,\ t^*=wt,\ r^*=\frac{r}{R_0},\ \boldsymbol{v}^*=\frac{\boldsymbol{v}}{v_0},\ \boldsymbol{\omega}_{\mathrm{p}}^*=\frac{\boldsymbol{\omega}_{\mathrm{p}}}{\omega_0}$$
$$\boldsymbol{\Omega}^*=\frac{\boldsymbol{\Omega}}{\omega_0},\ \boldsymbol{H}^*=\frac{\boldsymbol{H}}{H_0},\ \boldsymbol{M}^*=\frac{\boldsymbol{M}}{\chi_0 H_0},\ p^*=\frac{p}{\eta\omega_0},\ \boldsymbol{\nabla}^*=R_0\boldsymbol{\nabla} \tag{9-23}$$

其中，v_0为特征速度；ω_0为特征自旋速度，并令

$$\omega_0=\frac{\mu_0\chi_0 H_0^2 w^*}{\zeta} \tag{9-24}$$

且有$v_0=R_0\omega_0$；w为外加磁场的旋转角频率；H_0为外加磁场的磁场强度大小。利用复数表示法将旋转磁场的磁场强度表示为

$$\boldsymbol{H}=\mathrm{Re}[H_0\mathrm{e}^{\mathrm{i}(wt+\phi_0)}]\boldsymbol{e}_z \tag{9-25}$$

其中，ϕ_0为初相角。根据式（9-24）的表示，有

$$\boldsymbol{v}^*=\frac{\zeta\boldsymbol{v}}{\mu_0\chi_0 R_0 H_0^2 w^*},\ \boldsymbol{\omega}_{\mathrm{p}}^*=\frac{\zeta\boldsymbol{\omega}_{\mathrm{p}}}{\mu_0\chi_0 H_0^2 w^*},\ p^*=\frac{\zeta p}{\mu_0\eta\chi_0 H_0^2 w^*} \tag{9-26}$$

将式（9-23）和式（9-26）代入各控制方程并化简，有

$$\boldsymbol{\nabla}^*\times\boldsymbol{H}^*=\boldsymbol{0} \tag{9-27}$$

$$\boldsymbol{\nabla}^*\cdot(\chi_0\boldsymbol{M}^*+\boldsymbol{H}^*)=0 \tag{9-28}$$

$$\frac{\zeta+\eta}{\eta}\boldsymbol{\nabla}^{*2}\boldsymbol{v}^*+\frac{\zeta}{\eta w^*}\boldsymbol{M}^*\cdot\boldsymbol{\nabla}^*\boldsymbol{H}^*+2\frac{\zeta}{\eta}\boldsymbol{\nabla}^*\times\boldsymbol{\omega}_{\mathrm{p}}^*-\boldsymbol{\nabla}^*p^*=\boldsymbol{0} \tag{9-29}$$

$$\frac{\eta'}{\zeta R_0^2}\boldsymbol{\nabla}^{*2}\boldsymbol{\omega}_{\mathrm{p}}^*+2\boldsymbol{\nabla}^*\times\boldsymbol{v}^*-4\boldsymbol{\omega}_{\mathrm{p}}^*+\frac{1}{w^*}\boldsymbol{M}^*\times\boldsymbol{H}^*=\boldsymbol{0} \tag{9-30}$$

$$w^*\frac{\partial\boldsymbol{M}^*}{\partial t^*}+\omega_0\tau(\boldsymbol{v}^*\cdot\boldsymbol{\nabla}^*)\boldsymbol{M}^*=\omega_0\tau\boldsymbol{\omega}_{\mathrm{p}}^*\times\boldsymbol{M}^*+(\boldsymbol{M}_0^*-\boldsymbol{M}^*) \tag{9-31}$$

令

$$\kappa=\left[\frac{4\eta\zeta R_0^2}{(\zeta+\eta)\eta'}\right]^{\frac{1}{2}} \tag{9-32}$$

从而将式（9-30）进一步写为

$$\frac{4\eta}{(\zeta+\eta)\kappa^2}\boldsymbol{\nabla}^{*2}\boldsymbol{\omega}_{\mathrm{p}}^*+2\boldsymbol{\nabla}^*\times\boldsymbol{v}^*-4\boldsymbol{\omega}_{\mathrm{p}}^*+\frac{1}{w^*}\boldsymbol{M}^*\times\boldsymbol{H}^*=\boldsymbol{0} \tag{9-33}$$

在式（9-31）中两次出现系数$\omega_0\tau$，令$\omega_0\tau=\varepsilon w^*$，其中由式（9-24）知：

$$\varepsilon=\frac{\mu_0\chi_0 H_0^2\tau}{\zeta} \tag{9-34}$$

这一点与6.4.3节的表示不同。在式（9-34）中应用由式（4-13）表示的Brownian弛豫时间 τ_B 代替其中的 τ，并应用弱磁场时得到的式（4-8）表示 χ_0，经化简可得

$$\varepsilon=\frac{2}{3}\alpha_0^2 \tag{9-35}$$

其中，α_0 为磁场强度 H_0 对应的Langevin参数：

$$\alpha_0=\frac{\mu_0 m_p H_0}{k_B T}$$

由式（4-1）可知，$\alpha_0/H_0=\alpha/H$，且有 $H=H_0H^*$，所以参数 ε 还可以表示为

$$\varepsilon=\frac{2}{3}\ \frac{\alpha^2}{H_0^2} \tag{9-36}$$

由于式（9-34）的表示，式（9-31）又进一步写为

$$w^*\frac{\partial \boldsymbol{M}^*}{\partial t^*}+\varepsilon w^*(\boldsymbol{v}^*\cdot\nabla^*)\boldsymbol{M}^*=\varepsilon w^*\boldsymbol{\omega}_p^*\times\boldsymbol{M}^*+(\boldsymbol{M}_0^*-\boldsymbol{M}^*) \tag{9-37}$$

其中，$\boldsymbol{M}_0^*=\boldsymbol{M}_0/\chi_0 H_0$。根据式（4-1）和弱磁场时Langevin函数的幂级数展开式：

$$L(\alpha)=\frac{\alpha}{3}-\frac{\alpha^3}{45}+\frac{4\alpha^5}{1890}+O(\alpha^7)$$

同时应用式（4-8）和式（9-36），将 $\boldsymbol{M}_0^*$ 表示为

$$\begin{aligned}\boldsymbol{M}_0^*=\frac{\boldsymbol{M}_0}{\chi_0H_0}&\approx\frac{\phi M_d}{\chi_0H_0}\ \frac{\boldsymbol{H}}{H}\left[\frac{\alpha}{3}-\frac{\alpha^3}{45}+\frac{4\alpha^5}{1890}+O(\alpha^7)\right]\\&=\frac{\phi M_d}{\chi_0}\ \frac{\mu_0 m_p}{3k_BT}\boldsymbol{H}^*\left[1-\frac{\alpha^2}{15}+\frac{4\alpha^4}{630}+O(\alpha^6)\right]\\&=\boldsymbol{H}^*\left[1-\frac{\varepsilon}{10}H_0^2+\frac{\varepsilon^2}{70}H_0^4+O(\varepsilon^3)\right]\end{aligned} \tag{9-38}$$

这样，式（9-37）变为

$$w^*\frac{\partial \boldsymbol{M}^*}{\partial t^*}+\varepsilon w^*(\boldsymbol{v}^*\cdot\nabla^*)\boldsymbol{M}^*=\varepsilon w^*\boldsymbol{\omega}_p^*\times\boldsymbol{M}^*-\boldsymbol{M}^*+\boldsymbol{H}^*\left[1-\frac{\varepsilon}{10}H_0^2+\frac{\varepsilon^2}{70}H_0^4+O(\varepsilon^3)\right] \tag{9-39}$$

(2) 正则摄动法求解方程组

应用正则摄动法求解由式（9-27）～式（9-29）、式（9-33）和式（9-39）组成的耦合方程组。假设各场变量均可以表示为小参数 ε 的幂级数，即

$$\boldsymbol{M}^*=\sum_{n=0}^{\infty}\varepsilon^n\boldsymbol{M}_n^* \tag{9-40}$$

$$\boldsymbol{H}^*=\sum_{n=0}^{\infty}\varepsilon^n\boldsymbol{H}_n^* \tag{9-41}$$

$$\boldsymbol{v}^*=\sum_{n=0}^{\infty}\varepsilon^n\boldsymbol{v}_n^* \tag{9-42}$$

$$\boldsymbol{\omega}_p^*=\sum_{n=0}^{\infty}\varepsilon^n\boldsymbol{\omega}_{p,n}^* \tag{9-43}$$

$$p^{*}=\sum_{n=0}^{\infty}\varepsilon^{n}p_{n}^{*} \tag{9-44}$$

且各展开式中的 n 阶项具有与场变量本身相同的时间依赖关系。将式（9-40）～式（9-44）代入各控制方程后，并将相同幂次的 ε 整理为同一项，令各方程中 ε^{0} 和 ε^{1} 系数为零，分别得到零阶方程组和一阶方程组。其中，零阶方程组为

$$\boldsymbol{\nabla}^{*}\times\boldsymbol{H}_{0}^{*}=\boldsymbol{0} \tag{9-45}$$

$$\boldsymbol{\nabla}^{*}\cdot(\chi_{0}\boldsymbol{M}_{0}^{*}+\boldsymbol{H}_{0}^{*})=0 \tag{9-46}$$

$$\frac{\zeta+\eta}{\eta}\boldsymbol{\nabla}^{*2}\boldsymbol{v}_{0}^{*}+\frac{\zeta}{\eta w^{*}}\boldsymbol{M}_{0}^{*}\cdot\boldsymbol{\nabla}^{*}\boldsymbol{H}_{0}^{*}+2\frac{\zeta}{\eta}\boldsymbol{\nabla}^{*}\times\boldsymbol{\omega}_{\mathrm{p},0}^{*}-\boldsymbol{\nabla}^{*}p_{0}^{*}=\boldsymbol{0} \tag{9-47}$$

$$\frac{4\eta}{(\zeta+\eta)\kappa^{2}}\boldsymbol{\nabla}^{*2}\boldsymbol{\omega}_{\mathrm{p},0}^{*}+2\boldsymbol{\nabla}^{*}\times\boldsymbol{v}_{0}^{*}-4\boldsymbol{\omega}_{\mathrm{p},0}^{*}+\frac{1}{w^{*}}\boldsymbol{M}_{0}^{*}\times\boldsymbol{H}_{0}^{*}=\boldsymbol{0} \tag{9-48}$$

$$w^{*}\frac{\partial\boldsymbol{M}_{0}^{*}}{\partial t^{*}}=-\boldsymbol{M}_{0}^{*}+\boldsymbol{H}_{0}^{*} \tag{9-49}$$

一阶方程组为

$$\boldsymbol{\nabla}^{*}\times\boldsymbol{H}_{1}^{*}=\boldsymbol{0} \tag{9-50}$$

$$\boldsymbol{\nabla}^{*}\cdot(\chi_{0}\boldsymbol{M}_{1}^{*}+\boldsymbol{H}_{1}^{*})=0 \tag{9-51}$$

$$\frac{\zeta+\eta}{\eta}\boldsymbol{\nabla}^{*2}\boldsymbol{v}_{1}^{*}+\frac{\zeta}{\eta w^{*}}(\boldsymbol{M}_{0}^{*}\cdot\boldsymbol{\nabla}^{*}\boldsymbol{H}_{1}^{*}+\boldsymbol{M}_{1}^{*}\cdot\boldsymbol{\nabla}^{*}\boldsymbol{H}_{0}^{*})+2\frac{\zeta}{\eta}\boldsymbol{\nabla}^{*}\times\boldsymbol{\omega}_{\mathrm{p},1}^{*}-\boldsymbol{\nabla}^{*}p_{1}^{*}=\boldsymbol{0} \tag{9-52}$$

$$\frac{4\eta}{(\zeta+\eta)\kappa^{2}}\boldsymbol{\nabla}^{*2}\boldsymbol{\omega}_{\mathrm{p},1}^{*}+2\boldsymbol{\nabla}^{*}\times\boldsymbol{v}_{1}^{*}-4\boldsymbol{\omega}_{\mathrm{p},1}^{*}+\frac{1}{w^{*}}(\boldsymbol{M}_{0}^{*}\times\boldsymbol{H}_{1}^{*}+\boldsymbol{M}_{1}^{*}\times\boldsymbol{H}_{0}^{*})=\boldsymbol{0} \tag{9-53}$$

$$w^{*}\frac{\partial\boldsymbol{M}_{1}^{*}}{\partial t^{*}}+w^{*}\boldsymbol{v}_{0}^{*}\cdot\boldsymbol{\nabla}^{*}\boldsymbol{M}_{0}^{*}=w^{*}\boldsymbol{\omega}_{\mathrm{p},0}^{*}\times\boldsymbol{M}_{0}^{*}-\boldsymbol{M}_{1}^{*}+\boldsymbol{H}_{1}^{*}-\frac{1}{10}(H_{0}^{*})^{2}\boldsymbol{H}_{1}^{*} \tag{9-54}$$

首先求解零阶方程组［式（9-45）～式（9-49）］，该方程组中磁场强度和磁化强度可单独求解。根据式（9-25）的表示，由于零阶变量具有与场变量本身相同的时间依赖关系，所以零阶磁场强度和磁化强度可分别表示为

$$\boldsymbol{H}_{0}^{*}=\mathrm{Re}\{[\hat{H}_{r,0}(r^{*})\boldsymbol{e}_{r}+\hat{H}_{\theta,0}(r^{*})\boldsymbol{e}_{\theta}]\mathrm{e}^{\mathrm{i}(wt+\phi_{0})}\} \tag{9-55}$$

$$\boldsymbol{M}_{0}^{*}=\mathrm{Re}\{[\hat{M}_{r,0}(r^{*})\boldsymbol{e}_{r}+\hat{M}_{\theta,0}(r^{*})\boldsymbol{e}_{\theta}]\mathrm{e}^{\mathrm{i}(wt+\phi_{0})}\} \tag{9-56}$$

其中，$\hat{H}_{r,0}(r^{*})$、$\hat{H}_{\theta,0}(r^{*})$、$\hat{M}_{r,0}(r^{*})$和$\hat{M}_{\theta,0}(r^{*})$均为复数量。

将式（9-49）写为分量形式：

$$\begin{cases}w^{*}\dfrac{\partial M_{r,0}^{*}}{\partial t^{*}}=-M_{r,0}^{*}+H_{r,0}^{*}\\ w^{*}\dfrac{\partial M_{\theta,0}^{*}}{\partial t^{*}}=-M_{\theta,0}^{*}+H_{\theta,0}^{*}\end{cases} \tag{9-57}$$

由式（9-55）和式（9-56）可知

$$H_{r,0}^{*}=\mathrm{Re}[\hat{H}_{r,0}(r^{*})\mathrm{e}^{\mathrm{i}(wt+\phi_{0})}],\quad M_{r,0}^{*}=\mathrm{Re}[\hat{M}_{r,0}(r^{*})\mathrm{e}^{\mathrm{i}(wt+\phi_{0})}]$$

将这两式代入式（9-57）的第一个方程，有

$$\mathrm{Re}[\mathrm{i}w^{*}\hat{M}_{r,0}(r^{*})\mathrm{e}^{\mathrm{i}(wt+\phi_{0})}]=-\mathrm{Re}[\hat{M}_{r,0}(r^{*})\mathrm{e}^{\mathrm{i}(wt+\phi_{0})}]+\mathrm{Re}[\hat{H}_{r,0}(r^{*})\mathrm{e}^{\mathrm{i}(wt+\phi_{0})}]$$

从而可得

$$\hat{M}_{r,0}(r^*)=\frac{\hat{H}_{r,0}}{1+\mathrm{i}w^*} \tag{9-58}$$

同理可得

$$\hat{M}_{\theta,0}=\frac{\hat{H}_{\theta,0}}{1+\mathrm{i}w^*} \tag{9-59}$$

将式（9-46）展开为

$$\frac{1}{r^*}\ \frac{\partial}{\partial r^*}(r^*\chi_0 M_{r,0}^*+r^* H_{r,0}^*)+\frac{1}{r^*}\ \frac{\partial}{\partial\theta}(\chi_0 M_{\theta,0}^*+H_{\theta,0}^*)=0 \tag{9-60}$$

将式（9-58）和式（9-59）代入式（9-60），有

$$\mathrm{Re}\left[\left(\frac{\chi_0}{1+\mathrm{i}w^*}+1\right)\frac{\partial(r^*\hat{H}_{r,0})}{\partial r^*}\mathrm{e}^{\mathrm{i}(wt+\phi_0)}\right]=\mathrm{Re}\left[\mathrm{i}\left(\frac{\chi_0}{1+\mathrm{i}w^*}+1\right)\hat{H}_{\theta,0}\mathrm{e}^{\mathrm{i}(wt+\phi_0)}\right]$$

由此可得

$$\frac{\partial(r^*\hat{H}_{r,0})}{\partial r^*}=\mathrm{i}\hat{H}_{\theta,0} \tag{9-61}$$

将式（9-45）展开为

$$\left[\frac{1}{r^*}\ \frac{\partial}{\partial r^*}(r^* H_{\theta,0}^*)-\frac{1}{r^*}\ \frac{\partial H_{r,0}^*}{\partial\theta}\right]\boldsymbol{e}_z=\mathbf{0} \tag{9-62}$$

将式（9-58）和式（9-59）代入式（9-62），有

$$\mathrm{Re}\left[\frac{\partial(r^*\hat{H}_{\theta,0})}{\partial r^*}\mathrm{e}^{\mathrm{i}(wt+\phi_0)}\right]+\mathrm{Re}[\mathrm{i}\hat{H}_{r,0}\mathrm{e}^{\mathrm{i}(wt+\phi_0)}]=0$$

由此可得

$$\frac{\partial(r^*\hat{H}_{\theta,0})}{\partial r^*}=-\mathrm{i}\hat{H}_{r,0} \tag{9-63}$$

由式（9-61）和式（9-63）组成的方程组具有通解：

$$\begin{cases}\hat{H}_{r,0}=C_{01}+\dfrac{C_{02}}{r^{*2}}\\ \hat{H}_{\theta,0}=-\mathrm{i}\left(C_{01}-\dfrac{C_{02}}{r^{*2}}\right)\end{cases} \tag{9-64}$$

由于当 $r^*\to 0$ 时磁场强度的解应为有限值，故 $C_{02}=0$。由磁场强度的切向分量连续性边界条件知

$$\hat{H}_{\theta,0}=-1,\ r^*=1\text{ 时}$$

由此可得 $C_{01}=-\mathrm{i}$，将其代回至式（9-64）得到

$$\hat{H}_{r,0}=-\mathrm{i},\ \hat{H}_{\theta,0}=-1 \tag{9-65}$$

将式（9-65）分别代入式（9-58）和式（9-59），得

$$\hat{M}_{r,0}(r^*)=\frac{-\mathrm{i}}{1+\mathrm{i}w^*}=\frac{-w^*-\mathrm{i}}{1+w^{*2}},\ \hat{M}_{\theta,0}(r^*)=\frac{-1}{1+\mathrm{i}w^*}=\frac{-1+\mathrm{i}w^*}{1+w^{*2}} \tag{9-66}$$

利用式（9-65）和式（9-66），可计算得到零阶磁体积力和磁力矩，分别为

$$\boldsymbol{M}_0^* \cdot \nabla^* \boldsymbol{H}_0^* = \boldsymbol{0} \tag{9-67}$$

$$\begin{aligned}
\boldsymbol{M}_0^* \times \boldsymbol{H}_0^* &= (M_{r,0}^* H_{\theta,0}^* - M_{\theta,0}^* H_{r,0}^*)\boldsymbol{e}_z \\
&= \frac{1}{4}[\hat{M}_{r,0} \mathrm{e}^{\mathrm{i}(wt+\phi)} + \overline{\hat{M}_{r,0}} \mathrm{e}^{-\mathrm{i}(wt+\phi)}][\hat{H}_{\theta,0} \mathrm{e}^{\mathrm{i}(wt+\phi)} + \overline{\hat{H}_{\theta,0}} \mathrm{e}^{-\mathrm{i}(wt+\phi)}]\boldsymbol{e}_z \\
&\quad - \frac{1}{4}[\hat{M}_{\theta,0} \mathrm{e}^{\mathrm{i}(wt+\phi)} + \overline{\hat{M}_{\theta,0}} \mathrm{e}^{-\mathrm{i}(wt+\phi)}][\hat{H}_{r,0} \mathrm{e}^{\mathrm{i}(wt+\phi)} + \overline{\hat{H}_{r,0}} \mathrm{e}^{-\mathrm{i}(wt+\phi)}]\boldsymbol{e}_z \\
&= \frac{1}{4}[\hat{M}_{r,0} \hat{H}_{\theta,0} \mathrm{e}^{2\mathrm{i}(wt+\phi)} + \overline{\hat{M}_{r,0} \hat{H}_{\theta,0}} \mathrm{e}^{-2\mathrm{i}(wt+\phi)} + \hat{M}_{r,0} \overline{\hat{H}_{\theta,0}} + \overline{\hat{M}_{r,0}} \hat{H}_{\theta,0}]\boldsymbol{e}_z \\
&\quad - \frac{1}{4}[\hat{M}_{\theta,0} \hat{H}_{r,0} \mathrm{e}^{2\mathrm{i}(wt+\phi)} + \overline{\hat{M}_{\theta,0} \hat{H}_{r,0}} \mathrm{e}^{-2\mathrm{i}(wt+\phi)} + \hat{M}_{\theta,0} \overline{\hat{H}_{r,0}} + \overline{\hat{M}_{\theta,0}} \hat{H}_{r,0}]\boldsymbol{e}_z \\
&= \frac{w^*}{1+w^{*2}} \boldsymbol{e}_z
\end{aligned} \tag{9-68}$$

由式（9-67）和式（9-68）可知，零阶磁体积力为零，零阶磁力矩为恒定值。

为了求解零阶速度和零阶角速度，分别写出式（9-47）和式（9-48）在 θ 和 z 方向上的分量方程：

$$\frac{\zeta+\eta}{\eta} \frac{\mathrm{d}}{\mathrm{d}r^*}\left[\frac{1}{r^*} \frac{\mathrm{d}(r^* v_{\theta,0}^*)}{\mathrm{d}r^*}\right] - 2\frac{\zeta}{\eta} \frac{\mathrm{d}\omega_{\mathrm{p},z,0}^*}{\mathrm{d}r^*} = 0 \tag{9-69}$$

$$\frac{4\eta}{(\zeta+\eta)\kappa^2} \frac{1}{r^*} \frac{\mathrm{d}}{\mathrm{d}r^*}\left(r^* \frac{\mathrm{d}\omega_{\mathrm{p},z,0}^*}{\mathrm{d}r^*}\right) + \frac{2}{r^*} \frac{\mathrm{d}(r^* v_{\theta,0}^*)}{\mathrm{d}r^*} - 4\omega_{\mathrm{p},z,0}^* + \frac{1}{1+w^{*2}} = 0 \tag{9-70}$$

由于

$$\Omega_{z,0}^* = \frac{1}{2} \frac{1}{r^*} \frac{\mathrm{d}(r^* v_{\theta,0}^*)}{\mathrm{d}r^*} \boldsymbol{e}_z \tag{9-71}$$

这样可将式（9-69）写为

$$\frac{\zeta+\eta}{\eta} \frac{\mathrm{d}\Omega_{z,0}^*}{\mathrm{d}r^*} - \frac{\zeta}{\eta} \frac{\mathrm{d}\omega_{\mathrm{p},z,0}^*}{\mathrm{d}r^*} = 0 \tag{9-72}$$

对式（9-72）积分一次，得零阶涡量：

$$\Omega_{z,0}^* = \frac{\zeta}{\zeta+\eta} \omega_{\mathrm{p},z,0}^* + \frac{\eta}{\zeta+\eta} C_{11} \tag{9-73}$$

将式（9-71）和式（9-73）代入式（9-70），得该方程的另一种形式：

$$\frac{1}{r^*} \frac{\mathrm{d}}{\mathrm{d}r^*}\left(r^* \frac{\mathrm{d}\omega_{\mathrm{p},z,0}^*}{\mathrm{d}r^*}\right) - \kappa^2 \omega_{\mathrm{p},z,0}^* + \kappa^2 C_{11} + \frac{(\zeta+\eta)\kappa^2}{4\eta(1+w^{*2})} = 0 \tag{9-74}$$

式（9-74）为 Bessel 方程的变化形式，其通解为

$$\omega_{\mathrm{p},z,0}^*(r^*) = C_{11} + C_{12} J_0(\kappa r^*) + \frac{\zeta+\eta}{4\eta(1+w^{*2})} \tag{9-75}$$

其中，$J_0(\kappa r^*)$为零阶第一类 Bessel 函数。

将式（9-75）代入式（9-73），并对得到的结果进行积分，得到旋转速度的表达式，同

时根据 $r^*=1$ 时 $v_{\theta,0}^*=0$，$\omega_{p,z,0}^*=\frac{\gamma_0}{2}\frac{1}{r^*}\frac{d(r^* v_{\theta,0}^*)}{dr^*}$（$\gamma_0\in[0,1]$为可调参数），得零阶速度和零阶角速度的表达式（Chaves et al.，2008）：

$$v_{\theta,0}^*(r^*)=\frac{\zeta}{2\kappa\widetilde{\eta}(1+w^{*2})}\frac{J_1(\kappa)}{J_0(\kappa)}\left[r^*-\frac{J_0(\kappa r^*)}{J_1(\kappa)}\right] \tag{9-76}$$

$$\omega_{p,z,0}^*(r^*)=\frac{1}{4\widetilde{\eta}(1+w^{*2})}\left\{(\zeta+\eta)\left[1-\frac{J_0(\kappa r^*)}{J_0(\kappa)}\right]-\gamma_0\zeta\frac{J_2(\kappa)}{J_0(\kappa)}\right\} \tag{9-77}$$

其中，$J_1(\kappa)$和$J_2(\kappa)$分别为一阶和二阶第一类 Bessel 函数，且

$$\widetilde{\eta}=\eta-\zeta(\gamma_0-1)\frac{J_2(\kappa)}{J_0(\kappa)}$$

从式（9-76）和式（9-77）可以看出，铁磁流体的旋转速度和颗粒角速度均与 κ 密切相关，也即与自旋黏度 η' 的值密切相关。

对于由式（9-50）～式（9-54）组成的一阶问题，应用与求解零阶问题类似的方法，求解各一阶变量。首先求解磁化方程［式（9-54）］，由于零阶磁化强度为均匀场，所以该方程中等号左端的第二项为零，且有 $H_0^*=1$，可得到一阶磁化强度（Chaves et al.，2008）：

$$\hat{M}_{r,1}=\frac{1}{1+iw^*}\left(\hat{H}_{r,1}-w^*\hat{\omega}_{p,z,0}\hat{M}_{\theta,0}-\frac{\hat{H}_{r,0}}{10}\right) \tag{9-78}$$

$$\hat{M}_{\theta,1}=\frac{1}{1+iw^*}\left(\hat{H}_{\theta,1}+w^*\hat{\omega}_{p,z,0}\hat{M}_{r,0}-\frac{\hat{H}_{\theta,0}}{10}\right) \tag{9-79}$$

将式（9-78）和式（9-79）代入式（9-50）和式（9-51）的展开式，可得到类似于式（9-61）和式（9-63）的方程组，但不同的是，这里得到的方程组可简化为一个关于磁场强度周向分量的微分方程：

$$\frac{d}{dr^*}\left[r^*\frac{d(r^*\hat{H}_{\theta,1})}{dr^*}\right]-i\hat{H}_{\theta,1}=\widetilde{A}r^*J_1(\kappa r^*) \tag{9-80}$$

其中

$$\widetilde{A}=\frac{(\zeta+\eta)\chi_0\kappa w^*}{4\widetilde{\eta}(1+\chi_0+iw^*)(w^*-i)^2(w^*+i)J_0(\kappa)}$$

求解式（9-80）可得（Chaves et al.，2008）：

$$\hat{H}_{\theta,1}(r^*)=\frac{\widetilde{A}}{\kappa^2}\left[\frac{J_1(\kappa r^*)}{r^*}-J_1(\kappa)\right] \tag{9-81}$$

$$\hat{H}_{r,1}(r^*)=i\frac{\widetilde{A}}{2\kappa}\left[J_0(\kappa r^*)+J_2(\kappa r^*)-\frac{2J_1(\kappa)}{\kappa}\right] \tag{9-82}$$

将式（9-81）和式（9-82）代入式（9-78）和式（9-79）即可得到一阶磁化强度的各分量。

同样地，一阶磁力矩为（Chaves et al.，2008）：

$$\boldsymbol{M}_0^*\times\boldsymbol{H}_1^*+\boldsymbol{M}_1^*\times\boldsymbol{H}_0^*=\widetilde{B}+\widetilde{C}J_0(\kappa r^*) \tag{9-83}$$

其中

$$\widetilde{B}=[(\gamma_0-1)\zeta-\eta]\frac{(7-w^{*2}+2w^{*4})w^*}{20\widetilde{\eta}(1+w^{*2})^3}-2w^*J_1(\kappa)\times$$

$$\frac{5(\zeta+\eta)\chi_0(2+\chi_0)w^{*2}+\zeta[(1+\chi_0)^2+w^{*2}][7\gamma_0-2-(4+\gamma_0)w^{*2}+2(\gamma_0-1)w^{*4}]}{20\widetilde{\eta}\kappa(1+w^{*2})^3[(1+\chi_0)^2+w^{*2}]J_0(\kappa)} \tag{9-84}$$

$$\widetilde{C}=\frac{(\zeta+\eta)w^*[(1+\chi_0)^2-w^{*4}]}{4\widetilde{\eta}(1+w^{*2})^3[(1+\chi_0)^2+w^{*2}]J_0(\kappa)} \tag{9-85}$$

与求解零阶速度和零阶角速度时的方法类似，由式（9-52）和式（9-53）得到关于自旋角速度的修正 Bessel 方程：

$$\frac{1}{r^*}\frac{\mathrm{d}}{\mathrm{d}r^*}\left(r^*\frac{\mathrm{d}\omega^*_{\mathrm{p},z,1}}{\mathrm{d}r^*}\right)-\kappa^2\omega^*_{\mathrm{p},z,1}+\kappa^2C_{21}+\frac{(\zeta+\eta)\kappa^2}{4\eta w^*}[\widetilde{B}+\widetilde{C}J_0(\kappa r^*)]=0 \tag{9-86}$$

该方程的特解为（Chaves et al.，2008）：

$$\omega^*_{\mathrm{p},z,1}(r^*)=C_{21}+C_{22}J_0(\kappa r^*)+\frac{\zeta+\eta}{4\eta w^*}\left[\widetilde{B}-\frac{\kappa r^*\widetilde{C}}{2\kappa}J_1(\kappa r^*)\right] \tag{9-87}$$

在这一结果中应用边界条件计算得到 C_{21} 和 C_{22} 后，得到一阶角速度和一阶速度分别为

$$\omega^*_{\mathrm{p},z,1}(r^*)=\frac{1}{8\eta\widetilde{\eta}w^*J_0(\kappa)}\left\{\begin{aligned}&2\zeta[(\gamma_0-1)\zeta-\eta][J_1(\kappa)^2\widetilde{C}+J_2(\kappa)\widetilde{B}]+(\zeta+\eta)J_0(\kappa r^*)\times\\&\{-2\eta\widetilde{B}+[(1-\gamma_0)\zeta+\eta]\kappa J_1(\kappa)\widetilde{C}+2\zeta(\gamma_0-1)J_2(\kappa)\widetilde{C}\}+\\&J_0(\kappa)\{(\zeta+\eta)\widetilde{\eta}[2\widetilde{B}-r^*J_1(\kappa r^*)\kappa\widetilde{C}]+\\&2\zeta[(1-\gamma_0)\zeta+\eta]J_2(\kappa)\widetilde{C}\}\end{aligned}\right\} \tag{9-88}$$

$$v^*_{\theta,1}(r^*)=\frac{\zeta}{4\eta w^*}\left\{\begin{aligned}&\frac{J_1(\kappa r^*)[-2\eta\widetilde{B}+[(1-\gamma_0)\zeta+\eta]\kappa J_1(\kappa)\widetilde{C}+2\zeta(\gamma_0-1)J_2(\kappa)\widetilde{C}]+\widetilde{B}}{\widetilde{\eta}\kappa J_0(\kappa)}-\frac{\widetilde{C}}{\widetilde{\eta}\kappa}+\\&\frac{r^*[(\gamma_0-1)\zeta-\eta]\{J_1(\kappa)^2\widetilde{C}+J_2(\kappa)[\widetilde{B}-J_0(\kappa)\widetilde{C}]\}}{\widetilde{\eta}J_0(\kappa)}+r^*[\widetilde{B}-J_2(\kappa r^*)\widetilde{C}]\end{aligned}\right\} \tag{9-89}$$

在求得零阶和一阶变量后，旋转上升流中铁磁流体的旋转速度和颗粒角速度可近似表示为

$$\boldsymbol{v}^*=[v^*_{\theta,0}(r^*)+\varepsilon v^*_{\theta,1}(r^*)]\boldsymbol{e}_\theta \tag{9-90}$$

$$\boldsymbol{\omega}^*_{\mathrm{p}}=[\omega^*_{\mathrm{p},z,0}(r^*)+\varepsilon\omega^*_{\mathrm{p},z,1}(r^*)]\boldsymbol{e}_z \tag{9-91}$$

其中，各分量分别由式（9-76）、式（9-77）、式（9-88）和式（9-89）给出。

9.2.2 作用在容器壁面上的力矩

在铁磁流体旋转上升流中，作用在圆柱形容器表面上的力矩可以表示为

$$\boldsymbol{L}=\oint_S \mathrm{d}\boldsymbol{S}\cdot(-\boldsymbol{T}\times\boldsymbol{r}+\boldsymbol{C}) \tag{9-92}$$

其中，铁磁流体的应力张量 $\boldsymbol{T}$ 和面力偶应力张量 $\boldsymbol{C}$ 分别由式（2-221）和式（2-183）给出。

对于应力张量 $\boldsymbol{T}$ 中的磁应力张量 $\boldsymbol{T}_{\mathrm{m}}$ 部分：

$$\boldsymbol{T}_{\mathrm{m}}=-\frac{\mu_0 H^2}{2}\boldsymbol{I}+\boldsymbol{BH}$$

由于在边界上磁场强度的切向分量连续和磁感应强度的法向分量连续边界条件，由磁应力张量引起的磁场力的周向分量为零，所以磁应力张量对容器壁面受到的力矩无贡献。

对于应力张量 $\boldsymbol{T}$ 中的黏性应力张量：

$$\boldsymbol{T}_{\mathrm{v}}=\eta[\nabla\boldsymbol{v}+(\nabla\boldsymbol{v})^{\mathrm{T}}]+2\zeta\boldsymbol{\epsilon}\cdot(\boldsymbol{\Omega}-\boldsymbol{\omega}_{\mathrm{p}}) \tag{9-93}$$

在如图 9-1 所示的流动中黏性应力张量可展开为

$$\boldsymbol{T}_{\mathrm{v}}=\eta\left[\left(\frac{\mathrm{d}v_\theta}{\mathrm{d}r}-\frac{v_\theta}{r}\right)\boldsymbol{e}_r\boldsymbol{e}_\theta+\left(\frac{\mathrm{d}v_\theta}{\mathrm{d}r}-\frac{v_\theta}{r}\right)\boldsymbol{e}_\theta\boldsymbol{e}_r\right]+2\zeta\left(\frac{1}{2r}\frac{\mathrm{d}(rv_\theta)}{\mathrm{d}r}-\omega_{\mathrm{p},z}\right)\boldsymbol{e}_r\boldsymbol{e}_\theta \tag{9-94}$$

由式（9-94）可得

$$\boldsymbol{T}\times\boldsymbol{r}=\boldsymbol{T}_{\mathrm{v}}\times\boldsymbol{e}_r r=\left[-\eta r^2\frac{\mathrm{d}}{\mathrm{d}r}\left(\frac{v_\theta}{r}\right)-2\zeta\left(\frac{1}{2}\frac{\mathrm{d}(rv_\theta)}{\mathrm{d}r}-r\omega_{\mathrm{p},z}\right)\right]\boldsymbol{e}_r\boldsymbol{e}_z \tag{9-95}$$

另外，对于如图 9-1 所示的流动，式（2-183）可展开为

$$\boldsymbol{C}=\eta'\left(\frac{\mathrm{d}\omega_{\mathrm{p},z}}{\mathrm{d}r}\boldsymbol{e}_r\boldsymbol{e}_z+\frac{\mathrm{d}\omega_{\mathrm{p},z}}{\mathrm{d}r}\boldsymbol{e}_z\boldsymbol{e}_r\right) \tag{9-96}$$

将式（9-95）和式（9-96）代入式（9-92），并应用：

$$\mathrm{d}\boldsymbol{S}=r\,\mathrm{d}\theta\,\mathrm{d}z\boldsymbol{e}_r$$

可得力矩表达式：

$$\boldsymbol{L}=\boldsymbol{e}_z\int_0^l\int_0^{2\pi}\left[\eta r^2\frac{\mathrm{d}}{\mathrm{d}r}\left(\frac{v_\theta}{r}\right)+\zeta\frac{\mathrm{d}(rv_\theta)}{\mathrm{d}r}-2\zeta r\omega_{\mathrm{p},z}+\eta'\frac{\mathrm{d}\omega_{\mathrm{p},z}}{\mathrm{d}r}\right]r\,\mathrm{d}\theta\,\mathrm{d}z \tag{9-97}$$

其中，l 为圆柱形铁磁流体的长度。将式（9-23）中各变量代入式（9-97），并计算所得方程的积分，可得（Chaves et al.，2008）：

$$\boldsymbol{L}^*=\boldsymbol{e}_z 2\chi_0 w^*\left[\frac{\eta}{\zeta}r^{*2}\frac{\mathrm{d}}{\mathrm{d}r^*}\left(\frac{v_\theta^*}{r^*}\right)+\frac{\mathrm{d}(r^*v_\theta^*)}{\mathrm{d}r^*}-2r^*\omega_{\mathrm{p},z}^*+\frac{4\eta}{(\zeta+\eta)\kappa^2}\frac{\mathrm{d}\omega_{\mathrm{p},z}^*}{\mathrm{d}r^*}\right]_{r^*=1} \tag{9-98}$$

其中

$$\boldsymbol{L}^*=\frac{\boldsymbol{L}}{2\pi\mu_0 H_0^2 R_0^2 l}$$

将式（9-90）和式（9-91）代入式（9-98），得无量纲力矩的一阶近似表达式：

$$\boldsymbol{L}^*\approx-\boldsymbol{e}_z\chi_0\left\{\frac{w^*}{1+w^{*2}}+\left[2\widetilde{B}+\frac{\widetilde{C}J_1(\kappa)}{\kappa}\right]\varepsilon\right\} \tag{9-99}$$

其中，$\widetilde{B}$ 和 $\widetilde{C}$ 分别由式（9-84）和式（9-85）给出。

对于式（9-99）给出的结果，如果考虑自旋黏度 $\eta'\to 0$，此时 $\kappa\to\infty$，相应的一阶近似无量纲力矩为

$$\boldsymbol{L}^*(\eta'\to 0)\approx-\boldsymbol{e}_z\frac{\chi_0 w^*}{1+w^{*2}}\left[1+\frac{7-w^{*2}+2w^{*4}}{10\widetilde{\eta}(1+w^{*2})^2}\epsilon\right] \tag{9-100}$$

Chaves 等（2008）实验测量了铁磁流体旋转上升流中圆柱形容器受到的力矩，如图 9-5 为实验测量值与由式（9-99）计算的零阶力矩值的比值，其中 V_{f} 为铁磁流体的体积，$L_{\exp}$ 和 L_{th} 分别为实验测量的力矩和计算得到的一阶力矩，不同体积分数的同种铁磁流体由铁磁流体原液经稀释得到。可以看出，图中各点在 1 附近波动，理论值与实验值接近，式（9-

99）可以较准确地预测旋转上升流中圆柱形容器受到的力矩。

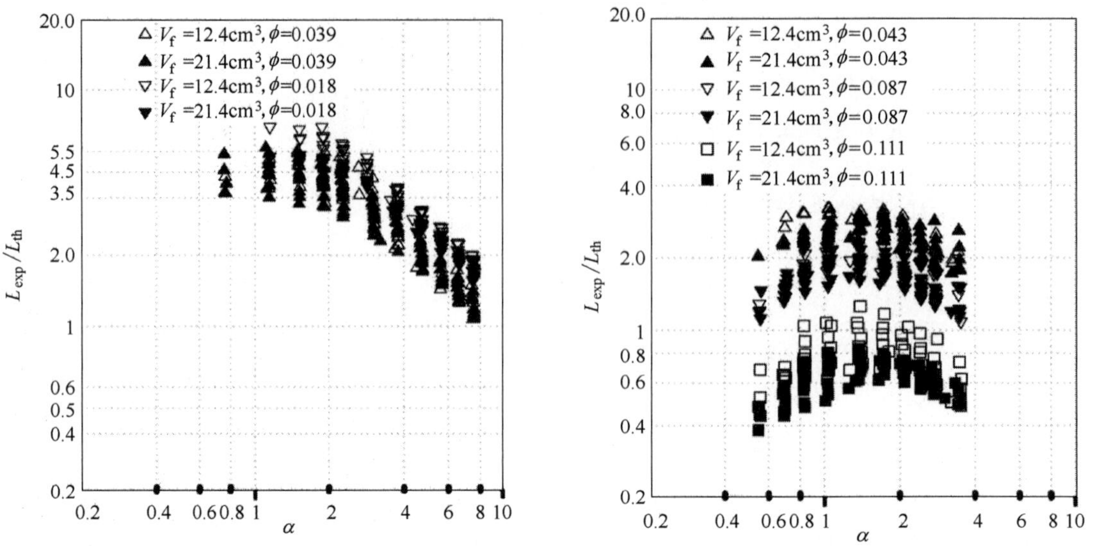

(a) 铁磁流体EMG705　　(b) 铁磁流体EMG900

图 9-5　铁磁流体旋转上升流中圆柱形容器受到的力矩

参考文献

[1] Altmeyer S. Agglomeration effects in rotating ferrofluids. Journal of Magnetism and Magnetic Materials，2019，482：239-250.

[2] Altmeyer S.，Hoffmann C.，Leschhorn A.，et al. Influence of homogeneous magnetic fields on the flow of a ferrofluid in the Taylor-Couette system. Physical Review E，2010，82：016321.

[3] Amirat Y.，Hamdache K. Steady state solutions of ferrofluid flow models. Communications on Pure and Applied Analysis，2016，15（6）：2329-2355.

[4] Anupam B. Study of ferrofluid flow in a rotating system through mathematical modeling. Mathematics and Computers in Simulation，2020，178：290-306.

[5] Aquino M.，Miano G.，Serpico C.，et al. Forces in magnetic fluids subject to stationary magnetic fields. IEEE Transactions on Magnetics，2003，39（5）：2657-2659.

[6] Bacri J. C.，Perzynski R.，Shliomis M. I.，et al. "Negative-viscosity" effect in a magnetic fluid. Physical Review Letters，1995，75（11）：2128-2131.

[7] Barkov Y. D.，Fertman V. E. Experimental study of floating of magnetic bodies in a magnetizable fluid. Magnitnaya Gidrodinamika，1978，14（1）：23-26.

[8] Bianco V.，Trubatch A. D.，Wei H.，et al. Quantifying volume loss of a magnetically localized ferrofluid bolus in pulsatile pipe flow. Journal of Magnetism and Magnetic Materials，2021，524：167595.

[9] Berkovsky B. M.，Medvedev V. F.，Krakov M. S. Magnetic fluids engineering applications. Oxford：Oxford University Press，1993.

[10] Bashtovoy V. G.，Berkovsky B. M.，Vislovich A. N.，et al. Introduction to thermomechanics of magnetic fluids. Washington：Hemisphere Publishing Corporation，1988.

[11] Bhandari A. Study of magnetoviscous effects on ferrofluid flow. The European Physical Journal Plus，2020，135：537.

[12] Blums E.，Cebers A.，Maiorov M. M. Magnetic Fluids. New York：Walter de Gruyter，1997.

[13] Borin D. Y.，Korolev V. V.，Ramazanova A. G.，et al. Magnetoviscous effect in ferrofluids with different dispersion media. Journal of Magnetism and Magnetic Materials，2016，416：110-116.

[14] Boroun S.，Larachi F. Anomalous anisotropic transport of scalars in dilute ferrofluids under uniform rotating magnetic fields-Mixing time measurements and ferrohydrodynamic simulations. Chemical Engineering Journal，2020，380：122504.

[15] Buschow K. H. J. Handbook of magnetic materials. Amsterdam：Elsevier，2006.

[16] Byrne J. V. Energy-based formulation of the stresses in nonlinear polarizable fluids. IEEE Transactions on Magnetics，1974，10（2）：358-361.

[17] Byrne J. V. Ferrofluid hydrostatics according to classical and recent theories of the stresses. Proceed-

ings of the Institution of Electrical Engineers, 1977, 124 (11): 1089-1097.

[18] Carvalho D. D., Gontijo R. G. Reconstructing a continuous magnetization field based on local vorticity cells, CFD and Langevin dynamics: A new numerical scheme. Journal of Magnetism and Magnetic Materials, 2020, 514: 167135.

[19] Carvalho D. D., Gontijo R. G. Magnetization diffusion in duct flow: The magnetic entrance length and the interplay between hydrodynamic and magnetic timescales. Physics of Fluids, 2020, 32: 072007.

[20] Cennamo N., Arcadio F., Marletta V., et al. A magnetic field sensor based on SPR-POF platforms and ferrofluids. IEEE Transactions on Instrumentation and Measurement, 2020, 70 (1): 9504010.

[21] Chaves A., Rinaldi C., Elborai S., et al. Bulk flow in ferrofluids in a uniform rotating magnetic field. Physical Review Letters, 2006, 96: 194501.

[22] Chaves A., Zahn M., Rinaldi C. Spin-up flow of ferrofluids: Asymptotic theory and experimental measurements. Physics of Fluids, 2008, 20: 053102.

[23] Chen J., Xia L., Cao Q. Water-based ferrofluid with tunable stability and its significance in nuclear wastewater treatment. Journal of Hazardous Materials, 2022, 434: 128893.

[24] Chen Y., Li D., Li Z., et al. Numerical analysis on boundary and flow regime of magnetic fluid in the sealing clearance with a rotation shaft. IEEE Transactions on Magnetics, 2019, 55: 4600207.

[25] 池长青，王之珊，赵丕智. 铁磁流体力学. 北京：北京航空航天大学出版社，1993.

[26] Conroy D. T., Matar O. K. Thin viscous ferrofluid film in a magnetic field. Physics of Fluids, 2015, 27: 092102.

[27] Cowley M. D., Rosensweig R. E. The interfacial stability of a ferromagnetic fluid. Journal of Fluid Mechanics, 1967, 30 (4): 671-688.

[28] Cunha F. R., Sinzato Y. Z., Pereira I. D. O. An experimental investigation on the magnetoviscous effect and shear rate-dependent viscosity of a magnetic suspension under longitudinal and transverse magnetic fields. Physics of Fluids, 2022, 34: 093314.

[29] Cunha F. R., Sobral Y. D. Characterization of the physical parameters in a process of magnetic separation and pressure-driven flow of a magnetic fluid. Physica A, 2004, 343: 36-64.

[30] Cunha F. R., Sobral Y. D. Asymptotic solution for pressure-driven flows of magnetic fluids in pipes. Journal of Magnetism and Magnetic Materials, 2005, 289: 314-317.

[31] Dalvi S., van der Meer T. H., Shahi M. Numerical evaluation of the ferrofluid behaviour under the influence of three-dimensional non-uniform magnetic field. International Journal of Heat and Fluid Flow, 2022, 94: 108901.

[32] Dou X., Chen Z., Cao X., et al. Oil displacement by the magnetic fluid inside a cylindrical sand filled sample: Experiments and numerical simulations. ACS Omega, 2022, 7: 26473-26482.

[33] Elmore W. C. Ferromagnetic colloid for studying magnetic structures. Physical Review, 1938, 54: 309.

[34] Elmore W. C. The magnetization of ferromagnetic colloids. Physical Review, 1938, 54: 1092.

[35] Engel A. Comment on "Invalidation of the Kelvin force in ferrofluids". Physical Review Letters, 2001, 86 (21): 4978.

[36] Fang A. First-principles magnetization relaxation equation of interacting ferrofluids with applications to magnetoviscous effects. Physics of Fluids, 2019, 31: 122002.

[37] Fang A. Consistent hydrodynamics of ferrofluids. Physics of Fluids, 2022, 34: 013319.

[38] Fang A. Dynamical effective field model for interacting ferrofluids: Ⅱ. The proper relaxation time and effects of dynamic correlations. Journal of Physics: Condensed Matter, 2022, 34: 115103.

[39] Fannin P. C. An experimental observation of the dynamic behavior of ferrofluids. Journal of Magnetism and Magnetic Materials, 1994, 136: 49-58.

[40] Felderhof B. U. Flow of a ferrofluid down a tube in an oscillating magnetic field. Physical Review E, 2001, 64: 021508.

[41] Felderhof B. U. Ferrohydrodynamic pumping of a ferrofluid or electrohydrodynamic pumping of a polar liquid through a circular tube. Physics of Fluids, 2011, 23: 092002.

[42] Felderhof B. U. Entrainment by a rotating magnetic field of a ferrofluid contained in a cylinder. Physical Review E, 2011, 84: 026312.

[43] Felderhof B. U. Entrainment by a rotating magnetic field of a ferrofluid contained in a sphere. Physical Review E, 2011, 84: 046313.

[44] Felderhof B. U., Kroh H. J. Hydrodynamics of magnetic and dielectric fluids in interaction with the electromagnetic field. The Journal of Chemical Physics, 1999, 110: 7403.

[45] Feng S., Graham A. L., Abbott J. R., et al. Antisymmetric stresses in suspensions: Vortex viscosity and energy dissipation. Journal of Fluid Mechanics, 2006, 563: 97.

[46] Fertman V. E. Magnetic fluids guidebook: properties and applications. New York: Hemisphere Publishing Corporation, Taylor & Francis Group, 1990.

[47] Finlayson B. A. Spin-up of ferrofluids: The impact of the spin viscosity and the Langevin function. Physics of Fluids, 2013, 25: 073101.

[48] Gerth-Noritzsch M., Borin D. Y., Odenbach S. Anisotropy of the magnetoviscous effect in ferrofluids containing nanoparticles exhibiting magnetic dipole interaction. Journal of Physics: Condensed Matter, 2011, 23: 346002.

[49] Ghosh D., Das P. K. Control of flow and suppression of separation for Couette-Poiseuille hydrodynamics of ferrofluids using tunable magnetic fields. Physics of Fluids, 2019, 31: 083609.

[50] Ghosh D., Meena P. R., Das P. K. A fully analytical solution of convection in ferrofluids during Couette-Poiseuille flow subjected to an orthogonal magnetic field. International Communications in Heat and Mass Transfer, 2022, 130: 105793.

[51] Gonella V. C., Hanser F., Vorwerk J., et al. Influence of local particle concentration gradient forces on the flow-mediated mass transport in a numerical model of magnetic drug targeting. Journal of Magnetism and Magnetic Materials, 2021, 525: 167490.

[52] Hamzah S., Ying L. Y., Abd A. A., et al. Synthesis, characterisation and evaluation on the performance of ferrofluid for microplastic removal from synthetic and actual wastewater. Journal of Environmental Chemical Engineering, 2021, 9: 105894.

[53] He X., Elborai S., Kim D., et al. Effective magnetoviscosity of planar-Couette magnetic fluid flow. Journal of Applied Physics, 2005, 97: 10Q302.

[54] Hu Z., Wang Z., Huang W., et al. Supporting and friction properties of magnetic fluids bearings. Tribology International, 2018, 130: 334-338.

[55] Hua D., Liu X., Lu H., et al. Design, fabrication, and testing of a novel ferrofluid soft capsule robot. IEEE/ASME Transactions on Mechatronics, 2022, 27 (3): 1403-1413.

[56] Ilg P. Simulating the flow of interacting ferrofluids with multiparticle collision dynamics. Physical Review E, 2022, 106: 064605.

[57] Ilg P., Kröger M., Hess S. Structure and rheology of model-ferrofluids under shear flow. Journal of Magnetism and Magnetic Materials, 2005, 289: 325-327.

[58] Ivanov A. O., Camp P. J. Magnetization relaxation dynamics in polydisperse ferrofluids. Physical Review E, 2023, 107: 034604.

[59] Ivanov A. S., Pshenichnikov A. F. Magnetostatic buoyancy force acting on a non-magnetic sphere immersed in a ferrofluid magnetized by a gradient field. Journal of Magnetism and Magnetic Materials, 2023, 565: 170294.

[60] Ivanov A. S., Pshenichnikov A. F., Khokhryakov C. A., et al. Floating of dia-, para-, and superparamagnetic bodies in magnetic fluids: Analysis of wall effects in the framework of inductive approach. Physics of Fluids, 2021, 33: 112001.

[61] Jansons K. M. Determination of the constitutive equations for a magnetic fluid. Journal of Fluid Mechanics, 1983, 137: 187-216.

[62] Ji Y., Gan C., Dai Y., et al. Deformable ferrofluid microrobot with omnidirectional self-adaptive mobility. Journal of Applied Physics, 2022, 131: 064701.

[63] Jiao J., Zhang H., Zheng J. Ferrofluids transport in bioinspired nanochannels: Application to electrochemical biosensing with magnetic-controlled detection. Biosensors and Bioelectronics, 2022, 201: 113963.

[64] Jordan A., Scholz R., Wust P., et al. Magnetic fluid hyperthermia (MFH): Cancer treatment with AC magnetic field induced excitation of biocompatible superparamagnetic nanoparticles. Journal of Magnetism and Magnetic Materials, 1999, 201: 413-419.

[65] Kamiyama S. Ferrohydrodynamics. Encyclopedia of Materials: Science and Technology (Second Edition), 2001, 26 (12): 3116-3127.

[66] Katja H. Buoyancy forces in magnetic fluids. Zeitschrift Für Physik B, 1993, 92: 113-127.

[67] Kole M., Khandekar S. Engineering applications of ferrofluids: A review. Journal of Magnetism and Magnetic Materials, 2021, 537: 168222.

[68] Korlie M. S., Mukherjee A., Nita B. G., et al. Analysis of flows of ferrofluids under simple shear. Magnetohydrodynamics, 2008, 44 (1): 51-59.

[69] Kosea A. R., Fischer B., Mao L., et al. Label-free cellular manipulation and sorting via biocompatible ferrofluids. Proceedings of the National Academy of Sciences of the United States of America, 2009, 106 (51): 21478-21483.

[70] Kosea A. R., Koser H. Ferrofluid mediated nanocytometry. Lab on a Chip, 2012, 12: 190-196.

[71] Krekhov A. P., Shliomis M., Kamiyama S. Ferrofluid pipe flow in an oscillating magnetic field. Physics of Fluids, 2005, 17: 033105.

[72] Krekhov A., Shliomis M. Spontaneous Core Rotation in ferrofluid pipe flow. Physical Review Letters, 2017, 118: 114503.

[73] Kuznetsov A. A., Pshenichnikov A. F. Nonlinear response of a dilute ferrofluid to an alternating magnetic field. Journal of Molecular Liquids, 2022, 346: 117449.

[74] Kvitantsev A. S., Naletova V. A., Turkov V. A. Levitation of magnets and paramagnetic bodies in vessels filled with magnetic fluid. Fluid Dynamics, 2002, 37 (3): 361-368.

[75] Landau L. D., Lifshitz E. M. Electrodynamics of continuous media. New York: Pergamon Press, 1960.

[76] 李德才. 磁性液体理论及应用. 北京：科学出版社，2003.

[77] 李德才. 磁性液体密封理论及应用. 北京：科学出版社，2010.

[78] Li D., Li Y., Li Z., et al. Theory analyses and applications of magnetic fluids in sealing. Friction, 2023, 10: 1771-1793.

[79] Li Z., Wang M., Chen F., et al. Influence of the axial tooth structure on the pressure resistance of the magnetic fluid sealing device. Vacuum, 2022, 202: 111105.

[80] Liu J., Wen Z., Lei H., et al. A Liquid-Solid Interface-Based Triboelectric Tactile Sensor with Ul-

trahigh Sensitivity of 21.48 kPa^{-1}. Nano-Micro Letters, 2022, 14: 88.

[81] Liu M. Hydrodynamic theory of electromagnetic fields in continuous media. Physical Review Letters, 1993, 70 (23): 3580-3583.

[82] Liu M. Fluid dynamics of colloidal magnetic and electric liquid. Physical Review Letters, 1995, 70 (22): 4535-4538.

[83] Liu M. Off-equilibrium, static fields in dielectric ferrofluids. Physical Review Letters, 1998, 80 (13): 2937-2940.

[84] Liu M. Range of validity for the Kelvin force. Physical Review Letters, 2000, 84 (12): 2762.

[85] Liu Y., Vieira R. M. S., Mao L. Simultaneous and multimodal antigen binding profiling and isolation of rare cells via quantitative ferrohydrodynamic cell separation. ACS Nano, 2023, 17: 94-110.

[86] 刘桂雄，蒲尧萍，徐晨. 磁流体中 Helmholtz 和 Kelvin 力的界定. 物理学报，2008，57 (4): 2500-2503.

[87] 刘桂雄，徐晨，张沛强，等. 永磁体在磁流体中的磁力学建模及自悬浮位置可控性. 物理学报，2009，58 (3): 2005-2010.

[88] Lohakan M., Seetao C., Boonsang S., et al. Simulation of magnetic fluid flow based on Maxwell's equations and Navier-Stokes equations. The 6th IEEE International Symposium on Communications and Information Technologies, 2006 (1-3): 323-326.

[89] Mao L., Koser H. Ferrohydrodynamic pumping in spatially traveling sinusoidally time-varying magnetic fields. Journal of Magnetism and Magnetic Materials, 2005, 289: 199-202.

[90] Mao L., Elborai S., He X., et al. Direct observation of closed-loop ferrohydrodynamic pumping under traveling magnetic fields. Physical Review B, 2011, 84: 104431.

[91] Martsenyuk M. A., Raikher Y. L., Shliomis M. I. On the kinetics of magnetization of suspensions of ferromagnetic particles. Journal of Magnetism and Magnetic Materials, 1974, 28 (2): 413-416.

[92] Matsuno Y., Araki K., Yamamoto H. Magnetic fluid flows in a two-dimensional channel. Journal of Magnetism and Magnetic Materials, 1993, 122 (1-3): 204-206.

[93] Mitamura Y., Nishimura I., Yano T. Thermal analysis of a miniature magnetic fluid seal installed in an implantable rotary pump. Journal of Magnetism and Magnetic Materials, 2022, 548: 168977.

[94] Morozov K. I., Pshenichnikov A. F., Raikher Y. L., et al. Magnetic properties of ferrocolloids: The effect of interparticle interactions. Journal of Magnetism and Magnetic Materials, 1987, 65: 269-272.

[95] Morozov K. I., Shliomis M. I. Ferrofluids: Flexibility of magnetic particle chains. Journal of Physics D: Condensed Matter, 2004, 16: 3807.

[96] Moskowitz R., Rosensweig R. E. Nonmechanical torque-driven flow of a ferromagnetic fluid by an electromagnetic field. Applied Physics Letters, 1967, 11: 301.

[97] Müller H. W. Onset of particle rotation in a ferrofluid shear flow. Physical Review Letters, 1999, 82 (19): 3907-3910.

[98] Müller H. W., Liu M. Structure of ferrofluid dynamics. Physical Review E, 2001, 64: 061405.

[99] Müller O., Hahn D., Liu M. Non-Newtonian behaviour in ferrofluids and magnetization relaxation. Journal of Physics: Condensed Matter, 2006, 18: S2623-S2632.

[100] Nagaraj H. S. Investigation of magnetic fields and forces arising in open-circuit-type magnetic bearings. ASLE Tribology Transactions, 1988, 31 (2): 192-201.

[101] Naletova V. A., Kvitantsev A. S., Turkov V. A. Movement of a magnet and a paramagnetic body inside a vessel with a magnetic fluid. Journal of Magnetism and Magnetic Materials, 2003,

258: 439-442.

[102] Nayebi R., Shemirani F. Ferrofluids-based microextraction systems to process organic and inorganic targets: The state-of-the-art advances and applications. Trends in Analytical Chemistry, 2021, 138: 116232.

[103] Neuringer J. L., Rosensweig R. E. Ferrohydrodynamics. The Physics of Fluids, 1964, 7: 1927.

[104] Odenbach S. Ferrofluids, Magnetically Controllable Fluids and Their Applications. Berlin: Springer, 2002.

[105] Odenbach S. Magnetoviscous effects in ferrofluids. Berlin: Springer, 2002.

[106] Odenbach S. Recent progress in magnetic fluid research. Journal of Physics: Condensed Matter, 2004, 16: R1135-R1150.

[107] Odenbach S. Colloidal magnetic fluids: Basics, development, and application of ferrofluids. Berlin: Springer Verlag, 2009.

[108] Odenbach S. Stationary off-equilibrium magnetization in ferrofluids under rotational and elongational flow. Physical Review Letters, 2009, 89 (3): 037202.

[109] Odenbach S., Liu M. Invalidation of the Kelvin force in ferrofluids. Physical Review Letters, 2001, 86 (2): 328-331.

[110] Odenbach S., Störk H. Shear dependence of field-induced contributions to the viscosity of magnetic fluids at low shear rates. Journal of Magnetism and Magnetic Materials, 1998, 183: 188-194.

[111] Oscar O., Sussy I. C. R., Pabel C. A., et al. Approaches on ferrofluid synthesis and applications: Current status and future perspectives. ACS Omega, 2022, 7: 3134-3150.

[112] Okaue Y., Yoshikawa G., Miyasaka F., et al. Study on analysis method for ferrofluid. IEEE Transactions on Magnetics, 2010, 46 (8): 2799-2802.

[113] Papadopoulos P. K., Vafeas P., Hatzikonstantinou P. M. Ferrofluid pipe flow under the influence of the magnetic field of a cylindrical coil. Physics of Fluids, 2012, 24: 122002.

[114] Patel N. S., Vakharia D. P., Deheri G. M., et al. Experimental performance analysis of ferrofluid based hydrodynamic journal bearing with different combination of materials. Wear, 2017, 376-377: 1877-1884.

[115] Papell S. S. Low viscosity magnetic fluid obtained by the colloidal suspension of magnetic particles: US3215572, 1965-11-02.

[116] Patel R., Upadhyay R. V., Mehta R. V. Viscosity measurements of a ferrofluid: Comparison with various hydrodynamic equations. Journal of Colloid Interface Science, 2003, 263: 661-664.

[117] Paz P. Z. S., Cunha F. R., Sobral Y. D. Stability of plane-parallel flow of magnetic fluids under external magnetic fields. Applied Mathematics and Mechanics, 2022, 43 (2): 295-310.

[118] Philip J. Magnetic nanofluids (Ferrofluids): Recent advances, applications, challenges, and future directions. Advances in Colloid and Interface Science, 2023, 311: 102810.

[119] Pinho M., Brouard B., Génevaux J. M., et al. Investigation into ferrofluid magnetoviscous effects under an oscillating shear flow. Journal of Magnetism and Magnetic Materials, 2011, 323: 2386-2390.

[120] Pop L. M., Odenbach S. Investigation of the microscopic reason for the magnetoviscous effect in ferrofluids studied by small angle neutron scattering. Journal of Physics: Condensed Matter, 2006, 18: 2785-2802.

[121] Pramanik B. K., Pramanik S. K., Monira S. Understanding the fragmentation of microplastics into nano-plastics and removal of nano/microplastics from wastewater using membrane, air flotation and nano-ferrofluid processes. Chemosphere, 2021, 282: 131053.

[122] Pshenichnikov A. F., Lebedev A. V. Tangential stresses on the magnetic fluid boundary and rotational effect. Magnetohydrodynamics, 2000, 36 (4): 317-326.

[123] Pshenichnikov A. F., Lebedev A. V., Shliomis M. I. On the rotational effect in nonuniform magnetic fluids. Magnetohydrodynamics, 2000, 36 (4): 339-346.

[124] Ramos D. M., Cunha F. R., Sobral Y. D., et al. Computer simulations of magnetic fluids in laminar pipe flows. Journal of Magnetism and Magnetic Materials, 2005, 289: 238-241.

[125] Rhodes S., He X., Elborai S., et al. Magnetic fluid behavior in uniform DC, AC, and rotating magnetic fields. Journal of Electrostatics, 2006, 64: 513-519.

[126] Rinaldi C., Brenner H. Body versus surface forces in continuum mechanics: Is the Maxwell stress tensor a physically objective Cauchy stress? Physical Review E, 2002, 65 (3): 036615.

[127] Rinaldi C., Chaves A., Elborai S., et al. Magnetic fluid rheology and flows. Current Opinion in Colloid and Interface Science, 2005, 10: 141-157.

[128] Rinaldi C., Zahn M. Effects of spin viscosity on ferrofluid flow profiles in alternating and rotating magnetic fields. Physics of Fluids, 2002, 14: 2847.

[129] Rinaldi C., Zahn M. Effects of spin viscosity on ferrofluid duct flow profiles in alternating and rotating magnetic fields. Journal of Magnetism and Magnetic Materials, 2002, 252: 172-175.

[130] Romero-Calvo Á., Herrada M. A., Cano-Gómez G., et al. Fully coupled interface-tracking model for axisymmetric ferrohydrodynamic flows. Applied Mathematical Modelling, 2022, 111: 836-861.

[131] Rosa A. P., Gontijo R. G., Cunha F. R. Laminar pipe flow with drag reduction induced by a magnetic field gradient. Applied Mathematical Modelling, 2016, 40: 3907-3918.

[132] Rosensweig R. E. Fluidmagnetic buoyancy. AIAA Journal, 1966, 4 (10): 1751-1758.

[133] Rosensweig R. E. Buoyancy and stable levitation of a magnetic body immersed in a magnetizable fluid. Nature, 1966, 210 (5036): 613-614.

[134] Rosensweig R. E. Phenomena and relationships of magnetic fluid bearings. Thermomechanics of magnetic fluids. Washington & London: Hemisphere Publishing Corporation, 1977: 231-253.

[135] Rosensweig R. E. Fluid dynamics and science of magnetic liquids. Advances in Electronics and Electron Physics, 1979, 48: 103-199.

[136] Rosensweig R. E. Ferrohydrodynamics. Cambridge: Cambridge University Press, 1985.

[137] Rosensweig R. E. Spin-up flow in ferrofluids: a toy model. The European Physical Journal E, 2023, 46: 83.

[138] Samadi Z., Haghshenasfard M., Moheb A. CO_2 absorption using nanofluids in a wetted-wall column with external magnetic field. Chemical Engineering & Technology, 2014, 37 (3): 462-470.

[139] Saranya S., Al-Mdallal Q. M. Non-Newtonian ferrofluid flow over an unsteady contracting cylinder under the influence of aligned magnetic field. Case Studies in Thermal Engineering, 2020, 21: 100679.

[140] Scherer C., Neto A. M. F. Ferrofluids: Properties and applications. Brazilian Journal of Physics, 2005, 35 (3A): 718-727.

[141] Schumacher K. R., Sellien I., Knoke G. S., et al. Experiment and simulation of laminar and turbulent ferrofluid pipe flow in an oscillating magnetic field. Physical Review E, 2003, 67: 026308.

[142] Shimada K., Kamiyama S. Numerical analysis of effect of distribution of mass concentration on steady magnetic fluid flow in a straight tube. IEEE Transactions on Magnetics, 2000, 36 (5): 3706-3708.

[143] Shliomis M. I. Effective viscosity of magnetic suspensions. Soviet Physics JETP, 1972, 34 (6): 1291-1294.

[144] Shliomis M. I. Magnetic fluids. Sov. Phys. Usp., 1974, 17: 153.

[145] Shliomis M. I., Morozov K. I. Negative viscosity of ferrofluid under alternating magnetic field. Physics of Fluids, 1994, 6 (8): 2855-2861.

[146] Shliomis M. I., Lyubimova T. P., Lyubimov D. V. Ferrohydrodynamics: An essay on the progress of ideas. Chemical Engineering Communications, 1988, 67: 275-290.

[147] Shliomis M. I., Mond M., Morozov K. Ultrasound Attenuation in Ferrofluids. Physical Review Letters, 2008, 101: 04505.

[148] Shliomis M. I. Ferrohydrodynamics: Testing a third magnetization equation. Physical Review E, 2001, 64: 060501.

[149] Shliomis M. I. How a rotating magnetic field causes ferrofluid to rotate. Physical Review fluids, 2021, 6: 043701.

[150] Shuchia S., Shimada K., Kamiyama S., et al. Hydrodynamic characteristics of steady magnetic fluid flow in a straight tube by taking into account the non-uniform distribution of mass concentration. Journal of Magnetism and Magnetic Materials, 2002, 252: 166-168.

[151] Singh C., Das A. K., Das P. K. Flow restrictive and shear reducing effect of magnetization relaxation in ferrofluid cavity flow. Physics of Fluids, 2016, 28: 087103.

[152] Socoliuc V., Avdeev M. V., Kuncser V., et al. Ferrofluids and bio-ferrofluids: looking back and stepping forward. Nanoscale, 2022, 14: 4786.

[153] Sokolova V. V., Eminova P. A., Fotov K. N., et al. Poisson brackets method in ferrohydrodynamics. Physics Procedia, 2010, 9: 131-136.

[154] Soto-Aquino D., Rinaldi C. Magnetoviscosity in dilute ferrofluids from rotational Brownian dynamics simulations. Physical Review E, 2010, 82: 046310.

[155] Soto-Aquino D., Rinaldi C. Nonlinear energy dissipation of magnetic nanoparticles in oscillating magnetic fields. Journal of Magnetism and Magnetic Materials, 2015, 393: 46-55.

[156] Storozhenko A. M., Stannarius R., Tantsyura A. O., et al. Measurement of the torque on diluted ferrofluid samples in rotating magnetic fields. Journal of Magnetism and Magnetic Materials, 2017, 431: 66-69.

[157] Sun M., Tian C., Mao L., et al. Reconfigurable magnetic slime robot: Deformation, adaptability, and multifunction. Advanced Functional Materials, 2022, 32: 2112508.

[158] Torres-Diaz I., Cortes A., Cedeño-Mattei Y., et al. Flows and torques in Brownian ferrofluids subjected to rotating uniform magnetic fields in a cylindrical and annular geometry. Physics of Fluids, 2014, 26: 012004.

[159] Vafeas P., Bakalis P., Papadopoulos P. K. Effect of the magnetic field on the ferrofluid flow in a curved cylindrical annular duct. Physics of Fluids, 2019, 31: 117105.

[160] Xie C. Global strong solutions to the Shliomis system for ferrofluids in a bounded domain. Mathematical Methods in the Applied Sciences, 2019, 42 (18): 6021-6028.

[161] Wang H., Monroe J. G., Kumari S., et al. Analytical model for electromagnetic induction in pulsating ferrofluid pipe flows. International Journal of Heat and Mass Transfer, 2021, 175: 121325.

[162] Weis J. J., Levesque D. Chain formation in low density dipolar hard spheres: A Monte Carlo study. Physical Review Letters, 1993, 71: 2729.

[163] Weng H. C., Chen C. L., Chen C. K. Non-Newtonian flow of dilute ferrofluids in a uniform magnetic field. Physical Review E, 2008, 78: 056305.

[164] 杨文明. 磁性液体阻尼减振器的基础理论研究及实验. 北京：北京交通大学，2012.

[165] Yang W. M. A finite volume solver for ferrohydrodynamics coupled with microscopic magnetization

dynamics. Applied Mathematics and Computation, 2023, 441: 127704.

[166] Yang W. M. Magnetic levitation force exerted on the cylindrical magnet in a ferrofluid damper. Journal of Vibration and Control, 2017, 23 (14): 2345-2354.

[167] Yang W. M. On the boundary conditions of magnetic field in OpenFOAM and a magnetic field solver for multi-region applications. Computer Physics Communications, 2021, 263: 107883.

[168] Yang W. M., Fang B. S., Liu B. Y., et al. Promotion of ferrofluid microchannel flow by magnetic fields with constant gradient. Journal of Non-Newtonian Fluid Mechanics, 2022, 300: 104730.

[169] Yang W. M., Fang B. S., Liu B. Y. Magnetic field effects on backward-facing step flow of ferrofluids. Journal of Fluids Engineering, 2022, 144: 071208.

[170] Yang W. M., Jin Y., Fang B. A method and apparatus for measuring the magnetization relaxation times of ferrofluids. IEEE Transactions on Instrumentation and Measurement, 2022, 71: 6002707.

[171] Yang W. M., Li D. C., Feng Z. H. Hydrodynamics and energy dissipation in a ferrofluid damper. Journal of Vibration and Control, 2013, 19 (2): 183-190.

[172] Yang W. M., Li D. C., He X. Z., et al. Calculation of magnetic levitation force exerted on the cylindrical magnets immersed in ferrofluid. International Journal of Applied Electromagnetics and Mechanics, 2012, 40 (1): 37-49.

[173] Yang W. M., Liu B. Y. Magnetic levitation force of composite magnets in a ferrofluid damper. Smart Materials and Structures, 2018, 27: 115009.

[174] Yang W. M., Liu B. Y. Effects of magnetization relaxation in ferrofluid film flows under a uniform magnetic field. Physics of Fluids, 2020, 32: 062003.

[175] Yang W., Ren J., Li Y., et al. Modeling shape deformation of ferrofluid ring section and secondary flow in ferrofluid seals with rectangular polar teeth using BEM and FVM. Communications in Nonlinear Science and Numerical Simulation, 2024, 128: 107640.

[176] Yang W. M., Wang P. K., Hao R. C., et al. Experimental verification of radial magnetic levitation force on the cylindrical magnets in ferrofluid dampers. Journal of Magnetism and Magnetic Materials, 2017, 426: 334-339.

[177] Yang X., Sun P., Chen F., et al. Numerical and experimental studies of a novel converging stepped ferrofluid seal. IEEE Transactions on Magnetics, 2019, 55 (3): 1-6.

[178] Yao J., Chen Y., Li Z., et al. A novel accelerometer based on the first kind of ferrofluid levitation principle. Smart Materials and Structures, 2016, 25: 095016.

[179] Yu J., He X., Li D., et al. Boundary interface condition of magnetic fluid determines the magnetic levitation force experienced by a permanent magnet suspended in the magnetic fluid. Physics of Fluids, 2018, 30: 092004.

[180] Zubarev A. Y., Odenbach S., Fleischer J. Rheological properties of dense ferrofluids. Effect of chain-like aggregates. Journal of Magnetism and Magnetic Materials, 2002, 252 (1-3): 241-243.

[181] Zahn M., Greer D. R. Ferrohydrodynamic pumping in spatially uniform sinusoidally time-varying magnetic fields. Journal of Magnetism and Magnetic Materials, 1995, 149: 165-173.

[182] Zahn M., Pioch L. L. Magnetizable fluid behaviour with effective positive, zero or negative dynamic viscosity. Indian Journal of Engineering & Materials Science, 1998, 5: 400-410.

[183] Zahn M., Pioch L. L. Ferrofluid flows in AC and traveling wave magnetic fields with effective positive, zero or negative dynamic viscosity. Journal of Magnetism and Magnetic Materials, 1999, 201: 144-148.

[184] Zaitsev V. M., Shliomis M. I. Entrainment of ferromagnetic suspension by a rotating field. Journal of Applied Mechanics and Technical Physics, 1969, 10 (5): 696-700.

[185] Zeng L., Hu S., Chen X., et al. Extraction of small extracellular vesicles by labelfree and biocompatible on-chip magnetic separation. Lab on a Chip, 2022, 22: 2476.

[186] Zhang X., Sun L., Yu Y., et al. Flexible ferrofluids: Design and applications. Advanced Materials, 2019, 31 (51): e1903497.

[187] Zhang Y., Qin L., Wang J., et al. A liquid-solid mixed robot based on ferrofluid with high flexibility and high controllability. Applied Physics Letters, 2022, 121: 122402.

[188] Zubarev A. Y., Chirikov D. N. On the theory of the magnetoviscous effect in ferrofluids. Journal of Experimental and Theoretical Physics, 2010, 110 (6): 995-1004.

[189] Zubarev A. Y., Iskakova L. Rheological properties of magnetic suspensions. Journal of Physics: Condensed Matter, 2008, 20: 204138.

[190] Zubarev A. Y., Iskakova L. Y., Chirikov D. N. On the nonlinear rheology of magnetic fluids. Colloid Journal, 2011, 73 (3): 327-339.